Tester et enrichir

SA CULTURE SCIENTIFIQUE ET TECHNOLOGIQUE

Catalogage avant publication de Bibliothèque et Archives nationales du Québec
et Bibliothèque et Archives Canada

Thouin, Marcel

Tester et enrichir sa culture scientifique et technologique
Publ. antérieurement sous le titre : Notions de culture scientifique et technologique. c2001.
Comprend des réf. bibliogr. et un index.

ISBN 978-2-89544-114-4

1. Sciences. 2. Sciences – Histoire. 3. Technologie. I. Titre. II. Titre : Notions de culture scientifique et technologique.

Q158.5.T463 2008 500 C2007-942335-3

Marcel Thouin

Tester et enrichir

SA CULTURE SCIENTIFIQUE ET TECHNOLOGIQUE

ÉDITIONS
MULTIMONDES

ISBN: 978-2-89544-114-4
Dépôt légal – Bibliothèque et Archives nationales du Québec, 2008
Dépôt légal – Bibliothèque et Archives Canada, 2008

ÉDITIONS MULTIMONDES
930, rue Pouliot
Québec (Québec) G1V 3N9
CANADA
Téléphone: 418 651-3885
Téléphone sans frais: 1 800 840-3029
Télécopie: 418 651-6822
Télécopie sans frais: 1 888 303-5931
multimondes@multim.com
http://www.multim.com

DISTRIBUTION AU CANADA
PROLOGUE INC.
1650, boul. Lionel-Bertrand
Boisbriand (Québec) J7H 1N7
CANADA
Téléphone: 450 434-0306
Tél. sans frais: 1 800 363-2864
Télécopie: 450 434-2627
Téléc. sans frais: 1 800 361-8088
prologue@prologue.ca
http://www.prologue.ca

DISTRIBUTION EN BELGIQUE
La SDL Caravelle S.A.
Rue du Pré aux Oies, 303
1130 Bruxelles
BELGIQUE
Téléphone: +32 2 240.93.00
Télécopie: +32 2 216.35.98
Sarah.Olivier@SDLCaravelle.com
http://www.SDLCaravelle.com/

DISTRIBUTION EN FRANCE
LIBRAIRIE DU QUÉBEC
30, rue Gay-Lussac
75005 Paris
FRANCE
Téléphone: 01 43 54 49 02
Télécopie: 01 43 54 39 15
direction@librairieduquebec.fr
http://www.librairieduquebec.fr

DISTRIBUTION EN SUISSE
SERVIDIS SA
chemin des chalets 7
CH-1279 Chavannes-de-Bogis
SUISSE
Téléphone: (021) 803 26 26
Télécopie: (021) 803 26 29
pgavillet@servidis.ch
http://www.servidis.ch

Les Éditions MultiMondes reconnaissent l'aide financière du gouvernement du Canada par l'entremise du Programme d'aide au développement de l'industrie de l'édition (PADIÉ) pour leurs activités d'édition. Elles remercient la Société de développement des entreprises culturelles du Québec (SODEC) pour son aide à l'édition et à la promotion.

Gouvernement du Québec – Programme de crédit d'impôt pour l'édition de livres – gestion SODEC.

100 %

Imprimé avec de l'encre végétale sur du papier Rolland Enviro 100, contenant 100 % de fibres recyclées postconsommation, certifié Éco-Logo, procédé sans chlore et fabriqué à partir d'énergie biogaz.

IMPRIMÉ AU CANADA/PRINTED IN CANADA

Table des matières

Avant-propos

Le domaine des sciences et des technologies a longtemps été étranger à celui de la culture. Même de nos jours, le mot *culture* évoque surtout la littérature, l'histoire, les arts visuels, la musique, la mythologie gréco-romaine et tout ce qui constitue les « humanités » classiques.

Pourtant, dans nos sociétés qui font face à des mutations rapides, comprendre son environnement naturel et technique et prendre part aux décisions qui l'affectent sont indispensables, ce qui explique que les sciences et les technologies imprègnent tous les aspects du discours politique et économique contemporain, et font maintenant partie des préoccupations constantes des gouvernements, des entreprises, des établissements d'enseignement, des médias et des individus.

Dans ce contexte, on peut définir la culture scientifique et technologique comme un ensemble de connaissances et de compétences, en sciences et en technologies, qui se reflètent dans les représentations, les valeurs et les comportements des citoyens et des sociétés. En retour, ces valeurs et comportements individuels et sociaux peuvent influencer l'orientation donnée au développement des sciences et des technologies.

Tester et enrichir sa culture scientifique et technologique, qui vise à faciliter l'acquisition d'une culture scientifique et technologique de base (au sens défini ci-dessus), a d'abord été conçu pour les étudiantes et étudiants des programmes de formation à l'éducation préscolaire et à l'enseignement primaire qui doivent suivre un cours général de sciences et de technologies avant de s'inscrire à d'autres cours portant plus particulièrement sur l'enseignement et l'apprentissage des sciences. Il pourra toutefois intéresser quiconque souhaite rafraîchir sa culture scientifique et technique et l'enrichir.

Comme le titre de l'ouvrage l'annonce, chacun des chapitres s'ouvre par un questionnaire qui permet de tester ses connaissances dans le domaine. Les réponses sont données au début de chacune des sections du chapitre.

Les concepts, les lois et les théories scientifiques, de même que les principales techniques, sont présentés de la façon la plus accessible possible et leur compréhension ne nécessite pas de connaissances préalables en sciences ou en mathématiques. Une perspective historique permet aussi d'associer les principales découvertes et inventions aux grands noms de l'histoire des sciences et des techniques, et de les situer dans le contexte des époques où elles se sont produites.

Par ailleurs, l'approche retenue se caractérise par le fait qu'elle tient compte, pour les concepts présentés, des conceptions non scientifiques les plus fréquentes. Elle permet l'acquisition graduelle de connaissances scientifiques et technologiques par l'intermédiaire d'une confrontation constante entre, d'une part, les conceptions les plus fréquentes chez les élèves, les étudiants et le grand public et, d'autre part, les concepts, les lois et les théories généralement admis par la communauté scientifique contemporaine. Des recherches montrent en effet que l'évolution des conceptions d'une personne qui étudie les sciences a d'autant plus de chances de se produire qu'une confrontation lui permet de ressentir une insatisfaction à l'égard de ses propres conceptions, que les nouveaux concepts présentés lui paraissent intelligibles et plausibles et, enfin, que ces nouveaux concepts lui semblent féconds, c'est-à-dire qu'ils permettent d'expliquer des phénomènes qui paraissaient difficilement explicables à l'aide de ses conceptions habituelles. L'apprentissage des sciences, dont le succès repose sur un certain paradoxe, nécessite donc une rupture par rapport aux conceptions habituelles, mais doit néanmoins prendre racine dans ces mêmes conceptions.

L'ouvrage est divisé en sept chapitres et deux annexes. Le premier chapitre, qui présente d'abord la nature de l'activité scientifique, expose ensuite diverses conceptions des mécanismes de la découverte scientifique et se termine par la présentation de la nature des techniques et des technologies.

Les six chapitres suivants, qui constituent l'essentiel de l'ouvrage, traitent de la physique, de la chimie, de l'astronomie, des sciences de la Terre, de la biologie et, enfin, des techniques et des technologies.

Chacun de ces chapitres comporte un ensemble de concepts scientifiques qui, comme tous les concepts qui font l'objet d'un enseignement, sont le résultat d'une sélection et d'une transformation du savoir savant. Dans le cas présent, la sélection a surtout consisté à retenir les concepts qui doivent constituer une culture scientifique de base ainsi que ceux qui sont les plus importants pour faciliter l'apprentissage des sciences à des niveaux supérieurs. La transformation, quant à elle, a eu pour conséquence – inévitable dans un ouvrage de ce genre – de présenter ces concepts de façon morcelée et en leur conférant un caractère quelque peu dogmatique. La consultation des ouvrages indiqués dans la bibliographie permettra de bénéficier d'une présentation plus complète des notions scientifiques abordées.

Des percées historiques majeures sont décrites au fil du texte. Plusieurs de celles-ci sont considérées comme de grandes découvertes. Dans le domaine des sciences, cependant, une découverte est avant tout une création ou une invention intellectuelle, puisqu'il n'existe pas de boîte aux trésors où seraient cachées la théorie de la relativité, la théorie cellulaire ou la théorie de la dérive des continents. Même une découverte, comme celle de la pénicilline, est, en fait, l'invention d'une nouvelle utilisation pour une espèce de champignons, par exemple.

Dans chacun des chapitres se trouvent également des tableaux qui indiquent les conceptions non scientifiques les plus fréquentes, accompagnées des raisons d'être ou des explications de ces conceptions, ainsi que du concept scientifique correspondant à chacune de ces conceptions.

Les conceptions fréquentes apparaissent dans la première colonne. Sans être exhaustive, la liste des conceptions constitue néanmoins un échantillon représentatif d'idées souvent exprimées par les enfants, les adolescents ou les adultes.

Les explications des conceptions figurent dans la deuxième colonne des tableaux. Chacune de ces explications est la principale raison pour laquelle la plupart des personnes qui adhèrent à cette conception considèrent que c'est un concept scientifique. Ces explications sont de divers types, et il serait sans doute impossible d'en faire une typologie rigoureuse, mais certains types sont plus fréquents que d'autres. En voici quelques exemples :

- Le *sens commun* est ce qui semble évident à première vue. Par exemple, étant donné qu'il semble toujours possible de séparer un fragment de matière en fragments plus petits, on pourrait croire que la matière peut être subdivisée à l'infini.
- Une *impression sensorielle* est basée sur un ou plusieurs sens. Par exemple, étant donné qu'un solide donne l'impression, au toucher, d'être plus compact qu'un liquide, on pourrait croire que la glace est plus dense que l'eau.

- Le *langage courant* comporte des mots ou des expressions qui ne sont pas de nature scientifique. Par exemple, étant donné que les unités de masse, telles que les grammes et les kilogrammes, sont habituellement employées pour mesurer des poids, on pourrait croire que la masse et le poids sont des concepts équivalents.
- La *généralisation* consiste à appliquer à d'autres phénomènes ou substances les propriétés connues pour quelques-uns. Par exemple, en se basant sur les propriétés des métaux les mieux connus, on pourrait croire que tous les métaux sont solides, durs et brillants.
- Le *lien direct* consiste à relier directement deux phénomènes entre eux. Par exemple, si un lien direct est établi entre le passage de l'état liquide à l'état gazeux et la chaleur, on pourrait croire que l'évaporation d'un liquide réchauffe la surface sur laquelle il se trouve.
- Un *exemple erroné* peut être relativement courant. Par exemple, étant donné que la buée et les nuages sont parfois présentés comme étant des exemples de vapeur d'eau, on pourrait croire que la buée et les nuages sont de l'eau à l'état gazeux.
- Une *vieille croyance* se perpétue parfois dans les croyances populaires. Par exemple, la croyance en l'influence des signes du zodiaque sur la vie des êtres humains ou l'explication des traits physiques d'un enfant par le mélange du sang de ses parents sont encore fréquentes de nos jours.
- Une *pratique ancienne* peut aussi laisser des traces. Par exemple, l'incinération des déchets ayant longtemps été une pratique courante, on pourrait croire que c'est une excellente façon de réduire le nombre et la taille des dépotoirs.
- Une *condition nécessaire, mais non suffisante* peut être confondue avec une condition nécessaire et suffisante. Par exemple, étant donné que de l'eau potable est presque toujours limpide (condition nécessaire), on pourrait croire qu'il suffit de rendre de l'eau limpide (condition non suffisante perçue comme étant suffisante) pour qu'elle devienne potable.

Les concepts scientifiques correspondant à chacune des conceptions non scientifiques sont présentés dans la troisième colonne des tableaux.

En ce qui regarde les annexes, la première présente les grands noms de la science et de la technologie. La seconde annexe donne la liste des principales unités de mesure employées en sciences et en technologies.

Bien qu'il ne puisse tenir lieu de formation scientifique spécialisée, le présent ouvrage aura atteint son but s'il contribue à une meilleure compréhension du monde matériel et vivant qui nous entoure, à la formation d'un esprit critique, à l'acquisition de valeurs compatibles avec le respect de l'environnement et à la prise de décisions, individuelles et collectives, bénéfiques pour l'ensemble de la société.

Remerciements

Je tiens d'abord à remercier mes étudiantes et étudiants du programme de formation à l'éducation préscolaire et à l'enseignement primaire de l'Université de Montréal; leurs questions, leurs commentaires et leurs suggestions me permettent d'améliorer constamment mes cours de didactique des sciences et des technologies.

Je suis particulièrement reconnaissant à M. Jean-Marc Gagnon et à Mme Lise Morin, des Éditions MultiMondes, de la compétence, de l'enthousiasme et de la disponibilité dont ils ont fait preuve et qui ont grandement facilité la réalisation du présent ouvrage ainsi que de mes ouvrages précédents.

CHAPITRE 1

Les sciences, les techniques et les technologies

Avant d'aborder les principaux concepts des sciences, des techniques et des technologies, il convient de s'arrêter quelque temps sur la nature de l'activité scientifique, technique et technologique. Cette question relève de l'épistémologie, qui est une des branches de la philosophie. Le terme *épistémologie* provient de deux mots grecs, *épistémè*, qui signifie « connaissance » ou « science », et *logos*, qui signifie « langage », « étude scientifique », ainsi que « discours » et « jugement », et qui se retrouve aussi dans des termes tels que *biologie* et *géologie*.

Plus précisément, l'épistémologie s'intéresse à la définition, au sens et à la légitimité des sciences, à l'élaboration et à la comparaison de diverses conceptions de l'activité scientifique, aux langages des sciences ainsi qu'à la nature des problèmes scientifiques. Par extension, elle peut aussi fournir des indications précieuses sur la définition, les langages et les diverses conceptions de l'activité technique et technologique.

En théorie, il pourrait y avoir autant d'épistémologies qu'il existe de sciences, de techniques et de technologies, car chacune a des approches et des méthodes qui lui sont propres, mais, pour simplifier le propos, le présent chapitre n'aborde que des concepts d'épistémologie générale, valables dans plusieurs disciplines.

TEST 1
(20 QUESTIONS)

Pour toutes les questions qui suivent, choisissez la réponse qui vous semble la meilleure.

1. En sciences de la nature, dans des expressions telles que *sciences physiques*, *sciences de la Terre et de l'Espace* ou *sciences biologiques*, que signifie le terme *sciences*?

a) Des ensembles organisés de connaissances.
b) La démarche scientifique, appelée aussi *méthode expérimentale*.
c) Une activité rationnelle et les connaissances que celle-ci permet d'acquérir.
d) Des ensembles de théories qui ont été prouvées.
e) Des ensembles d'hypothèses plausibles.

2. Dans son développement historique, on peut dire qu'une science est parvenue à un bon degré de maturité quand:

a) elle permet de faire des prédictions qui s'avèrent justes.
b) elle permet de décrire fidèlement des objets et des êtres vivants qui étaient mal connus.
c) elle permet d'expliquer des phénomènes complexes.
d) elle fait l'objet de nombreuses publications pour le grand public.
e) elle est composée de théories qui ont été démontrées.

3. Les savoirs scientifiques forment une structure conceptuelle dont les composantes sont, des plus simples aux plus complexes:

a) les hypothèses, les théories, les lois et les modèles.
b) les énoncés d'observation, les concepts, les lois, les théories et les modèles.
c) les faits, les concepts, les lois, les théories et les modèles.
d) les hypothèses, les expériences, les données et les conclusions.
e) les faits, les énoncés d'observation, les théories, les lois et les modèles.

4. Un scientifique a proposé une explication qu'il a l'intention de mettre à l'épreuve dans une expérience. Il a énoncé:

a) une théorie.
b) une variable dépendante.

c) un concept.
d) une hypothèse.
e) une variable indépendante.

5. Vous faites une expérience qui vise à déterminer l'influence du temps d'exposition au Soleil sur le jaunissement du papier journal. Dans votre expérience, le temps d'exposition au Soleil est:

a) la variable dépendante.
b) la constante.
c) le principal paramètre.
d) la variable indépendante.
e) l'hypothèse.

6. Chacun des élèves d'une classe a fait pousser un haricot dans un petit pot placé sur le sol, à côté de son bureau. Malheureusement, après trois semaines, les feuilles de tous les haricots commencent à jaunir et à se flétrir. Les élèves proposent diverses façons de chercher la cause du problème. Avec laquelle de ces façons de procéder seriez-vous d'accord?

a) Placer tous les plants sur le rebord des fenêtres et les arroser un peu plus souvent.
b) Ajouter un peu d'engrais dans chacun des pots, s'assurer que tous les haricots reçoivent plus de lumière et les arroser plus souvent.
c) Laisser certains haricots au même endroit dans la classe et en placer d'autres sur le rebord des fenêtres.
d) Arroser les haricots un peu moins souvent.
e) Augmenter le chauffage de la classe de quelques degrés pendant la nuit.

7. Des psychologues ont constaté que les enfants qui passent beaucoup de temps à regarder la télévision ont souvent de moins bonnes notes à l'école que ceux qui la regardent peu. Ils peuvent affirmer que:

a) Le temps passé à regarder la télévision fait baisser les notes.
b) Il y a une relation entre les notes et le temps passé à regarder la télévision.
c) Les bonnes notes à l'école diminuent l'envie de regarder la télévision.
d) Il n'y a pas nécessairement de relation entre le temps passé à regarder la télévision et les notes à l'école.
e) D'autres recherches seront nécessaires parce que cette constatation n'est pas concluante.

8. Quelle est la principale raison pour laquelle certains spécialistes considèrent que l'étude des sciences de la nature (ou sciences exactes), telles que la physique, la chimie, l'astronomie ou la biologie, exige un plus grand effort intellectuel que l'étude de plusieurs autres disciplines ?

a) Elle demande une bonne maîtrise de notions mathématiques avancées.

b) Elle demande une modification de la façon de voir le monde qui nous entoure.

c) Elle demande un grand effort de mémorisation.

d) Elle demande une bonne maîtrise de l'informatique.

e) Elle demande une grande habileté à manipuler du matériel complexe.

9. Qu'est-ce que la modélisation ?

a) La construction de modèles réduits et de maquettes en trois dimensions.

b) L'élaboration d'un dispositif de recherche qui représente ce qui est étudié.

c) La conception de modèles virtuels à l'aide des logiciels appropriés.

d) La planification séquentielle d'une expérimentation en laboratoire.

e) La marche à suivre dans la rédaction d'un rapport de laboratoire.

10. Les mathématiques sont-elles une science ?

a) Non, les mathématiques, contrairement aux sciences, n'essaient pas d'expliquer le monde qui nous entoure.

b) Oui, les théorèmes mathématiques, tout comme les théories scientifiques, comportent des formules mathématiques.

c) Oui, toute formation scientifique avancée comporte des cours de mathématiques.

d) Oui, car les mathématiciens et les scientifiques se servent des mêmes outils, tels que le papier graphique, les calculatrices et les ordinateurs.

e) Non, car les mathématiques, contrairement aux sciences, ne permettent plus de nouvelles découvertes.

11. Les théories scientifiques sont-elles des vérités irréfutables ?

a) Non, les théories scientifiques ne sont que des hypothèses.

b) Non, les théories scientifiques conduisent à des applications dangereuses.

c) Oui, les théories scientifiques sont des explications démontrées.

d) Oui, la certitude est un critère fondamental de toute théorie scientifique.

e) Non, les théories scientifiques ne sont pas des dogmes religieux.

12. Les théories scientifiques sont-elles des explications de phénomènes naturels parmi d'autres, ni meilleures ni pires que bien d'autres explications possibles?

a) Non, car les théories scientifiques sont des explications démontrées.
b) Oui, car aucune théorie scientifique ne peut prétendre présenter la vérité.
c) Oui, car toute connaissance est relative.
d) Oui, car les théories scientifiques varient selon les cultures.
e) Non, car il existe des critères d'évaluation des explications.

13. Quels critères une théorie scientifique doit-elle respecter?

a) La vérification, la démonstration, la preuve et la certitude.
b) La non-contradiction, la complétude, la limitation et la prédictivité.
c) L'observation, l'hypothèse, l'expérimentation et la conclusion.
d) L'échantillonnage, la mathématisation, l'incertitude et l'applicabilité.
e) Le doute raisonnable, la vérifiabilité, la théorisation et la complexité.

14. Une expérience peut-elle prouver qu'une hypothèse est vraie?

a) Non, une expérience ne peut jamais vérifier tous les cas possibles.
b) Oui, et c'est le but principal d'une expérience scientifique.
c) Oui, si l'expérience comporte un groupe contrôle.
d) Non, ce serait inutile, puisqu'une hypothèse scientifique est toujours vraie.
e) Non, car une hypothèse n'est qu'une conjecture très incertaine.

15. Une expérience peut-elle prouver qu'une hypothèse est fausse?

a) Oui, car une hypothèse n'est qu'une conjecture très incertaine.
b) Oui, car le but d'une expérience est d'essayer de prendre une hypothèse en défaut.
c) Oui, car une hypothèse scientifique n'est pas la même chose qu'une loi scientifique.
d) Non, car une expérience a pour but de montrer qu'une hypothèse est vraie.
e) Non, car une hypothèse que l'on pense fausse maintenant sera peut-être vraie un jour.

16. Une science se construit-elle de façon graduelle et continue, comme un édifice auquel chaque nouvelle découverte ajouterait une pierre?

a) Non, une science est un ensemble de théories qui évoluent très peu.
b) Non, une science se construit de façon aléatoire et désordonnée.

c) Oui, une science évolue de façon rationnelle et planifiée.
d) Non, une science traverse parfois des périodes de crises et de révolutions.
e) Oui, une science est un édifice de concepts, de lois, de théories et de modèles.

17. Peut-on dire d'une théorie scientifique qu'elle est soit vraie, soit fausse?

a) Oui, l'expérimentation permet d'en prouver la vérité ou la fausseté.
b) Non, on peut simplement dire qu'une théorie est meilleure qu'une autre.
c) Oui, mais seulement quand la théorie finit par être bien acceptée.
d) Oui, il existe des critères de vérité d'une théorie scientifique.
e) Non, une théorie n'est qu'une conjoncture parmi d'autres.

18. Quel lien y a-t-il entre les sciences et les techniques?

a) Les techniques sont toujours des applications de théories scientifiques qui les ont précédées.
b) Les théories scientifiques découlent toujours de découvertes techniques qui les ont précédées.
c) Les sciences et les techniques sont deux domaines distincts et indépendants.
d) Les sciences et les techniques sont intimement liées et forment de vastes « technosciences ».
e) Les théories scientifiques peuvent mener à des applications techniques et les inventions techniques peuvent conduire à des théories scientifiques.

19. Quelle est la distinction entre les techniques et les technologies?

a) Les techniques sont anciennes et les technologies sont modernes.
b) Les technologies sont des ensembles de techniques.
c) Les techniques sont simples et les technologies sont complexes.
d) Les technologies nécessitent des ordinateurs, et non les techniques.
e) Les techniques se pratiquent en atelier, et les technologies en usine.

20. Comment peut-on schématiser les étapes les plus importantes de la résolution d'un problème technique ou technologique?

a) L'observation, l'hypothèse, l'expérimentation, les résultats, la conclusion.
b) La réception de la commande, la vérification de l'inventaire, l'expédition.
c) L'observation, l'induction, la fabrication, la déduction.
d) Le problème, le scénario, le prototype, la mise à l'essai, les améliorations.
e) La réception du cahier des charges, la production, la mise en marché.

La nature de l'activité scientifique

La science est une activité humaine qui vise à proposer des modèles explicatifs de phénomènes naturels.

RÉPONSES AUX QUESTIONS 1 À 9

La bonne réponse apparaît en caractères gras.

1. En sciences de la nature, dans des expressions telles que *sciences physiques*, *sciences de la Terre et de l'Espace* ou *sciences biologiques*, que signifie le terme *sciences*?

a) Des ensembles organisés de connaissances.

b) La démarche scientifique, appelée aussi *méthode expérimentale*.

c) Une activité rationnelle et les connaissances que celle-ci permet d'acquérir.

d) Des ensembles de théories qui ont été prouvées.

e) Des ensembles d'hypothèses plausibles.

2. Dans son développement historique, on peut dire qu'une science est parvenue à un bon degré de maturité quand:

a) elle permet de faire des prédictions qui s'avèrent justes.

b) elle permet de décrire fidèlement des objets et des êtres vivants qui étaient mal connus.

c) elle permet d'expliquer des phénomènes complexes.

d) elle fait l'objet de nombreuses publications pour le grand public.

e) elle est composée de théories qui ont été démontrées.

3. Les savoirs scientifiques forment une structure conceptuelle dont les composantes sont, des plus simples aux plus complexes:

a) les hypothèses, les théories, les lois et les modèles.

b) les énoncés d'observation, les concepts, les lois, les théories et les modèles.

c) les faits, les concepts, les lois, les théories et les modèles.

d) les hypothèses, les expériences, les données et les conclusions.

e) les faits, les énoncés d'observation, les théories, les lois et les modèles.

4. Un scientifique a proposé une explication qu'il a l'intention de mettre à l'épreuve dans une expérience. Il a énoncé :

a) une théorie.

b) une variable dépendante.

c) un concept.

d) une hypothèse.

e) une variable indépendante.

5. Vous faites une expérience qui vise à déterminer l'influence du temps d'exposition au Soleil sur le jaunissement du papier journal. Dans votre expérience, le temps d'exposition au Soleil est :

a) la variable dépendante.

b) la constante.

c) le principal paramètre.

d) la variable indépendante.

e) l'hypothèse.

6. Chacun des élèves d'une classe a fait pousser un haricot dans un petit pot placé sur le sol, à côté de son bureau. Malheureusement, après trois semaines, les feuilles de tous les haricots commencent à jaunir et à se flétrir. Les élèves proposent diverses façons de chercher la cause du problème. Avec laquelle de ces façons de procéder seriez-vous d'accord ?

a) Placer tous les plants sur le rebord des fenêtres et les arroser un peu plus souvent.

b) Ajouter un peu d'engrais dans chacun des pots, s'assurer que tous les haricots reçoivent plus de lumière et les arroser plus souvent.

c) Laisser certains haricots au même endroit dans la classe et en placer d'autres sur le rebord des fenêtres.

d) Arroser les haricots un peu moins souvent.

e) Augmenter le chauffage de la classe de quelques degrés pendant la nuit.

7. Des psychologues ont constaté que les enfants qui passent beaucoup de temps à regarder la télévision ont souvent de moins bonnes notes à l'école que ceux qui la regardent peu. Ils peuvent affirmer que :

a) Le temps passé à regarder la télévision fait baisser les notes.

b) Il y a une relation entre les notes et le temps passé à regarder la télévision.

c) Les bonnes notes à l'école diminuent l'envie de regarder la télévision.

d) Il n'y a pas nécessairement de relation entre le temps passé à regarder la télévision et les notes à l'école.

e) D'autres recherches seront nécessaires parce que cette constatation n'est pas concluante.

8. Quelle est la principale raison pour laquelle certains spécialistes considèrent que l'étude des sciences de la nature (ou sciences exactes), telles que la physique, la chimie, l'astronomie ou la biologie, exige un plus grand effort intellectuel que l'étude de plusieurs autres disciplines ?

a) Elle demande une bonne maîtrise de notions mathématiques avancées.

b) Elle demande une modification de la façon de voir le monde qui nous entoure.

c) Elle demande un grand effort de mémorisation.

d) Elle demande une bonne maîtrise de l'informatique.

e) Elle demande une grande habileté à manipuler du matériel complexe.

9. Qu'est-ce que la modélisation ?

a) La construction de modèles réduits et de maquettes en trois dimensions.

b) L'élaboration d'un dispositif de recherche qui représente ce qui est étudié.

c) La conception de modèles virtuels à l'aide des logiciels appropriés.

d) La planification séquentielle d'une expérimentation en laboratoire.

e) La marche à suivre dans la rédaction d'un rapport de laboratoire.

Une définition des sciences. Il existe un grand nombre de définitions des sciences, parmi lesquelles trois niveaux peuvent être distingués. À un premier niveau très général, les sciences désignent des ensembles organisés de connaissances relatives à certaines catégories de phénomènes. Il peut alors être question de sciences biologiques, de sciences sociales, de sciences politiques, de sciences physiques, de sciences de l'éducation, etc.

À un deuxième niveau, les sciences désignent, en plus de la définition précédente, une activité rationnelle et rigoureuse permettant de parvenir à des savoirs au sujet de phénomènes. Cette activité accorde souvent un rôle de premier plan à l'expérimentation.

À un troisième niveau, le plus pertinent lorsqu'il est question des sciences de la nature, qui sont consacrées à l'univers matériel, la Terre et l'Espace, et l'univers vivant, les sciences désignent cette activité rationnelle et rigoureuse et les savoirs qu'elle permet d'acquérir. On parle alors de *sciences* telles que la physique, la chimie, l'astronomie, la géologie, la météorologie et la biologie. Cette définition comporte deux aspects: l'activité scientifique et les savoirs scientifiques. L'activité scientifique correspond à un ensemble d'actions: rechercher des similitudes, observer, émettre des hypothèses, résoudre des problèmes, etc. Les savoirs scientifiques, constitués d'énoncés d'observation, de concepts, de lois, de théories et de modèles, sont le résultat de cette activité scientifique.

Les visées communes des sciences. Toutes les sciences comportent certaines caractéristiques communes. Elles cherchent d'abord à *décrire*, d'une façon systématique, des corps, des organismes ou des phénomènes. Dans son développement, toute science connaît généralement une première phase pendant laquelle la description occupe une place prépondérante. Aux XVIe et XVIIe siècles, par exemple, la botanique et la biologie consistaient surtout à décrire et à classifier les plantes et les animaux.

Les sciences visent ensuite à *expliquer*, en établissant des lois générales à partir des phénomènes observés. Ces lois sont vérifiées par des expériences contrôlées. Une science qui relègue au second plan son rôle descriptif et qui commence à énoncer des lois explicatives qui peuvent être vérifiées d'une façon expérimentale atteint une certaine maturité.

Parvenue à un stade de développement relativement avancé, une science peut alors *prédire* certains événements et phénomènes. Une excellente façon de vérifier la valeur d'une loi scientifique consiste à l'utiliser pour formuler une prédiction. La prédiction de la découverte de la planète Neptune ou de la déviation de la lumière d'une étoile par le Soleil en sont des exemples célèbres.

La structure des savoirs scientifiques. Les savoirs scientifiques forment une structure conceptuelle hiérarchisée. Les *énoncés d'observation* sont des énoncés formulés pour décrire des observations, des mesures, ou diverses données tirées de la nature. On prétend parfois que les énoncés d'observation sont neutres, exempts de toute interprétation ou explication, et on leur donne alors le nom de *faits*. Mais les énoncés d'observation n'ont de sens que par rapport à un système explicatif. Même un énoncé d'observation en apparence aussi neutre que « le Soleil se lève à l'est » implique une conception assez particulière des corps célestes et des points cardinaux.

Les *concepts* sont des représentations mentales générales et abstraites permettant d'organiser et de simplifier les perceptions et les connaissances, par exemple les concepts de cellule, d'organisme, de température, de temps, de densité ou de pression. Contrairement à plusieurs concepts du langage courant, un concept scientifique peut être formulé à divers niveaux. Il faut savoir utiliser le niveau de formulation approprié dans une situation donnée. Il n'est pas très utile à un automobiliste en panne sèche de savoir que le concept « essence » peut être défini comme un liquide pétrolier artificiellement coloré, distillant à 200 °C. Savoir qu'il s'agit d'un carburant est bien suffisant.

Les *lois* sont des énoncés qui organisent les énoncés d'observation et les concepts en un système logique et cohérent. Elles établissent des relations entre divers aspects du monde matériel ou du monde vivant. Mentionnons par exemple la troisième loi de Newton sur l'égalité entre l'action et la réaction, ou les lois de Mendel sur l'hybridation et l'hérédité. Comme les concepts, les lois supposent une simplification de la réalité, et négligent certains facteurs considérés comme secondaires, ce qui implique un jugement de valeur sur le degré de complexité nécessaire.

Les *théories* sont des ensembles de lois organisés de façon systématique, qui donnent l'explication d'un grand nombre d'énoncés d'observation, qui permettent de faire des prédictions et qui constituent la base d'une science. Une certaine théorie, si rudimentaire soit-elle, précède toujours les énoncés d'observation, ce qui est le contraire de ce qui est souvent enseigné.

Les *modèles* sont des structures formalisées utilisées pour rendre compte d'un ensemble de faits d'observations, de concepts, de lois et de théories reliés de diverses façons, par exemple le « modèle atomique » ou le « modèle animal de certaines maladies humaines ». On peut souvent représenter un modèle à l'aide d'un diagramme ou d'une maquette, ce qui le rend moins abstrait. Ces diagrammes et ces maquettes ne sont cependant que des supports de la pensée et risquent parfois de figer les conceptions, par exemple lorsque l'atome est conçu comme un système solaire miniature ou l'électricité comme un liquide qui circule dans de petits tuyaux.

Les hypothèses et les expériences. Les sciences reposent sur des activités de recherche sans fin. Dans le cadre de ces recherches, une hypothèse est une explication susceptible d'être mise à l'épreuve. Une expérience est un test scientifique qui éprouve une hypothèse dans des conditions soigneusement contrôlées. En d'autres termes, une expérience est une façon de « questionner la nature ».

Des hypothèses corroborées peuvent se traduire en lois ou en théories, qui seront les meilleures explications disponibles à ce jour.

Les variables dépendantes et les variables indépendantes. Une variable, telle que la température ou la vitesse d'une réaction chimique, est quelque chose qui change, soit dans une expérience, soit dans la nature. La variable indépendante est la cause de la variation d'une variable dépendante. Par exemple, le temps d'exposition au Soleil est la cause du jaunissement du papier. Le temps d'exposition au Soleil est donc la variable indépendante et le jaunissement du papier est la variable dépendante (car elle dépend de la variable indépendante).

Une constante est un facteur qui ne change pas. Dans ce même exemple, le taux d'humidité de l'air, qui n'est pas considéré dans le jaunissement du papier, devrait être gardé constant.

Le contrôle des variables. Au cours d'une expérience, si l'on fait varier plusieurs variables indépendantes en même temps, il sera très difficile, voire impossible, de savoir laquelle de ces variables indépendantes est la cause des variations de la variable dépendante. Par exemple, si l'on change en même temps la quantité d'eau, d'engrais et de lumière que reçoit une plante qui se flétrit, il sera très difficile de savoir laquelle de ces trois variables indépendantes était la cause de la variable dépendante, dans ce cas le flétrissement.

Le protocole expérimental idéal consiste donc à disposer d'un grand nombre de plantes qui semblent souffrir de la même maladie, à laisser quelques plantes, qui constituent le groupe contrôle, dans les conditions initiales, à faire varier seulement une des variables indépendantes à la fois pour d'autres groupes de plantes, dont chacun est un groupe expérimental. On pourrait par exemple faire varier seulement la quantité d'eau pour certaines plantes, faire varier seulement la quantité d'engrais pour d'autres plantes et faire varier seulement la quantité de lumière pour d'autres plantes. Cette façon de procéder consiste à contrôler les variables. Ainsi, il sera beaucoup plus facile de savoir lequel du manque (ou de l'excès) d'eau, du manque (ou de l'excès) d'engrais ou du manque (ou de l'excès) de lumière est la cause du flétrissement.

La corrélation et la causalité. Une corrélation est une relation mathématique entre deux variables. Elle est positive quand l'augmentation de la valeur d'une des variables est liée à une augmentation de la valeur de l'autre variable ; elle est négative quand l'augmentation de la valeur d'une des variables est liée à une diminution de la valeur de l'autre variable.

Par exemple, il y a une corrélation négative entre le temps passé à regarder la télévision et les notes à l'école. Plus le temps passé à regarder la télévision est grand, moins les notes sont bonnes.

Une corrélation est parfois l'indice d'une causalité (ou lien de cause à effet), mais pas toujours. Il serait possible, dans l'exemple ci-dessus, que le temps passé à regarder la télévision ne soit pas la cause des moins bonnes notes à l'école, mais que ces deux variables soient en fait dépendantes d'une troisième, par exemple la scolarité des parents.

Pour donner un exemple amusant, qui va dans le même sens, certaines données montrent qu'il existe une corrélation positive entre le rendement scolaire des élèves et la légèreté de leurs vélos. En effet, plus les alliages dont sont faits leurs vélos sont légers, plus le rendement scolaire des élèves est bon. Pourtant, personne n'a jamais suggéré de créer une fondation pour acheter des vélos en alliages légers aux enfants. L'explication est ailleurs. La légèreté des vélos et le rendement scolaire des élèves sont tous deux liés à d'autres variables, notamment le niveau socioéconomique des familles.

Les sciences du quotidien et les ruptures épistémologiques. Nous associons souvent les sciences à une activité d'expert, qui se déroule dans des centres de recherche et des laboratoires. Pourtant, il nous arrive tous, comme à monsieur Jourdain, dans le *Bourgeois gentilhomme* de Molière, qui faisait de la prose sans le savoir, de résoudre des problèmes ou de trouver des réponses à nos questions d'une façon scientifique. Faire varier tour à tour la quantité d'eau, de lumière et d'engrais d'une plante malade jusqu'à ce qu'elle se porte mieux, ou modifier la quantité de sucre ou de beurre d'une recette, jusqu'à ce que le goût d'un gâteau nous plaise davantage, sont des exemples d'expérimentation contrôlée.

Cela dit, il faut admettre, cependant, que les sciences exigent un effort intellectuel particulier. Outre qu'elles font appel à un langage symbolique et mathématique, elles impliquent souvent une profonde modification dans les façons d'envisager le monde qui constitue une véritable rupture épistémologique. Toute personne qui étudie les sciences doit remettre en question ses conceptions habituelles et reconstruire, peu à peu, des concepts plus abstraits et plus complexes. Les deux phénomènes qui suivent, par exemple, peuvent conduire à douter de certaines conceptions. Si on laisse tomber en même temps une grosse roche et une petite roche, celles-ci arrivent au sol au même moment. Également, certains objets très lourds flottent et d'autres objets très légers coulent.

La modélisation. L'activité scientifique peut être présentée comme une activité de modélisation, c'est-à-dire une activité qui consiste à construire les modèles physiques ou théoriques les plus cohérents possible pour résoudre les problèmes que posent la description, l'explication et la prédiction dans tous les domaines des sciences physiques et biologiques.

Dans le langage courant, le mot *modèle* comporte de nombreuses significations. Il peut désigner quelque chose ou quelqu'un à imiter, comme dans le cas d'un modèle d'écriture pour de jeunes élèves, d'un « élève modèle » ou du modèle vivant d'un artiste, de même que le produit de l'imitation, comme lorsqu'il s'agit du modèle en plâtre d'une statue. Il peut désigner l'archétype, par exemple lorsqu'on dit que le Tartuffe de Molière est le modèle de l'hypocrite. Il peut désigner la catégorie, comme dans le cas d'un modèle de voiture. Il peut enfin désigner le moule ou la matrice, comme lorsqu'il est question d'un modèle de savon, ou d'un modèle de l'objet à exécuter, comme dans le cas du modèle en bois ou du modèle réduit d'un avion.

En sciences, le mot *modèle* a surtout un sens instrumental et désigne un dispositif de recherche d'un degré de complexité équivalant au phénomène, à l'organisme ou au système étudié. Certains modèles sont surtout physiques, comme le modèle du pendule qui peut représenter et expliquer un grand nombre de phénomènes d'oscillation, ou le modèle de la drosophile (espèce de mouche) qui peut représenter et expliquer plusieurs concepts et lois de la génétique. D'autres modèles sont plutôt théoriques, dialectiques et parfois même mathématiques, comme les modèles à compartiments (avec des cases et des flèches), beaucoup utilisés en biologie, ou le modèle mathématique de Malthus portant sur les accroissements de la production et de la population. Il existe enfin des modèles mixtes, tels que les jeux (de dames, d'échecs, de cartes, de go, etc.), qui peuvent, par exemple, constituer d'intéressants modèles de la dynamique d'une population ou d'un conflit armé.

L'élaboration d'un modèle scientifique comporte sept étapes, qui rappellent un peu celles de la « méthode scientifique » classique dont il sera question plus loin dans la présentation de la conception vérificationniste de l'activité scientifique. La modélisation est d'ailleurs parfois présentée comme l'état actuel, modernisé pour tenir compte de préoccupations plus récentes, de cette « méthode scientifique ». Pour illustrer ces étapes, qui s'inspirent des travaux de Jean-Marie Leguay, nous emprunterons son exemple de la modélisation du trafic routier.

La première étape consiste à faire une *analyse de la situation*, laquelle fixe et décrit le cadre dans lequel s'effectuera la modélisation. Cette analyse comporte des recherches préliminaires et de la collecte de données. Dans notre exemple, la situation consiste à essayer de prévoir le trafic routier entre deux villes A et B qu'aucune route ne relie actuellement.

La deuxième étape consiste à *poser le problème* de façon claire, pertinente et accessible, ce qui n'est pas facile, car la tentation est parfois grande de ratisser trop large et de poser des problèmes vastes et irréalistes. Dans notre exemple, le problème consiste à trouver le modèle le plus simple et le plus élégant possible qui tienne compte des facteurs essentiels dont dépendra le trafic routier sur la nouvelle route reliant les deux villes.

La troisième étape consiste à faire le *choix d'un point de vue*. Ce choix est beaucoup plus important qu'il n'y paraît de prime abord, parce qu'il aura une influence déterminante sur le type de modèle qui sera élaboré ainsi que sur les applications qui pourront en découler. Par exemple, dans le cas d'une épidémie de malaria, le choix d'un point de vue médical, zoologique, écologique ou économique mènera à des recherches et à des modélisations très différentes les unes des autres. Dans notre exemple du trafic routier, le point de vue choisi pourrait être celui du génie civil, pour mettre au point un modèle permettant de prévoir le débit de la circulation et le type de route nécessaire.

La quatrième étape consiste à *exprimer les hypothèses ou les postulats* sur lesquels s'appuiera le modèle. Elle permet de définir le champ d'application exact du modèle, la liste des variables dont on tient compte et la valeur donnée à certains paramètres. Dans notre exemple du trafic routier, on postule, pour simplifier, que tous les individus des populations des deux villes sont équivalents et feront à peu près le même nombre de déplacements en voiture, comme conducteurs ou comme passagers.

La cinquième étape consiste à *formaliser le modèle.* Cette formalisation commence souvent par une phase plus qualitative, qui consiste à construire des diagrammes munis de flèches qui posent les variables retenues et les relations entre elles. Il peut arriver que la modélisation s'arrête là, mais elle se poursuit généralement par la construction d'un objet, d'un modèle physique ou, dans le cas d'un modèle mathématique, par une première approximation d'une formule possible. Dans notre exemple, une première approximation d'un modèle mathématique pourrait être que le trafic sera proportionnel au produit de la population de la ville A (Pa) par la population de la ville B (Pb). Plus la population des deux villes est grande, plus il y aura de trafic routier entre elles.

La sixième étape consiste à *raffiner le modèle* et à *donner des valeurs aux paramètres.* Cette étape est facilitée de nos jours, dans bien des domaines, par le recours à des programmes informatiques et à des logiciels de simulation. Dans notre exemple, le modèle pourrait être raffiné pour tenir compte de la distance (d) entre les deux villes. On pourrait supposer, comme dans le cas d'une attraction gravitationnelle ou électrique, que le trafic serait inversement proportionnel à la distance au carré (d^2) entre les deux villes, c'est-à-dire que plus la distance entre les deux villes est grande, plus le débit du trafic routier sur la nouvelle route sera faible. On pourrait aussi prévoir un coefficient K de l'« attractivité » des deux villes entre elles, auquel il faudra plus tard donner une valeur appropriée. Notre modèle mathématique sera donc :

$$\text{Trafic} = K\,(Pa \times Pb)/d^2$$

La septième et dernière étape consiste à *confronter les résultats prévus par le modèle aux données de l'expérience.* Plus l'accord est bon, plus le modèle est compatible avec le phénomène étudié. Un désaccord entraîne des modifications aux paramètres, parfois des modifications au modèle et, dans certains cas, le rejet total du modèle. Dans notre exemple de modèle du trafic routier, l'accord est satisfaisant entre le trafic prévu par le modèle et le trafic observé, et ce modèle mathématique est souvent utilisé.

Selon une autre description semblable, retenue par certains auteurs, les étapes de la résolution d'un problème scientifique consistent à : 1) cerner un problème de nature scientifique ; 2) choisir un scénario d'investigation ; 3) concrétiser sa démarche ; 4) effectuer l'expérience ou collecter des données ; 5) analyser ses résultats ; 6) faire un retour sur sa démarche et proposer des améliorations.

Un bon modèle comporte les mêmes caractéristiques qu'une bonne théorie scientifique, c'est-à-dire la non-contradiction, la complétude, la limitation (ou le confinement des objets), la prédictivité, la fécondité, la vérifiabilité, l'analyticité (ou la présence d'une structure logique) et la simplicité. (Voir la section « Les conceptions rationalistes des sciences » un peu plus loin.)

La modélisation entraîne cependant parfois des difficultés. Il peut arriver, par exemple, que le modèle devienne une convention que personne n'ose plus remettre en question, comme la mécanique de Newton, l'atome de Bohr ou le « cœur-pompe ». Dans certains cas extrêmes, comme celui du modèle géocentrique du système solaire, on tombe même dans le mythe. Il peut arriver aussi que l'on fasse une extension abusive du domaine de validité du modèle. On applique alors le modèle à des situations auxquelles il n'est pas adapté, par exemple lorsqu'on fait correspondre un modèle semblable à celui du système solaire à la description de l'atome.

Il est donc important, pour les scientifiques, de savoir reconnaître les situations où un modèle est devenu stérile et ne permet plus de progresser, celles où le modèle commence à engendrer des contradictions et enfin celles où le modèle présente des manques ou des faiblesses qui ne permettent pas de répondre à des questions importantes. Dans bien des cas, plusieurs points de vue et plusieurs modèles sont nécessaires pour dégager la meilleure compréhension du système étudié.

CONCEPTIONS FRÉQUENTES	EXPLICATIONS DES CONCEPTIONS	CONCEPTS SCIENTIFIQUES
	Une définition des sciences	
Tout ensemble organisé de connaissances est une science.	L'existence des sciences économiques, sociales, politiques et religieuses donne cette connotation très générale au terme *science*.	Dans le présent ouvrage, une science désigne une activité rationnelle et les savoirs acquis au sujet de phénomènes naturels.
	Les visées communes des sciences	
Les sciences visent à décrire le monde qui nous entoure.	Les émissions de télévision et les publications pour le grand public placent souvent l'accent sur les aspects descriptifs des sciences.	Les sciences visent aussi à expliquer et à prédire.
	La structure des savoirs scientifiques	
Les scientifiques s'intéressent aux « faits ».	L'intérêt porté aux « faits » est souvent présenté comme un gage d'objectivité.	Il n'existe pas de « faits » bruts, neutres et exempts de toute interprétation.

CONCEPTIONS FRÉQUENTES	EXPLICATIONS DES CONCEPTIONS	CONCEPTS SCIENTIFIQUES
Une théorie est une sorte d'hypothèse.	Dans le langage courant, les mots *hypothèse* et *théorie* sont parfois employés comme des synonymes.	Les théories sont des ensembles de lois qui ont été corroborées par des recherches scientifiques.
Les hypothèses et les expériences		
Une expérience est une activité qui consiste à manipuler du matériel.	On désigne parfois par le mot *expérience* des activités de loisir scientifique qui comportent de la manipulation de matériel.	Une expérience est un test scientifique qui éprouve une hypothèse dans des conditions soigneusement contrôlées.
Les variables dépendantes et les variables indépendantes		
La variable dépendante est la cause, et la variable indépendante est l'effet.	La confusion vient du fait qu'un effet dépend d'une cause ; la cause et la dépendance sont donc automatiquement associées.	La variable indépendante est la cause, et la variable dépendante est l'effet.
La corrélation et la causalité		
Une corrélation entre deux variables est l'indice d'un lien de cause à effet.	Les médias laissent parfois sous-entendre qu'une corrélation est nécessairement l'indice d'un lien de cause à effet.	Il peut exister une corrélation entre deux variables sans qu'une des variables soit la cause de l'autre.
Les sciences du quotidien et les ruptures épistémologiques		
Les sciences sont plus difficiles que d'autres disciplines, car elles nécessitent une bonne maîtrise des mathématiques.	Les lois de certaines sciences bien connues, telles que la physique, sont effectivement exprimées en langage mathématique.	Les sciences sont plus difficiles que d'autres disciplines parce qu'elles nécessitent des ruptures épistémologiques.
La modélisation		
Un modèle scientifique peut toujours être représenté par une maquette.	Dans le langage courant, un modèle désigne souvent une représentation en trois dimensions.	Plusieurs modèles scientifiques, tels que des formules mathématiques, sont des entités abstraites.

Diverses conceptions de la science

Il existe diverses façons de décrire les visées et la structure de l'activité scientifique.

RÉPONSES AUX QUESTIONS 10 À 17

La bonne réponse apparaît en caractères gras.

10. Les mathématiques sont-elles une science?

a) Non, les mathématiques, contrairement aux sciences, n'essaient pas d'expliquer le monde qui nous entoure.

b) Oui, les théorèmes mathématiques, tout comme les théories scientifiques, comportent des formules mathématiques.

c) Oui, toute formation scientifique avancée comporte des cours de mathématiques.

d) Oui, car les mathématiciens et les scientifiques se servent des mêmes outils, tels que le papier graphique, les calculatrices et les ordinateurs.

e) Non, car les mathématiques, contrairement aux sciences, ne permettent plus de nouvelles découvertes.

11. Les théories scientifiques sont-elles des vérités irréfutables?

a) Non, les théories scientifiques ne sont que des hypothèses.

b) Non, les théories scientifiques conduisent à des applications dangereuses.

c) Oui, les théories scientifiques sont des explications démontrées.

d) Oui, la certitude est un critère fondamental de toute théorie scientifique.

e) Non, les théories scientifiques ne sont pas des dogmes religieux.

12. Les théories scientifiques sont-elles des explications de phénomènes naturels parmi d'autres, ni meilleures ni pires que bien d'autres explications possibles?

a) Non, car les théories scientifiques sont des explications démontrées.

b) Oui, car aucune théorie scientifique ne peut prétendre présenter la vérité.

c) Oui, car toute connaissance est relative.

d) Oui, car les théories scientifiques varient selon les cultures.

e) Non, car il existe des critères d'évaluation des explications.

13. Quels critères une théorie scientifique doit-elle respecter?

a) La vérification, la démonstration, la preuve et la certitude.

b) La non-contradiction, la complétude, la limitation et la prédictivité.
c) L'observation, l'hypothèse, l'expérimentation et la conclusion.
d) L'échantillonnage, la mathématisation, l'incertitude et l'applicabilité.
e) Le doute raisonnable, la vérifiabilité, la théorisation et la complexité.

14. Une expérience peut-elle prouver qu'une hypothèse est vraie?

a) Non, une expérience ne peut jamais vérifier tous les cas possibles.
b) Oui, et c'est le but principal d'une expérience scientifique.
c) Oui, si l'expérience comporte un groupe contrôle.
d) Non, ce serait inutile, puisqu'une hypothèse scientifique est toujours vraie.
e) Non, car une hypothèse n'est qu'une conjecture très incertaine.

15. Une expérience peut-elle prouver qu'une hypothèse est fausse?

a) Oui, car une hypothèse n'est qu'une conjecture très incertaine.
b) Oui, car le but d'une expérience est d'essayer de prendre une hypothèse en défaut.
c) Oui, car une hypothèse scientifique n'est pas la même chose qu'une loi scientifique.
d) Non, car une expérience a pour but de montrer qu'une hypothèse est vraie.
e) Non, car une hypothèse que l'on pense fausse maintenant sera peut-être vraie un jour.

16. Une science se construit-elle de façon graduelle et continue, comme un édifice auquel chaque nouvelle découverte ajouterait une pierre?

a) Non, une science est un ensemble de théories qui évoluent très peu.
b) Non, une science se construit de façon aléatoire et désordonnée.
c) Oui, une science évolue de façon rationnelle et planifiée.
d) Non, une science traverse parfois des périodes de crises et de révolutions.
e) Oui, une science est un édifice de concepts, de lois, de théories et de modèles.

17. Peut-on dire d'une théorie scientifique qu'elle est soit vraie, soit fausse?

a) Oui, l'expérimentation permet d'en prouver la vérité ou la fausseté.
b) Non, on peut simplement dire qu'une théorie est meilleure qu'une autre.
c) Oui, mais seulement quand la théorie finit par être bien acceptée.
d) Oui, il existe des critères de vérité d'une théorie scientifique.
e) Non, une théorie n'est qu'une conjoncture parmi d'autres.

Les façons non scientifiques d'acquérir des connaissances. L'activité scientifique est relativement récente dans l'histoire de l'humanité. Mais d'autres façons d'acquérir des connaissances, qui sont encore utilisées de nos jours, remontent à l'apparition de l'homme sur la Terre et aux plus anciennes civilisations. Bien qu'elles puissent être valables dans certains contextes, ces façons d'acquérir des connaissances peuvent aussi faire obstacle à l'acquisition d'un mode de pensée scientifique.

- Le sens commun: Parfois utile, il est toutefois souvent trompeur. La Terre n'est pas plate et le Soleil ne tourne pas autour de celle-ci. Les sciences sont, à bien des égards, une tentative de l'esprit humain de se libérer du sens commun.
- L'autorité: Les sorciers, les rois, les prêtres, les ministres, les philosophes peuvent énoncer de profondes vérités, mais aussi de graves faussetés. Le prestige et la crédibilité accordés aux personnes en position d'autorité peuvent rendre leurs erreurs dangereuses. On a déjà prétendu, par exemple, que la prière était préférable à l'anesthésie ou à la vaccination. L'histoire des sciences est souvent aussi celle d'une lutte entre les scientifiques et les autorités de leur époque.
- L'expérience personnelle: Valable dans certains cas, elle peut cependant conduire à des conclusions fausses. Vous avez mal à la tête après avoir bu de la bière, du vin, du cognac et du whisky? Ne blâmez pas le mélange, mais plutôt la quantité totale d'alcool consommé. L'expérimentation scientifique, plus rigoureuse que l'expérience personnelle, permet souvent de tirer des conclusions fort différentes.
- La déduction: Fondamentale en mathématiques, la déduction est une opération qui permet de formuler des énoncés qui découlent logiquement de prémisses considérées comme évidentes. Un bon exemple est la géométrie euclidienne, entièrement déduite des cinq postulats de base suivants:
  - On peut mener une droite entre deux points.
  - On peut prolonger un segment de droite indéfiniment.
  - À partir d'un point et d'un intervalle quelconque, on peut décrire une circonférence.
  - Les angles droits sont tous égaux entre eux.

- Par un point donné, on ne peut mener qu'une seule parallèle à une droite donnée.

Le théorème de Pythagore, par exemple, selon lequel, dans un triangle rectangle, le carré de l'hypoténuse est égal à la somme des carrés des deux autres côtés, peut être déduit de ces postulats.

En sciences, bien qu'elle soit importante, la déduction n'est pas suffisante, car il n'existe pas de postulats scientifiques évidents à partir desquels pourraient être déduites toutes les lois et théories scientifiques.

Étant donné qu'elles sont essentiellement déductives, plusieurs auteurs considèrent que les mathématiques ne sont pas une science, d'autant plus que celles-ci n'ont pas pour but d'expliquer le monde qui nous entoure, mais seulement de formuler des théorèmes cohérents. Les mathématiques sont toutefois un langage essentiel, en sciences, car, comme l'énonçait Galilée en 1602, « la nature est écrite en langage mathématique ».

- L'induction : L'induction est une opération qui permet de formuler des énoncés généraux à partir d'un certain nombre de cas particuliers. Comme on ne peut presque jamais observer tous les cas particuliers, il y a donc un risque constant d'erreur.

Tout comme la déduction, l'induction est utile en sciences, surtout quand il s'agit de formuler des hypothèses à partir d'observations, mais elle ne peut à elle seule conduire à des théories scientifiques.

- L'abduction : L'abduction est une opération qui consiste à appliquer une théorie ou un modèle à un domaine différent. Par exemple, la loi de l'attraction entre des corps magnétiques, énoncée par Gilbert en 1600, a inspiré Newton dans sa formulation, en 1687, de la loi de la gravitation universelle.

La conception dogmatique des sciences. Les théories scientifiques sont parfois considérées et présentées comme des vérités irréfutables. Cette conception dogmatique des sciences, qui remonte à certains philosophes de l'Antiquité grecque, tels que Platon, qui s'est poursuivie dans les enseignements de René Descartes, au XVIIe siècle, au sujet d'idées claires, distinctes et garanties par Dieu (« Je pense, donc je suis »), et qui est encore véhiculée par une partie de la communauté scientifique, est souvent transmise par l'éducation scientifique.

Selon cette conception, il existe une correspondance exacte entre les régularités du monde réel et les théories scientifiques, et il est possible de développer un système de connaissances parfaitement consistant et donc à l'abri des contre-exemples et des exceptions. Les théories scientifiques sont comme des photographies aériennes du territoire occupé par la réalité.

Cette conception dogmatique, largement répandue dans le grand public, donne aux sciences des allures de foi religieuse (le « scientisme »), à laquelle on adhère avec ferveur ou de laquelle on s'éloigne avec crainte ou mépris.

La conception anarchique des sciences. À l'extrême opposé de la conception dogmatique, et sans doute en partie en réaction contre elle, est née une conception anarchique des sciences. Selon cette conception, qui remonte à Friedrich Nietzsche, au XIXe siècle, et qui a été soutenue plus récemment par Paul Feyerabend, il n'existe pas de méthode scientifique rationnelle et constante, et aucun critère ne peut garantir la correspondance entre nos connaissances scientifiques et le monde réel. D'après cette conception, l'objectivité et la vérité n'existent tout simplement pas et le hasard tient pour beaucoup dans l'élaboration des théories scientifiques. Les contradictions entre diverses lois ou théories scientifiques sont les témoins de nos limites intellectuelles. Loin d'être des « photographies aériennes », les théories scientifiques ne sont que des gribouillis parmi d'autres.

Tout comme la conception dogmatique, cette conception anarchique est répandue dans une partie importante du grand public qui, désabusée par les promesses non tenues du scientisme, considère que tout se vaut, et accorde la même crédibilité et la même valeur à l'astrologie qu'à l'astronomie, à la numérologie qu'à l'arithmétique, à l'homéopathie qu'à la pharmacologie et à la télépathie qu'à la télémétrie.

Les conceptions rationalistes des sciences. Entre les deux extrêmes que sont la conception dogmatique et la conception anarchique se situent plusieurs conceptions selon lesquelles les sciences sont des constructions mentales qui résultent d'une interaction constante entre le monde réel et l'esprit humain. Les sciences découlent d'un processus d'adaptation infinie à notre environnement. Toutes ces conceptions, que l'on peut qualifier de *rationalistes,* postulent qu'il existe une logique de la découverte scientifique et que les sciences ne ressemblent ni à des religions révélées, ni à des connaissances ésotériques. En d'autres mots, les théories scientifiques ne sont pas des photographies ou des gribouillis; ce sont des cartes, tracées selon une certaine logique. De la même façon qu'il peut exister des cartes routières, des cartes topographiques, des cartes géologiques, des cartes météorologiques et plusieurs autres types de cartes d'un même territoire, il existe plusieurs lois et théories scientifiques qui permettent chacune de décrire et d'expliquer certains aspects de la réalité.

Certains épistémologues présentent des critères généraux de scientificité qui sont compatibles avec la plupart des conceptions rationalistes de l'activité scientifique :

- La non-contradiction : Une théorie scientifique ne peut être contradictoire, sans quoi elle serait insignifiante ou absurde, puisqu'une affirmation et sa négation auraient le même statut.
- La complétude : Une théorie scientifique doit couvrir tout le champ qui constitue son domaine d'études. Par exemple, une théorie atomique doit décrire correctement la structure de tous les éléments du tableau périodique, et pas seulement celle de quelques éléments.
- La limitation (ou le confinement des objets) : Une théorie scientifique doit cependant se limiter à un domaine d'études bien circonscrit. Une théorie qui prétendrait décrire et expliquer l'ensemble du monde matériel, du monde vivant et du monde des idées ne serait pas scientifique.
- La prédictivité : Une théorie scientifique doit être en mesure de prédire les événements dont elle prétend décrire et expliquer le mécanisme. Par exemple, la prédiction faite par Einstein que la position apparente de certaines étoiles serait différente, au cours d'une éclipse du Soleil, corroborait sa théorie de la relativité générale.
- La fécondité : Une théorie scientifique doit être féconde, fertile, c'est-à-dire qu'elle doit faire progresser la discipline à laquelle elle se rattache, produire des hypothèses pertinentes pour des faits nouveaux et parfois même conduire à des applications technologiques.
- La vérifiabilité : Une théorie scientifique doit être vérifiable, c'est-à-dire qu'elle ne doit pas être composée d'énoncés tellement vagues qu'ils sont toujours vrais (tels que les horoscopes rédigés par bon nombre d'astrologues).

– L'analyticité (ou la présence d'une structure logique) : Une théorie scientifique doit établir une structure analytique de relations entre les énoncés d'observation, les concepts et les lois dont elle est constituée. Cette structure peut souvent s'exprimer sous la forme d'énoncés mathématiques (de type algébrique, vectoriel, statistique ou autre).

La (relative) simplicité : Une théorie scientifique doit demeurer relativement simple et élégante, autrement il est fort probable, comme l'histoire des sciences l'a montré à maintes reprises, que la communauté scientifique soit en train de faire fausse route. On peut penser, par exemple, au modèle géocentrique du système solaire, qui, autrefois, devenait de plus en plus complexe pour tenir compte de tous les mouvements apparents des planètes.

Les pages qui suivent présentent quelques conceptions rationalistes. Lorsqu'on les examine dans l'ordre où elles ont été énoncées, on se rend compte que, sans nier l'existence et l'importance du monde réel, elles accordent une importance de plus en plus grande, dans l'élaboration des théories scientifiques, à l'esprit humain.

La vérification de théories. Une des conceptions les plus répandues des sciences est le *vérificationnisme*, qui porte aussi les noms d'*empirisme classique*, d'*inductivisme* et de *positivisme*. Cette conception remonte à l'époque des travaux de Galilée et de Newton, et fut énoncée par Francis Bacon au début du XVIIe siècle. Elle fut également défendue par les philosophes du groupe du positivisme logique de Vienne au début du XXe siècle.

Francis Bacon

Selon cette conception, il existe une « méthode scientifique » qui suit, de façon linéaire, les étapes suivantes : 1) L'*observation* minutieuse de la nature permet d'établir un certain nombre de faits ; 2) l'induction permet d'énoncer des *hypothèses* à partir des cas particuliers observés ; 3) l'*expérimentation* permet de tester ces hypothèses ; 4) cette expérimentation permet d'obtenir des *résultats* ; 5) ces résultats sont sujets à une *interprétation* ; 6) une *conclusion* permet de dire si l'hypothèse a été prouvée, vérifiée (d'où le nom de *vérificationnisme*) ou non.

Ces étapes sont parfois résumées par le sigle OHERIC (observation, hypothèse, expérimentation, résultats, interprétation, conclusion) qui permet de les retenir facilement.

Cette conception bute cependant sur un problème logique fondamental. L'observation et l'expérimentation, même répétées, ne permettent d'étudier que des cas particuliers, et les théories générales élaborées de cette façon ne peuvent donc jamais être absolument certaines. On peut très bien affirmer, par exemple, que tous les canaris observés sont jaunes et affirmer également que les canaris ne sont pas tous jaunes. De plus, l'étude de la façon dont les scientifiques travaillent permet de constater qu'ils appliquent rarement une démarche uniforme et linéaire.

La réfutation de théories. Le vérificationnisme a été graduellement abandonné par les épistémologues, d'abord à cause des problèmes logiques dont il vient d'être fait mention, mais aussi en raison d'une modification de la façon d'envisager le rôle des observations, des expérimentations et des théories.

En effet, il devint de plus en plus évident, en étudiant comment les scientifiques travaillent, que les observations effectuées, de même que les énoncés formulés à la suite de ces observations, dépendent toujours des conceptions de l'observateur. Un étudiant en médecine qui observe des radiographies et un étudiant en astronomie qui observe des galaxies pour la première fois ne voient pas la même chose que des spécialistes, non pas à cause d'un manque d'attention, mais parce qu'ils n'interprètent pas ce qui se trouve dans leur champ visuel en fonction des mêmes conceptions et de la même base théorique. En d'autres termes, une théorie, si sommaire soit-elle, précède toujours l'observation et permet d'interpréter l'objet, l'être vivant ou le phénomène observé.

Karl Popper

Un des premiers philosophes des sciences à proposer une conception des sciences plus en accord avec ces rôles différents de l'observation et de la théorie fut Karl Popper, dans un livre d'abord publié en 1934. Sa conception, appelée le *réfutationnisme* (parfois aussi *falsificationnisme*) a encore une grande influence sur les conceptions actuelles des sciences.

Selon cette conception, des lois et des théories sont de nature scientifique dans la mesure où elles sont théoriquement réfutables. Par exemple, un énoncé du genre « il est possible que vous ayez de la chance si vous achetez un billet de loterie aujourd'hui » n'est pas scientifique, puisque peu importe ce qui vous arrive, il reste vrai. Par contre, des énoncés tels que « le Soleil tourne autour de la Terre » ou « la Terre tourne autour du Soleil » sont de nature scientifique, puisqu'il est théoriquement possible d'essayer de démontrer qu'ils sont faux. Cependant, un grand nombre d'observations qui concordent avec une théorie ne la prouvent pas, ne la vérifient pas, puisqu'il demeure toujours possible que des observations subséquentes ne concordent pas avec cette théorie. Par contre, une observation qui n'est pas en accord avec une théorie la réfute entièrement (d'où le nom de *réfutationnisme*). Une théorie scientifique n'est donc vraie que jusqu'à preuve du contraire.

Toutefois, cette conception présente également des difficultés. Il peut arriver, en effet, que ce soient les énoncés formulés à la suite d'observations qui sont faux et non les lois ou les théories scientifiques que ces énoncés d'observation croient devoir réfuter.

Par exemple, la théorie de l'héliocentrisme, selon laquelle toutes les planètes tournent autour du Soleil, proposée par Aristarque de Samos vers 250 av. J.-C. et par Nicolas Copernic en 1543, aurait dû être réfutée par l'impossibilité, constatée par Tycho Brahé vers 1580, de mesurer des mouvements de parallaxe pour les étoiles proches. En effet, une conséquence observable de l'héliocentrisme devait être un mouvement oscillatoire annuel des étoiles proches, par rapport aux étoiles plus éloignées, mouvement causé par la rotation de la Terre autour du Soleil, mais il semblait impossible de l'observer. L'héliocentrisme semblait donc réfuté et cette théorie aurait pu être abandonnée, comme le fit d'ailleurs Brahé qui proposa, en 1588, un modèle mi-héliocentrique, mi-géocentrique dans lequel les planètes, sauf la Terre, tournent autour du Soleil, mais le Soleil, les planètes et la Lune tournent autour de la Terre. L'héliocentrisme de Copernic devint pourtant une théorie largement acceptée dès la seconde moitié du XVIIe siècle, avant même que les premières parallaxes stellaires puissent enfin être mesurées, au XIXe siècle, avec les nouveaux et puissants télescopes disponibles.

Bien que le réfutationnisme ait maintenant cédé la place à de nouvelles conceptions des sciences, le principe selon lequel des énoncés qui sont toujours vrais, simplement en raison de la façon dont ils sont formulés, ne sont pas de nature scientifique, et le principe selon lequel des observations répétées ne sont pas nécessairement une garantie de vérité conservent l'adhésion de la communauté scientifique.

Thomas Kuhn

Les changements de paradigme. Au cours des années 1960, le philosophe Thomas Kuhn proposa, dans son livre maintenant célèbre *La structure des révolutions scientifiques*, une conception selon laquelle le progrès scientifique résulte souvent des révolutions que constitue l'abandon d'une structure théorique et de son remplacement par une nouvelle structure. Kuhn donne le nom de *paradigmes* à ces structures théoriques.

Selon cette conception, la science progresse selon les étapes suivantes : préscience > science normale > crise et révolution > nouvelle science normale > nouvelles crise et révolution > etc.

La science normale est caractérisée par le fait que les travaux de la communauté scientifique s'articulent autour d'un paradigme qui est constitué des lois et théories scientifiques acceptées ainsi que des méthodes de travail reconnues. Une crise et une révolution sont caractérisées par le rejet du paradigme, et son remplacement par un nouveau paradigme. Chaque paradigme interprète le monde d'une façon qui lui est propre. Par exemple, selon le paradigme de Maxwell, la théorie de l'électromagnétisme impliquait l'existence d'un éther emplissant tout l'espace. Selon le paradigme d'Einstein, cette théorie est remplacée par la théorie de la mécanique quantique qui implique l'existence de photons de matière et d'énergie qui se déplacent dans le vide.

Une des faiblesses de la position de Kuhn, cependant, est une incohérence interne. En effet, Kuhn affirme que, selon sa conception, la valeur d'une théorie scientifique peut être jugée de façon objective. En d'autres termes, il explique que sa conception n'est pas relativiste et que la valeur d'une théorie ne varie pas d'un individu à l'autre ou d'une communauté à l'autre. Pourtant, il soutient également que des considérations esthétiques, selon lesquelles une théorie est plus élégante ou plus simple qu'une autre, jouent un rôle décisif, ce qui constitue une forme de relativisme.

Cette conception a cédé la place à une conception moins relativiste, mais l'idée qu'il survient parfois, dans l'évolution d'une science, des crises, des révolutions et des changements de paradigme conserve toute sa pertinence.

La correction de théories. Une des conceptions des sciences jugée la plus adéquate, à l'heure actuelle, est une conception qui peut être appelée le *correctionnisme*. Selon cette conception, proposée par le philosophe Gaston Bachelard et formalisée par le philosophe Serge Robert, la science est une activité humaine qui consiste à :

- se représenter le monde au moyen d'un langage permettant d'exprimer des concepts et des relations entre ces concepts ;
- corriger constamment (d'où le nom de *correctionnisme*) ces concepts et ces relations de cause à effet pour éliminer les problèmes de consistance à l'intérieur de trois ordres de langage ou entre ces trois ordres de langage : l'ordre descriptif (les énoncés d'observation et les classifications), l'ordre explicatif (les relations de cause à effet exprimées sous forme de lois et de théories) et l'ordre justificatif (les modèles et les façons de connaître).

Par exemple, Descartes expliquait la réflexion en postulant que la lumière est formée de particules, comme des balles qui rebondissent, tandis que Huygens expliquait la réfraction, qui dépend de la densité du milieu à travers lequel la lumière passe, en postulant que la lumière est une onde, comme des vagues à la surface de l'eau. La théorie de Descartes présentait donc un problème de consistance entre l'hypothèse des particules (ordre explicatif) et la réfraction (ordre descriptif), tandis que la théorie de Huygens présentait un problème de consistance entre l'hypothèse des ondes (ordre explicatif) et la réflexion (ordre descriptif). La théorie actuelle, voulant que la lumière est à la fois une particule et une onde, comporte maintenant un problème de consistance plus théorique, à l'intérieur du niveau explicatif, puisque la lumière est expliquée de deux façons qui semblent incompatibles.

Selon la conception correctionniste, une science n'est ni vraie ni fausse, ni vérifiable, ni falsifiable, mais elle a néanmoins une valeur objective, et non pas seulement relative. Une théorie scientifique est meilleure qu'une autre si elle diminue le nombre de problèmes de consistance entre les trois ordres de langage ou à l'intérieur des trois ordres de langage.

Le *langage* des sciences est constitué d'un vocabulaire qui permet d'exprimer des énoncés d'observation et des concepts, et d'une grammaire qui permet d'exprimer des relations entre des concepts sous forme de lois, de théories et de modèles.

La *résolution de problèmes*, en sciences, consiste à éliminer des inconsistances, des contradictions entre des observations, des définitions, des classifications, des lois, des théories ou des modèles. Comme on l'a déjà mentionné, les inconsistances peuvent se situer à l'intérieur d'un ordre de langage ou entre deux ordres de langage.

Pour donner un autre exemple, on a longtemps pensé que le Soleil était une boule de feu, une masse de matière qui brûlait de la même façon que de l'essence et du bois. Mais alors, si le Soleil est une boule de feu, pourquoi ne détecte-t-on qu'une très faible proportion d'oxygène lorsqu'on fait l'analyse spectroscopique de la lumière émise pas les éléments qu'il contient ? Le problème soulevé par cette question est une inconsistance entre l'ordre descriptif des énoncés d'observation (faible proportion d'oxygène) et l'ordre explicatif de la théorie scientifique (le dégagement d'une grande quantité de chaleur et de lumière est causé par une combustion, c'est-à-dire une réaction chimique avec l'oxygène). L'inconsistance a été éliminée et le problème a été résolu lorsqu'on a découvert le mécanisme de la fusion nucléaire, qui dégage de grandes quantités d'énergie et ne fait pas intervenir de réaction chimique avec l'oxygène. La nouvelle théorie est donc maintenant en accord avec la faible proportion d'oxygène dans le Soleil.

Voici des exemples des divers types de problèmes possibles :

- Problème de consistance à l'intérieur de l'ordre descriptif : Les poissons respirent à l'aide de branchies et pondent des œufs. Les baleines sont des poissons qui respirent à l'aide de poumons et donnent naissance à des petits complètement développés. *Solution : Les baleines ne sont pas des poissons, mais des mammifères.*

- Problème de consistance entre l'ordre descriptif et l'ordre explicatif : Le feu est produit par une substance spéciale qui se dégage des matériaux combustibles lorsqu'ils brûlent (ordre explicatif). Il existe de nombreuses substances dont la masse augmente après la combustion (ordre descriptif). *Solution : Le feu n'est pas produit par une substance spéciale, mais résulte d'une réaction chimique avec l'oxygène de l'air (ordre explicatif).*

- Problème de consistance à l'intérieur de l'ordre explicatif : La malaria est une maladie causée par la mauvaise qualité de l'air des régions chaudes et humides. La malaria est une maladie causée par la piqûre d'un insecte. *Solution : La malaria est une maladie causée par un micro-organisme transmis par la piqûre d'un insecte qui vit dans les régions chaudes et humides.*

- Problème de consistance entre l'ordre explicatif et l'ordre justificatif: Les horloges des avions supersoniques retardent de quelques millièmes de seconde par rapport aux horloges qui restent sur Terre parce que le temps est fonction de la vitesse (ordre explicatif). Selon la conception classique formulée par Newton, l'Univers a trois dimensions spatiales, et le temps et la vitesse sont indépendants (ordre justificatif). *Solution: Selon la conception relativiste formulée par Einstein, le temps est une quatrième dimension de l'Univers et est fonction de la vitesse (ordre justificatif).*
- Problème de consistance à l'intérieur de l'ordre justificatif: Une théorie scientifique est une certitude (conception dogmatique des sciences). Une théorie scientifique n'est qu'une conjecture parmi d'autres (conception anarchique des sciences). *Solution: Une théorie scientifique n'est ni vraie, ni fausse, mais meilleure qu'une autre théorie si elle diminue les problèmes de consistance.*

CONCEPTIONS FRÉQUENTES	EXPLICATIONS DES CONCEPTIONS	CONCEPTS SCIENTIFIQUES
Les façons non scientifiques d'acquérir des connaissances		
Les lois et les théories scientifiques s'énoncent par déduction.	La déduction est parfois présentée comme le type de raisonnement le plus important dans toute discipline rationnelle et rigoureuse.	En sciences, la déduction ne permet pas, à elle seule, d'énoncer la plupart des lois et des théories scientifiques.
La conception dogmatique des sciences		
Les théories scientifiques sont des vérités irréfutables.	Les théories scientifiques sont parfois présentées comme des savoirs absolus et définitifs.	Toute théorie scientifique pourrait éventuellement être modifiée ou remplacée.
La conception anarchique des sciences		
Les théories scientifiques ne sont pas plus valables que les autres types d'énoncés ou d'explications au sujet de phénomènes naturels.	Il existe une opinion assez répandue selon laquelle tout se vaut, et que tout est une question de point de vue et de préférence personnelle.	Il existe des critères d'évaluation des énoncés et des explications au sujet de phénomènes naturels.
Les conceptions rationalistes des sciences		
Une grande théorie scientifique permettra un jour de tout expliquer.	Le progrès des sciences est parfois décrit comme une évolution vers une compréhension simple et totale de l'Univers.	Une théorie scientifique ne peut expliquer qu'un aspect du monde qui nous entoure.
La vérification de théories		
Une expérience scientifique peut permettre de prouver qu'une hypothèse est vraie.	L'expérimentation est parfois présentée comme une des étapes d'une « méthode scientifique » qui permet de prouver une hypothèse.	Une hypothèse peut être corroborée, mais elle ne peut être prouvée de façon absolue.

CONCEPTIONS FRÉQUENTES	EXPLICATIONS DES CONCEPTIONS	CONCEPTS SCIENTIFIQUES
	La réfutation de théories	
Tout énoncé peut être considéré comme une hypothèse scientifique.	Les hypothèses sont parfois présentées comme des énoncés plus ou moins aléatoires.	Pour être considéré comme une hypothèse scientifique, un énoncé doit être théoriquement réfutable.
	Les changements de paradigme	
Les sciences améliorent graduellement leurs lois, leurs théories et leurs modèles.	L'histoire des sciences est souvent décrite comme celle d'un progrès linéaire et constant.	Le progrès scientifique résulte souvent de la brusque révolution que constitue un changement de modèle ou de paradigme.
	La correction de théories	
Une théorie scientifique ne peut être que vraie ou fausse.	Les théories scientifiques sont parfois évaluées comme si elles étaient de simples raisonnements logiques.	Une théorie scientifique n'est ni vraie ni fausse, mais meilleure qu'une autre si elle comporte moins d'inconsistances.

Les techniques et les technologies

Il existe des liens étroits entre les sciences, les techniques et les technologies.

RÉPONSES AUX QUESTIONS 18 À 20

La bonne réponse apparaît en caractères gras.

18. Quel lien y a-t-il entre les sciences et les techniques?

a) Les techniques sont toujours des applications de théories scientifiques qui les ont précédées.

b) Les théories scientifiques découlent toujours de découvertes techniques qui les ont précédées.

c) Les sciences et les techniques sont deux domaines distincts et indépendants.

d) Les sciences et les techniques sont intimement liées et forment de vastes « technosciences ».

e) Les théories scientifiques peuvent mener à des applications techniques et les inventions techniques peuvent conduire à des théories scientifiques.

19. Quelle est la distinction entre les techniques et les technologies?

a) Les techniques sont anciennes et les technologies sont modernes.

b) Les technologies sont des ensembles de techniques.

c) Les techniques sont simples et les technologies sont complexes.

d) Les technologies nécessitent des ordinateurs, et non les techniques.

e) Les techniques se pratiquent en atelier, et les technologies en usine.

20. Comment peut-on schématiser les étapes les plus importantes de la résolution d'un problème technique ou technologique?

a) L'observation, l'hypothèse, l'expérimentation, les résultats, la conclusion.

b) La réception de la commande, la vérification de l'inventaire, l'expédition.

c) L'observation, l'induction, la fabrication, la déduction.

d) Le problème, le scénario, le prototype, la mise à l'essai, les améliorations.

e) La réception du cahier des charges, la production, la mise en marché.

Les sciences et les techniques. Bien que les techniques puissent être définies comme des ensembles de savoirs et de pratiques, fondées sur des principes scientifiques, dans un domaine de l'activité humaine, et qu'elles soient donc généralement présentées comme de la science appliquée, il n'existe pas de frontière précise entre les sciences et les techniques. Évidemment, dans le cas classique, une percée scientifique conduit à des applications techniques utiles dans la vie de tous les jours. La découverte du laser, par exemple, mena à de nombreuses applications techniques: lecture des codes barres à la caisse d'un magasin, enregistrement et lecture de disques compacts, impression de textes, etc. Mais l'inverse, c'est-à-dire une découverte scientifique découlant de procédés techniques, est également très courant. Certaines techniques développées pendant les guerres, par exemple, puis étudiées plus en profondeur par la suite, permirent de nombreuses découvertes scientifiques. L'invention du radar, par exemple, conduisit à la radioastronomie et à la résonance magnétique nucléaire. De plus, tout le domaine de l'instrumentation scientifique, représenté par des instruments tels que la lunette astronomique, le microscope, la balance, le thermomètre et le spectroscope, témoigne d'une véritable symbiose entre découverte scientifique et invention technique.

Par conséquent, il convient d'éviter le piège d'un contraste facile entre des sciences désintéressées, intrinsèquement bonnes, et des techniques intéressées, à but lucratif, pouvant être la cause de problèmes sociaux ou environnementaux. Les sciences et les techniques sont intimement liées, au point d'être parfois présentées, de façon peut-être un peu abusive, comme des « technosciences » qui modifient constamment et en profondeur notre vision du monde et nos façons de vivre.

Les techniques et les technologies. Une technique désigne les procédés et les méthodes d'un art, d'un métier ou d'une industrie. Dans ce sens, on peut parler des techniques de la sculpture, de la cordonnerie ou de la coupe du bois.

Le mot *technologie* provient des mots grecs *technos,* qui signifie « technique », et *logos,* qui veut dire « étude scientifique ». Dans son sens premier, la technologie est donc l'étude des techniques. Dans son sens moderne le plus habituel, une technologie est un ensemble de méthodes et de techniques employées dans le cadre d'une réalisation industrielle, par exemple la technologie automobile.

Malheureusement, sans doute pour faire plus « savant », le terme *technologie* est souvent employé alors que le mot *technique* serait plus simple et plus juste. Par exemple, l'assemblage de machines mécaniques simples et de circuits électriques est une technique, tandis que la conception d'un avion ou d'une station orbitale repose sur des technologies.

Par ailleurs, probablement en raison de la vogue des « TIC » (technologies de l'information et de la communication), le mot *technologie* évoque surtout, pour certaines personnes, les diverses utilisations de l'ordinateur (traitement de texte, tableur, base de données, courriel, Internet, etc.). Il existe toutefois des techniques et des technologies associées à toutes les disciplines scientifiques, par exemple les techniques et technologies de la chimie, de la géologie, de la météorologie et aussi, bien évidemment, toutes les biotechnologies.

La résolution de problèmes techniques et technologiques. Les étapes de la résolution d'un problème technique ou technologique sont semblables à celles de la modélisation scientifique, sauf que, dans ce cas, le concept de *prototype* se substitue à celui de modèle. Un prototype peut-être défini comme le premier exemplaire construit d'une machine, d'un appareil ou d'un dispositif. Dans l'industrie, la mise à l'essai d'un prototype et son amélioration peuvent se faire en vue d'une éventuelle construction en série.

La première étape consiste à *faire une analyse de la situation,* où l'on fixe et décrit le cadre dans lequel s'effectuera le développement du prototype. Dans notre exemple, la situation consiste à trouver des façons de se déplacer sur la neige sans s'enfoncer.

La deuxième étape consiste à *poser le problème* de façon claire, pertinente et accessible, ce qui n'est pas facile, car la tentation est parfois grande de ratisser trop large et de poser des problèmes vastes et irréalistes. Dans notre exemple, le problème ne concerne que les façons de se déplacer qui pourraient remplacer, pour des personnes non motorisées, la marche avec des bottes. Il ne s'agit pas, par exemple, de trouver des façons de faire en sorte qu'un véhicule à moteur se déplace sur la neige sans s'enfoncer.

La troisième étape consiste à *faire le choix d'un point de vue.* Dans ce cas, le point de vue est celui de piétons qui pratiquent des activités hivernales de loisir en plein air. Il ne s'agit donc pas du point de vue de cyclistes ou d'automobilistes ni même du point de vue de personnes qui pratiquent des sports d'hiver de compétition.

La quatrième étape consiste à *exprimer les postulats, les variables et les contraintes* sur lesquels s'appuiera la conception du prototype. Cette étape permet de définir le champ exact d'application du prototype, la liste des variables dont on tient compte et la valeur donnée à certains paramètres. Dans notre exemple, on postule que le prototype doit pouvoir supporter le poids d'un adulte, ne doit pas s'enfoncer de plus de quelques centimètres et doit pouvoir être fabriqué avec des matériaux et des outils relativement simples. Dans l'industrie, cet ensemble de postulats, variables et contraintes constituent les spécifications techniques qui se retrouvent souvent dans un document appelé *le cahier des charges* d'un prototype.

La cinquième étape consiste à *formaliser* et à *concrétiser le prototype.* Cette formalisation commence souvent par une phase plus qualitative qui pose les variables retenues et les relations entre celles-ci. Dans notre exemple, une première formalisation consiste à poser le principe que la pression exercée sur la neige par une personne qui se tient sur une surface en poids négligeable est inversement proportionnelle à l'aire de cette surface. Cette formalisation peut parfois se poursuivre par la construction d'un premier prototype rudimentaire. Dans ce cas, un premier prototype pourrait être une simple planche déposée sur la neige. On vérifie alors que plus la planche est grande, moins la pression par unité de surface exercée par la personne qui se tient dessus est grande et moins la planche s'enfonce dans la neige.

La sixième étape consiste à *raffiner le prototype* et à *donner des valeurs aux paramètres.* Cette étape est facilitée de nos jours, dans bien des domaines, par le recours à des programmes informatiques et à des logiciels de simulation. Dans notre exemple, un raffinement important consiste à poser le principe que la pression exercée sur la neige par une personne qui se tient sur une surface de poids négligeable est égale au poids de la personne divisé par l'aire de cette surface. Par exemple, un poids de 60 kg déposé sur une légère planche de 400 cm^2 donne une pression, sur la neige, de 0,15 kg/cm^2. On pourrait décider aussi que la largeur de chaque « pied » du prototype ne doit pas dépasser 45 cm et que sa longueur ne doit pas dépasser 2 m. On pourrait aboutir, par exemple, à des prototypes de type « raquettes » et à des prototypes de type « skis », qui respecteraient tous les deux, mais de façon très différente, le cahier des charges du prototype.

La septième et dernière étape consiste à *confronter la performance du prototype aux spécifications du cahier des charges.* Cette confrontation se fait au moment de mises à l'essai. Plus la performance du prototype respecte son cahier des charges, plus elle est satisfaisante. Une performance insatisfaisante peut nécessiter des modifications au prototype et, dans certains cas, le rejet total du prototype. Dans notre exemple, plusieurs types de raquettes ou de skis devraient probablement être modifiés ou rejetés. Il peut arriver aussi que la mise à l'essai permette de se rendre compte que des modifications doivent être apportées à des spécifications du cahier des charges qu'il s'avère difficile ou impossible à respecter. Dans notre exemple, ce serait le cas si le cahier spécifiait que le prototype ne doit pas s'enfoncer de plus de 1/2 cm, et ce même dans la neige poudreuse, condition qu'aucun prototype ne pourrait respecter.

Selon une autre description semblable, retenue par certains auteurs, les étapes de la résolution d'un problème technologique consistent à : 1) cerner un problème de nature technologique ; 2) choisir un scénario de conception ; 3) concrétiser sa démarche ; 4) fabriquer un prototype ; 5) procéder à la mise à l'essai ; 6) faire un retour sur sa démarche et proposer des améliorations au prototype.

CONCEPTIONS FRÉQUENTES	EXPLICATIONS DES CONCEPTIONS	CONCEPTS SCIENTIFIQUES
Les sciences et les techniques		
Toute technique découle d'une loi ou d'une théorie scientifique.	La technique est souvent présentée comme de la science appliquée.	Il arrive parfois qu'une technique précède la formulation d'une loi ou d'une théorie scientifique.
Les techniques et les technologies		
Le mot *technologie* est un synonyme du mot *technique*.	Le mot *technologie* remplace souvent le mot *technique*.	Une technologie est un ensemble de méthodes et de techniques.
La technologie désigne tout ce qui concerne les ordinateurs.	L'importance des technologies de la communication fait parfois oublier toutes les autres technologies.	Il existe des technologies dans les domaines de la physique, de la chimie, de l'astronomie, des sciences de la Terre et de la biologie.
La résolution de problèmes techniques et technologiques		
Un cahier des charges donne le poids auquel un prototype doit pouvoir résister.	Dans le langage courant, le mot *charge* est synonyme de *poids*.	Un cahier des charges décrit les spécifications techniques d'un prototype.

CHAPITRE 2

La physique

La physique a pour objet d'étude les propriétés générales de la matière, de l'espace et du temps. Elle établit les lois qui rendent compte de phénomènes naturels relatifs aux forces, aux mouvements, à la lumière, au son, à la chaleur, au magnétisme et à l'électricité.

TEST 2
(30 QUESTIONS)

Pour toutes les questions qui suivent, choisissez la réponse qui vous semble la meilleure.

1. Pourquoi Isaac Newton est-il célèbre?

a) Il énonça la théorie de la relativité.
b) Il formula les lois de l'électromagnétisme.
c) Il énonça la loi de la gravitation universelle.
d) Il expliqua le principe de la flottabilité.
e) Il mesura la vitesse de la lumière.

2. Si vous pouviez transporter une brique sur la planète Mercure, aurait-elle la même masse et le même poids que sur la Terre?

a) Sa masse serait la même et son poids serait inférieur.
b) Sa masse et son poids seraient inférieurs.
c) Sa masse serait inférieure et son poids serait le même.
d) Sa masse et son poids seraient supérieurs.
e) Sa masse et son poids seraient les mêmes.

3. Est-il possible que des objets lourds flottent sur l'eau et que des objets légers coulent?

a) Non, les objets lourds coulent et les objets légers flottent.

b) Non, sauf si ces objets ont des formes spéciales.

c) Oui, si les objets lourds sont plus denses et les objets légers moins denses que l'eau.

d) Oui, si ces objets ont des formes particulières.

e) Oui, si les objets lourds sont moins denses et les objets légers plus denses que l'eau.

4. De l'eau peut-elle passer directement de l'état solide à l'état gazeux?

a) Non, elle doit passer par l'état liquide avant de passer à l'état gazeux.

b) Oui, c'est un phénomène relativement fréquent.

c) Non, sauf si la température augmente brusquement.

d) Non, sauf si la pression augmente brusquement.

e) Oui, si la température et la pression augmentent suffisamment.

5. Dans une vinaigrette composée d'huile végétale et de vinaigre, pourquoi l'huile forme-t-elle une couche par-dessus le vinaigre?

a) Parce que l'huile est moins dense que le vinaigre.

b) Parce que l'huile et le vinaigre sont non miscibles.

c) Parce que les deux liquides n'ont pas été assez bien agités.

d) Parce que les liquides sont non miscibles et de densité différente.

e) Parce que la sorte d'huile utilisée est très légère.

6. Dans un atome, où se trouvent les électrons?

a) Les électrons se trouvent dans le noyau de l'atome.

b) Les électrons se déplacent entre le noyau et la surface extérieure de l'atome.

c) Les électrons sont en mouvement très rapide autour du noyau.

d) Les électrons sont les constituants de particules atomiques plus grosses.

e) Les électrons peuvent se retrouver dans toutes les parties de l'atome.

7. Pourquoi est-il interdit, sauf à de rares scientifiques, de regarder les carnets de laboratoire qui ont appartenu à la physicienne Marie Curie, au début du XXe siècle?

a) Ils ont une grande valeur historique et doivent être protégés contre le vol.

b) Leur papier pourrait se détériorer s'il était exposé à la lumière et à l'humidité.

c) Ils ne sont pas bien reliés et pourraient facilement se défaire.
d) Ils pourraient représenter un risque pour la santé.
e) Ils contiennent de l'information que l'armée française préfère garder secrète.

8. Pourquoi peut-on dire que, sans la fusion nucléaire, la vie sur Terre serait impossible?

a) La fusion nucléaire garde l'intérieur de la Terre chaud et empêche sa surface de trop se refroidir.
b) La fusion nucléaire est la source d'électricité, grâce aux centrales nucléaires, pour plusieurs pays.
c) La fusion nucléaire protège la Terre des rayonnements cosmiques dangereux.
d) La fusion nucléaire permet au Soleil d'émettre de la chaleur et de la lumière.
e) La fusion nucléaire permet de produire des rayonnements indispensables pour des traitements médicaux.

9. Pourquoi les éléments d'une cuisinière sont-ils rouges lorsqu'ils sont très chauds?

a) Parce que le courant électrique contient des photons de lumière.
b) Parce que les éléments contiennent un pigment activé par la chaleur.
c) Parce que les atomes des éléments cèdent de l'énergie sous forme de lumière.
d) Parce que le métal des éléments devient phosphorescent.
e) Parce que les éléments absorbent plus de lumière bleue, jaune et verte.

10. Que dit la théorie de la relativité?

a) Que certaines grandeurs physiques varient avec la vitesse.
b) Que tout est relatif et qu'il n'existe pas de certitude.
c) Que l'Univers a commencé par une gigantesque explosion.
d) Que certains astres absorbent toute la matière qui est autour d'eux.
e) Que le temps n'a pas de début ni de fin.

11. Pourquoi une petite bombe atomique à fusion peut-elle produire une très grande quantité d'énergie?

a) Parce qu'une partie de sa masse se transforme complètement en énergie.
b) Parce qu'elle est lancée d'un avion ou d'une fusée qui se déplace à haute altitude.
c) Parce qu'elle contient plusieurs éléments explosifs et radioactifs.
d) Parce qu'elle est dirigée avec précision par des rayons laser.
e) Parce qu'elle explose à un moment calculé avec une grande précision.

12. Pourquoi, selon la légende, Archimède s'écria-t-il « Eurêka ! (*J'ai trouvé!*) » ?

a) Il venait de découvrir les lois du levier.
b) Il venait de découvrir comment détruire des navires ennemis.
c) Il venait de découvrir comment estimer la longitude en mer.
d) Il venait de découvrir la loi de la gravitation universelle.
e) Il venait de découvrir comment mesurer le volume d'un objet.

13. Pourquoi nos poumons ne sont-ils pas écrasés par la pression atmosphérique ?

a) Parce que la densité de l'air est faible.
b) Parce qu'il y a de l'air à l'intérieur.
c) Parce que cette pression n'est pas très forte.
d) Parce que les côtes de notre squelette sont solides.
e) Parce nos muscles thoraciques produisent une force égale.

14. Une grosse bille d'acier tombe-t-elle plus vite qu'une petite ?

a) Non, parce que sa densité est la même que celle de la petite.
b) Oui, parce qu'elle est plus lourde et que les objets plus lourds tombent plus vite.
c) Oui, parce que sa vitesse augmente plus rapidement.
d) Non, parce que la résistance de l'air est négligeable dans ce cas.
e) Oui, parce qu'elle glisse mieux dans l'air.

15. Pour faire varier la période d'oscillation d'un pendule, il faut :

a) faire varier son poids.
b) faire varier la longueur du fil.
c) faire varier l'amplitude de son oscillation.
d) faire varier l'impulsion initiale.
e) faire varier sa forme.

16. Quelle est la principale utilité d'un levier ?

a) Modifier la direction de la force appliquée.
b) Permettre d'appliquer la force plus facilement.
c) Multiplier la force appliquée.
d) Augmenter le déplacement de l'objet sur lequel il agit.
e) Transformer un mouvement linéaire en mouvement curviligne.

17. Lequel des appareils ou dispositifs qui suivent permet de transformer de l'énergie mécanique en énergie électrique?

a) Un moteur électrique.
b) Un accumulateur.
c) Un transformateur.
d) Un disjoncteur.
e) Un générateur.

18. En quoi les ondes radio et la lumière sont-elles semblables?

a) Elles ne se déplacent que dans l'air.
b) Elles peuvent se déplacer dans tous les milieux.
c) Elles se déplacent à la même vitesse dans le vide.
d) Elles se déplacent à la même vitesse que le son.
e) Elles sont dangereuses à des fréquences très élevées.

19. Qu'est-ce qu'un photon?

a) Une particule du noyau atomique.
b) Une particule qui se déplace autour du noyau de l'atome.
c) Une particule qui n'est émise que par les corps radioactifs.
d) Une particule qui correspond à une onde électromagnétique.
e) Une particule d'antimatière.

20. Le verre est plus dense que l'air. La vitesse de propagation de la lumière sera donc:

a) plus rapide dans le verre que dans l'air.
b) identique dans le verre et dans l'air.
c) plus rapide ou moins rapide, selon la fréquence de la lumière.
d) plus rapide ou moins rapide, selon l'intensité de la source de lumière.
e) moins rapide dans le verre que dans l'air.

21. La lumière est-elle formée d'ondes ou de particules?

a) La lumière est formée d'ondes.
b) La lumière est formée de particules.
c) La lumière a des propriétés d'ondes et de particules.
d) Cela dépend de la source de la lumière.
e) Cela dépend du type de lumière.

22. Pourquoi le ciel est-il bleu?

a) Parce qu'il réfléchit la couleur des océans et des mers.
b) Parce que l'air disperse plus le bleu que les autres couleurs.
c) Parce que l'air absorbe mieux le bleu que les autres couleurs.
d) Parce que le bleu est la couleur la plus abondante dans la lumière solaire.
e) Parce que la couleur de l'espace, au-dessus de l'air, est le bleu foncé.

23. Le mélange de toutes les couleurs donne-t-il du noir ou du blanc?

a) Du noir ou du blanc, selon la façon dont les couleurs sont produites.
b) Du noir.
c) Du blanc.
d) Du noir ou du blanc, selon l'intensité de la lumière.
e) Les deux, mais le blanc est plus visible que le noir.

24. Un son très aigu a:

a) une longueur d'onde très longue.
b) une fréquence très élevée.
c) une très grande amplitude.
d) une vitesse de propagation très grande.
e) un timbre très haut.

25. Le son d'une clarinette est très différent de celui d'un piano. Cela est attribuable à leur:

a) fréquence.
b) amplitude.
c) longueur d'onde.
d) vitesse.
e) timbre.

26. En théorie, si l'on disposait de réfrigérateurs très puissants, pourrait-on refroidir des cubes de glace jusqu'à une température de plusieurs milliers de degrés Celsius au-dessous de zéro?

a) Oui, car toute grandeur physique peut prendre une valeur infiniment petite.
b) Oui, car les techniques modernes permettent des refroidissements considérables.
c) Non, car il existe une température bien supérieure qui est la plus basse possible.

d) Non, car aucun réfrigérateur ne peut atteindre une température inférieure à –70 °C.

e) Oui, si l'on refroidissait aussi durant des milliers d'années.

27. Autrefois, durant des siècles, des scientifiques essayèrent de fabriquer des dispositifs de mouvement perpétuel (dispositifs qui bougent sans arrêt sans apport d'énergie). Pourquoi perdaient-ils leur temps?

a) Ils ne disposaient pas d'huiles assez efficaces.

b) Ils ne disposaient pas de moteurs assez performants.

c) Ils ne tenaient pas compte de l'énergie dissipée.

d) Ils ne disposaient pas des matériaux composites modernes.

e) Ils ne connaissaient pas les techniques adéquates de conception de prototypes.

28. Comment pourrait-on produire un éclair et du tonnerre en miniature et sans danger?

a) En produisant une impulsion lumineuse avec une lampe de poche.

b) En tournant la pierre d'un briquet.

c) En frottant une allumette en carton contre la bordure du paquet.

d) En faisant exploser un petit pétard.

e) En produisant une décharge d'électricité statique avec des vêtements.

29. Comment pourrait-on montrer, de façon simple, qu'il y a un lien entre les phénomènes électriques et les phénomènes magnétiques?

a) En déplaçant un aimant naturel près d'une boussole.

b) En approchant deux aimants naturels l'un de l'autre.

c) En faisant passer du courant électrique dans un aimant naturel.

d) En plaçant une boussole près d'un courant électrique assez fort.

e) En saupoudrant de la limaille de fer sur un carton sous lequel est placé un aimant.

30. Pourquoi James Maxwell est-il célèbre?

a) Il réalisa la première transmission d'ondes radiophoniques.

b) Il énonça les lois de l'électromagnétisme.

c) Il expliqua le champ magnétisme terrestre.

d) Il construisit la première génératrice de courant électrique.

e) Il inventa l'électroaimant.

La matière

La matière est la substance qui constitue les corps.
Elle possède des propriétés physiques et chimiques.

RÉPONSES AUX QUESTIONS 1 À 5

La bonne réponse apparaît en caractères gras.

1. **Pourquoi Isaac Newton est-il célèbre?**

   a) Il énonça la théorie de la relativité.

   b) Il formula les lois de l'électromagnétisme.

   c) Il énonça la loi de la gravitation universelle.

   d) Il expliqua le principe de la flottabilité.

   e) Il mesura la vitesse de la lumière.

2. **Si vous pouviez transporter une brique sur la planète Mercure, aurait-elle la même masse et le même poids que sur la Terre?**

   a) Sa masse serait la même et son poids serait inférieur.

   b) Sa masse et son poids seraient inférieurs.

   c) Sa masse serait inférieure et son poids serait le même.

   d) Sa masse et son poids seraient supérieurs.

   e) Sa masse et son poids seraient les mêmes.

3. **Est-il possible que des objets lourds flottent sur l'eau et que des objets légers coulent?**

   a) Non, les objets lourds coulent et les objets légers flottent.

   b) Non, sauf si ces objets ont des formes spéciales.

   c) Oui, si les objets lourds sont plus denses et les objets légers moins denses que l'eau.

   d) Oui, si ces objets ont des formes particulières.

   e) Oui, si les objets lourds sont moins denses et les objets légers plus denses que l'eau.

4. **De l'eau peut-elle passer directement de l'état solide à l'état gazeux?**

   a) Non, elle doit passer par l'état liquide avant de passer à l'état gazeux.

   b) Oui, c'est un phénomène relativement fréquent.

c) Non, sauf si la température augmente brusquement.

d) Non, sauf si la pression augmente brusquement.

e) Oui, si la température et la pression augmentent suffisamment.

5. Dans une vinaigrette composée d'huile végétale et de vinaigre, pourquoi l'huile forme-t-elle une couche par-dessus le vinaigre?

a) Parce que l'huile est moins dense que le vinaigre.

b) Parce que l'huile et le vinaigre sont non miscibles.

c) Parce que les deux liquides n'ont pas été assez bien agités.

d) Parce que les liquides sont non miscibles et de densité différente.

e) Parce que la sorte d'huile utilisée est très légère.

Notions de base. Toute matière est composée d'atomes, souvent groupés en molécules dont la variété des arrangements produit les différents types de matière. La masse, qui se mesure en kilogrammes (kg), correspond à la quantité de matière d'un corps. Comme le montra le physicien anglais Isaac Newton (1642-1727), en 1687, le poids, qui se mesure d'ailleurs en newtons (N) en son honneur, indique la force qu'exerce la gravitation sur le corps.

Isaac Newton

Sur la Terre, une masse de 1 kg pèse 9,8 N. Sur la Lune, cette même masse de 1 kg ne pèse plus que 1,56 N, soit environ 6 fois moins, tandis que sur Jupiter elle pèse 25,87 N, soit environ 2,64 fois plus. On confond souvent *masse* et *poids*, car on mesure couramment les poids en grammes ou en kilogrammes, alors qu'il faudrait plutôt les mesurer en N.

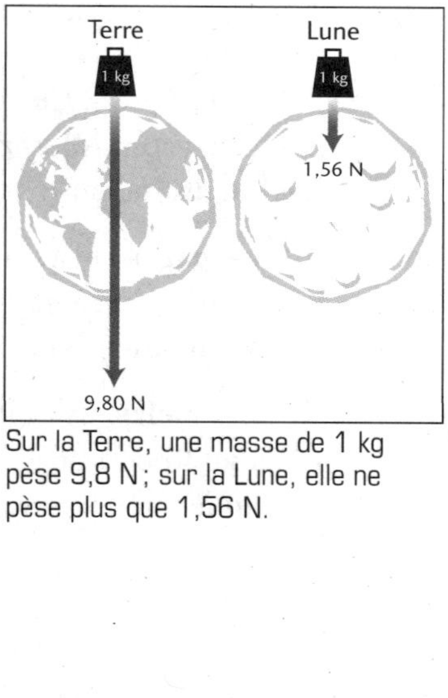

Sur la Terre, une masse de 1 kg pèse 9,8 N ; sur la Lune, elle ne pèse plus que 1,56 N.

La masse volumique se trouve en divisant la masse d'un objet par son volume. Par exemple, la masse volumique de l'eau est de 1 g/cm^3 et celle du fer est de 7,86 g/cm^3. La densité donne le rapport de la masse volumique d'un objet avec la masse volumique de l'eau. Par exemple, puisque la masse volumique du fer est 7,86 fois celle de l'eau, sa densité est donc de 7,86. La

La flottabilité dépend de la densité : en effet, les objets plus denses que l'eau, c'est-à-dire les objets dont la densité est plus grande que 1 coulent, tandis que les objets moins denses que l'eau, c'est-à-dire les objets dont la densité est plus petite que 1, flottent à sa surface.

Les états de la matière. La matière peut exister à l'état solide, liquide ou gazeux. À l'état solide, les atomes ou les molécules se déplacent lentement et sont maintenus ensemble par des forces électromagnétiques importantes. À l'état liquide, ils se déplacent plus rapidement, sont plus éloignés les uns des autres et les forces qui les lient sont plus faibles. À l'état gazeux, ils se déplacent très rapidement dans toutes les directions.

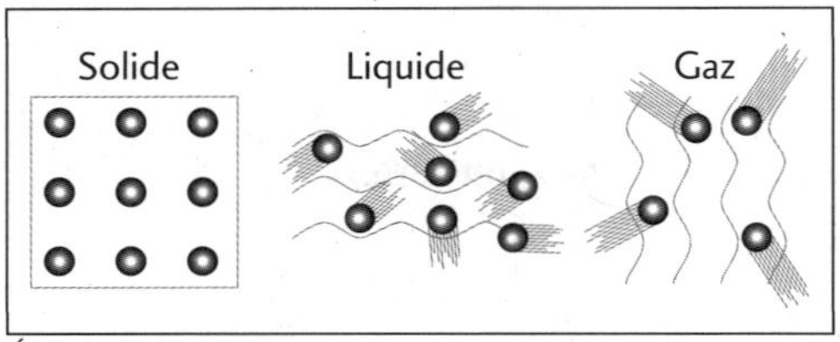

États de la matière

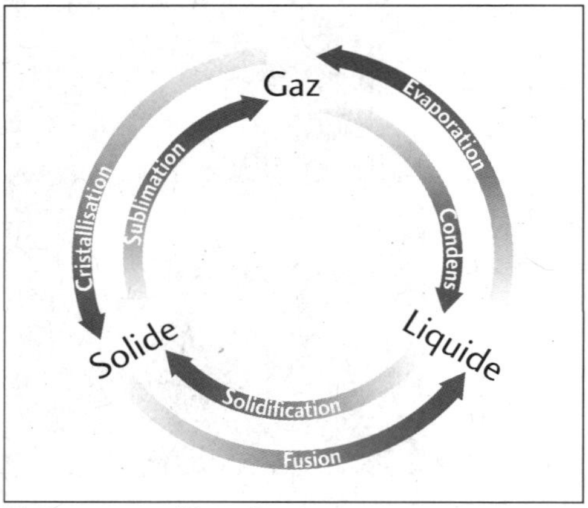

Changements d'état d'un corps

La matière peut passer de l'état solide à l'état liquide (fusion), de l'état liquide à l'état solide (solidification), de l'état liquide à l'état gazeux (évaporation), de l'état gazeux à l'état liquide (condensation), de l'état solide à l'état gazeux (sublimation) et de l'état gazeux à l'état solide (cristallisation ou condensation).

Un solide qui fond (ou un liquide qui s'évapore) acquiert de l'énergie, et un liquide qui se solidifie (ou un gaz qui se condense) libère de l'énergie sans que la température change : cette énergie se nomme la *chaleur latente*. Ce concept de chaleur latente, proposé par le physicien et chimiste écossais Joseph Black (1728-1799) en 1760, permit, pour la première fois, de distinguer nettement la chaleur et la température.

Un gaz porté à une température extrêmement élevée, comme à l'intérieur d'une étoile, libère des électrons et forme alors un plasma qui peut être considéré comme un quatrième état de la matière.

Les mélanges et les solutions. Comme le montra le physicien et chimiste irlandais Robert Boyle (1627-1691) en 1661, une substance peut être un élément chimique pur dont tous les atomes sont identiques (exemples : hydrogène, fer, or, carbone, soufre, chlore, hélium), un composé chimique dont les molécules comportent deux ou plusieurs sortes d'atomes (exemples : eau, sel de table, glucose, bicarbonate de sodium) ou un mélange de composés qui, eux-mêmes, ne sont pas combinés chimiquement (exemple : la terre noire est un mélange de minéraux, de matière organique et d'eau). La plupart des matériaux et des aliments sont des mélanges.

Robert Boyle

Certains corps, comme l'eau et l'huile, sont non miscibles et se divisent en couches séparées si l'on essaie de les mélanger. Les corps qui composent un mélange peuvent être séparés par des procédés physiques tels que la distillation et la filtration. Un colloïde est un mélange dans lequel de petites particules – beaucoup plus grosses toutefois que des atomes ou des molécules – de l'un des corps sont uniformément réparties dans l'autre. L'encre de Chine, par exemple, est un colloïde formé de particules de noir de fumée dans l'eau et stabilisé par de la gomme arabique. Le verre teinté est un colloïde solide composé de particules de métal réparties dans du verre.

Certains mélanges, tels que de l'eau sucrée ou de l'eau salée, sont parfaitement homogènes. Ils constituent alors une solution dans laquelle un corps est dissous dans un autre. Le solvant est le corps qui dissout et le soluté, celui qui est dissous. De l'eau sucrée est une solution liquide ; un alliage d'or et de cuivre est une solution solide. Le lait est une solution colloïdale composée de sucres et de minéraux en solution dans de l'eau et de petites particules de matières grasses en suspension. Une membrane semi-perméable permet de séparer un solvant d'un soluté par osmose. La portion du solvant qui est située du côté de la membrane où la solution est la moins concentrée s'écoule, à travers la membrane, vers la portion du solvant située du côté de la membrane où la solution est la plus concentrée.

Quelques propriétés physiques de la matière. L'élasticité est la capacité d'un solide à retrouver sa forme initiale après avoir été comprimé ou étiré. Selon la loi de Hooke, formulée par le savant anglais Robert Hooke (1635-1703) en 1676, l'extension d'un corps élastique est proportionnelle à la tension appliquée.

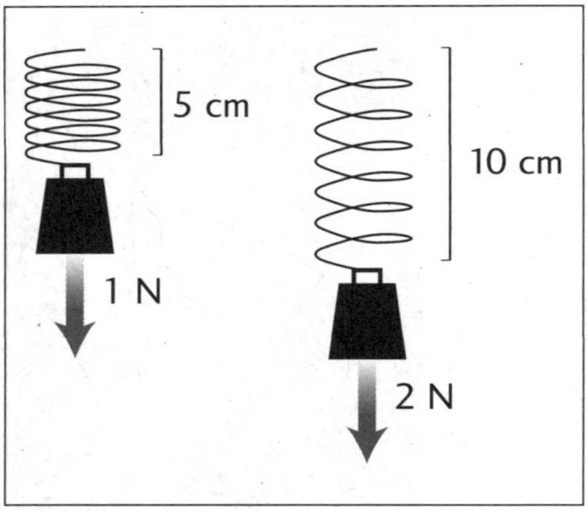

Loi de Hooke

La ductilité est la capacité d'un solide à se déformer sans se briser. L'or, par exemple, est très ductile. La malléabilité est la capacité que possède un solide d'être comprimé sans se briser. La viscosité est la capacité que possèdent un liquide et certains solides de résister à l'écoulement. La mélasse, par exemple, est plus visqueuse que le sirop d'érable. Le verre et la glace présentent certaines propriétés propres aux liquides, dont la viscosité, et s'écoulent très lentement avec le temps, comme en témoignent la déformation des vitres de vieilles habitations ou le déplacement d'un glacier. La dureté est la capacité d'un solide à résister aux rayures. Elle peut se mesurer au moyen de l'échelle de Mohs, présentée plus loin dans le chapitre portant sur les sciences de la Terre.

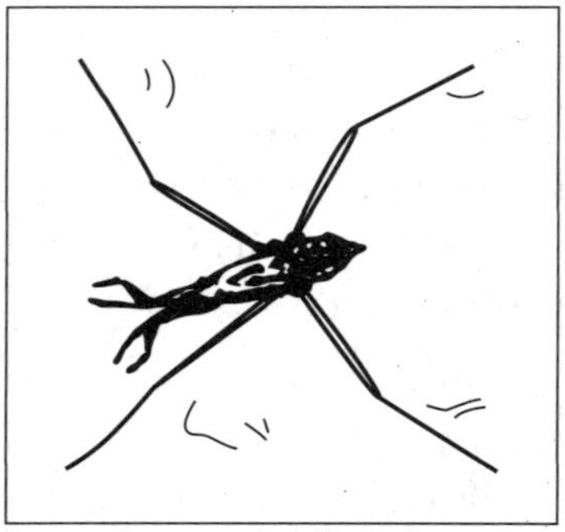

La tension superficielle de l'eau permet à certains insectes, comme le gerris, de marcher à sa surface.

La tension superficielle désigne une force qui agit à la surface d'un liquide. Elle résulte de l'attraction électrique entre les molécules de ce liquide.

La capillarité est la montée d'un liquide dans un tube étroit. Elle résulte de l'adhérence entre le liquide et le tube, et de la tension superficielle au sommet de la colonne de liquide.

CONCEPTIONS FRÉQUENTES	EXPLICATIONS DES CONCEPTIONS	CONCEPTS SCIENTIFIQUES
	Notions de base	
La matière peut être subdivisée à l'infini.	Dans la vie de tous les jours, il semble toujours possible de séparer un fragment de matière en fragments plus petits.	La matière est composée d'atomes, souvent groupés en molécules, qui ne peuvent être séparés facilement.
La masse et le poids sont des concepts équivalents.	Les unités de masse, telles que les grammes et les kilogrammes, sont souvent utilisées pour mesurer des poids.	La masse d'un corps est la même partout dans l'Univers, tandis que son poids change selon l'attraction gravitationnelle à laquelle cette masse est soumise.

CONCEPTIONS FRÉQUENTES	EXPLICATIONS DES CONCEPTIONS	CONCEPTS SCIENTIFIQUES
La masse volumique et la densité sont des concepts équivalents.	Les termes *masse volumique* et *densité* sont parfois employés comme s'ils étaient synonymes.	La masse volumique d'un corps est sa masse par unité de volume, tandis que sa densité est sa masse volumique comparée à celle de l'eau.
	Les états de la matière	
L'évaporation d'un liquide réchauffe la surface sur laquelle il se trouve.	Un lien direct est établi entre le passage de l'état liquide à l'état gazeux et la chaleur de la surface.	La surface sur laquelle se trouve un liquide qui s'évapore transmet de l'énergie calorifique au liquide et se refroidit.
L'eau en ébullition vive est plus chaude que l'eau en ébullition lente.	Quand l'eau est en ébullition vive, l'élément chauffant est souvent plus chaud que lorsqu'elle est en ébullition lente.	La température d'ébullition de l'eau, vive ou lente, est de 100 °C.
L'oxygène ne peut exister qu'à l'état gazeux, l'essence ne peut exister qu'à l'état liquide et le fer ne peut exister qu'à l'état solide.	L'oxygène est habituellement décrit comme étant un gaz, l'essence comme un liquide et le fer comme un solide.	Toute substance peut exister à l'état solide, liquide ou gazeux.
Tous les liquides deviennent solides à 0 °C.	L'eau, qui est le liquide le mieux connu, devient solide à 0 °C.	Plusieurs liquides courants, tels que l'alcool et l'essence, deviennent solides à des températures inférieures à 0 °C.
La glace doit toujours passer par l'état liquide avant de se transformer en vapeur d'eau.	La glace passe souvent par l'état liquide avant de se transformer en vapeur.	Il arrive que la glace se transforme directement en vapeur d'eau : c'est la sublimation.
La température de la glace est constante et il n'est pas possible d'augmenter sa température.	Tenir un morceau de glace semble toujours procurer la même sensation de froid.	En théorie, la glace peut prendre toutes les températures comprises entre –273 °C et 0 °C.
La glace est plus dense que l'eau à l'état liquide.	Un solide donne l'impression d'être plus compact qu'un liquide.	La glace flotte sur l'eau à l'état liquide. Elle est donc moins dense que l'eau.
La buée et les nuages sont de l'eau à l'état gazeux.	La buée et les nuages sont parfois présentés comme étant des exemples de vapeur d'eau.	La buée et les nuages sont formés de gouttelettes d'eau à l'état liquide.
	Les mélanges et les solutions	
Les mélanges et les composés sont semblables.	Les substances formées de deux ou de plusieurs autres substances sont toutes placées dans une même catégorie.	Les substances qui composent un mélange ne sont que faiblement liées chimiquement, alors que celles d'un composé sont fortement liées.
Tous les liquides peuvent se mêler les uns aux autres.	Plusieurs liquides courants, tels que l'eau et l'alcool, se mêlent bien les uns aux autres.	Certains liquides, tels que l'eau et l'huile, ne sont pas miscibles.

CONCEPTIONS FRÉQUENTES	EXPLICATIONS DES CONCEPTIONS	CONCEPTS SCIENTIFIQUES
L'huile ne se mélange pas à l'eau parce qu'elle est moins dense que celle-ci.	L'huile est comparée à un corps solide qui flotte sur l'eau.	L'huile et l'eau ne se mélangent pas surtout parce qu'elles ne forment aucun lien chimique.
Les deux liquides d'un mélange s'évaporent à la même température.	Les températures d'évaporation des liquides sont toutes considérées comme identiques.	La distillation est possible parce que les températures d'évaporation sont différentes.
Il n'y a pas de différence entre un mélange et une solution.	Les substances formées de deux ou de plusieurs autres substances sont toutes placées dans une même catégorie.	Une solution est un type de mélange parfaitement homogène.
Le sucre et le sel fondent dans l'eau.	Le passage de l'état solide à l'état liquide est toujours associé à une fusion.	Le sucre et le sel ne fondent pas ; ils se dissolvent.
Le solvant d'une solution est toujours un liquide.	Les solvants les mieux connus, tels que l'eau, l'alcool et la térébenthine, sont des liquides.	Le solvant d'une solution peut être un solide, comme dans le cas des alliages de métaux.
Quelques propriétés physiques de la matière		
Seuls les matériaux semblables au caoutchouc sont élastiques.	Le sens du mot élastique n'est pas le même dans le langage courant et dans le langage de la physique.	Une boule de billard, par exemple, est élastique, car elle se déforme et reprend instantanément sa forme originelle après avoir reçu un choc.
Les matériaux tels que les plastiques sont très durs.	La dureté d'un matériau est souvent associée à sa rigidité.	Les plastiques ne sont pas durs, car ils résistent mal aux rayures.
Un trombone ou une lame de rasoir flottent sur l'eau de la même façon qu'un bouchon de liège.	Une catégorie générale est établie pour tout ce qui tient à la surface de l'eau.	Un trombone ou une lame de rasoir tiennent à la surface de l'eau grâce à la tension superficielle de cette dernière.

Les atomes

Les atomes sont les constituants élémentaires de la matière. Chaque atome est un assemblage de particules fondamentales.

RÉPONSES AUX QUESTIONS 6 À 9

La bonne réponse apparaît en caractères gras.

6. Dans un atome, où se trouvent les électrons?

a) Les électrons se trouvent dans le noyau de l'atome.

b) Les électrons se déplacent entre le noyau et la surface extérieure de l'atome.

c) Les électrons sont en mouvement très rapide autour du noyau.

d) Les électrons sont les constituants de particules atomiques plus grosses.

e) Les électrons peuvent se retrouver dans toutes les parties de l'atome.

7. Pourquoi est-il interdit, sauf à de rares scientifiques, de regarder les carnets de laboratoire qui ont appartenu à la physicienne Marie Curie, au début du XXe siècle?

a) Ils ont une grande valeur historique et doivent être protégés contre le vol.

b) Leur papier pourrait se détériorer s'il était exposé à la lumière et à l'humidité.

c) Ils ne sont pas bien reliés et pourraient facilement se défaire.

d) Ils pourraient représenter un risque pour la santé.

e) Ils contiennent de l'information que l'armée française préfère garder secrète.

8. Pourquoi peut-on dire que, sans la fusion nucléaire, la vie sur Terre serait impossible?

a) La fusion nucléaire garde l'intérieur de la Terre chaud et empêche sa surface de trop se refroidir.

b) La fusion nucléaire est la source d'électricité, grâce aux centrales nucléaires, pour plusieurs pays.

c) La fusion nucléaire protège la Terre des rayonnements cosmiques dangereux.

d) La fusion nucléaire permet au Soleil d'émettre de la chaleur et de la lumière.

e) La fusion nucléaire permet de produire des rayonnements indispensables pour des traitements médicaux.

9. Pourquoi les éléments d'une cuisinière sont-ils rouges lorsqu'ils sont très chauds?

a) Parce que le courant électrique contient des photons de lumière.

b) Parce que les éléments contiennent un pigment activé par la chaleur.

c) Parce que les atomes des éléments cèdent de l'énergie sous forme de lumière.

d) Parce que le métal des éléments devient phosphorescent.

e) Parce que les éléments absorbent plus de lumière bleue, jaune et verte.

Notions de base. Les atomes sont les plus petits constituants des éléments chimiques. La théorie selon laquelle toute matière est composée d'atomes avait déjà été proposée, dans l'Antiquité grecque, par les philosophes Leucippe de Milet (v. 460-v. 370 av. J.-C.), Démocrite d'Abdère (v. 460-v. 370 av. J.-C.) et, plus tard, Épicure (341-270 av. J.-C.), mais, en 1808, le scientifique anglais John Dalton (1766-1844), célèbre aussi pour ses travaux sur le daltonisme, reformula la théorie atomique sous une forme plus moderne.

Les atomes sont tellement petits qu'un grain de sel en contient environ 10 000 000 000 000 000 000 000 000 000, soit 10^{18}. Un atome, dont le modèle de base fut proposé en 1911 par le physicien britannique Ernest Rutherford (1871-1937) qui précisait un modèle déjà avancé par le physicien français Jean Perrin (1870-1942) en 1901, contient un noyau positif constitué de protons de charge électrique positive et de neutrons qui sont neutres, ainsi que des électrons de charge électrique négative en mouvement très rapide autour de ce noyau. Un atome qui n'est pas combiné chimiquement avec d'autres atomes comporte le même nombre de protons et d'électrons. Il est donc électriquement neutre.

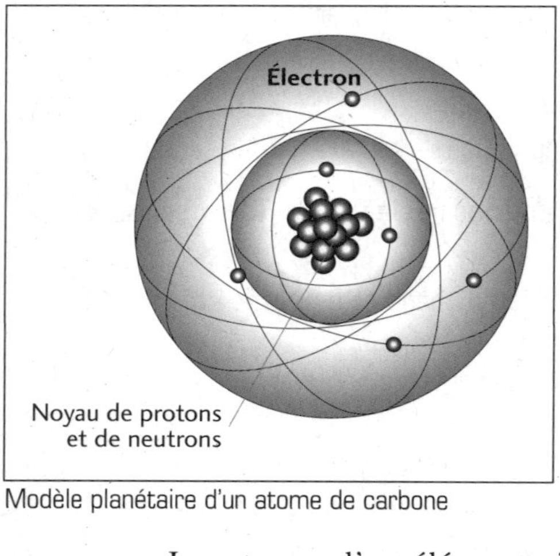

Modèle planétaire d'un atome de carbone

Les atomes d'un élément n'ont pas tous le même poids, car certains contiennent plus de neutrons. Les isotopes sont les versions différentes, avec plus ou moins de neutrons, d'un même élément. Par exemple, bien que la grande majorité des atomes de l'hydrogène ne comportent aucun neutron, il existe des atomes à un et à deux neutrons. L'hydrogène à un neutron, ou deutérium, sert à fabriquer l'eau lourde utilisée dans les centrales nucléaires pour contrôler la fission du combustible. L'hydrogène à deux neutrons perd facilement un de ses neutrons et est radioactif.

Les particules subatomiques. L'étude de la physique des particules porte sur les particules dont est constituée la matière. Les trois particules atomiques principales sont les protons, les neutrons et les électrons, mais il en existe plusieurs autres. Les deux types principaux de particules subatomiques élémentaires, dont sont constituées toutes les autres particules, sont les leptons (exemples: l'électron, le positron et le neutrino sont des leptons) et les quarks (exemple: le proton est constitué de trois quarks).

Selon le modèle standard proposé en 1962, les quatre forces fondamentales de l'Univers sont la gravitation, l'interaction électromagnétique (qui agit entre les électrons, les atomes et les molécules), l'interaction nucléaire faible (responsable de la radioactivité) et l'interaction nucléaire forte (qui lie d'une part les quarks dans les protons et les neutrons et, d'autre part, les protons et les neutrons dans le noyau). L'interaction entre deux particules se fait par échange d'autres particules, les bosons (exemples: photons, gluons).

Marie Curie

Les réactions nucléaires. Les réactions nucléaires désignent les modifications subies par les noyaux des atomes. Ces réactions sont la désintégration radioactive, la fission et la fusion. La désintégration radioactive, ou radioactivité, est la propriété de certains éléments de perdre spontanément de leur masse par l'émission de particules ou de rayonnements électromagnétiques. Elle fut découverte en 1896 par le physicien français Antoine Becquerel (1852-1908), quand il se rendit compte que l'uranium émettait un rayonnement, et fut précisée en 1898 par le physicien français Pierre Curie (1859-1906) et la physicienne française d'origine polonaise Marie Curie, née Sklodowska (1867-1934), lorsqu'ils découvrirent le polonium et le radium, deux autres éléments radioactifs. À cette époque, on ne connaissait pas les dangers de la radioactivité et les Curie s'exposèrent à des doses très dangereuses de rayonnement. Même de nos jours, leurs anciens cahiers de laboratoire sont encore très radioactifs.

La fission nucléaire, réalisée pour la première fois en 1939 par les physiciens allemands Otto Hahn (1879-1968) et Fritz Strassmann (1902-1980), qui poursuivaient des travaux amorcés avec la physicienne autrichienne d'origine suédoise Lise Meitner (1878-1968), se produit quand la désintégration de quelques atomes d'un élément très radioactif, comme l'uranium, déclenche une réaction en chaîne qui fait éclater les noyaux des autres atomes de cet élément et libère beaucoup d'énergie. Les premières bombes atomiques, qui détruisirent les villes japonaises de Hiroshima et de Nagasaki en 1945, étaient des bombes à fission.

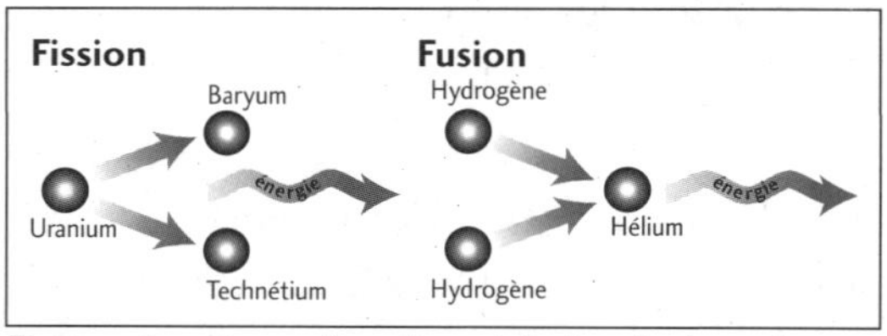

Fission d'un atome d'uranium et fusion de deux atomes d'hydrogène

La fusion nucléaire, qui est la façon dont le Soleil et toutes les étoiles produisent de l'énergie, fut réalisée pour la première fois en 1952 au moment de l'explosion expérimentale de la première bombe à hydrogène dans les îles Marshall du Pacifique. Elle se produit lorsque les noyaux de petits atomes, comme l'hydrogène ou l'hélium, se combinent et libèrent de l'énergie quand ils sont soumis à des températures et à des pressions très élevées.

L'électricité peut être produite par des centrales nucléaires à fission. Le réacteur nucléaire est la partie de la centrale où se trouve le combustible nucléaire et où circule le réfrigérant. Ce dernier capte la chaleur pour transformer de l'eau en vapeur d'eau qui fait tourner les turbines. Les centrales à fusion, qui auraient l'avantage de ne pas produire de déchets radioactifs, sont encore au stade expérimental. La mesure de la radioactivité d'un isotope du carbone, le carbone 14, permet de déterminer l'âge de vestiges anciens.

Ernest Rutherford

Durant des siècles, les alchimistes avaient rêvé de transmuter le plomb ou le mercure en or au moyen de simples réactions chimiques. Les progrès de la chimie, aux XVIIIe et XIXe siècles, permirent cependant de comprendre qu'aucune réaction chimique ne pourrait jamais transformer un élément en un autre élément. En 1918, cependant, Rutherford réussit à transformer de l'azote en oxygène en modifiant la structure des atomes à l'aide de rayons gamma. Depuis, de nombreuses autres transmutations atomiques ont été réalisées incluant, en 1970, celle du mercure en or, mais elles coûtent toujours beaucoup plus cher en énergie que la valeur des éléments produits.

La théorie quantique. La théorie quantique porte sur le comportement des particules subatomiques. Elle est à l'origine d'instruments comme le laser et les piles solaires. Selon cette théorie, proposée en 1900 par le physicien allemand Max Planck (1858-1947), l'énergie est constituée de petites unités d'énergie appelées *quanta*. La théorie quantique permet d'expliquer comment les électrons reçoivent et cèdent de l'énergie, sous forme de photons, en changeant de niveau d'orbite autour du noyau d'un atome. La lumière rouge des éléments très chauds d'une cuisinière électrique est un exemple d'émission de photons par des atomes qui reçoivent de l'énergie, sous forme de courant électrique, et la cèdent sous forme de lumière.

La théorie quantique permet aussi de comprendre, de façon mathématique, des phénomènes surprenants, comme le fait, découvert par le physicien autrichien Erwin Schrödinger (1887-1961) en 1926, que plusieurs électrons passant l'un après l'autre par deux petites fentes pratiquées dans un écran puissent produire des figures d'interférence, ou le fait qu'un électron puisse passer simultanément à travers ces deux petites fentes. Le principe d'incertitude, énoncé en 1927 par le physicien allemand Werner Heisenberg (1901-1976), selon lequel toute tentative pour déterminer une valeur caractéristique (par exemple la position) d'une particule subatomique a pour conséquence de perturber de façon imprévisible une autre valeur (par exemple la vitesse), est un des fondements de la théorie quantique.

CONCEPTIONS FRÉQUENTES	EXPLICATIONS DES CONCEPTIONS	CONCEPTS SCIENTIFIQUES
	Notions de base	
La matière est composée de petites particules qui sont toutes identiques.	Dans la vie de tous les jours, un fragment est fait de la même matière que le corps dont il provient.	Les atomes, constituants élémentaires de la matière, sont formés de protons, de neutrons et d'électrons.
Les atomes et les molécules d'un corps ont des propriétés semblables à celles du corps. Par exemple, les atomes d'or sont durs et brillants, et les molécules d'eau sont de minuscules gouttelettes.	Dans la vie de tous les jours, un fragment de matière a les mêmes propriétés que le corps dont il provient.	Les propriétés physiques courantes ne peuvent être définies au niveau atomique ou moléculaire.

CONCEPTIONS FRÉQUENTES	EXPLICATIONS DES CONCEPTIONS	CONCEPTS SCIENTIFIQUES
	Les particules subatomiques	
Les protons, les neutrons et les électrons sont les seules particules atomiques.	Les protons, les neutrons et les électrons sont les particules atomiques dont on parle le plus dans les ouvrages de vulgarisation scientifique.	Il existe un grand nombre de particules atomiques. Par exemple, les protons sont composés de quarks, particules encore plus fondamentales.
	Les réactions nucléaires	
Seuls des éléments dont les atomes sont très gros, tels que l'uranium ou le plutonium, peuvent être radioactifs.	Les corps radioactifs les mieux connus sont des éléments tels que l'uranium et le plutonium.	Certains isotopes de petits atomes, tels que l'hydrogène et le carbone, sont radioactifs.
La fission et la fusion nucléaires sont des formes de combustion semblables à du bois qui brûle.	Tout phénomène qui dégage de la chaleur et de la lumière est associé à une combustion.	La fission et la fusion ne sont pas des réactions chimiques, mais des réactions nucléaires qui ne nécessitent pas d'oxygène.

L'espace et le temps

L'espace et le temps sont les dimensions de l'Univers.

RÉPONSES AUX QUESTIONS 10 ET 11

La bonne réponse apparaît en caractères gras.

10. Que dit la théorie de la relativité?

a) Que certaines grandeurs physiques varient avec la vitesse.
b) Que tout est relatif et qu'il n'existe pas de certitude.
c) Que l'Univers a commencé par une gigantesque explosion.
d) Que certains astres absorbent toute la matière qui est autour d'eux.
e) Que le temps n'a pas de début ni de fin.

11. Pourquoi une petite bombe atomique à fusion peut-elle produire une très grande quantité d'énergie?

a) Parce qu'une partie de sa masse se transforme complètement en énergie.
b) Parce qu'elle est lancée d'un avion ou d'une fusée qui se déplace à haute altitude.
c) Parce qu'elle contient plusieurs éléments explosifs et radioactifs.
d) Parce qu'elle est dirigée avec précision par des rayons laser.
e) Parce qu'elle explose à un moment calculé avec une grande précision.

L'espace peut être décrit par trois dimensions perpendiculaires les unes aux autres, auxquelles s'ajoute le temps, qui est une quatrième dimension. On appelle *espace-temps* l'ensemble de ces quatre dimensions.

Albert Einstein

Selon la théorie de la relativité restreinte, énoncée par le physicien allemand Albert Einstein (1879-1955) en 1905, la vitesse de la lumière est la plus grande vitesse possible dans l'Univers (300 000 km/s), et un objet qui se déplace à une vitesse proche de la vitesse de la lumière subit les modifications suivantes: sa masse augmente, sa longueur diminue et le temps ralentit. Par exemple, s'il était possible à des astronautes de faire un voyage de quelques semaines à une vitesse proche de celle de la lumière, ils constateraient à leur retour que des dizaines d'années se seraient écoulées sur la Terre durant ces quelques semaines.

L'équation $E = mc^2$ permet d'expliquer la puissance des bombes atomiques.

La théorie de la relativité restreinte marque une rupture par rapport aux lois énoncées par Newton en 1687. En pratique, toutefois, la physique newtonienne continue à être appliquée, car elle constitue une approximation parfaitement valable pour tous les corps, comme les sondes spatiales, qui se déplacent à des vitesses bien inférieures à celles de la vitesse de la lumière.

Une des conséquences les mieux connues de la théorie de la relativité restreinte est la fameuse équation $E = mc^2$, selon laquelle la quantité d'énergie (E) qui peut être produite par la désintégration totale d'une certaine quantité de matière est égale à la masse (m) de cette quantité de matière, multipliée par la vitesse de la lumière (c) au carré, ce qui donne des quantités énormes d'énergie, même pour de très petites quantités de matière. Cette loi permet d'expliquer la puissance des bombes atomiques et l'énergie émise par les étoiles.

La théorie de la relativité générale énoncée par Einstein en 1916, selon laquelle l'espace-temps est déformé par les objets massifs qu'il contient, explique pourquoi, par exemple, le Soleil peut faire dévier la trajectoire de rayons lumineux en provenance d'autres étoiles, phénomène observé pour la première fois en 1919 par l'astronome britannique Arthur Eddington (1882-1944). À l'heure actuelle, la théorie de la relativité générale est considérée comme la meilleure théorie pour expliquer la gravitation universelle. Elle permet aussi, par son application à la théorie du Big Bang, d'expliquer en partie les débuts de l'Univers.

CONCEPTIONS FRÉQUENTES	EXPLICATIONS DES CONCEPTIONS	CONCEPTS SCIENTIFIQUES
L'Univers comporte trois dimensions seulement.	Le nombre de dimensions de l'Univers est estimé d'après le nombre de dimensions des solides géométriques usuels.	Le temps est la quatrième dimension de l'Univers.
Le temps s'écoule toujours de la même façon, quelle que soit la vitesse.	Le temps est considéré comme une variable indépendante des autres grandeurs physiques telles que la vitesse ou l'accélération.	Par rapport à des personnes restées sur Terre, le temps s'écoulerait beaucoup plus lentement pour un astronaute qui pourrait voyager à une vitesse proche de celle de la lumière.
Il est possible d'aller plus vite que la vitesse de la lumière.	Certains films de science-fiction présentent des vaisseaux spatiaux qui se déplacent plus vite que la lumière.	D'après la théorie de la relativité restreinte, la vitesse de la lumière est la plus grande vitesse possible dans l'Univers.
La lumière ne peut pas être déviée par une masse.	La lumière est considérée comme une onde immatérielle qui n'est pas soumise à l'attraction gravitationnelle.	La lumière qui passe près d'une étoile est déviée de façon observable.

Les forces et les mouvements

Les forces peuvent causer des mouvements et permettent le fonctionnement de machines simples et automatiques.

RÉPONSES AUX QUESTIONS 12 À 16

La bonne réponse apparaît en caractères gras.

12. Pourquoi, selon la légende, Archimède s'écria-t-il « Eurêka ! (*J'ai trouvé !*) » ?

a) Il venait de découvrir les lois du levier.

b) Il venait de découvrir comment détruire des navires ennemis.

c) Il venait de découvrir comment estimer la longitude en mer.

d) Il venait de découvrir la loi de la gravitation universelle.

e) Il venait de découvrir comment mesurer le volume d'un objet.

13. Pourquoi nos poumons ne sont-ils pas écrasés par la pression atmosphérique?

a) Parce que la densité de l'air est faible.

b) Parce qu'il y a de l'air à l'intérieur.

c) Parce que cette pression n'est pas très forte.

d) Parce que les côtes de notre squelette sont solides.

e) Parce nos muscles thoraciques produisent une force égale.

14. Une grosse bille d'acier tombe-t-elle plus vite qu'une petite?

a) Non, parce que sa densité est la même que celle de la petite.

b) Oui, parce qu'elle est plus lourde et que les objets plus lourds tombent plus vite.

c) Oui, parce que sa vitesse augmente plus rapidement.

d) Non, parce que la résistance de l'air est négligeable dans ce cas.

e) Oui, parce qu'elle glisse mieux dans l'air.

15. Pour faire varier la période d'oscillation d'un pendule, il faut:

a) faire varier son poids.

b) faire varier la longueur du fil.

c) faire varier l'amplitude de son oscillation.

d) faire varier l'impulsion initiale.

e) faire varier sa forme.

16. Quelle est la principale utilité d'un levier?

a) Modifier la direction de la force appliquée.

b) Permettre d'appliquer la force plus facilement.

c) Multiplier la force appliquée.

d) Augmenter le déplacement de l'objet sur lequel il agit.

e) Transformer un mouvement linéaire en mouvement curviligne.

Les forces. Les forces sont invisibles, mais c'est à cause d'elles que les objets s'arrêtent, changent de vitesse ou de direction, se plient, s'étirent, se tordent ou changent de forme. Comme l'énonça Isaac Newton en 1687, dans ses célèbres *Principes mathématiques de la philosophie naturelle*, selon la loi de la gravitation universelle, tous les corps matériels s'attirent entre eux grâce à la force de la gravitation. Le poids, qui se mesure en newtons (N), est la force qu'exerce la Terre sur une masse.

Archimède

La poussée désigne la force exercée vers le haut sur un objet immergé dans un fluide (un liquide ou un gaz). Vers 250 av. J.-C., le philosophe grec Archimède (287-212 av. J.-C.) énonça le célèbre principe selon lequel cette poussée est égale au poids du fluide déplacé. On raconte qu'il s'écria « Eurêka ! », qui signifie « j'ai trouvé ! », lorsqu'il constata que le fait d'entrer dans un bain faisait monter le niveau de l'eau. Cela lui permit de découvrir comment mesurer le volume d'un objet de forme quelconque grâce à l'eau déplacée puis, par la suite, de formuler son fameux principe.

La pression. La pression, qui se mesure en pascals (Pa), est la force exercée par unité de surface par un gaz, un liquide ou un solide. Le baromètre, conçu en 1643 par le physicien et mathématicien italien Evangelista Torricelli (1608-1647), permet de mesurer la pression atmosphérique. D'après le principe énoncé en 1648 par le philosophe, mathématicien et physicien français Blaise Pascal (1623-1662), la pression agit également dans toutes les parties d'un fluide, et dans toutes les directions.

Même si, dans la vie de tous les jours, nous ne ressentons pas la pression atmosphérique parce que la pression de l'air à l'intérieur de nos poumons équilibre la pression de l'air à l'extérieur, c'est une force énorme, comme le montra, en 1650, le physicien allemand Otto von Guericke (1602-1686) lorsqu'il réalise sa célèbre expérience des hémisphères de Magdebourg dans laquelle plusieurs chevaux ne purent séparer deux demi-sphères métalliques dans lesquelles il avait fait le vide.

Le mouvement. Le mouvement peut être décrit par les trois lois, également énoncées en 1687 par Newton dans les *Principes mathématiques de la philosophie naturelle.* D'après la première loi, ou loi sur l'inertie, dont une formulation semblable avait déjà été proposée par le physicien et astronome italien Galilée (1564-1642) en 1613, tout corps persévère dans l'état de repos ou de mouvement uniforme dans lequel il se trouve, sauf si une force agit sur lui. Cette loi semble parfois fausse à la surface de la Terre en raison des forces de frottement qui ralentissent des objets en mouvement.

En raison de l'inertie, les passagers non attachés d'une voiture qui se déplaçait à 100 km/h continuent à se déplacer et frappent l'intérieur de la voiture à 100 km/h.

D'après la deuxième loi, une force constante appliquée sur un corps produit une accélération inversement proportionnelle à la masse de ce corps. En d'autres termes, la même force constante accélère davantage un corps peu massif qu'un corps très massif. Cette loi est représentée par la formule $F = ma$, où F désigne la force, m la masse et a l'accélération. À première vue, on pourrait penser que c'est en raison de cette deuxième loi qu'une plume tombe moins vite qu'un marteau. En réalité, s'il n'y avait pas d'atmosphère pour ralentir la chute de la plume, celle-ci tomberait avec la même accélération que le marteau.

En l'absence d'atmosphère, un marteau et une plume tomberaient avec la même accélération.

D'après la troisième loi, les forces agissent toujours par paire : une action et une réaction. Par exemple, une fusée monte par réaction à la force des gaz projetés vers le bas par la combustion.

La publication, par Isaac Newton, de ses fameuses trois lois, mit fin à une période de plusieurs siècles au cours de laquelle les mouvements avaient été expliqués par deux théories très intuitives : la théorie des mouvements naturels et violents du philosophe grec Aristote (384-322 av. J.-C.) et la théorie de l'impétus, ou élan donné aux corps, énoncée par le philosophe grec Jean Philopon (490-566) et reprise par les savants français Jean Buridan (1300-1360) et Nicole Oresme (1325-1382). Selon la théorie d'Aristote, le mouvement d'une planète était un mouvement naturel, d'une nature complètement différente de celle du mouvement d'un javelot, par exemple, qui était un mouvement violent. Selon la théorie de l'impétus, une balle lancée dans les airs montait tant que la force de son élan était plus grande que celle de la gravité.

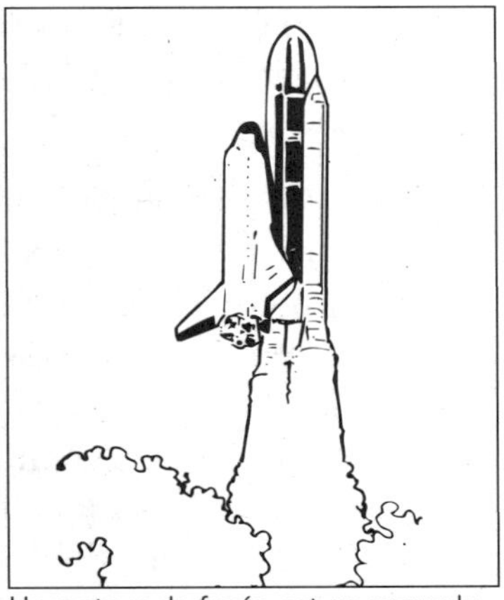

Un moteur de fusée est un exemple d'application de la loi action-réaction.

Isaac Newton montra que les mouvements de tous les corps peuvent s'expliquer par les mêmes lois et montra aussi qu'une force agit sur la balle au moment où on la lance, mais que la seule force qui agit par la suite, quand la balle monte et descend, est la force de la gravité dirigée vers le bas. Parlant de ses trois lois ainsi que de la loi de la gravitation universelle, Newton dira, en pensant notamment à l'astronome allemand Johannes Kepler (1571-1630) qui avait décrit les mouvements des planètes, et à Galilée: « J'ai vu plus loin que les autres parce que je me suis juché sur les épaules de géants. »

Selon la loi de l'isochronisme des petites oscillations du pendule énoncée par Galilée en 1583, la durée d'oscillation, ou période, d'un pendule ne dépend ni de l'amplitude de l'oscillation ni du poids du pendule, mais seulement de la longueur du fil.

Les machines simples. Les machines simples permettent de modifier la direction d'une force ou de l'amplifier. La roue, utilisée pour la première fois pour le transport en Mésopotamie, 3500 ans av. J.-C., permet de réduire la friction entre un objet et le sol. Le treuil, qui est un cylindre autour duquel s'enroule une corde, un câble permet par exemple de remonter un seau du fond d'un puits. La poulie est une roue entourée d'une bordure creuse où l'on fait passer une corde ou un câble. Le palan est un ensemble de poulies qui permet de multiplier une force. Plus le palan multiplie la force, puis il faut une grande longueur de corde (ou de câble) pour soulever un objet à la même hauteur. Un vilebrequin transforme un mouvement de va-et-vient en mouvement de rotation, et une came transforme un mouvement de rotation en mouvement de va-et-vient.

Le plan incliné permet de réduire la force nécessaire pour monter un objet. Plus l'angle du plan incliné est petit par rapport à l'horizontale, plus la force nécessaire pour monter l'objet est faible, mais plus la distance à parcourir est grande.

Un levier est un corps solide mobile autour d'un pivot ou d'un point d'appui. Dans certains leviers, le pivot est situé entre la force et la charge (exemples: pied-de-biche ou tête de marteau pour arracher un clou), dans d'autres, il est à l'extérieur, du côté de la charge (exemple: brouette) et dans d'autres encore, il est à l'extérieur du côté de la force (exemple: avant-bras). Les lois du levier, dont le principe était connu depuis des millénaires, furent énoncées par Archimède vers 250 av. J.-C. Pour montrer que la multiplication de la force que permet un levier était théoriquement infinie, le scientifique prononça sa célèbre phrase: « Donnez-moi un point d'appui et je soulèverai le monde. »

CONCEPTIONS FRÉQUENTES	EXPLICATIONS DES CONCEPTIONS	CONCEPTS SCIENTIFIQUES
	Les forces	
Les objets légers flottent et les objets lourds coulent.	Plusieurs objets légers, tels qu'un bouchon de liège, flottent, et plusieurs objets lourds, tels qu'un bloc de ciment, coulent.	La flottaison ne dépend pas du poids, mais de la densité des objets.
Plus un plan d'eau est profond, plus les objets flottent facilement.	Un lien est établi avec le fait que la pression de l'eau augmente avec la profondeur.	La profondeur n'a pas d'influence sur la flottabilité.
Un trombone flotte sur l'eau de la même façon qu'un bouchon de liège.	Tout objet qui tient à la surface de l'eau est considéré comme un objet qui flotte.	Un trombone ne flotte pas, mais peut tenir à la surface de l'eau grâce à la tension superficielle.
Les objets immobiles, tels que les tables ou les chaises, ne peuvent exercer une force.	Dans plusieurs exemples, tels que la force exercée par un cycliste qui pédale, les forces sont associées à des mouvements.	Tous les objets immobiles qui soutiennent des objets exercent une force qui empêche les objets de tomber.
Les objets lourds tombent plus vite que les objets légers.	En raison de la résistance de l'air, certains objets légers, tels qu'une feuille de papier, tombent plus lentement que des objets plus lourds.	Les objets légers qui opposent peu de résistance à l'air tombent avec la même accélération que les objets lourds.
Les astronautes en orbite autour de la Terre ne pèsent plus rien.	L'état d'*apesanteur* dont on parle pour ces astronautes peut donner l'impression qu'ils ne pèsent plus rien.	Le poids des astronautes en orbite est à peu près le même que sur la Terre, mais semble nul parce que leur navette en orbite « tombe » à la même vitesse qu'eux.
	La pression	
La pression de l'air ou de l'eau ne s'exerce que de bas en haut.	La pression de l'air et de l'eau est parfois comparée au poids d'un objet.	La pression de l'air et de l'eau s'exerce dans toutes les directions.
Les objets sont moins lourds sur la Lune parce qu'il n'y a pas la pression de l'air.	La pression de l'air est considérée comme une force qui pousse les objets vers le bas.	Les objets sont moins lourds sur la Lune parce que l'attraction gravitationnelle y est moins grande.
	Le mouvement	
Une balle qui vient d'être lancée dans les airs monte parce que son élan est encore plus fort que la gravité.	Un mouvement vers le haut est associé à une force vers le haut.	La seule force qui agit sur une balle qui vient d'être lancée est la force de la gravité.
Quand on a la tête en bas, dans un manège, on ne tombe pas parce qu'on est attaché.	La force la plus évidente est la force d'attraction gravitationnelle vers le bas.	On ne tombe pas en raison de l'accélération de rotation qui nous pousse contre le siège du manège.

CONCEPTIONS FRÉQUENTES	EXPLICATIONS DES CONCEPTIONS	CONCEPTS SCIENTIFIQUES
Il faut appliquer une force constante pour qu'un objet se déplace à vitesse constante.	Dans la plupart des situations de la vie courante, une vitesse constante est associée à une force constante.	En l'absence de friction, un objet en mouvement continue à se déplacer à vitesse constante.
La vitesse d'un corps est proportionnelle à la force appliquée.	Dans la plupart des situations de la vie courante, plus la force appliquée est grande, plus la vitesse est grande.	En l'absence de friction, c'est l'accélération qui est proportionnelle à la force.
Si un objet est en mouvement, une force agit sur celui-ci. S'il est immobile, aucune force n'agit.	Un lien direct est établi entre un mouvement et une force.	Il peut n'y avoir aucune force qui agit sur un objet en mouvement et il peut y avoir des forces qui agissent sur des objets immobiles.
La loi action-réaction ne s'applique qu'aux objets en mouvement.	La loi action-réaction est souvent illustrée par des exemples d'objets en mouvement, comme celui d'un canon qui tire un obus.	Cette loi s'applique également, par exemple, aux objets immobiles à la surface de la Terre.
Une fusée monte dans les airs parce que les gaz chauds qui sortent de la fusée poussent sur le sol.	Au décollage d'une fusée, l'éjection de gaz chauds contre le sol est plus évidente que la réaction.	La fusée monte dans les airs parce que l'action des gaz projetés vers l'extérieur de la fusée cause une réaction en sens inverse.
La période d'un pendule dépend de l'amplitude ou du poids.	L'amplitude de l'oscillation et le poids du pendule sont deux variables qui semblent évidentes.	La période d'un pendule ne dépend que de la longueur de son fil.
	Les machines simples	
Les machines simples ne font que modifier la direction des forces appliquées.	La modification de la direction des forces est l'effet le plus évident de l'utilisation d'une machine simple.	Plusieurs machines simples permettent de multiplier les forces appliquées.

L'énergie

L'énergie est une grandeur caractérisant un système et exprimant la capacité de celui-ci à modifier l'état d'autres systèmes avec lesquels il entre en action.

RÉPONSES AUX QUESTIONS 17 À 19

La bonne réponse apparaît en caractères gras.

17. Lequel des appareils ou dispositifs qui suivent permet de transformer de l'énergie mécanique en énergie électrique?

a) Un moteur électrique.

b) Un accumulateur.

c) Un transformateur.

d) Un disjoncteur.

e) Un générateur.

18. En quoi les ondes radio et la lumière sont-elles semblables?

a) Elles ne se déplacent que dans l'air.

b) Elles peuvent se déplacer dans tous les milieux.

c) Elles se déplacent à la même vitesse dans le vide.

d) Elles se déplacent à la même vitesse que le son.

e) Elles sont dangereuses à des fréquences très élevées.

19. Qu'est-ce qu'un photon?

a) Une particule du noyau atomique.

b) Une particule qui se déplace autour du noyau de l'atome.

c) Une particule qui n'est émise que par les corps radioactifs.

d) Une particule qui correspond à une onde électromagnétique.

e) Une particule d'antimatière.

Notions de base. L'énergie est la capacité d'effectuer une action. L'énergie potentielle est de l'énergie emmagasinée. L'énergie cinétique est l'énergie d'un objet en mouvement. Selon le principe de conservation de l'énergie, formulé par le physicien allemand Julius von Mayer (1814-1878) en 1842 puis, de façon indépendante, par le scientifique allemand Hermann von Helmholtz (1821-1894) en 1847, toutes les formes d'énergie, telles que l'énergie mécanique, l'énergie électrique, l'énergie chimique, l'énergie rayonnante, l'énergie nucléaire et l'énergie thermique, peuvent se transformer en d'autres formes d'énergie, sans que de l'énergie soit créée ou perdue. Un générateur (aussi appelé *dynamo*), par exemple, permet de transformer de l'énergie mécanique en énergie électrique.

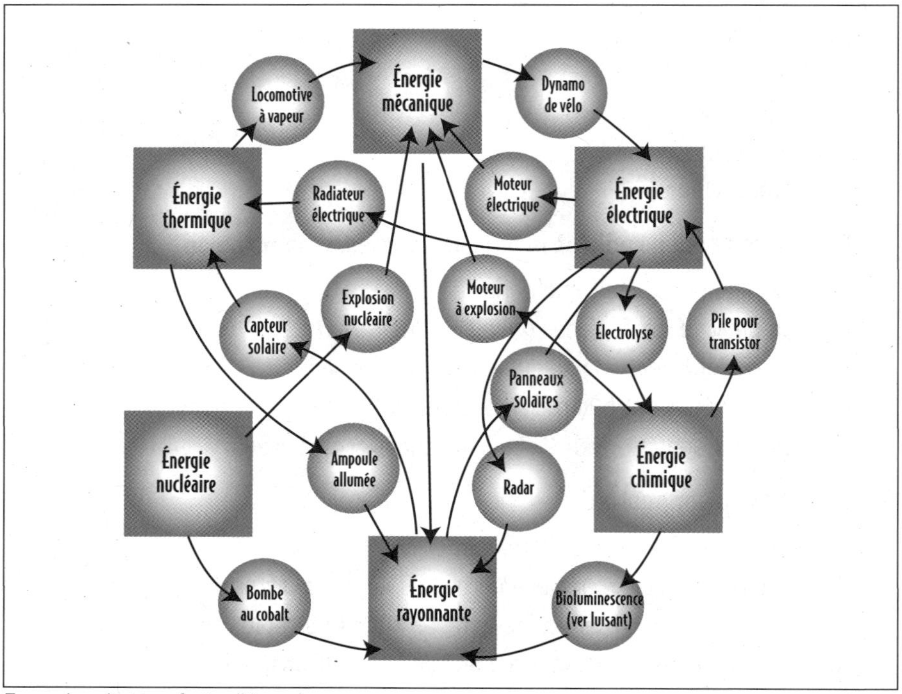

Exemples de transferts d'énergie

Dans le cas de l'énergie nucléaire et selon le principe plus général de la conservation de la matière et de l'énergie, qui découle de la théorie de la relativité, une masse peut se transformer en énergie. Le travail est la quantité d'énergie reçue par un système en mouvement. La puissance est le rapport du travail au temps mis pour l'accomplir.

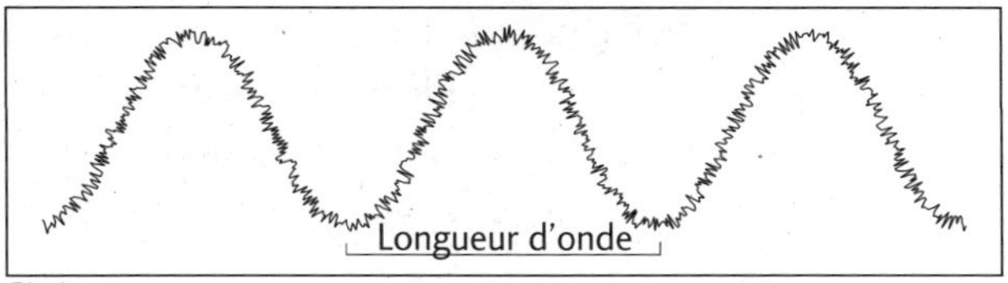

Onde

Les ondes. Les ondes sont un mode de transfert de l'énergie à travers la matière et l'espace. L'amplitude est le déplacement maximal de la matière au passage de l'onde. La longueur d'onde est la distance séparant deux crêtes successives. La fréquence, mesurée en hertz (Hz), est le nombre d'oscillations par unité de temps.

Le rayonnement électromagnétique. Le rayonnement électromagnétique comprend toute une famille d'ondes qui sont formées des oscillations de champs électriques et magnétiques. Contrairement aux ondes sonores, elles peuvent se déplacer dans le vide. Par ordre de longueur d'onde décroissante et de fréquence croissante, on trouve les ondes radio, les micro-ondes, les ondes radar, les ondes infrarouges (la chaleur), la lumière visible rouge, la lumière visible jaune, la lumière visible bleue, les ondes ultraviolettes, les rayons X, les rayons gamma et les rayons cosmiques. C'est le physicien écossais James Maxwell (1831-1879) qui, en 1873, identifia la lumière à une onde électromagnétique et démontra, de façon mathématique, qu'il devait exister des ondes électromagnétiques de longueurs d'onde plus grandes et plus courtes que celles de la lumière.

En 1888, le physicien allemand Heinrich Hertz (1857-1894) réussit à produire des ondes radio, confirmant ainsi la théorie de Maxwell. Par la suite, d'autres formes de rayonnement électromagnétique furent rapidement découvertes, par exemple les rayons X, en 1895, par le physicien allemand Wilhelm Röntgen (1845-1923).

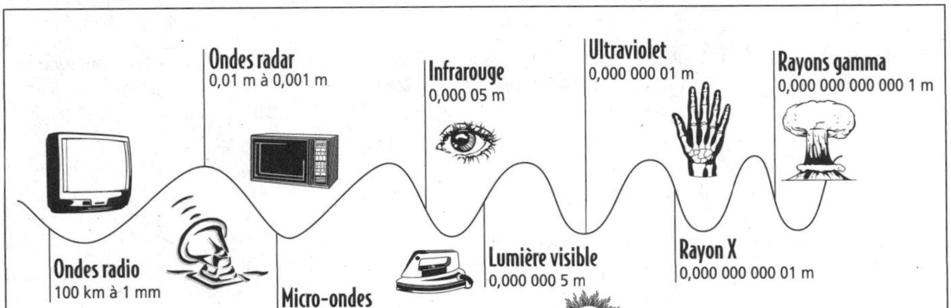

Rayonnement électromagnétique

D'une façon générale, plus sa longueur d'onde est courte ou plus sa fréquence est élevée, plus une onde électromagnétique est dangereuse. La vitesse dans le vide de toutes les ondes électromagnétiques est de 300 000 km/s dans le vide. Ces ondes peuvent aussi être décrites sous forme de particules appelées *photons.*

CONCEPTIONS FRÉQUENTES	EXPLICATIONS DES CONCEPTIONS	CONCEPTS SCIENTIFIQUES
	Notions de base	
Seules certaines transformations d'énergie, comme la transformation de l'énergie électrique en énergie lumineuse, sont possibles.	Les transformations telles que celle de l'énergie électrique en énergie lumineuse sont les plus évidentes.	Toutes les transformations d'une forme d'énergie à une autre sont possibles.
	Les ondes	
Le milieu de transmission se déplace dans le même sens que l'onde.	Le sens de la transmission de l'onde est plus évident que celui du milieu dans lequel elle se déplace.	Le milieu de transmission ne fait qu'osciller sur place, dans une direction perpendiculaire au mouvement de l'onde.
Une fréquence élevée implique une grande amplitude et une vitesse de propagation élevée.	Les principales caractéristiques d'une onde sont perçues comme étant proportionnelles.	Une onde de fréquence élevée peut avoir une amplitude plus petite et une vitesse de propagation plus lente que celles d'une onde de fréquence plus basse.
	Le rayonnement électromagnétique	
Les ondes électromagnétiques ont besoin d'un milieu pour se propager.	Les ondes électromagnétiques sont associées à d'autres types d'ondes telles que les ondes sonores.	Les ondes électromagnétiques peuvent se propager dans le vide.
Les ondes radio sont des ondes sonores.	Étant donné qu'un récepteur radio émet des sons, les ondes radio sont associées à des ondes sonores.	Les ondes radio sont des ondes électromagnétiques qui doivent être transformées en son pour que nous puissions les entendre.
Les micro-ondes sont identiques aux ondes de chaleur.	Les micro-ondes sont bien connues pour leur utilisation dans un type de four.	Les micro-ondes sont des ondes d'une fréquence beaucoup plus basse que les ondes de chaleur.

La lumière

La lumière est un rayonnement émis par des corps portés à haute température ou excités, et qui est perceptible par les yeux.

RÉPONSES AUX QUESTIONS 20 À 23

La bonne réponse apparaît en caractères gras.

20. Le verre est plus dense que l'air. La vitesse de propagation de la lumière sera donc :

a) plus rapide dans le verre que dans l'air.

b) identique dans le verre et dans l'air.

c) plus rapide ou moins rapide, selon la fréquence de la lumière.

d) plus rapide ou moins rapide, selon l'intensité de la source de lumière.

e) moins rapide dans le verre que dans l'air.

21. La lumière est-elle formée d'ondes ou de particules ?

a) La lumière est formée d'ondes.

b) La lumière est formée de particules.

c) La lumière a des propriétés d'ondes et de particules.

d) Cela dépend de la source de la lumière.

e) Cela dépend du type de lumière.

22. Pourquoi le ciel est-il bleu ?

a) Parce qu'il réfléchit la couleur des océans et des mers.

b) Parce que l'air disperse plus le bleu que les autres couleurs.

c) Parce que l'air absorbe mieux le bleu que les autres couleurs.

d) Parce que le bleu est la couleur la plus abondante dans la lumière solaire.

e) Parce que la couleur de l'espace, au-dessus de l'air, est le bleu foncé.

23. Le mélange de toutes les couleurs donne-t-il du noir ou du blanc ?

a) Du noir ou du blanc, selon la façon dont les couleurs sont produites.

b) Du noir.

c) Du blanc.

d) Du noir ou du blanc, selon l'intensité de la lumière.

e) Les deux, mais le blanc est plus visible que le noir.

Notions de base. La lumière est formée d'ondes électromagnétiques qui se déplacent à la vitesse de 300 000 km/s dans le vide. L'astronome danois Ole Römer (1644-1710) fut le premier à estimer la vitesse de la lumière, en 1676, en se basant sur ses observations de l'heure des éclipses des satellites de Jupiter, qui variait selon la distance entre cette planète et la Terre. En 1849, les physiciens français Léon Foucault (1819-1868) et Hippolyte Fizeau (1819-1896) mesurèrent la vitesse de la lumière avec précision et montrèrent que cette vitesse est inversement proportionnelle à la densité du milieu de propagation, ce qui signifie que plus le milieu que la lumière traverse est dense, plus la vitesse de propagation diminue.

Comme le montra Newton en 1666, un faisceau de lumière blanche peut être décomposé en bandes colorées, qui forment un spectre, au moyen d'un prisme. Les sept couleurs du spectre sont le violet, l'indigo, le bleu, le vert, le jaune, l'orangé et le rouge. Newton montra également que les couleurs du spectre peuvent être recomposées en lumière blanche lorsqu'elles passent à travers un deuxième prisme.

La réfraction de la lumière passant de l'air à l'eau

La réflexion est un changement de direction de la lumière qui se produit à la surface de tous les objets éclairés. La réfraction est le changement de direction de la lumière passant d'un milieu dans un autre. Il existe une loi mathématique qui décrit le changement de direction de la lumière qui se produit au cours d'une réfraction. Le scientifique grec Claude Ptolémée (v. 85-v. 165 apr. J.-C.) découvrit une première approximation de cette loi vers 140 apr. J.-C. Beaucoup plus tard, en 1621, le mathématicien et physicien hollandais Willebrord Snell Van Royen (1580-1626) et, de façon indépendante, le mathématicien, physicien et philosophe français René Descartes (1596-1650), en 1637, la formulèrent de façon plus précise.

Le physicien hollandais Christiaan Huygens (1629-1695) avait affirmé, en 1690, que la lumière était une onde. Isaac Newton prétendit, en 1704, que la lumière était composée de particules, et c'est sa théorie qui fut retenue. En 1801, le physicien anglais Thomas Young (1773-1829) découvrit le phénomène de l'interférence lumineuse, qui est la combinaison constructive ou destructive de deux rayons lumineux, ce qui contribua à faire accepter la théorie ondulatoire de Huygens. En 1834, le mathématicien et physicien irlandais William Rowan Hamilton (1805-1865) publia d'importants travaux dans lesquels il démontrait l'équivalence de la théorie ondulatoire de Huygens et de la théorie corpusculaire de la lumière de Newton pour rendre compte des lois de l'optique géométrique. En 1849, Foucault et Fizeau montrèrent que la vitesse de la lumière était inversement proportionnelle à la densité du milieu de propagation, ce qui constituait un argument important en faveur de la théorie ondulatoire car la théorie corpusculaire prédisait le résultat inverse. En 1905, Einstein montra, en décrivant la lumière comme formée de photons ayant à la fois des propriétés de particules et d'ondes, que Newton et Huygens avaient, d'une certaine manière, tous les deux raison.

La diffusion est la réflexion et l'éparpillement de la lumière, dans plusieurs directions, par de minuscules particules. La lumière bleue est plus dispersée vers la Terre par les molécules d'oxygène et d'azote de l'air que la lumière d'autres couleurs, ce qui explique pourquoi le ciel est bleu.

Les couleurs. Les couleurs sont les effets produits par les diverses longueurs d'onde de la lumière sur nos yeux. Certains objets émettent de la lumière d'une couleur déterminée (par exemple un projecteur bleu), mais la plupart des objets paraissent colorés parce qu'ils réfléchissent certaines couleurs et en absorbent d'autres. L'addition des couleurs est l'obtention d'une couleur par mélange de lumières de différentes couleurs. La soustraction des couleurs est l'obtention d'une couleur par mélange de pigments. Par addition, les couleurs primaires sont le rouge, le vert et le bleu, et les couleurs secondaires sont le jaune, le cyan et le magenta. Par soustraction, les couleurs primaires sont le jaune, le cyan et le magenta, et les couleurs secondaires sont le rouge, le vert et le bleu. Le spectre de la lumière émise ou absorbée par une substance permet de l'identifier.

Les miroirs et les lentilles. Des images peuvent être produites par des rayons lumineux réfléchis par des miroirs ou réfractés par des lentilles. Un miroir convexe, à la surface bombée, donne une image plus petite que l'objet, car il est divergent. Un miroir concave, à la surface creuse, donne une image plus grande, car il est convergent. Selon la légende, Archimède se serait servi de gigantesques miroirs concaves pour concentrer la lumière du Soleil et mettre le feu à des bateaux ennemis qui approchaient de la ville de Syracuse, en Sicile, où il habitait.

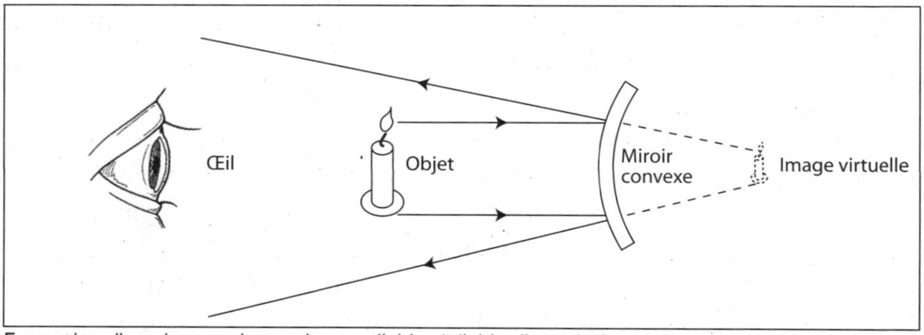

Formation d'une image plus petite que l'objet à l'aide d'un miroir convexe

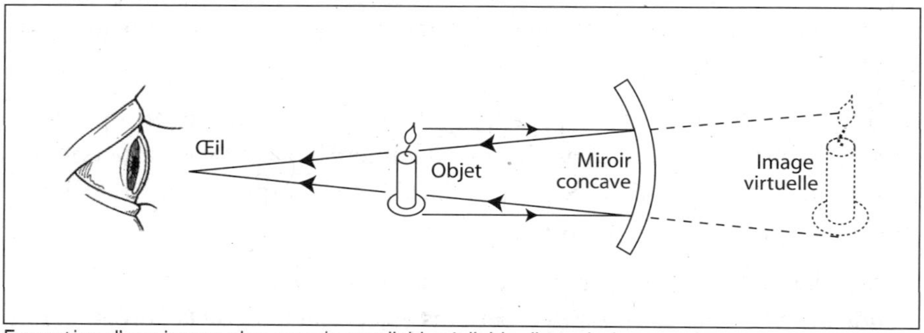

Formation d'une image plus grande que l'objet à l'aide d'un miroir concave

À l'inverse, comme le montra pour la première fois le physicien arabe Ibn al-Haythaam Alhazen (965-1039), vers l'an 1000, une lentille convexe, aux faces bombées, est convergente et donne une image plus grande, alors qu'une lentille concave, aux faces creuses, donne une image plus petite, car elle est divergente.

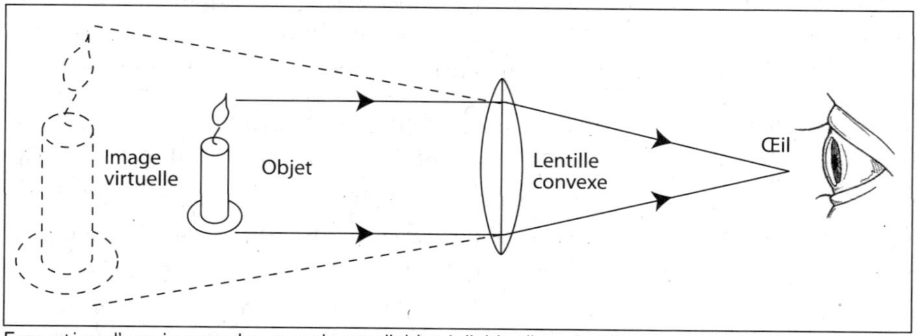

Formation d'une image plus grande que l'objet à l'aide d'une lentille convexe

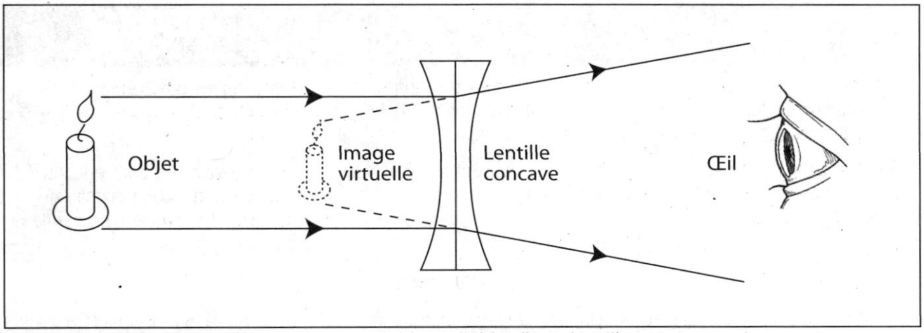

Formation d'une image plus petite que l'objet à l'aide d'une lentille concave

L'hypermétropie, qui est une difficulté à voir les objets rapprochés parce que l'image se forme derrière la rétine, est corrigée par des lentilles convexes, tandis que la myopie, qui est une difficulté à voir les objets éloignés parce que l'image se forme devant la rétine, est corrigée par des lentilles concaves. La presbytie, qui est une diminution du pouvoir d'accommodation du cristallin, est corrigée par des lentilles à double foyer. La fibre optique est constituée de verre qui réfléchit la lumière vers l'intérieur de la fibre et transporte des signaux lasers.

CONCEPTIONS FRÉQUENTES	EXPLICATIONS DES CONCEPTIONS	CONCEPTS SCIENTIFIQUES
	Notions de base	
Plus le milieu de propagation est dense, plus la vitesse de la lumière est rapide.	Un milieu plus dense peut sembler favoriser la propagation de la lumière.	Plus le milieu de propagation est dense, plus la vitesse de la lumière est lente.
Il n'y a de la lumière qu'aux endroits où il y a une source de lumière.	Un lien direct est établi entre la présence de lumière et celle d'une source de lumière.	Il y a de la lumière partout où nos yeux nous permettent de voir.
Tous les objets visibles émettent de la lumière.	Un lien direct est établi entre la présence de lumière et l'émission de lumière.	La plupart des objets visibles ne font que réfléchir la lumière qu'ils reçoivent.
Seuls les miroirs réfléchissent la lumière.	Le miroir est l'exemple d'objet qui réfléchit la lumière le plus souvent présenté.	Tous les objets visibles qui n'émettent pas de lumière réfléchissent la lumière.
Seuls les solides transparents réfractent la lumière.	La réfraction dans des solides transparents, tels que des lentilles, est l'exemple le plus souvent présenté.	Les liquides transparents réfractent aussi la lumière.

CONCEPTIONS FRÉQUENTES	EXPLICATIONS DES CONCEPTIONS	CONCEPTS SCIENTIFIQUES
La réfraction se fait de la même façon dans tous les milieux transparents.	Tous les milieux transparents semblent transmettre la lumière de la même façon.	Certains milieux transparents réfractent plus la lumière que d'autres.
Le ciel est bleu en raison du reflet des océans ou de la vapeur d'eau dans l'air.	L'eau est souvent représentée avec de la couleur bleue.	Le ciel est bleu parce que les molécules qui composent l'air absorbent moins le bleu que les autres couleurs.
	Les couleurs	
La lumière blanche est pure et ne contient pas de couleur.	Dans le langage courant, le blanc désigne la pureté et l'absence de couleur.	La lumière blanche est composée de la lumière de toutes les couleurs du spectre.
Le blanc et le noir sont des couleurs, comme le rouge ou le bleu.	Dans les ensembles de crayons de couleur, de gouache ou de peinture, il y a des crayons, de la gouache ou de la peinture blancs et noirs.	Le blanc est le mélange de toutes les couleurs par addition, et le noir est le mélange de toutes les couleurs par soustraction.
Le mélange de toutes les couleurs donne toujours du noir.	Les mélanges de plusieurs couleurs les plus courants, tels que les mélanges de gouache, donnent du noir.	Par addition, avec des sources de lumière, le mélange de toutes les couleurs donne du blanc.
Le jaune est toujours une couleur primaire, et le vert est toujours une couleur secondaire.	Les couleurs primaires et secondaires les plus connues sont celles des crayons de couleur, de la gouache et de la peinture.	Par addition, le jaune est une couleur secondaire et le vert est une couleur primaire.
	Les miroirs et les lentilles	
Toutes les lentilles produisent des images plus grandes que l'objet.	Les lentilles les mieux connues sont celles des loupes et des jumelles.	Les lentilles convexes donnent des images plus grandes, mais les lentilles concaves donnent des images plus petites.
Les loupes augmentent la quantité de lumière.	Un lien direct est établi entre le grossissement et la quantité de lumière.	La quantité de lumière est la même après avoir traversé la loupe.
Les fibres optiques transportent de l'électricité.	En télécommunication, les fibres optiques remplacent de plus en plus les fils métalliques, ce qui peut donner l'impression qu'elles transportent de l'électricité.	Les fibres optiques transportent des impulsions lumineuses.

Le son

Le son est une vibration acoustique qui crée des sensations auditives.

RÉPONSES AUX QUESTIONS 24 ET 25

La bonne réponse apparaît en caractères gras.

24. Un son très aigu a:

a) une longueur d'onde très longue.

b) une fréquence très élevée.

c) une très grande amplitude.

d) une vitesse de propagation très grande.

e) un timbre très haut.

25. Le son d'une clarinette est très différent de celui d'un piano. Cela est attribuable à leur:

a) fréquence.

b) amplitude.

c) longueur d'onde.

d) vitesse.

e) timbre.

Le son se propage sous forme d'onde dans des gaz, des liquides ou des solides. Il ne peut se propager dans le vide. La vitesse du son dans l'air, qui fut mesurée pour la première fois en 1636 par le savant français Marin Mersenne (1588-1648), est d'environ 1 200 km/h. L'intensité du son se mesure en décibels (dB). Si l'on compare une onde sonore à des vagues sur l'eau, la distance entre deux vagues est la longueur d'onde, l'inverse du temps qui s'écoule entre le passage de deux vagues est la fréquence, et la hauteur des vagues est l'amplitude. Un son aigu a une petite longueur d'onde et une fréquence élevée, tandis qu'un son grave a une grande longueur d'onde et une basse fréquence. Un son fort a une grande amplitude.

Vers 550 av. J.-C., le mathématicien et philosophe grec Pythagore (v. 570-v. 480 av. J.-C.) constata qu'il existait un rapport mathématique entre les notes d'une gamme musicale et la longueur d'une corde ou d'une flûte d'air en vibration. Plus précisément, il découvrit que si la longueur d'une corde qui vibre était diminuée de moitié, le son produit montait d'une octave. Il découvrit également que si l'on faisait vibrer une corde dont la longueur était égale aux deux tiers de la première, le son qu'elle produisait était la dominante du son produit par la première. Par exemple, si la première corde produisait un do, la deuxième corde produisait un sol, qui est la dominante du do. La dominante d'une note peut être décrite comme le « plus proche parent mélodieux » de cette note.

Un harmonique est un son plus faible de fréquence deux, trois ou plusieurs fois plus élevée que le son principal. Le timbre de chacun des instruments de musique dépend des harmoniques qui accompagnent les sons principaux produits par l'instrument. La clarinette, par exemple, possède un timbre très particulier parce que la fréquence de son harmonique le plus important est sept fois plus élevée que le son principal qu'elle émet.

L'effet Doppler, décrit en 1842 par le physicien autrichien Christian Doppler (1803-1853), est le décalage de la fréquence d'ondes perçues par un récepteur, lorsque la source et le récepteur sont en mouvement relatif. Par exemple, au moment où un train ou un camion passent près d'une personne immobile, cette personne a l'impression que le bruit produit par le train ou le camion devient soudainement plus grave.

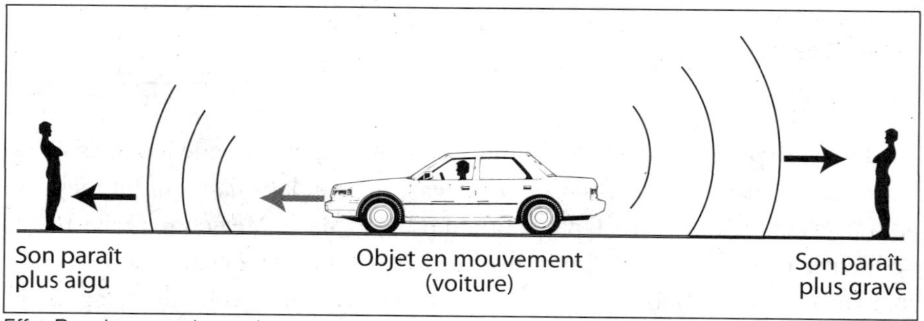

Effet Doppler pour des ondes sonores

L'écho est la répétition d'un son attribuable à la réflexion de l'onde sonore. Les ultrasons, qui sont utilisés notamment pour faire des échographies, ont une fréquence trop élevée pour être audibles.

CONCEPTIONS FRÉQUENTES	EXPLICATIONS DES CONCEPTIONS	CONCEPTS SCIENTIFIQUES
Il serait possible d'entendre des sons sur la Lune.	L'air étant invisible, il ne semble pas important dans la propagation du son.	Les sons ne se propagent pas sur la Lune, car il n'y a pas d'atmosphère.
La vitesse du son est semblable à celle de la lumière.	La vitesse du son et celle de la lumière semblent toutes les deux très grandes et du même ordre de grandeur.	La vitesse du son est beaucoup moins grande que celle de la lumière.
Le son ne peut se propager, ou se propage moins bien, dans les liquides et les solides que dans l'air.	Les liquides et les solides opposent plus de résistance que l'air au mouvement.	Le son se propage mieux dans les liquides et les solides que dans l'air.
Plus le son est aigu, plus on peut l'entendre de loin.	Dans le langage courant, les sons aigus sont parfois qualifiés de *perçants*.	Les sons graves s'entendent à une plus grande distance que les sons aigus.
Les sons ne peuvent être réfléchis.	Les ondes sonores semblent trop diffuses pour pouvoir se comporter comme des ondes lumineuses.	Les sons peuvent être réfléchis, surtout par des surfaces planes et dures, ce qui explique par exemple le phénomène de l'écho.

La chaleur

La chaleur est une forme d'énergie qui élève la température et qui dilate, fait fondre ou décompose les corps.

RÉPONSES AUX QUESTIONS 26 ET 27

La bonne réponse apparaît en caractères gras.

26. En théorie, si l'on disposait de réfrigérateurs très puissants, pourrait-on refroidir des cubes de glace jusqu'à une température de plusieurs milliers de degrés Celsius au-dessous de zéro?

a) Oui, car toute grandeur physique peut prendre une valeur infiniment petite.

b) Oui, car les techniques modernes permettent des refroidissements considérables.

c) Non, car il existe une température bien supérieure qui est la plus basse possible.

d) Non, car aucun réfrigérateur ne peut atteindre une température inférieure à –70 °C.

e) Oui, si l'on refroidissait aussi durant des milliers d'années.

27. Autrefois, durant des siècles, des scientifiques essayèrent de fabriquer des dispositifs de mouvement perpétuel (dispositifs qui bougent sans arrêt sans apport d'énergie). Pourquoi perdaient-ils leur temps?

a) Ils ne disposaient pas d'huiles assez efficaces.

b) Ils ne disposaient pas de moteurs assez performants.

c) Ils ne tenaient pas compte de l'énergie dissipée.

d) Ils ne disposaient pas des matériaux composites modernes.

e) Ils ne connaissaient pas les techniques adéquates de conception de prototypes.

Notions de base. La chaleur est la forme d'énergie qui fait que les choses sont chaudes ou froides. On croyait autrefois qu'elle était un « fluide impondérable » sans masse, appelé *calorique*, qui circulait des objets chauds vers les objets froids. En 1798, le chimiste et physicien britannique sir Humphry Davy (1778-1829) et le physicien anglais Benjamin Thompson (1753-1814), qui étudiaient la chaleur dégagée par la taille des tubes de canon, démontrèrent toutefois que la friction pouvait produire de grandes quantités de chaleur et que cette chaleur ne pouvait provenir d'autres objets chauds, puisque la taille débutait dans de l'eau très froide. Malheureusement, leurs expériences passèrent alors inaperçues. En 1842, Mayer proposa le principe de l'équivalence de la chaleur et du travail. Par une longue série d'expériences effectuées à partir de 1842, le physicien anglais James Joule (1818-1889) détermina l'équivalent mécanique de la calorie. Dans les années 1850, la théorie du calorique fut progressivement abandonnée et les scientifiques commencèrent plutôt à décrire la chaleur comme une forme d'énergie.

Courants de convection dans une casserole d'eau bouillante

Le rayonnement thermique est un flux de chaleur, sous forme de rayons infrarouges, capable de se transmettre dans le vide. Un conducteur thermique, tel que le cuivre ou l'aluminium, transmet la chaleur, tandis qu'un isolant thermique, tel que le plastique, le bois ou l'air, arrête la chaleur. La convection est un flux de chaleur à travers un fluide (liquide ou gaz). La dilatation est l'augmentation du volume d'un corps chauffé, et la contraction est le rétrécissement subi par un objet que l'on refroidit.

La température croît avec l'agitation des atomes ou des molécules d'un corps. Elle se mesure en degrés Celsius ou en Kelvins. Vers 250 av. J.-C., le scientifique grec Philon de Byzance (IIIe siècle av. J.-C.) conçut le thermoscope, ancêtre du thermomètre, qui permettait de constater des différences de température. Le fonctionnement du thermoscope reposait sur la dilatation d'une certaine quantité d'air, qui provoquait le déplacement d'un certain volume d'eau. Galilée, en 1593, inventa un thermomètre à gaz un peu plus précis, qui fonctionnait selon le même principe.

Le premier thermomètre précis, basé sur la dilatation d'une colonne de liquide, fut construit en 1724 par le physicien hollandais d'origine polonaise Daniel Fahrenheit (1686-1736), qui définit aussi l'échelle des températures qui porte son nom. En 1742, le physicien et astronome suédois Anders Celsius (1701-1744) inventa l'échelle des températures Celsius, sur laquelle 100° est la température de solidification de l'eau, et 0° sa température d'ébullition. Cette échelle sera plus tard inversée, avec 0 °C comme température de solidification de l'eau et 100 °C comme température d'ébullition. Le zéro absolu (–273 °C ou 0 K pour *kelvin*) est la température la plus froide possible dans l'Univers.

Comme il a été mentionné dans la section portant sur la matière (« Les états de la matière »), la découverte de la chaleur latente par Joseph Black, en 1760, permit de distinguer *chaleur* et *température.*

La thermodynamique. La thermodynamique est l'étude de la chaleur et du travail obtenu par sa transformation. Selon la loi de Boyle-Mariotte, énoncée en 1661 par Boyle, puis indépendamment par le physicien français Edme Mariotte (1620-1684) en 1676, le volume d'un gaz est inversement proportionnel à sa pression. La loi de Charles, proposée en 1798 par le physicien français Jacques Charles (1746-1823), stipule que la pression d'un gaz est proportionnelle à sa température absolue. Selon la loi de Gay-Lussac, énoncée en 1802 par le physicien et chimiste français Louis Joseph Gay-Lussac (1778-1850), le volume d'un gaz est proportionnel à sa température absolue. En 1848, le physicien britannique William Thomson, lord Kelvin (1824-1907), proposa une synthèse de ces trois

William Thomson (lord Kelvin)

lois sous la forme de l'équation d'état des gaz parfaits, qui s'écrit $PV = nRT$, où P est la pression du gaz, V le volume du gaz, n le nombre de moles du gaz, R une constante et T la température du gaz.

Le premier principe de la thermodynamique, qui est aussi le principe de la conservation de l'énergie présenté dans la section portant sur l'énergie («Notions de base»), stipule qu'au moment du passage d'une forme d'énergie à une autre, la quantité d'énergie avant et après est la même.

Selon le deuxième principe de la thermodynamique, d'abord formulé par le physicien et mathématicien français Sadi Carnot (1796-1832) en 1824, puis précisé par le physicien allemand Rudolf Clausius (1822-1888) et Kelvin en 1850, au moment du passage d'une forme d'énergie à une autre, ou lorsqu'on utilise de l'énergie pour faire un travail, une certaine quantité d'énergie s'échappe sous forme de chaleur qu'il est impossible de récupérer complètement. Cette énergie est donc perdue et il y a augmentation de l'entropie du système.

Ce deuxième principe de la thermodynamique peut être considéré comme la loi fondamentale de la physique, voire de toute la science, car c'est elle qui définit le sens dans lequel le temps s'écoule. Si aucune énergie n'est fournie, l'avenir d'un système est toujours dans le sens d'une augmentation de l'entropie, d'une désorganisation. Par exemple, quelques cubes de glace placés dans un récipient d'eau chaude finissent par donner de l'eau tiède, mais le contraire ne se produit jamais, c'est-à-dire que de l'eau tiède ne donne jamais des cubes de glace et de l'eau chaude, à moins que l'on se serve d'appareils qui utilisent de l'énergie pour pouvoir fonctionner.

Durant des siècles, les philosophes et les alchimistes recherchèrent le mouvement perpétuel, c'est-à-dire qu'ils essayèrent de construire des appareils mus par un mouvement constant, sans qu'aucune énergie extérieure soit appliquée après que le mouvement a été amorcé. En 1586, le mathématicien et physicien allemand Simon Stevin (1548-1620), qui étudiait les machines simples, montra l'impossibilité du mouvement perpétuel. La formulation, au XIXe siècle, du deuxième principe de la thermodynamique selon lequel, dans tout appareil, une partie de l'énergie se dissipe constamment sous forme de chaleur, en raison de la friction, fut l'argument théorique définitif contre toute possibilité de mouvement perpétuel.

CONCEPTIONS FRÉQUENTES	EXPLICATIONS DES CONCEPTIONS	CONCEPTS SCIENTIFIQUES
	Notions de base	
La chaleur est une substance qui se déplace d'un point à un autre.	Dans le langage courant, on emploie souvent des expressions telles que *faire sortir la chaleur.*	La chaleur n'est pas une substance, mais une forme d'énergie qui se manifeste par l'agitation des atomes ou des molécules.
Les objets métalliques sont plus froids que les autres.	Toucher un objet métallique procure une sensation de froid.	Les objets métalliques paraissent plus froids au toucher parce qu'ils sont de bons conducteurs de la chaleur.
Des matériaux tels que l'aluminium sont de bons isolants thermiques.	Le papier d'aluminium est parfois utilisé pour envelopper des aliments tels que des sandwichs.	L'aluminium est un très mauvais isolant thermique et n'empêche pas les objets ou les aliments qu'il contient de se réchauffer.
Toutes les couleurs absorbent la chaleur de la même façon.	L'absorption de la chaleur semble dépendre uniquement du matériau.	Les couleurs foncées absorbent mieux la chaleur que les couleurs pâles.
Toutes les substances se dilatent en passant de l'état liquide à l'état solide.	L'eau, qui est l'un des composés les mieux connus, se dilate en passant de l'état liquide à l'état solide.	La plupart des substances se contractent en passant de l'état liquide à l'état solide.
En été, on frissonne après une baignade parce que l'eau de la piscine est plus chaude que l'air.	Un lien direct est établi entre le frissonnement et la température de l'air.	On frissonne surtout parce que l'évaporation de l'eau refroidit la peau.
Les mots *chaleur* et *température* sont des synonymes.	Dans le langage courant, les concepts de chaleur et de température sont souvent utilisés comme s'ils étaient équivalents.	La chaleur est une forme d'énergie tandis que la température est la mesure de l'agitation des atomes et des molécules d'une substance.
Une augmentation ou une diminution de la chaleur entraîne toujours une augmentation ou une diminution de la température.	Pour une substance qui n'est pas en train de changer d'état, il y a un lien entre l'augmentation ou la diminution de la chaleur, et l'augmentation ou la diminution de la température.	Aux points de fusion ou d'ébullition, la quantité de chaleur varie, mais la température reste la même.
	La thermodynamique	
La quantité d'énergie utilisable disponible après une transformation d'énergie est la même qu'avant la transformation.	La dissipation d'une partie de l'énergie, qui devient inutilisable, est rarement évidente.	Bien que la quantité totale d'énergie soit la même après une transformation, une partie importante se retrouve sous forme de chaleur et n'est pas facilement utilisable.
Il est possible de fabriquer des dispositifs qui fonctionnent sans arrêt, même sans moteur.	Certains dispositifs, tels que de lourds pendules, fonctionnent très longtemps sans moteur.	Aucun dispositif de mouvement perpétuel ne fonctionne, car il y a toujours une partie de l'énergie qui se dissipe sous forme de chaleur.

Le magnétisme et l'électricité

Le magnétisme et l'électricité sont liés par le fait qu'un courant électrique crée une induction magnétique et qu'un aimant en mouvement peut induire un courant.

RÉPONSES AUX QUESTIONS 28 À 30

La bonne réponse apparaît en caractères gras.

28. Comment pourrait-on produire un éclair et du tonnerre en miniature et sans danger?

a) En produisant une impulsion lumineuse avec une lampe de poche.

b) En tournant la pierre d'un briquet.

c) En frottant une allumette en carton contre la bordure du paquet.

d) En faisant exploser un petit pétard.

e) En produisant une décharge d'électricité statique avec des vêtements.

29. Comment pourrait-on montrer, de façon simple, qu'il y a un lien entre les phénomènes électriques et les phénomènes magnétiques?

a) En déplaçant un aimant naturel près d'une boussole.

b) En approchant deux aimants naturels l'un de l'autre.

c) En faisant passer du courant électrique dans un aimant naturel.

d) En plaçant une boussole près d'un courant électrique assez fort.

e) En saupoudrant de la limaille de fer sur un carton sous lequel est placé un aimant.

30. Pourquoi James Maxwell est-il célèbre?

a) Il réalisa la première transmission d'ondes radiophoniques.

b) Il énonça les lois de l'électromagnétisme.

c) Il expliqua le champ magnétisme terrestre.

d) Il construisit la première génératrice de courant électrique.

e) Il inventa l'électroaimant.

Le magnétisme. Tout aimant a deux pôles, un pôle Nord et un pôle Sud. Les pôles opposés s'attirent; les pôles semblables se repoussent. La Terre, comme le montra le scientifique anglais William Gilbert (1540-1603) en 1600, est un énorme aimant qui crée le champ magnétique terrestre et dont les pôles magnétiques Nord et Sud, qui se déplacent lentement d'année en année, sont situés près des pôles géographiques Nord et Sud. Une boussole est une aiguille aimantée posée sur un pivot qui s'oriente dans le sens nord-sud. L'électroaimant, inventé en 1820 par les physiciens français André Ampère (1775-1836) et François Arago (1786-1853), est un aimant qui fonctionne au moyen de l'électricité. L'aimantation d'un objet par un aimant est l'induction magnétique.

André Ampère

L'électricité statique. L'électricité statique est une forme d'électricité dans laquelle les charges sont immobiles. Par exemple, en passant un peigne dans nos cheveux, des électrons passent des cheveux au peigne, mais restent ensuite sur le peigne. Vers 585 av. J.-C., le philosophe grec Thalès de Milet (v. 625-v. 547 av. J.-C.) réalisa les premières expériences connues sur l'électricité statique en frottant de l'ambre (*electron*, en grec, d'où le mot *électricité*) et de la soie. En 1733, le physicien français Charles François Du Fay (1698-1739) découvrit qu'il y avait deux « espèces » d'électricité qui seront appelées plus tard *charges positives* et *charge négatives*, et que les charges de même signe se repoussaient, tandis que les charges de signes différents s'attiraient. Le physicien français Charles Coulomb (1736-1806) montra, en 1785, que les forces d'attraction et de répulsion magnétiques et électriques diminuent avec le carré de la distance, ce qui signifie, par exemple, qu'à une distance trois fois plus grande correspond une force neuf fois plus petite. L'apparition d'une charge électrique dans un corps en raison de la présence d'un autre corps chargé est l'induction électrostatique. On peut détecter une charge électrique à l'aide d'un électroscope. Un éclair est une violente décharge d'électricité statique qui se produit pendant un orage, et le tonnerre est le bruit causé par le réchauffement de l'air autour de l'éclair. La charge électrique se mesure en coulombs (C).

Alessandro Volta

Le courant électrique. Découvert en 1800 par le physicien italien Alessandro Volta (1745-1827) lorsqu'il fabriqua la première pile électrique, le courant électrique est la circulation de charges électriques à travers une substance.

Dans le courant continu produit par une pile, les électrons ne circulent que dans une seule direction, tandis que dans le courant alternatif, tel que le courant domestique, les électrons changent de direction plusieurs fois par seconde. Un circuit en série ne comporte pas de dérivation, alors qu'un circuit en parallèle comporte une dérivation. Dans un circuit en série qui contient plusieurs ampoules, si une ampoule brûle, le courant ne passe plus et toutes les autres ampoules s'éteignent. Dans un circuit en parallèle, par contre, si chaque ampoule est reliée par son propre circuit, les autres ampoules restent allumées même si une ampoule brûle.

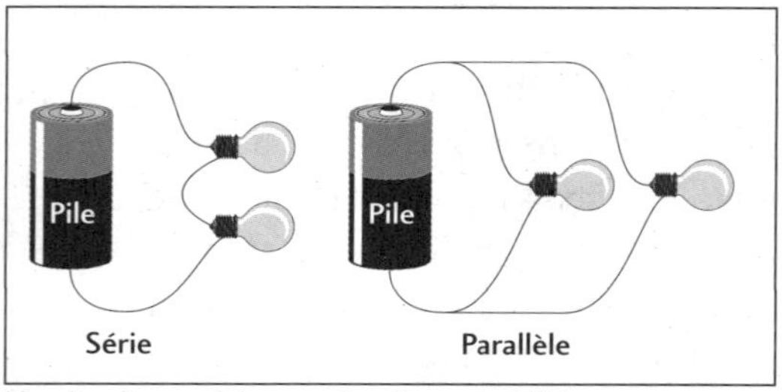

Un circuit en série, un circuit en parallèle

Les conducteurs, comme les métaux, le graphite et certaines solutions, laissent circuler l'électricité tandis que les isolants, comme les plastiques, le bois et la porcelaine, empêchent son passage. Tous les conducteurs, sauf les supraconducteurs, ont une résistance et convertissent une partie de l'électricité en chaleur. Un fusible, qui protège un circuit électrique, contient un matériau conducteur qui chauffe et brûle si l'intensité du courant devient trop grande. L'intensité du courant se mesure en ampères (A), la tension en volts (V), la puissance en watts (W) et la résistance en ohms (Ω).

Michael Faraday

James Maxwell

Le magnétisme et l'électricité étaient considérés, au début du XIXe siècle, comme des phénomènes physiques indépendants. En 1819, le physicien et chimiste danois Hans Oersted (1777-1851) constata qu'un courant électrique pouvait faire dévier l'aiguille d'une boussole. En 1831, le chimiste et physicien anglais Michael Faraday (1791-1867), qui précisait une observation faite en 1821 par Davy, réalisa à l'inverse que le mouvement d'un aimant près d'un fil pouvait occasionner un courant électrique.

En 1873, Maxwell formalisa ces deux découvertes en formulant les lois générales de l'électromagnétisme.

CONCEPTIONS FRÉQUENTES	EXPLICATIONS DES CONCEPTIONS	CONCEPTS SCIENTIFIQUES
	Le magnétisme	
Tous les métaux sont attirés par un aimant.	Généralisation, à tous les métaux, de ce qui se produit pour certains métaux bien connus.	Seuls certains métaux sont attirés par un aimant.
Les aimants s'attirent ou se repoussent en raison de charges électriques positives et négatives.	Application, aux phénomènes magnétiques, des lois de l'électricité statique.	Les aimants s'attirent ou se repoussent selon la position de leurs pôles Nord et Sud.
La grosseur d'un aimant détermine sa force.	Un lien direct est établi entre la grosseur d'un aimant et sa force.	Il existe de petits aimants fortement magnétisés et de gros aimants faiblement magnétisés.
Seuls les aimants peuvent produire des champs magnétiques.	La cause la mieux connue de la formation d'un champ magnétique est la présence d'un aimant.	Tout courant électrique produit également un champ magnétique.
Un obstacle fait d'un morceau de carton et un obstacle fait d'une plaque de métal ont la même influence sur l'action d'un aimant.	Seule l'épaisseur d'un obstacle semble pouvoir influencer le champ magnétique.	Une plaque de métal déforme le champ magnétique et diminue beaucoup plus l'action d'un aimant qu'un morceau de carton.
	L'électricité statique	
L'électricité statique est une forme de magnétisme.	Les phénomènes d'attraction électrostatique et d'attraction magnétique se ressemblent.	L'électricité statique dépend de charges positives et négatives, tandis que le magnétisme dépend de pôles Nord et Sud.

CONCEPTIONS FRÉQUENTES	EXPLICATIONS DES CONCEPTIONS	CONCEPTS SCIENTIFIQUES
Le voltage des étincelles provoquées par l'électricité statique est très faible.	Les étincelles d'électricité statique produites dans la vie de tous les jours ne sont pas dangereuses.	Bien que leur puissance soit faible, le voltage de ces étincelles est très élevé.
Les objets chargés n'attirent que d'autres objets chargés.	Un objet neutre est considéré comme un objet qui ne contient aucune charge électrique.	Des objets chargés attirent aussi des objets neutres, par induction.
La foudre est un phénomène météorologique sans rapport avec l'électricité statique.	L'énergie de la foudre est beaucoup plus grande que celle des étincelles d'électricité statique produites dans la vie de tous les jours.	La foudre est une décharge d'électricité statique entre des nuages ou entre des nuages et le sol.
	Le courant électrique	
Le courant électrique est une substance qui circule dans les fils.	Le courant électrique est parfois comparé à de l'eau qui circule dans des tuyaux.	Le courant électrique est un déplacement d'électrons, de proche en proche, dans un matériau conducteur.
Il est suffisant de relier une seule borne d'une pile à une seule borne d'une ampoule pour que cette dernière s'allume.	L'électricité est associée à une sorte de carburant qui va du réservoir à l'endroit où il est consommé.	Les deux bornes de la pile et de l'ampoule doivent être reliées pour former un circuit électrique.
Il y a moins de courant qui retourne à la pile qu'il y en a qui en sort.	Le courant électrique est associé à une sorte de carburant qui est en partie consommé par les ampoules et les autres appareils électriques d'un circuit.	Il y a la même quantité d'électrons qui sortent de la pile et qui y retournent.
Dans tout type de circuit électrique, si une ampoule brûle, les autres s'éteignent.	Le type de circuit le mieux connu est le circuit en série dans lequel, si une ampoule brûle, les autres s'éteignent.	Dans un circuit en parallèle, si une ampoule brûle, les autres restent allumées.
Seuls les métaux sont conducteurs.	Les métaux sont les conducteurs les mieux connus.	Certains matériaux, tels que le graphite, et certaines solutions, telles qu'une solution de sel de table, sont de bons conducteurs.
Le courant continu produit par une pile et le courant alternatif domestique sont identiques, mais d'intensité différente.	Il n'y a pas de différence évidente entre un circuit à courant continu et un circuit à courant alternatif.	Le courant continu est formé d'électrons qui circulent toujours dans le même sens, tandis que le courant alternatif est formé d'électrons qui changent de sens plusieurs fois par seconde.
Le magnétisme et l'électricité sont deux phénomènes indépendants.	Les phénomènes magnétiques et électriques les mieux connus semblent très différents.	Le déplacement d'un champ magnétique peut créer un courant électrique, et un courant électrique crée un champ magnétique.

CHAPITRE 3

La chimie

La chimie a pour objet d'étude la structure et la composition des substances, leurs propriétés et leurs transformations.

TEST 3
(20 QUESTIONS)

Pour toutes les questions qui suivent, choisissez la réponse qui vous semble la meilleure.

1. Que recherchaient les alchimistes?

a) De nouveaux éléments chimiques.
b) Une source d'énergie renouvelable.
c) Une façon de changer divers métaux en or.
d) Une façon de produire de l'électricité.
e) Une façon de synthétiser de nouveaux composés.

2. Pourquoi John Dalton est-il célèbre?

a) Il découvrit de nombreux éléments chimiques.
b) Il distingua les acides et les bases.
c) Il conçut le tableau périodique des éléments chimiques.
d) Il énonça la théorie atomique.
e) Il énonça la loi des proportions définies.

3. La plus grande proportion des éléments chimiques est constituée:

a) de gaz.
b) de métaux.
c) de minéraux.

d) d'acides.

e) de bases.

4. Que sont les isotopes?

a) Des éléments qui ont le même nombre de protons et d'électrons.

b) Des éléments qui ont le même nombre de protons, mais un nombre différent d'électrons.

c) Des éléments qui ont le même nombre de protons et de neutrons.

d) Des éléments qui ont le même nombre de protons, mais un nombre différent de neutrons.

e) Des éléments qui ont le même nombre d'électrons, mais un nombre différent de neutrons.

5. Dans le tableau périodique, les éléments chimiques sont classés en fonction:

a) de la répartition de leurs électrons.

b) de leur dureté.

c) de leur état solide, liquide ou gazeux.

d) de leur densité.

e) de leur radioactivité.

6. La formule de l'acide acétique est CH_3CO_2H. Une molécule d'acide acétique comporte:

a) quatre atomes de carbone.

b) quatre atomes d'hydrogène.

c) trois atomes d'hydrogène.

d) un atome d'oxygène.

e) plus d'atomes d'oxygène que d'atomes de carbone.

7. Des éléments chimiques, comme de l'hydrogène et de l'oxygène, peuvent-ils se combiner de plus d'une façon?

a) Oui, mais c'est très rare.

b) Oui, c'est possible pour plusieurs éléments chimiques.

c) Non, car des éléments donnés ne peuvent former qu'un seul type de molécules.

d) Non, sauf si l'on pouvait disposer d'une source d'énergie énorme.

e) Non, sauf si la réaction chimique entre eux est explosive.

8. Quelle est la différence entre une liaison covalente et une liaison ionique?

a) La stabilité de cette liaison.
b) La production ou l'absorption de chaleur.
c) La formation d'un acide ou d'une base.
d) Le niveau d'échange d'énergie entre les noyaux des atomes.
e) La distribution des électrons entre les atomes.

9. Pourquoi Antoine de Lavoisier est-il célèbre?

a) Il énonça la loi des proportions définies.
b) Il énonça la théorie atomique.
c) Il énonça la loi des proportions multiples.
d) Il distingua les acides et les bases.
e) Il énonça la loi de la conservation de la masse.

10. Après une réaction chimique, y a-t-il toujours la même quantité de matière qu'avant?

a) Non, car une partie de la matière se transforme en chaleur.
b) Non, car une partie de la matière se volatilise.
c) Oui, il y a la même quantité de matière après qu'avant.
d) Non, car une partie de la matière se condense.
e) Oui, sauf si la réaction produit une combustion ou une explosion.

11. Qu'est-ce qu'un catalyseur?

a) Une substance qui diminue les gaz à effet de serre.
b) Une substance qui favorise une réaction chimique.
c) Une substance qui déclenche une fermentation.
d) Une substance qui réduit le risque d'explosion.
e) Une substance qui neutralise un acide.

12. Comment transforme-t-on le jus de raisin en vin?

a) Par ajout d'alcool.
b) Par ajout de levures.
c) Par augmentation de sa température.
d) Par ajout de composés chimiques.
e) Par ajout de quelques gouttes de vin concentré.

13. Qu'est-ce que le feu?

a) Des gaz et des particules à haute température.
b) Un élément chimique qui s'échappe des substances combustibles.
c) Du rayonnement infrarouge et ultraviolet.
d) Des particules radioactives.
e) Des particules électriquement chargées.

14. Comment pourrait-on fabriquer une pile électrique simple?

a) En emmagasinant des charges électriques dans une bouteille isolante.
b) En faisant tremper deux métaux différents dans un acide.
c) En plaçant quelques aimants droits autour d'une tige en fer.
d) En remplissant un petit récipient métallique de granules oxydants.
e) En insérant un petit circuit électrique dans un récipient isolant.

15. Que mesure un indicateur de pH?

a) La contamination.
b) La densité.
c) L'acidité.
d) La conductivité.
e) La vitesse de sédimentation.

16. Pourrait-on manger un composé chimique formé à partir d'éléments toxiques?

a) Non, car ce composé serait encore plus toxique que les éléments.
b) Non, sauf si ce composé avait été purifié.
c) Oui, pourvu que les éléments ne soient pas des poisons violents.
d) Oui, pourvu que le composé ne soit pas formé d'éléments synthétiques.
e) Oui, car les propriétés du composé pourraient être différentes de celles des éléments.

17. Quel est l'objet d'étude de la chimie organique?

a) Les composés de la matière vivante.
b) Les composés produits à partir du pétrole.
c) Les composés à base de carbone.
d) Les engrais chimiques.
e) Les matières plastiques.

18. Deux composés peuvent-ils avoir la même formule chimique mais des propriétés différentes?

a) Non; s'ils ont la même formule, ils sont identiques.

b) Non, sauf si l'un est naturel et l'autre synthétique.

c) Oui, si leur structure moléculaire est différente.

d) Non, sauf s'ils ne sont pas conservés dans les mêmes conditions.

e) Oui, si l'un est naturel et l'autre synthétique.

19. Qu'est-ce que l'analyse chimique?

a) La détermination de la composition de composés et de mélanges.

b) La classification des éléments et des composés.

c) La production de composés chimiques.

d) L'étude de diverses réactions chimiques.

e) La détermination des propriétés des composés chimiques.

20. Qu'est-ce que la synthèse chimique?

a) La fabrication de composés chimiques.

b) La classification des éléments et des composés.

c) L'étude de diverses réactions chimiques.

d) La détermination des propriétés des composés chimiques.

e) La détermination de la composition de composés et de mélanges.

Les éléments et les molécules

Les éléments ne contiennent qu'un seul type d'atomes.
Certaines molécules sont formées d'un seul type d'atomes, mais la plupart comportent des atomes de plusieurs éléments.

RÉPONSES AUX QUESTIONS 1 À 8

La bonne réponse apparaît en caractères gras.

1. Que recherchaient les alchimistes?

a) De nouveaux éléments chimiques.
b) Une source d'énergie renouvelable.
c) Une façon de changer divers métaux en or.
d) Une façon de produire de l'électricité.
e) Une façon de synthétiser de nouveaux composés.

2. Pourquoi John Dalton est-il célèbre?

a) Il découvrit de nombreux éléments chimiques.
b) Il distingua les acides et les bases.
c) Il conçut le tableau périodique des éléments chimiques.
d) Il énonça la théorie atomique.
e) Il énonça la loi des proportions définies.

3. La plus grande proportion des éléments chimiques est constituée:

a) de gaz.
b) de métaux.
c) de minéraux.
d) d'acides.
e) de bases.

4. Que sont les isotopes?

a) Des éléments qui ont le même nombre de protons et d'électrons.
b) Des éléments qui ont le même nombre de protons, mais un nombre différent d'électrons.
c) Des éléments qui ont le même nombre de protons et de neutrons.

d) Des éléments qui ont le même nombre de protons, mais un nombre différent de neutrons.

e) Des éléments qui ont le même nombre d'électrons, mais un nombre différent de neutrons.

5. Dans le tableau périodique, les éléments chimiques sont classés en fonction :

a) de la répartition de leurs électrons.

b) de leur dureté.

c) de leur état solide, liquide ou gazeux.

d) de leur densité.

e) de leur radioactivité.

6. La formule de l'acide acétique est CH_3CO_2H. Une molécule d'acide acétique comporte :

a) quatre atomes de carbone.

b) quatre atomes d'hydrogène.

c) trois atomes d'hydrogène.

d) un atome d'oxygène.

e) plus d'atomes d'oxygène que d'atomes de carbone.

7. Des éléments chimiques, comme de l'hydrogène et de l'oxygène, peuvent-ils se combiner de plus d'une façon ?

a) Oui, mais c'est très rare.

b) Oui, c'est possible pour plusieurs éléments chimiques.

c) Non, car des éléments donnés ne peuvent former qu'un seul type de molécules.

d) Non, sauf si l'on pouvait disposer d'une source d'énergie énorme.

e) Non, sauf si la réaction chimique entre eux est explosive.

8. Quelle est la différence entre une liaison covalente et une liaison ionique ?

a) La stabilité de cette liaison.

b) La production ou l'absorption de chaleur.

c) La formation d'un acide ou d'une base.

d) Le niveau d'échange d'énergie entre les noyaux des atomes.

e) La distribution des électrons entre les atomes.

Les éléments chimiques. De l'Antiquité à la Renaissance, à la suite d'une théorie proposée vers 450 av. J.-C. par le philosophe grec Empédocle (492-432 av. J.-C.), toute matière était considérée comme une combinaison de l'un des quatre éléments fondamentaux qui suivent : l'eau, l'air, la terre et le feu.

Cette théorie des quatre éléments constitua plus tard la base de l'alchimie, ancêtre de la chimie, qui se développa surtout du VIIe au XVIIe siècle, d'abord dans l'Empire musulman, puis en Europe. Les alchimistes recherchaient des substances universelles, telles que l'eau de jouvence ou l'élixir, censées permettre aux êtres humains de rester éternellement jeunes, et la pierre philosophale, présumée capable de transmuter du plomb en or. Au cours de ces recherches, les alchimistes découvrirent plus ou moins accidentellement un grand nombre d'éléments et de composés chimiques dont ils essayaient d'expliquer les propriétés à partir de la théorie des quatre éléments.

En 1661, le physicien et chimiste irlandais Robert Boyle (1627-1691) proposa le concept moderne d'élément chimique et contribua à établir une distinction très nette entre la chimie, fondée sur des méthodes expérimentales, et l'alchimie, qui tomba peu à peu en désuétude. En 1777, le chimiste français Antoine de Lavoisier (1731-1810) montra que l'air était un mélange d'oxygène et d'azote. En 1781, le chimiste anglais Henry Cavendish (1731-1810) réalisa la synthèse de l'eau à partir d'oxygène et d'hydrogène et, en 1784, Lavoisier réalisa l'opération inverse, l'analyse de l'eau, qui consiste à la séparer en hydrogène et en oxygène. D'autres découvertes permirent par la suite de montrer qu'aucun des quatre éléments fondamentaux de l'Antiquité n'était véritablement un élément, au sens chimique du terme, et que, par ailleurs, il existait des dizaines d'éléments.

John Dalton

On connaît maintenant 103 éléments chimiques naturels différents. Selon la théorie atomique proposée en 1808 par le physicien et chimiste John Dalton (1766-1844), toute matière est faite d'atomes et un élément est une substance qui ne comporte qu'un seul type d'atome.

Comme le proposa le chimiste suédois Jöns Berzelius (1779-1848) en 1813, chaque élément est représenté par une ou deux lettres qui constituent son symbole chimique (exemples : « H » pour *hydrogène*, « Fe » pour *fer*). Une grande proportion des éléments sont des métaux. Le chimiste britannique Frederick Soddy (1877-1956) découvrit en 1913 que plusieurs éléments chimiques possèdent des isotopes, des atomes plus lourds parce que leur noyau renferme plus de neutrons.

Dimitri Mendeleïev

Le tableau périodique. Vers le milieu du XIXe siècle, 63 éléments chimiques avaient été identifiés, mais on ne savait pas trop comment les classer, car leurs propriétés physiques et chimiques différaient souvent beaucoup de l'un à l'autre. Seuls certains groupes avaient été formés, tels que ceux des métaux ou des gaz nobles. À la suite des travaux précurseurs du chimiste allemand Julius Meyer (1830-1895) et du chimiste anglais John Newlands (1837-1898), le chimiste russe Dimitri Mendeleïev (1834-1907) proposa, en 1869, un nouveau système de classification, soit le tableau périodique des éléments. Non seulement les ressemblances et les différences entre certains éléments devinrent beaucoup plus claires, mais, surtout, certaines cases vides du tableau permirent d'orienter les recherches et de conduire à la découverte de nouveaux éléments.

De nos jours, la classification des éléments dans le tableau périodique se fait principalement en fonction du nombre et de la répartition des électrons dans les atomes de ces éléments. Les principaux groupes d'éléments sont l'hydrogène (H), les alcalins tels que le sodium (Na) et le potassium (K), les métaux alcalinoterreux, tels que le magnésium (Mg) et le calcium (Ca), les métaux de transition, tels que le titane (Ti), le fer (Fe), le cuivre (Cu), l'argent (Ag), l'or (Au) et le mercure (Hg), les autres métaux, tels que l'aluminium (Al), l'étain (Sn) et le plomb (Pb), les non-métaux, tels que le carbone (C), l'azote (N), l'oxygène (O) et le soufre (S), les halogènes, tels que le fluor (F), le chlore (Cl) et l'iode (I), et les gaz inertes, tels que l'hélium (He) et le néon (Ne). L'uranium (U) et le plutonium (Pu) sont des éléments radioactifs qui font partie du groupe des actinides.

Les molécules. Les molécules sont des groupes d'atomes d'un ou de plusieurs éléments. Un composé chimique est formé d'un ensemble de molécules identiques. La formule chimique indique la manière dont les éléments se combinent dans les molécules d'un composé. Par exemple, la formule chimique

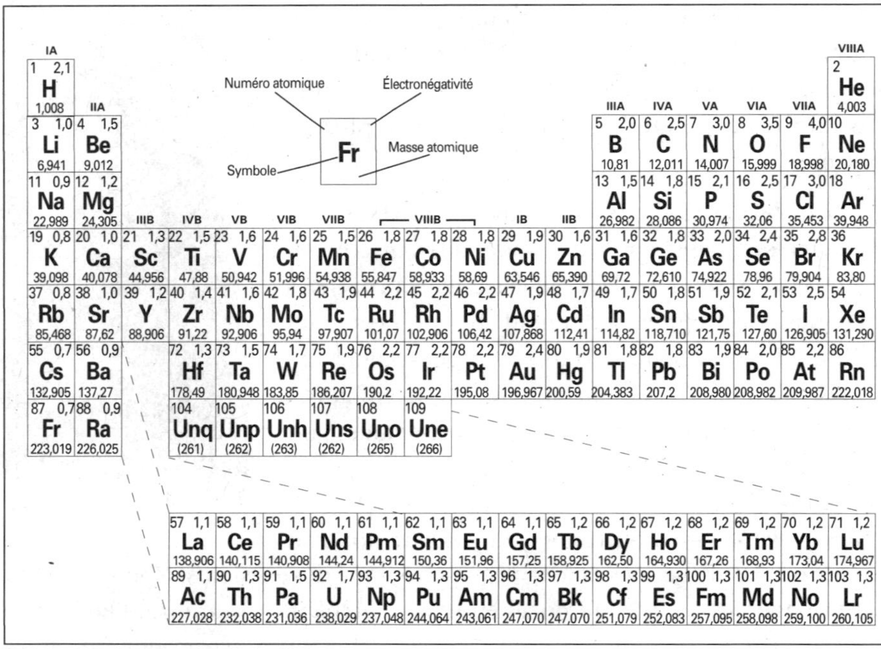

Tableau périodique des éléments chimiques

de l'oxygène est O_2, celle de l'eau est H_2O, celle du sel de table ou chlorure de sodium est NaCl, celle du glucose est $C_6H_{12}O_6$, celle de l'acide acétique, que l'on trouve dilué dans l'eau dans le vinaigre, est CH_3CO_2H, et celle du bicarbonate de sodium est $NaHCO_3$.

Selon la loi des proportions définies, énoncée en 1806 par le chimiste français Joseph Louis Proust (1754-1826), les éléments forment des molécules dans les proportions précises données par la formule chimique de cette molécule. Par exemple, l'eau, dont la formule est H_2O, se forme quand deux volumes d'hydrogène se combinent avec un volume d'oxygène. Par ailleurs, selon la loi des proportions multiples énoncée par John Dalton en 1804, certains éléments peuvent se combiner de diverses façons. Par exemple, l'hydrogène et l'oxygène peuvent aussi former un composé différent, le peroxyde d'hydrogène, dont la formule est H_2O_2.

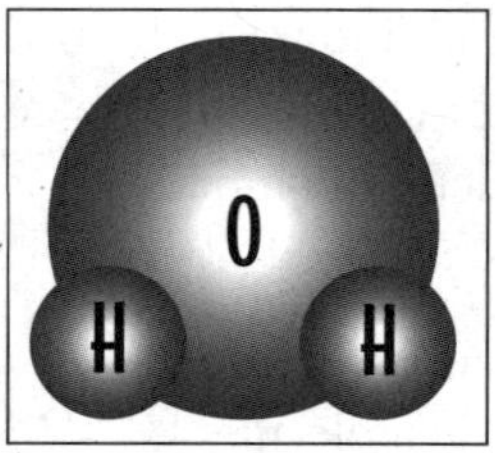

Molécule d'eau

Les liaisons chimiques. Au début du XXe siècle, les chimistes avaient déjà découvert des milliers de composés. Toutefois, la nature des liaisons chimiques permettant aux quelque 100 éléments du tableau périodique de former une telle variété de molécules était mal comprise. La publication des travaux du physicien anglais Ernest Rutherford (1871-1937) sur la structure de l'atome en 1911, du physicien danois Niels Bohr (1885-1962) sur les orbites électroniques en 1913, des chimistes américains Gilbert Lewis (1875-1946) et Walter Kossel (1888-1956) sur la couche externe des électrons, en 1916, du chimiste et physicien américain Irving Langmuir (1881-1957) sur le partage de doublets d'électrons par les atomes de certaines molécules en 1919, et du chimiste anglais Nevil Sidgwick (1873-1952) sur la valence, en 1927, permit graduellement de montrer que, malgré la grande variété des molécules, il n'existait que deux grands types de liaisons chimiques : les liaisons ioniques et les liaisons covalentes.

La valence d'un atome est le nombre possible des atomes d'une nature donnée qui peuvent se lier chimiquement à un atome déterminé. Le carbone, par exemple, est dit *quadrivalent* parce qu'il peut se lier chimiquement à quatre atomes d'hydrogène. L'électronégativité d'un élément indique dans quelle mesure il a tendance à gagner ou à perdre des électrons. Il existe des forces attractives de nature électrique entre les molécules, telle que la force responsable de la tension superficielle de l'eau.

Dans les liaisons covalentes, comme celle du méthane (de formule chimique CH_4), il y a mise en commun d'un ou de plusieurs électrons. Dans les liaisons ioniques, comme celle du sel de table ou chlorure de sodium (de formule chimique NaCl), l'un des atomes cède à l'autre un ou plusieurs électrons. Un ion positif (exemple : Na+) est un atome ou groupe d'atomes ayant perdu un ou plusieurs électrons, ce qui lui donne une charge électrique positive, tandis qu'un ion négatif (exemple : Cl^-) est un groupe d'atomes ayant gagné un ou plusieurs électrons, ce qui lui donne une charge électrique négative.

Les cristaux. Les cristaux sont des solides caractérisés par une disposition régulière de leurs constituants. Selon un système qui commença à être élaboré en 1784 par le minéralogiste français René-Just Haüy (1743-1822), tout cristal appartient à l'un des sept grands types de systèmes cristallins, parmi lesquels se trouvent le système cubique (exemple : sel de table), le système rhomboédrique (exemple : calcite) et le système orthorhombique (exemple : quartz).

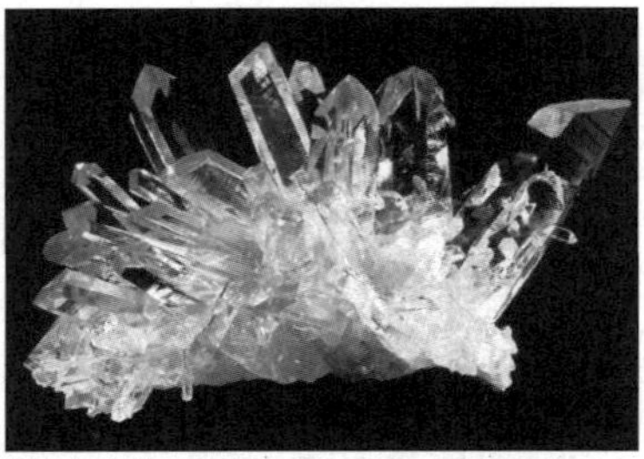
Cristal de quartz

L'isomorphisme, découvert en 1820 par le chimiste allemand Eilhard Mitscherlich (1794-1863), est la propriété des substances de composition chimique analogue d'avoir des cristaux de même forme.

Une substance amorphe, comme le verre, ne cristallise pas et n'a pas de structure interne régulière. Les cristaux liquides sont des liquides possédant des propriétés analogues à celles des cristaux, telle par exemple la façon de réfléchir ou de réfracter la lumière.

CONCEPTIONS FRÉQUENTES	EXPLICATIONS DES CONCEPTIONS	CONCEPTS SCIENTIFIQUES
	Les éléments chimiques	
Il n'existe que quelques éléments.	Les éléments bien connus, tels que l'hydrogène, l'oxygène, le carbone et le fer, sont peu nombreux.	Il existe 103 éléments.
Toutes les substances pures, telles que l'eau distillée, sont des éléments.	Les substances pures et les éléments sont considérés comme équivalents.	Plusieurs substances pures, telles que l'eau distillée et l'alcool, sont des composés.
Il n'existe que quelques sortes de métaux et la plupart des éléments sont des substances autres que des métaux.	Les métaux bien connus, tels que le fer, le cuivre, l'or et l'argent, sont peu nombreux.	La plupart des éléments chimiques sont des métaux.
La mine de crayon et le diamant n'ont rien en commun.	L'apparence et les autres propriétés physiques de la mine de crayon et du diamant sont très différentes.	La mine de crayon et le diamant sont deux sortes de carbone pur.
	Le tableau périodique	
Le tableau périodique est une façon commode mais arbitraire de présenter les symboles chimiques des éléments.	La disposition du tableau périodique diffère parfois d'un manuel à l'autre.	Le tableau périodique est une classification des éléments par familles, en fonction des similarités et des différences qui existent entre eux.
Tous les métaux sont solides, durs et brillants.	Les métaux les mieux connus sont solides, durs et brillants.	Le mercure, par exemple, est liquide et le potassium est très mou.
	Les molécules	
Les composés ont des propriétés qui sont l'addition de celles des éléments dont ils sont formés.	Dans la vie courante, un mélange a des propriétés qui sont l'addition de celles des substances dont il est composé. Le mélange d'un liquide acide et d'un liquide sucré est à la fois acide et sucré.	Les propriétés des composés peuvent être très différentes de celles des éléments dont ils sont formés. Le sel de table, par exemple, est formé de deux poisons.

CONCEPTIONS FRÉQUENTES	EXPLICATIONS DES CONCEPTIONS	CONCEPTS SCIENTIFIQUES
Il n'y a pas de différence entre un composé et un mélange.	Plusieurs mélanges semblent aussi homogènes que des composés.	Les éléments d'un composé ne peuvent être séparés par des procédés physiques, comme c'est le cas pour les composés d'un mélange.
Des composés différents ne peuvent pas être des assemblages des mêmes sortes d'atomes.	Dans la vie de tous les jours, le mélange des mêmes deux ou trois substances donne toujours un résultat semblable.	Le vinaigre et le glucose sont tous deux formés de carbone, d'hydrogène et d'oxygène.
	Les liaisons chimiques	
Il existe un grand nombre de types de liaisons chimiques.	Le très grand nombre de composés chimiques peut donner l'impression qu'il existe plusieurs types de liaisons chimiques.	Il n'existe que deux grands types de liaisons chimiques, soit les liaisons covalentes et les liaisons ioniques.
	Les cristaux	
Seules les pierres précieuses sont des cristaux.	Les pierres précieuses sont souvent présentées comme exemples de cristaux.	Des substances telles que la glace, le sel et le sucre sont aussi des cristaux.
Le verre est un cristal.	Le verre est dur et transparent, comme plusieurs sortes de cristaux.	Le verre est un corps amorphe qui n'a pas de structure cristalline.
Tous les cristaux sont des solides.	Les cristaux les mieux connus sont des solides.	Il existe aussi des liquides qui ont les propriétés des cristaux, comme ceux qui sont utilisés dans la fabrication des écrans plats.

Les réactions chimiques

Les réactions chimiques sont des transformations qui se produisent lorsque certains corps chimiques sont mis en présence.

RÉPONSES AUX QUESTIONS 9 À 15

La bonne réponse apparaît en caractères gras.

9. Pourquoi Antoine de Lavoisier est-il célèbre?

a) Il énonça la loi des proportions définies.
b) Il énonça la théorie atomique.
c) Il énonça la loi des proportions multiples.
d) Il distingua les acides et les bases.
e) Il énonça la loi de la conservation de la masse.

10. Après une réaction chimique, y a-t-il toujours la même quantité de matière qu'avant?

a) Non, car une partie de la matière se transforme en chaleur.

b) Non, car une partie de la matière se volatilise.

c) Oui, il y a la même quantité de matière après qu'avant.

d) Non, car une partie de la matière se condense.

e) Oui, sauf si la réaction produit une combustion ou une explosion.

11. Qu'est-ce qu'un catalyseur?

a) Une substance qui diminue les gaz à effet de serre.

b) Une substance qui favorise une réaction chimique.

c) Une substance qui déclenche une fermentation.

d) Une substance qui réduit le risque d'explosion.

e) Une substance qui neutralise un acide.

12. Comment transforme-t-on le jus de raisin en vin?

a) Par ajout d'alcool.

b) Par ajout de levures.

c) Par augmentation de sa température.

d) Par ajout de composés chimiques.

e) Par ajout de quelques gouttes de vin concentré.

13. Qu'est-ce que le feu?

a) Des gaz et des particules à haute température.

b) Un élément chimique qui s'échappe des substances combustibles.

c) Du rayonnement infrarouge et ultraviolet.

d) Des particules radioactives.

e) Des particules électriquement chargées.

14. Comment pourrait-on fabriquer une pile électrique simple?

a) En emmagasinant des charges électriques dans une bouteille isolante.

b) En faisant tremper deux métaux différents dans un acide.

c) En plaçant quelques aimants droits autour d'une tige en fer.

d) En remplissant un petit récipient métallique de granules oxydants.

e) En insérant un petit circuit électrique dans un récipient isolant.

15. Que mesure un indicateur de pH?

a) La contamination.

b) La densité.

c) L'acidité.

d) La conductivité.

e) La vitesse de sédimentation.

Notions de base. Une réaction chimique, qui peut être représentée par une équation chimique, transforme des substances, appelées *réactifs*, en d'autres substances, appelées *produits*. Par exemple, le vinaigre (acide acétique) et la craie (carbonate de calcium) réagissent pour former un sel, de l'eau et du gaz carbonique:

$$2CH_3CO_2H + CaCO_3 \rightarrow (CH_3CO_2)_2Ca + H_2O + CO_2$$

Dans une réaction chimique, selon le célèbre principe de la conservation de la masse énoncé par Antoine de Lavoisier en 1789, la masse des produits est toujours égale à la masse des réactifs. Ce principe semble parfois faux, comme dans le cas d'un morceau de bois qui brûle en ne laissant qu'un peu de cendre. Dans un tel cas, toutefois, comme dans le cas de plusieurs autres réactions chimiques, une partie des produits de la réaction est constituée de gaz et de particules qui s'échappent dans l'air. Par ailleurs, il ne faudrait pas croire que la diminution apparente de la quantité de matière puisse aussi s'expliquer par l'énergie produite. En effet, même les réactions chimiques qui créent beaucoup d'énergie en produisent trop peu pour que cette production puisse contribuer à une réduction de la masse de la matière qui a réagi. Seules les réactions nucléaires, comme l'explosion d'une bombe atomique, produisent assez d'énergie pour expliquer la désintégration d'une partie de la matière.

Antoine et Marie-Anne de Lavoisier

Certaines réactions chimiques sont réversibles, c'est-à-dire que les transformations s'effectuent de façon évidente des réactifs vers les produits et aussi des produits vers les réactifs, tandis que d'autres sont irréversibles. Lorsqu'une réaction est réversible, un équilibre chimique s'établit entre la réaction des produits vers les réactifs et la réaction des réactifs vers les produits.

Jöns Berzelius

Le chimiste russe d'origine suisse Germain Hess (1802-1850) montra en 1840 que toutes les réactions chimiques sont endothermiques, c'est-à-dire qu'elles absorbent de la chaleur, ou exothermiques, autrement dit qu'elles libèrent de la chaleur. Un catalyseur, dont le principe fut découvert par Berzelius en 1835, est une substance qui favorise ou accélère une réaction chimique, mais reste elle-même inchangée.

Au cours d'une fermentation, souvent produite par des levures, l'amidon ou le sucre (par exemple les sucres naturellement présents dans le jus de raisin) se transforment en éthanol, qui est l'alcool de toutes les boissons alcooliques, et en dioxyde de carbone. Dans une oxydation, l'oxygène se combine avec une substance (exemples : corrosion, combustion).

La rouille résulte d'une oxydation du fer.

Une réduction est une réaction au cours de laquelle une substance perd de l'oxygène. Par exemple, le minerai de fer, chauffé avec du carbone, perd son oxygène et devient du fer. L'hydrolyse est la décomposition chimique d'un corps sous l'action de l'eau. Par exemple, pendant la digestion, les esters, tels que les graisses et les huiles, sont décomposés sous l'action de l'eau pour former des acides organiques et des alcools. L'estérification, réaction inverse de l'hydrolyse, est la formation d'un ester à partir d'un acide organique, tel qu'un acide aminé, et d'un alcool. Pendant la pyrolyse, une substance se décompose sous l'action de la chaleur seule. Par exemple, un four de cuisinière à pyrolyse, appelé aussi *four autonettoyant*, peut être porté à une température très haute, ce qui détruit les salissures de cuisson.

Le feu. Le feu a longtemps été mal compris. Durant des siècles, on a cru qu'il était l'un des quatre éléments dont était formée la matière. Au XVIIIe siècle, la chimie admettait une étrange théorie, qui avait été proposée en 1697 par le chimiste allemand Georg Stahl (1660-1734), selon laquelle les corps inflammables contenaient un « élément inflammable », nommé le *phlogistique*. Selon cette théorie, plus la combustion d'un corps était vive, plus ce corps contenait de phlogistique. Cependant, certains corps, tels que le soufre et le phosphore, devenaient plus lourds après la combustion, ce qui obligeait à supposer que leur phlogistique avait un poids négatif.

C'est Lavoisier qui, en 1772, démontra qu'un gaz, qu'il appela *oxygène*, se combinait chimiquement avec les corps qui brûlent ou s'oxydent, ce qui conduisit à l'abandon de la théorie du phlogistique. On sait maintenant qu'une flamme est formée des gaz luminescents et des fines particules à haute température produits pendant la combustion de matériaux inflammables. Une combustion spontanée démarre sans que l'on ait enflammé quoi que ce soit. Les explosions sont souvent causées par des combustions très rapides. Les extincteurs étouffent le feu en recouvrant le matériau qui brûle d'une mousse qui bloque le contact avec l'oxygène de l'air.

Les acides et les bases. Comme le proposa le chimiste et physicien suédois Svante Arrhenius (1859-1927) en 1884 et le précisa le chimiste danois Johannes Brönsted (1877-1947) en 1923, un acide est un composé qui donne des ions hydrogène (H+) lorsqu'il est dissous dans l'eau (exemples d'acides: acide chlorhydrique, acide sulfurique, acide nitrique, acide acétique, acide citrique), et une base est un composé qui neutralise un acide (exemples de bases: bicarbonate de sodium, hydroxyde de potassium, ammoniac, méthylamine). Un sel est un composé formé d'un acide et d'une base ou d'un acide et d'un métal. Par exemple, le vinaigre (acide acétique) et le bicarbonate de sodium (base) réagissent pour former un sel, de l'eau et du gaz carbonique:

$$CH_3CO_2H + NaHCO_3 \text{ –> } CH_3CO_2Na + H_2O + CO_2$$

L'échelle du pH, conçue en 1909 par le chimiste danois Sören Sörensen (1868-1939), permet de mesurer l'acidité d'une substance. Une substance neutre, comme l'eau distillée, a un pH de 7, un acide a un pH inférieur à 7 et une base un pH supérieur à 7. Le tournesol, qui change de couleur selon le taux d'acidité, est un indicateur du pH. Plusieurs acides, bases et sels ont la propriété de rendre l'eau conductrice: ce sont des électrolytes.

L'électrochimie. L'électrochimie s'intéresse aux liens entre les réactions chimiques et l'électricité. La pile électrique, inventée en 1800 par le physicien et chimiste italien Alessandro Volta (1745-1827), produit du courant grâce à la réaction chimique qui a lieu lorsque deux métaux différents, tels que du cuivre et du zinc, baignent dans une solution acide. Inversement, un courant électrique peut décomposer un composé chimique au cours d'un processus

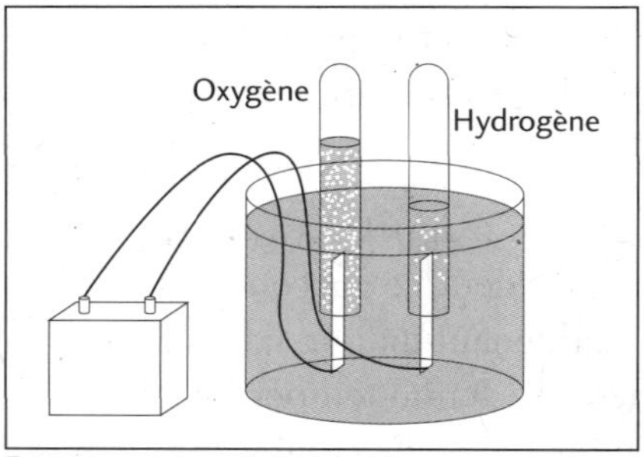

Décomposition de l'eau par électrolyse

appelé électrolyse, dont les lois furent formulées en 1834 par le physicien et chimiste anglais Michael Faraday (1791-1867).

Une pile à combustible utilise l'énergie libérée par la réaction chimique entre un combustible (exemples: hydrogène, méthane, essence) et l'oxygène pour faire circuler des électrons et produire un courant électrique. La galvanoplastie consiste à recouvrir des objets d'une mince couche de métal par électrolyse.

CONCEPTIONS FRÉQUENTES	EXPLICATIONS DES CONCEPTIONS	CONCEPTS SCIENTIFIQUES
	Notions de base	
Une réaction chimique peut transformer un élément en un autre élément.	Les éléments chimiques et les composés chimiques sont parfois considérés comme équivalents.	Seules des transmutations nucléaires peuvent transformer un élément en un autre élément.
Les réactifs sont toujours facilement visibles.	Certaines réactions chimiques bien connues, telles que du fer qui rouille, produisent des réactifs facilement visibles.	Les réactifs sont souvent des gaz ou des substances dissoutes.
La masse des produits est parfois moindre que la masse des réactifs.	Plusieurs réactions chimiques produisent des gaz invisibles et laissent peu de produits solides ou liquides.	Bien que certains produits soient parfois des gaz, la masse des produits est toujours égale à celle des réactifs.
Au cours d'une réaction chimique, une partie de la masse des réactifs disparaît sous forme d'énergie.	L'équivalence entre la matière et l'énergie, popularisée par Einstein, est bien connue.	Même les réactions chimiques qui produisent beaucoup d'énergie n'en produisent pas suffisamment pour faire disparaître de la matière.
Les catalyseurs sont des réactifs.	Le rôle actif joué par les catalyseurs dans les réactions chimiques donne l'impression que ce sont des réactifs.	Les catalyseurs ne réagissent pas, mais facilitent les réactions chimiques.
Une fermentation prolongée pourrait produire des bières ou des vins dont le taux d'alcool se rapprocherait de 100 %.	Durant un certain temps, le taux d'alcool augmente avec la durée de la fermentation.	Le taux d'alcool produit par fermentation ne peut dépasser un pourcentage relativement faible.
Toutes les oxydations sont des corrosions.	Un des exemples les mieux connus d'oxydation est celle du fer qui rouille.	Les combustions sont aussi des oxydations.

CONCEPTIONS FRÉQUENTES	EXPLICATIONS DES CONCEPTIONS	CONCEPTS SCIENTIFIQUES
	Le feu	
Une flamme est formée d'une substance précise, toujours la même, qui se trouve dans les matériaux inflammables.	Les flammes des matériaux inflammables communs, tels que le bois et le papier, sont identiques.	Une flamme est formée de particules incandescentes dont la nature dépend du matériau qui brûle.
Les métaux ne brûlent pas.	Plusieurs ustensiles de cuisine sont en métal.	Des métaux tels que le magnésium et le potassium brûlent très facilement.
	Les acides et les bases	
Des produits comestibles, comme le jus d'orange, ne peuvent pas être des acides.	Les acides sont parfois présentés comme étant des substances corrosives et dangereuses.	Plusieurs produits comestibles, tels que des fruits, des jus de fruits et le vinaigre, sont acides.
Seuls les acides, et non les bases, peuvent être des substances corrosives.	Les acides sont les substances corrosives les mieux connues.	Certaines bases, telles que la soude, sont très corrosives.
Tous les sels sont du chlorure de sodium.	Le sel de table, ou chlorure de sodium, est le sel le mieux connu.	Il existe de nombreux sels, tels que l'acétate de sodium et le chlorure de calcium.
Seul un pH de 7 est « naturel ».	Un pH neutre, qui a une valeur de 7, est associé à un pH naturel.	On trouve une grande variété de valeurs du pH dans la nature.
Le sucre peut rendre l'eau conductrice.	Le sucre a la même apparence que le sel. Il se dissout dans l'eau comme le sel, lequel rend l'eau conductrice.	Le sucre n'est pas un électrolyte et ne rend pas l'eau conductrice.

Les composés chimiques

Un composé chimique est un corps formé par la combinaison de plusieurs éléments.

RÉPONSES AUX QUESTIONS 16 À 20

La bonne réponse apparaît en caractères gras.

16. Pourrait-on manger un composé chimique formé à partir d'éléments toxiques?

a) Non, car ce composé serait encore plus toxique que les éléments.

b) Non, sauf si ce composé avait été purifié.

c) Oui, pourvu que les éléments ne soient pas des poisons violents.

d) Oui, pourvu que le composé ne soit pas formé d'éléments synthétiques.

e) Oui, car les propriétés du composé pourraient être différentes de celles des éléments.

17. Quel est l'objet d'étude de la chimie organique?

a) Les composés de la matière vivante.

b) Les composés produits à partir du pétrole.

c) Les composés à base de carbone.

d) Les engrais chimiques.

e) Les matières plastiques.

18. Deux composés peuvent-ils avoir la même formule chimique mais des propriétés différentes?

a) Non ; s'ils ont la même formule, ils sont identiques.

b) Non, sauf si l'un est naturel et l'autre synthétique.

c) Oui, si leur structure moléculaire est différente.

d) Non, sauf s'ils ne sont pas conservés dans les mêmes conditions.

e) Oui, si l'un est naturel et l'autre synthétique.

19. Qu'est-ce que l'analyse chimique?

a) La détermination de la composition de composés et de mélanges.

b) La classification des éléments et des composés.

c) La production de composés chimiques.

d) L'étude de diverses réactions chimiques.

e) La détermination des propriétés des composés chimiques.

20. Qu'est-ce que la synthèse chimique?

a) La fabrication de composés chimiques.

b) La classification des éléments et des composés.

c) L'étude de diverses réactions chimiques.

d) La détermination des propriétés des composés chimiques.

e) La détermination de la composition de composés et de mélanges.

La chimie minérale. L'étude de la chimie minérale porte sur les composés dans lesquels des atomes de deux ou de plusieurs éléments sont combinés. Voici quelques exemples de composés minéraux: l'ammoniac (NH_3), le carbonate de calcium ($CaCO_3$), le dioxyde de carbone (CO_2), le monoxyde de carbone (CO), le sulfate de cuivre ($CuSO_4$), l'oxyde d'azote (N_2O), l'acide chlorhydrique (HCl), le peroxyde d'hydrogène (H_2O_2), le nitrate de potassium (KNO_3) et le chlorure de sodium (NaCl). Dans plusieurs composés, certains groupes d'atomes appelés *radicaux* se trouvent toujours ensemble. Le carbonate, dont la formule est CO_3, le sulfate, dont la formule est SO_4, et le nitrate, dont la formule est NO_3, sont des exemples de radicaux.

Les composés chimiques sont nommés selon un système de désignation imaginé en 1787 par les chimistes français Claude Berthollet (1748-1822), Louis Bernard Guyton de Morveau (1737-1816) et Antoine de Lavoisier. Les noms sont formés à partir des noms des éléments et des radicaux qui se trouvent dans le composé. Par exemple, le sulfate de cuivre est formé de cuivre et du groupe d'atome SO_4 qui constitue le radical *sulfate.*

Les propriétés physiques et chimiques des composés chimiques sont souvent très différentes de celles des éléments dont ils sont formés. Par exemple, le sel de table ou chlorure de sodium, de formule NaCl, est formé de deux éléments, le sodium (Na, un solide) et le chlore (Cl, un gaz), qui seraient tous les deux, à l'état pur, des poisons violents.

La chimie organique. L'étude de la chimie organique porte sur les composés, souvent relativement complexes, dans lesquels des atomes de carbone se combinent avec d'autres éléments. En effet, comme le montra le chimiste allemand Friedrich Kekulé von Stradonitz (1829-1896) en 1858, les atomes de carbone sont quadrivalents, c'est-à-dire qu'ils peuvent chacun se lier à quatre autres atomes, et ont pour propriété de former de longues chaînes ainsi que des anneaux (ou cycles). Les principaux types de composés organiques sont les hydrocarbures, tels que le méthane (CH_4) et le propane (C_3H_8), les hydrates de carbone ou sucres, tels que le glucose ($C_6H_{12}O_6$) ou le lactose ($C_{12}H_{22}O_{11}$), les alcools, tels que l'éthanol (C_2H_5OH) et le méthanol (CH_3OH), les esters, tels que les graisses et les huiles, et les acides carboxyliques, tels que l'acide acétique (CH_3COOH) et l'acide citrique ($C_3H_5O(COOH)_3$). Certains composés organiques, les polymères, sont de très grosses molécules formées de chaînes de molécules plus simples liées entre elles.

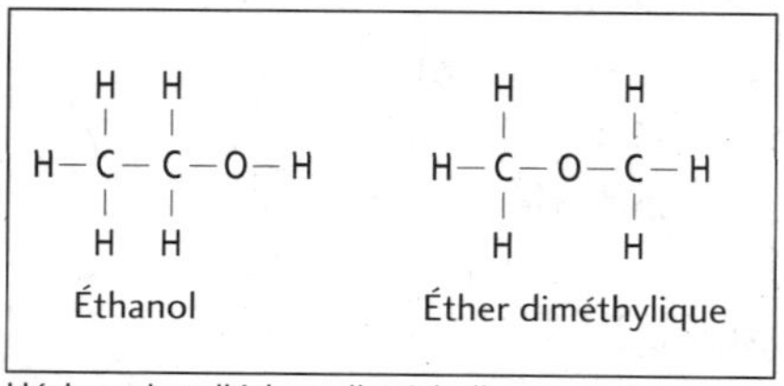

L'éthanol et l'éther diméthylique sont des isomères.

Les isomères, découverts par les chimistes allemands Justus Leibig (1803-1873) et Friedrich Wöhler (1800-1882), sont des composés organiques qui possèdent la même formule chimique, mais présentent des propriétés physiques et chimiques différentes en raison de la façon dont les atomes sont agencés. Par exemple, l'éthanol et l'éther diméthylique ont, tous deux, deux atomes de carbone, six atomes d'hydrogène et un atome d'oxygène dans leur formule chimique.

Les molécules chirales, dont les premières furent découvertes par le chimiste et biologiste français Louis Pasteur (1822-1895), sont des molécules organiques qui ont la même formule chimique, des structures analogues parfaitement symétriques, mais des propriétés parfois très différentes. La forme symétrique de la molécule de la vitamine C, par exemple, ne peut être assimilée par l'être humain. La stéréochimie, qui porte sur l'arrangement tridimensionnel des atomes dans les molécules, s'intéresse à des molécules telles que les fullerènes, qui comportent un grand nombre d'atomes de carbone disposés en forme de ballon.

L'analyse chimique. L'analyse chimique permet de trouver la composition d'une substance ou d'un mélange. Dans l'analyse qualitative, qui permet de déterminer les éléments ou les composés d'une substance ou d'un mélange, on emploie des méthodes telles que la chromatographie, mise au point en 1903 par le chimiste russe d'origine italienne Mikhail Tswett (1872-1919), qui consiste à faire passer le mélange en phase gazeuse à travers une colonne contenant un matériau absorbant ou, selon la technique plus simple conçue en 1944 par les biochimistes britanniques Archer Martin (1910-2002) et Richard Synge (1914-1994), à faire passer une solution du mélange dans un papier.

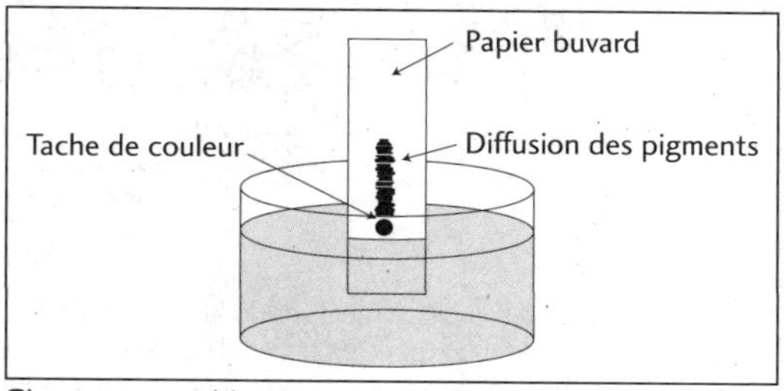

Chromatographie sur papier

Dans l'analyse quantitative, on emploie des méthodes telles que la spectroscopie, découverte en 1859 par le chimiste allemand Robert Bunsen (1811-1899) et le physicien allemand Gustav Kirchhoff (1824-1887), qui examine la lumière émise ou absorbée par la substance, ou l'analyse volumétrique, qui mesure la quantité d'un réactif nécessaire à une réaction chimique avec la substance.

La synthèse chimique. La synthèse chimique permet de produire des composés identiques à ceux que l'on trouve dans la nature (exemples: la vitamine C, l'insuline) et permet aussi de créer de nouveaux composés (exemple: les plastiques). La synthèse de certaines substances, telle que celle de l'ammoniac pour la fabrication d'engrais, a permis de grands progrès. Toutefois, l'utilisation de nouveaux composés doit toujours se faire avec prudence. Le dichloro-diphényl-trichloréthane, par exemple, mieux connu sous le sigle DDT, était un insecticide puissant et efficace, mais qui s'avéra extrêmement nocif pour les animaux à sang chaud.

CONCEPTIONS FRÉQUENTES	EXPLICATIONS DES CONCEPTIONS	CONCEPTS SCIENTIFIQUES
	La chimie minérale	
La chimie minérale n'étudie que des minerais.	Les mots *minérale* et *minerai* se ressemblent,	La chimie minérale étudie une multitude de composés, sauf les composés complexes à base de carbone qui sont l'objet d'étude de la chimie organique.
	La chimie organique	
La chimie organique n'étudie que les composés qui se retrouvent chez les êtres vivants.	Les mots *organique* et *organe* se ressemblent.	La chimie organique étudie tous les composés complexes à base de carbone tels que l'essence et les plastiques.
Des spiritueux différents contiennent des alcools différents.	Les divers types de spiritueux ont des goûts très différents les uns des autres.	Tous les spiritueux contiennent de l'éthanol.
Tous les alcools sont comestibles.	L'éthanol des spiritueux est l'alcool le mieux connu.	Certains alcools, tels que le méthanol, sont des poisons.

CONCEPTIONS FRÉQUENTES	EXPLICATIONS DES CONCEPTIONS	CONCEPTS SCIENTIFIQUES
Le lait ne contient pas de sucre.	Le goût du lait est très différent de celui des boissons sucrées les mieux connues.	Le lactose du lait est un sucre.
	L'analyse chimique	
Tous les liquides montent de la même façon dans les fibres d'un papier-filtre.	La façon dont les liquides montent ne semble dépendre que des fibres du papier-filtre.	La façon dont les liquides montent dépend de leur densité et de leur viscosité.
Toutes les substances chauffées à des températures très élevées émettent une lumière identique.	La couleur de l'acier porté à une température très élevée est la mieux connue.	La couleur de substances portées à des températures élevées dépend des éléments ou des composés dont elles sont formées.
	La synthèse chimique	
Les produits synthétiques sont toujours moins bons ou plus nocifs que les produits naturels.	Les médias donnent souvent une connotation négative au mot *synthétique*.	Il n'y a aucune différence entre plusieurs produits synthétiques et leur équivalent naturel.

CHAPITRE 4

L'astronomie

L'astronomie a pour objet d'étude l'ensemble de l'Univers.

TEST 4
(20 QUESTIONS)

Pour toutes les questions qui suivent, choisissez la réponse qui vous semble la meilleure.

1. Pourquoi Nicolas Copernic est-il célèbre?

a) Il découvrit les cratères sur la Lune.
b) Il découvrit les anneaux de Saturne.
c) Il affirma que les planètes tournaient autour du Soleil.
d) Il découvrit les quatre principales lunes de Jupiter.
e) Il découvrit la planète Uranus.

2. Quel est l'élément chimique le plus abondant dans le Soleil?

a) L'hydrogène.
b) L'hélium.
c) L'oxygène.
d) Le carbone.
e) L'uranium.

3. Vue de la Terre, quelle est la planète la plus brillante dans le ciel?

a) Vénus.
b) La Lune.
c) Mars.
d) Jupiter.
e) Saturne.

4. Vue de la Terre, pourquoi la Lune n'a-t-elle pas toujours la même forme?

a) Parce que l'ombre de la Terre la cache plus ou moins.
b) Parce qu'elle est plus ou moins loin du Soleil.
c) Parce qu'elle est plus ou moins loin de la Terre.
d) Parce que sa partie éclairée est plus ou moins visible.
e) Parce que des nuages la cachent plus ou moins.

5. Sur la Lune, se produit-il des éclipses de Soleil?

a) Oui, quand il y a aussi une éclipse de Soleil sur la Terre.
b) Oui, quand il y a une éclipse de Lune sur la Terre.
c) Non, parce que la Lune est trop petite.
d) Oui, mais seulement quand le temps est très nuageux sur la Terre.
e) Non, parce que la Lune est trop loin du Soleil.

6. Pourquoi la planète Mars a-t-elle une couleur rouge?

a) Parce que sa surface est recouverte d'oxyde de fer.
b) Parce que son atmosphère est composée de gaz carbonique.
c) Parce qu'elle possède des volcans qui rejettent des vapeurs rougeâtres.
d) Parce que sa surface est très chaude.
e) Parce qu'elle est souvent frappée par des météorites.

7. Quelle est la plus grosse planète du système solaire?

a) Jupiter.
b) La Terre.
c) Mars.
d) Saturne.
e) Vénus.

8. Qu'est-ce qu'une comète?

a) Une roche qui brûle en entrant dans l'atmosphère terrestre.
b) Un débris rocheux en orbite presque circulaire autour du Soleil.
c) Une étoile qui émet une longue protubérance gazeuse.
d) Un amas de roche et de glace en orbite très elliptique autour du Soleil.
e) Une lune formée de méthane à l'état solide et gazeux.

9. Les étoiles les plus brillantes, dans le ciel, sont-elles les plus grosses?

a) Non, car la luminosité apparente est inversement proportionnelle à la taille.
b) Oui, car la luminosité apparente est proportionnelle à la taille.
c) Oui, car la luminosité apparente est proportionnelle à la luminosité réelle.
d) Non, car la luminosité apparente n'est pas proportionnelle à la taille.
e) Non, car la luminosité apparente n'est pas proportionnelle à la luminosité réelle.

10. Les étoiles sont-elles toutes de la même couleur?

a) Oui, toutes les étoiles sont blanches.
b) Non, il y a des étoiles bleues, blanches, jaunes, orangées et rouges.
c) Oui, toutes les étoiles sont d'un blanc légèrement bleuté.
d) Oui, toutes les étoiles sont d'un blanc légèrement jaunâtre.
e) Non, il y a des étoiles bleues, blanches et jaunes.

11. Qu'est-ce qu'une supernova?

a) Le résultat de l'explosion d'une étoile.
b) Une galaxie naissante.
c) Une collision entre deux étoiles.
d) Une étoile massive qui émet peu de lumière.
e) Une étoile qui émet énormément d'énergie.

12. Pourquoi l'étoile Polaire est-elle la plus connue des étoiles de l'hémisphère Nord?

a) Parce qu'elle est visible de tous les endroits situés dans cet hémisphère.
b) Parce qu'elle indique la direction du Nord.
c) Parce que c'est l'étoile la plus brillante du ciel de l'hémisphère Nord.
d) Parce qu'elle apparaît au-dessus de l'horizon le 21 décembre.
e) Parce qu'elle fait partie de la plus grande constellation du Zodiaque.

13. Qu'est-ce que l'astrologie?

a) La science de l'étude des astres.
b) La cartographie précise du ciel.
c) La croyance en l'influence des astres sur les êtres humains.
d) L'étude de la trajectoire des planètes dans le Zodiaque.
e) La science des constellations.

14. Pourquoi Edwin Hubble est-il célèbre?

a) Il découvrit une méthode pour estimer la distance des galaxies.
b) Il mesura le diamètre de notre Galaxie.
c) Il construisit le premier télescope en orbite autour de la Terre.
d) Il proposa la théorie du Big Bang.
e) Il montra que plusieurs nébuleuses étaient des galaxies éloignées.

15. Certains astrophysiciens disent que nous sommes de la *poussière d'étoiles* parce que:

a) Sans la poussière de l'Univers, le rayonnement serait trop intense sur la Terre.
b) Sans les étoiles, les éléments chimiques de la matière organique n'existeraient pas.
c) La proportion d'hydrogène, dans les êtres vivants, est la même que dans les étoiles.
d) L'eau, indispensable à la vie, se forme dans les étoiles.
e) L'oxygène, indispensable à la respiration, est abondant dans le vent solaire.

16. Si un scientifique envoyait un message radio à des extraterrestres qui vivent dans une autre galaxie, pourquoi ne pourrait-il pas entendre la réponse à son message?

a) Le temps entre l'émission du message et la réception de la réponse serait trop long.
b) Il n'existe pas d'extraterrestres qui connaissent le principe de la radio.
c) Les messages seraient trop affaiblis par la distance.
d) Le rayonnement électromagnétique des étoiles couvrirait les messages.
e) Il n'existe pas d'émetteurs radio capables d'émettre à la fréquence requise.

17. Quelle est la caractéristique la plus importante d'un télescope?

a) La quantité de lumière qu'il peut recueillir.
b) Son pouvoir de grossissement.
c) Son type de monture.
d) La façon dont il fait dévier les rayons lumineux.
e) Le type de moteur qui lui permet de suivre les étoiles.

18. Les ondes radio sont-elles utiles aux astronomes?

a) Oui, car elles leur permettent de communiquer entre eux.

b) Non, sauf si des extraterrestres envoyaient un message.
c) Non, sauf pour connaître la météo et les conditions d'observation.
d) Non, car les astronomes observent la lumière qui provient des astres.
e) Oui, car plusieurs corps célestes émettent des ondes radio.

19. Qu'est-ce que la parallaxe?

a) Le fait que les rayons qui proviennent d'une étoile lointaine sont presque parallèles.
b) Le fait de pointer un télescope parallèlement à l'axe de rotation de la Terre.
c) Le fait de placer des satellites d'observation sur des orbites parallèles.
d) Une façon de mesurer la distance de certains corps célestes.
e) Le défaut d'un télescope dont les pièces optiques sont mal alignées.

20. Comment les satellites artificiels en orbite autour de la Terre peuvent-ils se déplacer à des vitesses de plusieurs milliers de kilomètres à l'heure?

a) Ils sont propulsés par de petits moteurs-fusée.
b) Ils sont entraînés par la rotation de la Terre.
c) Ils sont poussés par le vent solaire.
d) Ils sont en chute libre autour de la Terre.
e) Ils sont entraînés par le champ magnétique terrestre.

Le système solaire

Le système solaire, qui s'est formé il y a environ cinq milliards d'années,comprend huit planètes qui gravitent selon des orbites elliptiques autour d'une étoile, le Soleil.

RÉPONSES AUX QUESTIONS 1 À 8

La bonne réponse apparaît en caractères gras.

1. Pourquoi Nicolas Copernic est-il célèbre?

a) Il découvrit les cratères sur la Lune.
b) Il découvrit les anneaux de Saturne.
c) Il affirma que les planètes tournaient autour du Soleil.
d) Il découvrit les quatre principales lunes de Jupiter.
e) Il découvrit la planète Uranus.

2. Quel est l'élément chimique le plus abondant dans le Soleil?

a) L'hydrogène.
b) L'hélium.
c) L'oxygène.
d) Le carbone.
e) L'uranium.

3. Vue de la Terre, quelle est la planète la plus brillante dans le ciel?

a) Vénus.
b) La Lune.
c) Mars.
d) Jupiter.
e) Saturne.

4. Vue de la Terre, pourquoi la Lune n'a-t-elle pas toujours la même forme?

a) Parce que l'ombre de la Terre la cache plus ou moins.
b) Parce qu'elle est plus ou moins loin du Soleil.
c) Parce qu'elle est plus ou moins loin de la Terre.
d) Parce que sa partie éclairée est plus ou moins visible.
e) Parce que des nuages la cachent plus ou moins.

5. Sur la Lune, se produit-il des éclipses de Soleil?

a) Oui, quand il y a aussi une éclipse de Soleil sur la Terre.
b) Oui, quand il y a une éclipse de Lune sur la Terre.
c) Non, parce que la Lune est trop petite.
d) Oui, mais seulement quand le temps est très nuageux sur la Terre.
e) Non, parce que la Lune est trop loin du Soleil.

6. Pourquoi la planète Mars a-t-elle une couleur rouge?

a) Parce que sa surface est recouverte d'oxyde de fer.
b) Parce que son atmosphère est composée de gaz carbonique.
c) Parce qu'elle possède des volcans qui rejettent des vapeurs rougeâtres.
d) Parce que sa surface est très chaude.
e) Parce qu'elle est souvent frappée par des météorites.

7. Quelle est la plus grosse planète du système solaire?

a) Jupiter.
b) La Terre.
c) Mars.
d) Saturne.
e) Vénus.

8. Qu'est-ce qu'une comète?

a) Une roche qui brûle en entrant dans l'atmosphère terrestre.
b) Un débris rocheux en orbite presque circulaire autour du Soleil.
c) Une étoile qui émet une longue protubérance gazeuse.
d) Un amas de roche et de glace en orbite très elliptique autour du Soleil.
e) Une lune formée de méthane à l'état solide et gazeux.

Notions de base. Les planètes du système solaire sont Mercure, Vénus, la Terre, Mars, Jupiter, Saturne, Uranus et Neptune. Pluton, trop petite, n'est plus considérée comme une planète. Plusieurs planètes possèdent une ou plusieurs lunes. Mars, par exemple, en compte 2, Jupiter 62 et Saturne 33. Pour les grosses planètes telles que Jupiter et Saturne, toutefois, le nombre de lunes varie selon les sources consultées parce que certaines de ces lunes sont très petites et de nouvelles sont constamment découvertes.

Voici quelques données concernant les planètes du système solaire.

PLANÈTE	DIAMÈTRE (EN MILLIERS DE KM)	DISTANCE MOYENNE AU SOLEIL (EN MILLIONS DE KM)	DURÉE D'UNE RÉVOLUTION	NOMBRE DE LUNES
Mercure	4,8	57,9	88 jours	0
Vénus	12,1	108,2	225 jours	0
Terre	12,7	149,6	365 jours	1
Mars	6,7	227,9	687 jours	2
Jupiter	142,9	778,3	12 ans	62
Saturne	120,5	1426,9	29 ans	33
Uranus	51,1	2870,9	84 ans	27
Neptune	49,5	4497,0	165 ans	13

Nicolas Copernic

La distance entre la Terre et le Soleil est d'environ un million et demi de kilomètres, ou une unité astronomique. Les astéroïdes et les comètes, beaucoup plus petits, gravitent aussi autour du Soleil.

Selon le modèle géocentrique proposé en 140 apr. J.-C. par l'astronome grec Claude Ptolémée (85-165) et accepté par la suite durant des siècles, la Terre était une sphère, située au centre du système solaire, et le Soleil, la Lune et les autres planètes tournaient autour de la Terre. En 1543, l'astronome polonais Nicolas Copernic (1473-1543) proposa un modèle héliocentrique selon lequel la Lune tournait autour de la Terre, mais la Terre elle-même et les autres planètes tournaient autour du Soleil.

Un siècle plus tard, l'astronome italien Galilée (1564-1642) publia des observations, faites au télescope, qui appuyaient ce modèle, mais il fallut encore plus d'un siècle avant qu'il ne soit généralement accepté.

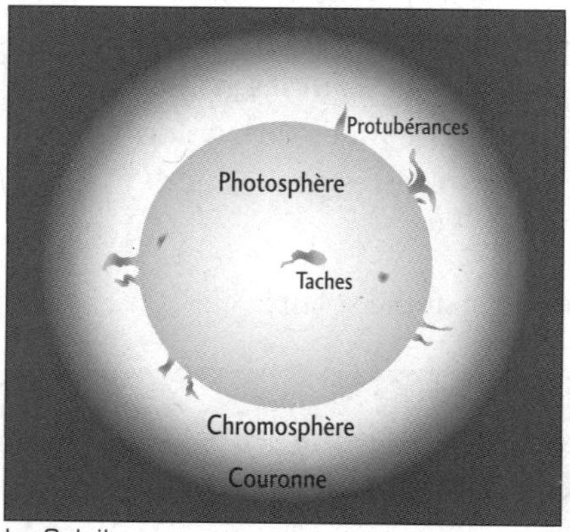

Le Soleil

Le Soleil. Le Soleil est une étoile de grosseur et de température moyennes. Son volume est de quelque 1 300 000 fois celui de la Terre et sa masse est d'environ 330 000 fois celle de la Terre. Comme les autres étoiles, le Soleil est constitué principalement d'hydrogène en fusion thermonucléaire. Cette fusion dégage une grande quantité de chaleur et de lumière, qui met environ huit minutes pour parvenir à la Terre. La température de la surface du Soleil est de 5 500 °C et atteint environ 15 millions de degrés au centre. Des taches sombres sont parfois visibles sur sa surface. Ce sont des régions un peu plus froides (4 500 °C) où se produisent des orages magnétiques. Ces orages sont plus fréquents tous les 11 ans du cycle de l'activité solaire. Le Soleil, qui s'est formé il y a cinq milliards d'années, possède suffisamment d'hydrogène pour durer encore autant de temps.

Mercure. Mercure est la planète la plus rapprochée du Soleil. Difficile à repérer, elle est parfois visible près de l'horizon, juste avant le lever ou après le coucher du Soleil. Elle ressemble à notre Lune. Sur Mercure, il n'y a pas d'atmosphère, pas d'eau, et sa surface est criblée de cratères. Du côté du Soleil, la température de sa surface est de 400 °C, tandis que du côté opposé, elle est de –200 °C.

Vénus. Vénus est la planète la plus brillante du ciel. Selon sa position sur son orbite, elle est visible à l'ouest, après le coucher du Soleil, ou à l'est, avant son lever. Elle est entourée d'épais nuages d'acide sulfurique qui réfléchissent très bien la lumière du Soleil et expliquent qu'elle soit si brillante. La surface de Vénus comporte des montagnes, des plateaux, des cratères et des traces d'activité volcanique. En raison des nuages qui créent un effet de serre, la température à la surface est de 480 °C.

La Terre. La Terre est surnommée la *planète bleue*, car 71 % de sa surface est recouverte d'eau, qui paraît bleue parce qu'elle réfléchit la couleur dominante de l'atmosphère. Particularité unique dans le système solaire, la distance à laquelle elle se trouve du Soleil permet à l'eau d'y demeurer liquide, ce qui a favorisé le développement de la vie. Son atmosphère, composée d'azote, d'oxygène et d'autres gaz, tels que l'ozone, entretient la vie et agit également comme un bouclier protecteur contre les rayons nocifs du Soleil. Dans le calendrier, l'année correspond au temps que met la Terre pour faire le tour du Soleil (365 jours et 1/4). L'axe de rotation de la Terre sur elle-même est incliné de 23° par rapport à son plan de rotation autour du Soleil, ce qui explique les saisons. La région du ciel vers laquelle pointe cet axe de rotation change lentement avec le temps, phénomène connu sous le nom de *précession des équinoxes.*

La Lune. La Lune est un satellite naturel de la Terre. Comme le découvrit Galilée en 1609, elle est criblée d'une multitude de cratères. Ces cratères furent creusés par des astéroïdes et des comètes qui s'écrasèrent sur sa surface peu après sa formation. La Lune possède également des « mers », qui sont de grandes coulées de lave refroidie.

Les phases de la Lune sont causées par le fait que la Lune tourne autour de la Terre en 28 jours, et par la façon dont la partie éclairée de Lune peut être vue à partir de la Terre.

Galilée

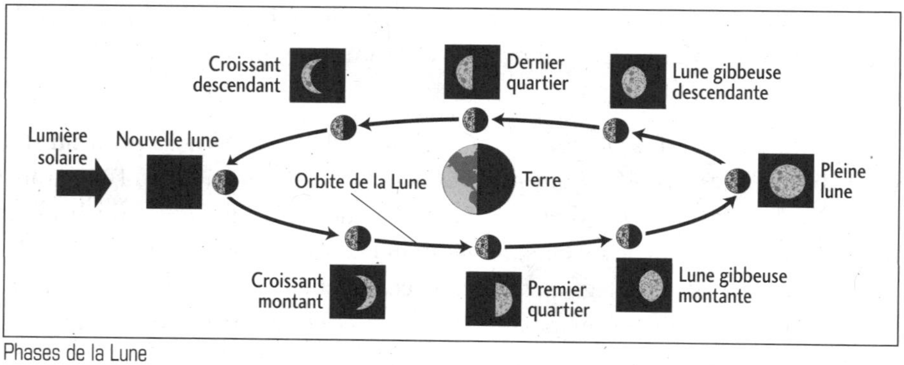

Phases de la Lune

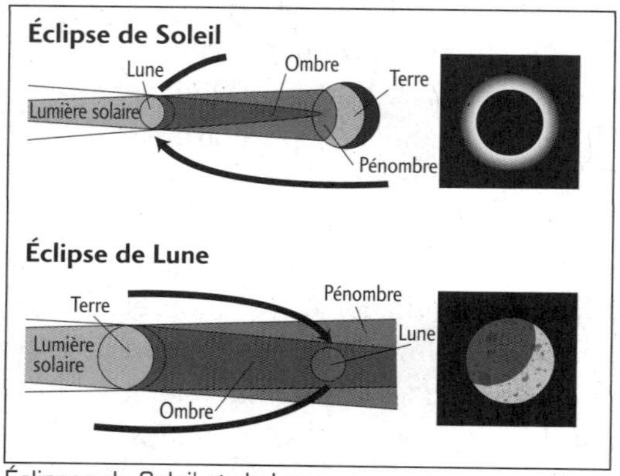

Éclipses de Soleil et de Lune

Sur la Terre, une éclipse de Soleil se produit à la Nouvelle Lune, quand la Lune passe exactement entre le Soleil et la Terre et qu'elle se retrouve dans le cône d'ombre de la Terre. Une éclipse de Lune se produit à la Pleine Lune, quand la Terre passe exactement entre le Soleil et la Lune et qu'une petite partie se retrouve dans le cône d'ombre de la Lune. Toutefois, il n'y a pas d'éclipse de Soleil à chaque Nouvelle Lune ni d'éclipse de Lune à chaque Pleine Lune, parce que le plan de l'orbite de la Lune autour de la Terre est incliné de 5° par rapport au plan de l'orbite de la Terre autour du Soleil, et qu'il est donc relativement rare que l'alignement des trois astres soit parfait.

Si nous vivions sur la Lune, il y aurait des éclipses de Soleil au moment des éclipses de Lune sur la Terre et des éclipses, très partielles, de la Terre au moment des éclipses de Soleil sur la Terre.

Dans le calendrier, le mois correspond, de façon très approximative, au temps que met la Lune à faire le tour de la Terre. Si la Lune n'existait pas, la vie sur Terre ne serait peut-être pas possible, ou ne serait pas aussi développée, car c'est grâce à la Lune si l'axe de rotation de la Terre reste toujours orienté dans le même sens, ce qui empêche de trop grands changements de température dans les diverses régions du globe.

Mars. La planète Mars est surnommée *planète rouge*, car elle se distingue, dans le ciel étoilé, par sa teinte rougeâtre. Cette couleur s'explique par le fait que sa surface est couverte d'une fine poussière d'oxyde de fer, le composé chimique communément appelé *rouille*. À l'exception des calottes polaires, qui contiennent une petite quantité de dioxyde de carbone et d'eau à l'état solide, la surface de Mars est un désert qui comporte des cratères, des vallées profondes, des dunes et des montagnes. Très ténue, l'atmosphère de Mars se compose surtout de gaz carbonique. Plus froide que celle de la Terre, la température de sa surface varie entre 20 °C et –70 °C, selon les heures et les régions.

Les astéroïdes. Entre Mars et Jupiter se trouve une ceinture de milliers de « petites planètes » nommées *astéroïdes*. C'est l'astronome italien Giuseppe Piazzi (1746-1826) qui, en 1801, découvrit le premier astéroïde qu'il nomma Cérès. Les astéroïdes sont des fragments de roche qui orbitent autour du Soleil. Ce sont les restes d'une planète qui aurait explosé ou des résidus laissés au moment de la formation du système solaire. Les plus gros astéroïdes ont un diamètre de quelques centaines de kilomètres.

Jupiter

Jupiter. Jupiter est la plus grosse planète du système solaire. Son volume est d'environ 1 400 fois celui de la Terre. C'est une immense boule de gaz qui entoure un noyau de roche et de métal. Les gaz visibles à la surface, qui créent des vents atteignant près de 400 km/h, se composent d'hydrogène et d'hélium, avec de minuscules cristaux de méthane et d'ammoniac en suspension. Jupiter possède une grande tache rouge qui a toujours été visible, depuis les premières observations au télescope au XVIIe siècle. C'est un ouragan gigantesque qui durera peut-être encore plusieurs siècles. Les quatre principales lunes peuvent être facilement observées avec des jumelles ou un petit télescope. Une d'entre elles possède des volcans en activité. Jupiter est entourée d'un petit anneau très fin, invisible avec des télescopes terrestres.

Saturne

Saturne. Presque aussi grosse que Jupiter, Saturne est également une immense boule de gaz qui entoure un noyau de roche et de métal. Très spectaculaire au télescope, elle possède des milliers d'anneaux très rapprochés les uns des autres qui furent découverts en

1655 par le physicien et astronome hollandais Christiaan Huygens (1629-1695). Ces anneaux sont formés d'une multitude de morceaux de roche et de glace en orbite autour de la planète. L'origine de ces anneaux est encore inexpliquée, mais ce peut être un satellite détruit par une comète ou une météorite, ou de matériaux n'ayant jamais pu se former en satellite.

Uranus. Inconnue des Anciens, car sa luminosité apparente est très faible, Uranus fut découverte en 1781, à l'aide d'un télescope, par l'astronome anglais d'origine allemande William Herschel (1738-1822). C'est une autre immense boule de gaz qui entoure un noyau de roche et de métal. Son axe de rotation est tellement incliné que c'est un de ses pôles, et non l'équateur, qui fait face au Soleil. Uranus a une couleur verdâtre en raison d'une grande concentration de méthane dans sa haute atmosphère. Elle possède aussi de petits anneaux, difficiles à observer. Un de ses satellites, Miranda, dont la surface est très accidentée, comporte une falaise de 10 km de hauteur.

Neptune. La planète Neptune fut découverte en 1846 par l'astronome allemand Johann Galle (1812-1910) qui se basa, pour diriger ses observations, sur les perturbations de l'orbite d'Uranus qui avaient été constatées par l'astronome anglais John Adam (1819-1892), en 1845, et par l'astronome français Urbain Le Verrier (1811-1877), en 1846. Neptune ressemble beaucoup à Uranus, mais possède une atmosphère plus mouvementée dans laquelle se trouve une grande tache sombre, semblable à la tache rouge de Jupiter. Elle comporte également des anneaux.

Les comètes. On croyait que les comètes étaient des phénomènes atmosphériques jusqu'à ce que l'astronome danois Tycho Brahé (1546-1601) démontre le contraire en 1577 : ce sont des boules de glace et de roche qui tournent autour du Soleil selon des orbites très elliptiques. Quand elles se rapprochent du Soleil, les comètes se réchauffent et forment une traînée de poussière et de gaz. La queue d'une comète atteint parfois une longueur de 50 millions de kilomètres. La plus célèbre des comètes est la comète de Halley, du nom de l'astronome anglais Edmond Halley (1656-1742). Celui-ci prédit, en 1705, que cette comète qui avait été visible en 1682 le serait à nouveau en 1758, car elle passe près du Soleil tous les 76 ans. Son dernier passage a eu lieu en 1986. Les comètes proviennent du nuage de Oort, qui porte le nom de l'astronome hollandais Jan Oort (1900-1992) qui en postula l'existence en 1950. Ce nuage, de forme sphérique, situé au-delà de Neptune, contiendrait plusieurs milliards de comètes.

Comète de Halley

Les météorites. En plus des astéroïdes situés entre Mars et Jupiter, et des comètes, il existe un peu partout dans le système solaire des milliards de fragments de matière plus petits qui entrent parfois dans l'atmosphère de la Terre, où la friction avec l'air les fait brûler, formant une « étoile filante ». Ce sont les météorites.

CONCEPTIONS FRÉQUENTES	EXPLICATIONS DES CONCEPTIONS	CONCEPTS SCIENTIFIQUES
	Notions de base	
La Terre est le centre du système solaire.	Tous les astres semblent tourner autour de la Terre.	Toutes les planètes tournent autour du Soleil.
Le système solaire est le centre de l'Univers.	Lorsqu'il est question d'astronomie, le système solaire semble parfois la partie la plus importante de l'Univers.	Le Soleil n'est qu'une des étoiles d'une des galaxies de l'Univers.
La Terre et les autres planètes ont toutes une lune.	Généralisation, à toutes les planètes, du système Terre-Lune.	Certaines planètes n'ont pas de lune, tandis que d'autres en ont plusieurs.
Tous les points lumineux visibles dans le ciel, la nuit, sont des étoiles.	Tous les points lumineux visibles dans le ciel sont placés dans la même catégorie.	Certains points lumineux sont des planètes.
	Le Soleil	
Le Soleil est une boule de feu.	Dans le langage courant, le Soleil est parfois décrit comme étant une *boule de feu*.	Le Soleil est formé d'hydrogène en fusion nucléaire.
Le Soleil a toujours existé et existera toujours.	Le Soleil semble immuable et éternel.	Le Soleil existe depuis cinq milliards d'années et durera encore cinq milliards d'années.
	Mercure	
La température est très élevée partout sur Mercure.	Mercure est située très près du Soleil.	Du côté du Soleil, la température de la surface de Mercure est de 400 °C, tandis que du côté opposé, elle est de –200 °C.
	Vénus	
Les nuages qui recouvrent Vénus sont semblables à ceux de la Terre.	Tous les nuages sont placés dans une même catégorie.	Les nuages qui recouvrent Vénus ne sont pas composés d'eau, mais d'acide sulfurique.
La présence de nuages abaisse la température de Vénus.	Les nuages sont perçus comme un écran qui bloque la lumière et la chaleur du Soleil.	En raison des nuages qui créent un effet de serre, la température à la surface de Vénus est de 480 °C.

CONCEPTIONS FRÉQUENTES	EXPLICATIONS DES CONCEPTIONS	CONCEPTS SCIENTIFIQUES
	La Terre	
La Terre est la plus grosse planète du système solaire.	Le fait de vivre sur la Terre peut donner l'impression que c'est une très grosse planète.	La Terre est petite comparée à des planètes comme Jupiter ou Saturne.
	La Lune	
La Lune émet de la lumière comme le Soleil et les autres étoiles.	La Lune, les planètes et les étoiles sont toutes considérées comme des corps célestes semblables.	La Lune réfléchit la lumière du Soleil.
Les phases de la Lune sont causées par des nuages.	Un nuage qui passe devant la Lune peut la cacher en partie durant quelque temps.	Les phases de la Lune sont causées par la façon dont la partie éclairée de la Lune peut être vue de la Terre.
Les phases de la Lune sont causées par l'ombre de la Terre.	Pendant les éclipses de Lune, l'ombre de la Terre peut cacher une partie de la Lune durant quelque temps.	Les phases de la Lune sont causées par la façon dont la partie éclairée de la Lune peut être vue de la Terre.
La Lune occupe une portion du ciel beaucoup plus grande lorsqu'elle est près de l'horizon que lorsqu'elle est près du zénith.	Le fait de voir la Lune à côté d'objets de taille connue, près de l'horizon, donne l'impression qu'elle est plus grande.	Le diamètre apparent de la Lune est toujours le même.
À la Pleine Lune, toute la Lune est éclairée, et à la Nouvelle Lune, toute la Lune est dans l'obscurité.	À la Pleine Lune, toute la partie de la Lune située du côté de la Terre est éclairée. À la Nouvelle Lune, toute cette partie est dans l'obscurité.	Quelle que soit la phase, il y a toujours une moitié de la Lune qui est éclairée par le Soleil.
Une éclipse totale de Soleil est visible de partout sur la Terre, et au même moment.	Il peut sembler que tous les observateurs terrestres voient le même ciel.	Une éclipse totale de Soleil n'est visible que d'une petite région qui se déplace sur la Terre.
Pendant une éclipse de Lune, le Soleil nous cache la Lune.	Les éclipses de Soleil étant causées par la Lune qui cache le Soleil, il semble logique que les éclipses de Lune soient causées par le Soleil qui cache la Lune.	Pendant une éclipse de Lune, la Lune passe dans le cône d'ombre de la Terre.
Il se produit des éclipses de Soleil et de Lune tous les mois.	La Lune se trouve entre le Soleil et la Terre une fois par mois et la Terre se trouve entre le Soleil et la Lune une fois par mois.	La Lune ne passe pas exactement entre le Soleil et la Terre, et la Terre ne se trouve pas exactement entre le Soleil et la Lune tous les mois. Il ne se produit donc pas d'éclipses tous les mois.
Les cratères de la Lune sont les restes d'anciens volcans.	Les cratères lunaires sont associés aux cratères volcaniques terrestres.	Les cratères de la Lune résultent d'impacts de météorites.

CONCEPTIONS FRÉQUENTES	EXPLICATIONS DES CONCEPTIONS	CONCEPTS SCIENTIFIQUES
	Mars	
L'atmosphère de Mars est semblable à celle de la Terre.	Généralisation, à l'atmosphère de toutes les planètes, des caractéristiques de l'atmosphère terrestre.	L'atmosphère de Mars est très ténue et se compose surtout de gaz carbonique.
	Les astéroïdes	
Tous les astéroïdes sont des roches de petite taille.	Les météorites qui se trouvent dans certains musées sont souvent des roches relativement petites.	Les plus gros astéroïdes ont un diamètre de quelques centaines de kilomètres.
	Jupiter	
Jupiter est une boule dense, à la surface solide comme la Terre ou Mars.	Généralisation, à toutes les planètes, de la surface de planètes comme la Terre ou Mars.	Jupiter est une boule de gaz qui entoure un noyau de roche et de métal.
Sur Jupiter, notre poids serait des dizaines de fois plus grand que sur la Terre.	Un lien direct est établi entre la taille de Jupiter et son attraction gravitationnelle.	Étant donné que la densité globale de Jupiter est relativement faible, notre poids ne serait que 2,5 fois plus grand sur Jupiter que sur la Terre.
	Saturne	
Saturne est une boule dense, à la surface solide comme la Terre ou Mars.	Généralisation, à toutes les planètes, de la surface de planètes comme la Terre ou Mars.	Saturne est une boule de gaz qui entoure un noyau de roche et de métal.
Les anneaux de Saturne sont continus et solides.	Vus de la Terre, les anneaux de Saturne semblent continus et solides.	Les anneaux sont formés d'une multitude de morceaux de roche et de glace en orbite autour de Saturne.
	Uranus et Neptune	
Uranus et Neptune sont des boules denses, à la surface solide comme la Terre ou Mars.	Généralisation, à toutes les planètes, de la surface de planètes comme la Terre ou Mars.	Uranus et Neptune sont des boules de gaz qui entourent un noyau de roche et de métal.
	Les comètes	
Les comètes sont de grosses étoiles filantes.	Les photographies et les dessins de comètes et d'étoiles filantes se ressemblent.	Les comètes sont des boules de glace et de roche qui tournent autour du Soleil.
	Les météorites	
Les météorites, appelées aussi *étoiles filantes*, sont des étoiles qui possèdent une queue brillante.	L'expression *étoile filante* donne l'impression qu'il s'agit d'un type particulier d'étoiles.	Les météorites sont de petits fragments de matière qui entrent dans l'atmosphère de la Terre, où la friction avec l'air les fait brûler.

Les étoiles et les galaxies

Le Soleil est l'une des centaines de milliards d'étoiles d'une galaxie appelée Voie lactée ou simplement Galaxie. Il existe des milliards de galaxies dans l'Univers.

RÉPONSES AUX QUESTIONS 9 À 16

La bonne réponse apparaît en caractères gras.

9. Les étoiles les plus brillantes, dans le ciel, sont-elles les plus grosses?

a) Non, car la luminosité apparente est inversement proportionnelle à la taille.

b) Oui, car la luminosité apparente est proportionnelle à la taille.

c) Oui, car la luminosité apparente est proportionnelle à la luminosité réelle.

d) Non, car la luminosité apparente n'est pas proportionnelle à la taille.

e) Non, car la luminosité apparente n'est pas proportionnelle à la luminosité réelle.

10. Les étoiles sont-elles toutes de la même couleur?

a) Oui, toutes les étoiles sont blanches.

b) Non, il y a des étoiles bleues, blanches, jaunes, orangées et rouges.

c) Oui, toutes les étoiles sont d'un blanc légèrement bleuté.

d) Oui, toutes les étoiles sont d'un blanc légèrement jaunâtre.

e) Non, il y a des étoiles bleues, blanches et jaunes.

11. Qu'est-ce qu'une supernova?

a) Le résultat de l'explosion d'une étoile.

b) Une galaxie naissante.

c) Une collision entre deux étoiles.

d) Une étoile massive qui émet peu de lumière.

e) Une étoile qui émet énormément d'énergie.

12. Pourquoi l'étoile Polaire est-elle la plus connue des étoiles de l'hémisphère Nord?

a) Parce qu'elle est visible de tous les endroits situés dans cet hémisphère.

b) Parce qu'elle indique la direction du Nord.

c) Parce que c'est l'étoile la plus brillante du ciel de l'hémisphère Nord.

d) Parce qu'elle apparaît au-dessus de l'horizon le 21 décembre.

e) Parce qu'elle fait partie de la plus grande constellation du Zodiaque.

13. Qu'est-ce que l'astrologie?

a) La science de l'étude des astres.

b) La cartographie précise du ciel.

c) La croyance en l'influence des astres sur les êtres humains.

d) L'étude de la trajectoire des planètes dans le Zodiaque.

e) La science des constellations.

14. Pourquoi Edwin Hubble est-il célèbre?

a) Il découvrit une méthode pour estimer la distance des galaxies.

b) Il mesura le diamètre de notre Galaxie.

c) Il construisit le premier télescope en orbite autour de la Terre.

d) Il proposa la théorie du Big Bang.

e) Il montra que plusieurs nébuleuses étaient des galaxies éloignées.

15. Certains astrophysiciens disent que nous sommes de la *poussière d'étoiles* parce que:

a) Sans la poussière de l'Univers, le rayonnement serait trop intense sur la Terre.

b) Sans les étoiles, les éléments chimiques de la matière organique n'existeraient pas.

c) La proportion d'hydrogène, dans les êtres vivants, est la même que dans les étoiles.

d) L'eau, indispensable à la vie, se forme dans les étoiles.

e) L'oxygène, indispensable à la respiration, est abondant dans le vent solaire.

16. Si un scientifique envoyait un message radio à des extraterrestres qui vivent dans une autre galaxie, pourquoi ne pourrait-il pas entendre la réponse à son message?

a) Le temps entre l'émission du message et la réception de la réponse serait trop long.

b) Il n'existe pas d'extraterrestres qui connaissent le principe de la radio.

c) Les messages seraient trop affaiblis par la distance.

d) Le rayonnement électromagnétique des étoiles couvrirait les messages.

e) Il n'existe pas d'émetteurs radio capables d'émettre à la fréquence requise.

Les étoiles. Les étoiles se distinguent d'abord les unes des autres par leur luminosité apparente, ou magnitude. Selon l'échelle des magnitudes, proposée vers 150 av. J.-C. par l'astronome grec Hipparque de Rhodes (v. 190-v. 120 av. J.-C.), la plupart des étoiles visibles à l'œil nu ont une magnitude comprise entre 0 (les plus brillantes) et 6 (les moins brillantes). Cette magnitude n'a toutefois aucun rapport avec leur luminosité réelle, car certaines sont beaucoup plus proches du système solaire que d'autres. Elle n'a aucun rapport, non plus, avec leur taille, car les étoiles les plus grosses ne sont pas nécessairement celles dont la luminosité réelle est la plus grande. Les étoiles se distinguent aussi par leur couleur.

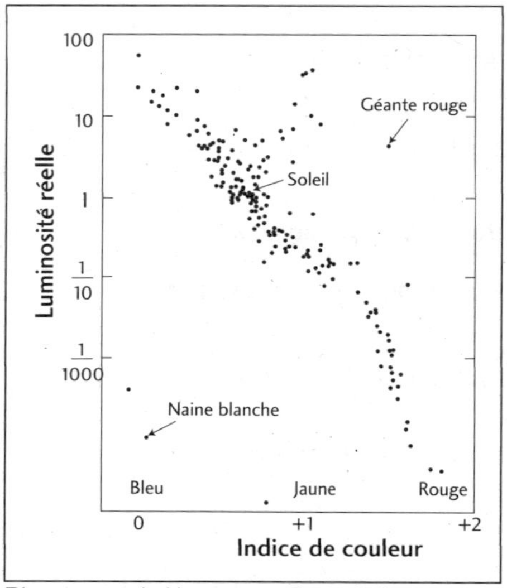

Diagramme de Hertzprung-Russell des étoiles proches du Soleil

Le diagramme de Hertzprung-Russell permet de classer les étoiles. Il est basé sur la découverte faite en 1905 par l'astronome danois Ejnar Hertzprung (1873-1967) et confirmée en 1913 par l'astrophysicien américain Henry Russell (1877-1957) qu'il existe une relation entre la couleur et la luminosité réelle des étoiles. Ce diagramme comporte un axe horizontal qui représente la couleur (et la température) des étoiles et un axe vertical qui représente la luminosité réelle. Le Soleil, qui se situe au centre de ce diagramme, est une étoile jaune, de température et de luminosité moyennes. La majorité des étoiles de l'Univers se situent le long de la séquence principale du diagramme, qui va des étoiles bleues (dans le coin supérieur gauche), les plus lumineuses, vers les étoiles rouges (dans le coin inférieur droit), les moins lumineuses, en passant par les étoiles blanches, jaunes et orangées.

Il existe également des étoiles qui n'appartiennent pas à la série principale. Ce sont les géantes rouges, qui peuvent être des centaines de fois plus grandes que le Soleil, et les naines blanches, dont certaines ne sont pas plus grandes que la Terre. Les étoiles naissent dans des nébuleuses de poussières et de gaz qui se condensent sous l'effet de la gravité. Avant de mourir, une étoile de luminosité moyenne, comme le Soleil, deviendra une géante rouge, qui engloutira plusieurs planètes, puis une naine blanche qui se refroidira lentement. Une étoile meurt lorsqu'elle a brûlé tout son hydrogène. Il arrive parfois que certaines étoiles laissent échapper une immense quantité de gaz en fusion, ce qui les rend très brillantes, formant temporairement une nova. D'autres étoiles terminent leur vie dans une gigantesque explosion, formant une supernova qui laisse ensuite des débris de matière visibles durant des milliers d'années. Par exemple, en 1054, des astronomes chinois observèrent une supernova tellement lumineuse qu'il fut possible de la voir en plein jour durant trois semaines. Cette supernova donna naissance à la nébuleuse du Crabe, assez facile à observer avec un petit télescope.

Nébuleuse du Crabe, reste d'une supernova

Les constellations. Autrefois, pour se retrouver dans le ciel étoilé, les êtres humains qui observaient le ciel relièrent entre elles les étoiles les plus brillantes pour dessiner des personnages de légende, des animaux ou des objets. Ces dessins sont appelés *constellations.* Les premières constellations de l'hémisphère Nord furent définies, en Mésopotamie, environ 3300 ans av. J.-C. Les constellations de l'hémisphère Sud, beaucoup plus récentes, furent tracées au cours des voyages d'exploration du XVIIIe siècle.

De nos jours, le ciel étoilé est divisé en 88 constellations. Les constellations du Zodiaque, telles que la Vierge, le Lion, le Cancer et les Gémeaux, sont les constellations dans lesquelles semblent se déplacer le Soleil et les planètes au cours de l'année. Dans l'hémisphère Nord, l'étoile Polaire, dans la constellation de la Petite Ourse, se situe dans le prolongement de l'axe de rotation de la Terre,

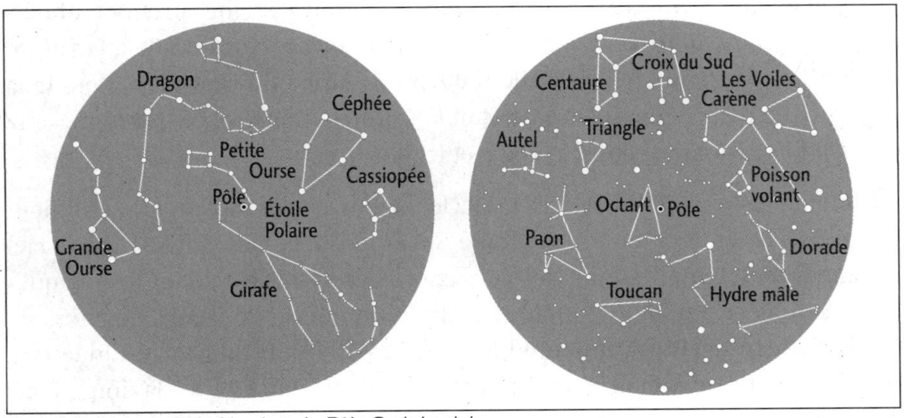

Constellations du Pôle Nord et du Pôle Sud du ciel

au-dessus du pôle Nord, et nous indique donc le nord. Dans l'hémisphère Sud, la constellation de la Croix du Sud est située près du prolongement de l'axe de rotation de la Terre, au-dessus du pôle Sud; elle nous indique le sud.

Environ 1500 ans av. J.-C., en Mésopotamie, commença à se développer une croyance, qui devint le fondement de l'astrologie, selon laquelle la position des constellations du Zodiaque et des planètes, au moment de la naissance d'un être humain, influençait sa destinée et permettait de prédire son avenir. À partir du XVIIe siècle, cependant, surtout avec les travaux de Galilée, il devint peu à peu évident que la Terre n'était pas le centre de l'Univers, que le Soleil n'était qu'une étoile parmi d'autres et que la position des étoiles et des planètes ne pouvait pas avoir une influence aussi directe sur le cours des événements terrestres.

Galaxie d'Andromède

Les galaxies. Toutes les étoiles visibles dans le ciel sont situées dans un amas blanchâtre et flou de forme spirale, la Galaxie ou la Voie lactée. Il existe, dans l'Univers, des milliards d'autres amas semblables, souvent de forme spirale, appelés *galaxies.* Notre voisine, la galaxie d'Andromède, visible à l'œil nu comme une petite tache de lumière, ressemble beaucoup à notre Galaxie, qui compte environ 200 milliards d'étoiles. Des galaxies elliptiques géantes peuvent en contenir plus de 1 000 milliards.

La taille de l'Univers. En astronomie, les distances se mesurent en année-lumière, qui est la distance parcourue par la lumière dans le vide, à la vitesse de 300 000 km/s, soit 9 465 000 000 000 km. L'Alpha du Centaure, l'étoile la plus proche du système solaire, se situe à 4 années-lumière, ce qui représente 263 000 fois la distance entre la Terre et le Soleil.

Même encore au début du XXe siècle, la plupart des astronomes croyaient que toutes les étoiles, toutes les nébuleuses et tous les amas visibles dans le ciel étaient situés à l'intérieur de notre Galaxie, à des distances variant de quelques années-lumière à quelques milliers d'années-lumière. Pourtant, dès 1755, le philosophe allemand Emmanuel Kant (1724-1804) avait avancé l'idée que certaines nébuleuses étaient des galaxies lointaines semblables à la nôtre, mais cette hypothèse était restée sans suite. En 1924, cependant, l'astrophysicien américain Edwin Hubble (1889-1953) établit que plusieurs nébuleuses étaient en fait des galaxies extérieures à notre Galaxie, et que certaines étaient très éloignées. L'Univers connu devint tout à coup des millions de fois plus grand.

Edwin Hubble

Notre Galaxie a un diamètre d'environ 100 000 années-lumière, et la galaxie d'Andromède, la plus proche de la nôtre, est située à environ 2,5 millions d'années-lumière. Les astronomes distinguent des galaxies situées jusqu'à 13 milliards d'années-lumière. Nous les voyons donc aujourd'hui telles qu'elles étaient il y a 13 milliards d'années.

L'origine de l'Univers. Que l'on conçoive l'Univers comme ayant été créé par Dieu ou comme existant sans intervention divine, on a longtemps cru qu'il était, dans l'ensemble, relativement stable et qu'il avait toujours eu sa forme et sa taille actuelles. En 1927, cependant, l'astronome britannique Arthur Eddington (1882-1944) et l'astrophysicien belge Georges Lemaître (1894-1966) énoncèrent la théorie de l'expansion de l'Univers. Des observations effectuées en 1930 par Edwin Hubble sur la vitesse de déplacement des galaxies confirmèrent cette théorie.

En 1931, Lemaître avança l'idée que cette expansion résultait d'une explosion initiale, hypothèse que le physicien américain d'origine russe George Gamow (1904-1968) développa, en 1948, pour en faire la théorie du Big Bang. Selon cette théorie, l'Univers serait apparu, il y a environ 15 milliards d'années, à la suite d'un événement semblable à l'explosion d'un point de matière et d'énergie qui donna naissance aux galaxies. La présence de micro-ondes cosmiques résiduelles semble corroborer cette théorie.

À ses débuts, l'Univers ne contenait que de l'hydrogène. La fusion thermonucléaire de celui-ci, dans les étoiles, transforme l'hydrogène en hélium, qui se transforme ensuite en d'autres éléments du tableau périodique. C'est pour cette raison que certains astrophysiciens disent que les êtres vivants sont de la *poussière d'étoiles.* Sans la présence d'étoiles ayant existé autrefois, l'Univers et notre système solaire ne contiendraient pas tous les éléments chimiques qu'on y trouve maintenant, sous forme de poussières et de gaz, et la formation des molécules organiques indispensables à la vie aurait été impossible.

Les trous noirs, les pulsars et les quasars. Il arrive parfois qu'une étoile massive explose, ce qui forme alors, pour un temps assez court, une supernova extrêmement brillante. Un trou noir, qui est le reste de cette explosion, est un objet tellement dense que même la lumière ne peut s'échapper de sa force d'attraction gravitationnelle. Un pulsar, qui est le reste de l'explosion d'une étoile moyenne, est une étoile à neutrons qui tourne rapidement sur elle-même. Les quasars, situés aux confins de l'Univers, sont considérés comme des galaxies naissantes. Ils émettent un puissant rayonnement d'ondes radio et lumineuses.

CONCEPTIONS FRÉQUENTES	EXPLICATIONS DES CONCEPTIONS	CONCEPTS SCIENTIFIQUES
	Les étoiles	
Les étoiles sont beaucoup plus petites et plus froides que le Soleil.	Vues de la Terre, les étoiles ne sont que des points de lumière.	Le Soleil est une étoile moyenne.
Les étoiles sont des corps solides.	Généralisation, aux étoiles, des caractéristiques de corps célestes tels que la Lune ou Mars.	Les étoiles sont des boules de gaz en fusion nucléaire.
Les étoiles ne sont pas présentes pendant le jour.	Les étoiles sont invisibles pendant le jour.	Les étoiles brillent constamment, mais l'atmosphère terrestre, éclairée par le Soleil, nous empêche de les voir pendant le jour.
La position des étoiles dans le ciel est la même pendant toute la nuit.	À première vue, les étoiles semblent fixées à une voûte céleste immobile.	Les étoiles ont un mouvement nocturne semblable au mouvement diurne du Soleil.
Toutes les étoiles sont blanches.	À première vue, la couleur de toutes les étoiles est semblable et très pâle.	En observant attentivement les étoiles, on constate qu'il y en a des rouges, des jaunes, des blanches et des bleues.
Toutes les étoiles ont la même grosseur.	À l'exception du Soleil, toutes les étoiles semblent être des points lumineux.	Il existe des étoiles qui sont des dizaines de fois plus grosses ou plus petites que le Soleil.
L'étoile Polaire est plus grosse et plus brillante que les autres étoiles.	L'étoile polaire est mieux connue et semble plus importante que les autres.	L'étoile Polaire n'est pas très brillante.
	Les constellations	
Les constellations sont formées d'étoiles qui sont réellement à proximité les unes des autres.	Impression basée sur la distance apparente entre les étoiles d'une même constellation.	Les étoiles de certaines constellations sont très éloignées les unes des autres.

CONCEPTIONS FRÉQUENTES	EXPLICATIONS DES CONCEPTIONS	CONCEPTS SCIENTIFIQUES
La position des constellations du Zodiaque et des planètes influence la destinée humaine.	Selon les croyances astrologiques, qui peuvent sembler scientifiques, les constellations du Zodiaque influencent la destinée humaine.	La position des constellations du Zodiaque et des planètes n'a aucune influence sur la destinée humaine.

Les galaxies

Plusieurs des étoiles visibles à l'œil nu sont situées à l'extérieur de notre Galaxie.	Déduction basée sur le fait que notre Galaxie ne contient qu'une petite proportion des étoiles de l'Univers.	Toutes les étoiles visibles à l'œil nu sont situées à l'intérieur de notre Galaxie.

La taille de l'Univers

La taille de l'Univers se limite à celle du système solaire ou de la Galaxie.	Le système solaire et la Galaxie sont les parties les mieux connues de l'Univers.	L'Univers connu contient des milliards d'étoiles semblables au Soleil, ainsi que des milliards de galaxies semblables à la nôtre.
La lumière des étoiles nous parvient instantanément.	La vitesse de la lumière est tellement rapide que la propagation de la lumière semble parfois se faire de façon instantanée.	La lumière de la plupart des étoiles visibles à l'œil nu prend des dizaines et souvent des centaines d'années à nous parvenir.
Une communication radio avec des êtres situés dans une autre Galaxie pourrait se faire sans qu'il y ait de délai entre l'émission d'un message et la réception d'une réponse.	La vitesse des ondes radio est tellement rapide que leur propagation semble parfois se faire de façon instantanée.	Les ondes radio se déplacent à la même vitesse que la lumière, et les délais seraient très longs.

L'origine de l'Univers

L'Univers a toujours existé.	L'Univers semble immuable.	L'Univers est probablement apparu il y a environ 15 milliards d'années.
L'Univers a été créé ou est apparu sous sa forme actuelle.	L'Univers semble immuable.	L'Univers a probablement débuté par une explosion appelée *Big Bang*.
La distance entre les galaxies est constante.	L'Univers semble immuable.	La distance entre les galaxies augmente sans cesse, car l'Univers est en expansion.

Les trous noirs, les quasars et les pulsars

Un trou noir est un espace sans matière et sans énergie.	La connotation des mots *trou* et *noir* évoque l'absence de matière et d'énergie.	Un trou noir, reste de l'explosion d'une étoile massive, est un objet tellement dense que même la lumière ne peut s'échapper de sa force d'attraction gravitationnelle.

L'observation, la mesure et l'exploration de l'Univers

Plusieurs instruments, techniques et appareils permettent de mieux connaître l'Univers.

RÉPONSES AUX QUESTIONS 17 À 20

La bonne réponse apparaît en caractères gras.

17. Quelle est la caractéristique la plus importante d'un télescope?

a) La quantité de lumière qu'il peut recueillir.

b) Son pouvoir de grossissement.

c) Son type de monture.

d) La façon dont il fait dévier les rayons lumineux.

e) Le type de moteur qui lui permet de suivre les étoiles.

18. Les ondes radio sont-elles utiles aux astronomes?

a) Oui, car elles leur permettent de communiquer entre eux.

b) Non, sauf si des extraterrestres envoyaient un message.

c) Non, sauf pour connaître la météo et les conditions d'observation.

d) Non, car les astronomes observent la lumière qui provient des astres.

e) Oui, car plusieurs corps célestes émettent des ondes radio.

19. Qu'est-ce que la parallaxe?

a) Le fait que les rayons qui proviennent d'une étoile lointaine sont presque parallèles.

b) Le fait de pointer un télescope parallèlement à l'axe de rotation de la Terre.

c) Le fait de placer des satellites d'observation sur des orbites parallèles.

d) Une façon de mesurer la distance de certains corps célestes.

e) Le défaut d'un télescope dont les pièces optiques sont mal alignées.

20. Comment les satellites artificiels en orbite autour de la Terre peuvent-ils se déplacer à des vitesses de plusieurs milliers de kilomètres à l'heure?

a) Ils sont propulsés par de petits moteurs-fusée.

b) Ils sont entraînés par la rotation de la Terre.

c) Ils sont poussés par le vent solaire.

d) Ils sont en chute libre autour de la Terre.

e) Ils sont entraînés par le champ magnétique terrestre.

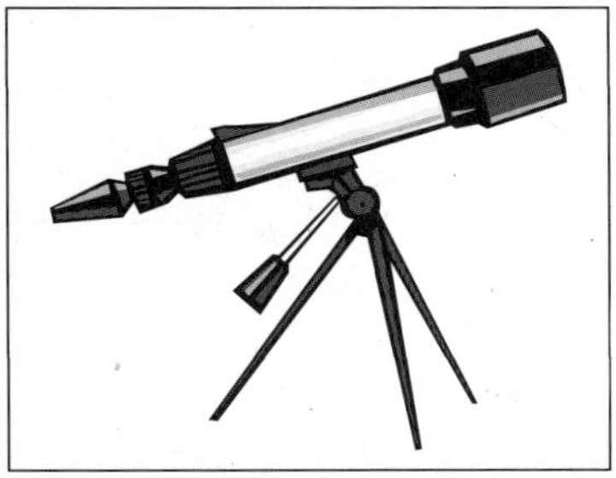
Télescope réfracteur

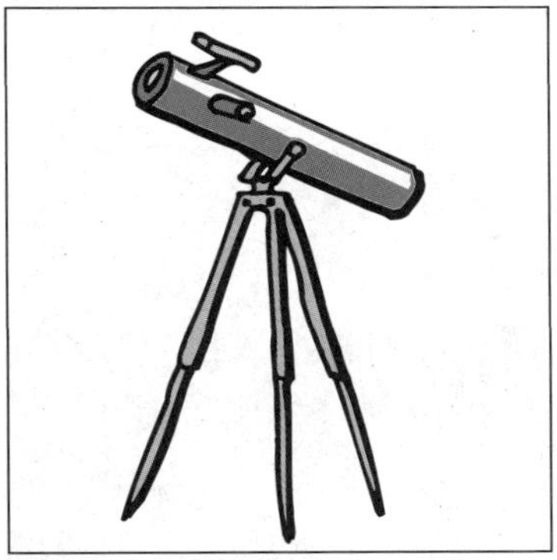
Télescope réflecteur

L'observation en lumière visible. Il est possible d'observer certains objets célestes à l'œil nu, mais, pour les grossir et augmenter leur brillance, il faut utiliser un télescope optique. Le télescope réfracteur, appelé aussi *lunette astronomique*, dont le principe était probablement connu dès le XIIIe siècle, mais qui fut inventé en 1608 par l'opticien hollandais Hans Lippershey (1570-1619), possède une grande lentille primaire qui fait dévier les rayons lumineux, par réfraction, vers de petites lentilles qui constituent l'oculaire. En fait, la lentille primaire d'un télescope réfracteur est généralement constituée de deux lentilles faites de matériaux différents, ce qui permet d'éviter la séparation des objets observés en plusieurs couleurs, phénomène connu sous le nom d'*aberration chromatique*.

Le télescope réflecteur, inventé en 1671 par le physicien anglais Isaac Newton (1642-1727), possède un grand miroir concave qui fait dévier les rayons lumineux, par réflexion, vers un autre petit miroir, puis vers un oculaire. Le miroir concave d'un télescope réflecteur a généralement une forme parabolique, ce qui permet d'éviter le manque de netteté des images, appelé *aberration sphérique*, causé par un miroir concave dont la forme est une partie de sphère.

Étant donné que la plupart des objets célestes n'ont pas une grande luminosité apparente, la caractéristique la plus importante d'un télescope n'est pas son grossissement, mais bien la quantité de lumière qu'il peut recueillir. Cette quantité de lumière est proportionnelle au diamètre de sa lentille ou de son miroir principal. Des films photographiques ou des photomètres (qui produisent de l'électricité à partir de la lumière) peuvent servir à enregistrer et à amplifier la lumière perçue par un télescope. La lumière perçue peut également être décomposée à l'aide de prismes, ce qui permet alors d'observer (spectroscopie) ou de photographier (spectrographie) le spectre des radiations émises par les objets observés et d'analyser leur composition chimique. Pour éviter la pollution lumineuse et réduire les turbulences atmosphériques qui diminuent la qualité des images, les grands télescopes optiques sont généralement situés dans des

Radiotélescope

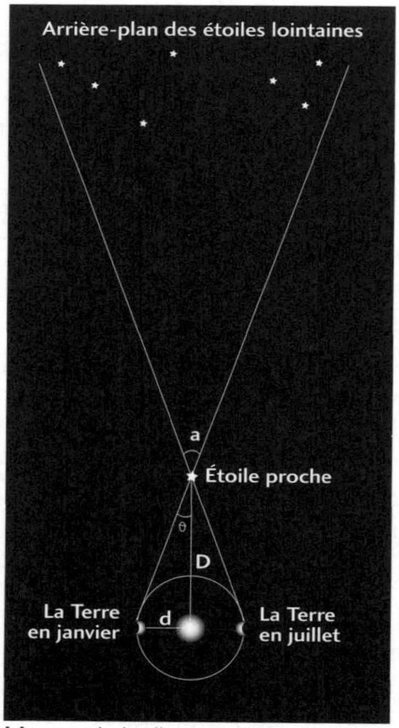

Mesure de la distance d'une étoile à l'aide de la parallaxe

endroits sombres, au sommet de montagnes. Il est également possible de placer un télescope optique en orbite autour de la Terre (exemple : le télescope Hubble).

L'observation en d'autres rayonnements. Il est possible d'observer l'Univers en divers rayonnements autres que la lumière visible. Un télescope ordinaire peut servir pour observer le rayonnement infrarouge ou ultraviolet en provenance de divers corps célestes. Un radiotélescope, dont le principe fut découvert en 1931 par l'ingénieur américain Karl Jansky (1905-1950), permet de capter les ondes radio émises par des étoiles et des galaxies. Un radar permet d'envoyer des ondes radio vers des objets tels que la Lune ou les planètes et de capter les ondes réfléchies par leur surface, ce qui fait, par exemple, qu'on peut distinguer leur relief. L'atmosphère bloque le passage d'une bonne partie des rayons X et des rayons gamma émis par les corps célestes, mais des détecteurs placés dans des satellites permettent de former des images à partir de ces rayonnements.

La mesure des distances dans l'Univers. Il existe plusieurs méthodes pour mesurer les distances dans l'Univers. Une des techniques les plus anciennes consiste à déterminer la distance à l'aide de la parallaxe, c'est-à-dire à partir du déplacement apparent d'un corps observé à partir de deux points différents. On peut, par exemple, calculer la distance entre la Terre et la Lune à l'aide du déplacement apparent de la Lune – observée à partir deux points situés de part et d'autre de la Terre – par rapport aux étoiles qui se trouvent dans la même région du ciel. On peut également mesurer la distance entre le Soleil et une autre étoile – observée à partir de deux points situés de part et d'autre de l'orbite de la Terre autour du Soleil – à l'aide du déplacement apparent de cette étoile par rapport aux étoiles plus éloignées.

Henrietta Leavitt

Le radar, qui détermine le temps entre l'émission d'une onde et la réception de l'onde réfléchie, permet également de calculer des distances à l'intérieur du système solaire. La mesure de distances beaucoup plus grandes, telles que les distances des autres galaxies, se fait principalement à l'aide d'une certaine catégorie d'étoiles géantes, les céphéides. Ces étoiles, dont la luminosité varie de façon périodique et régulière, ont une période de pulsation proportionnelle à leur luminosité réelle. Par conséquent, comme le montra l'astronome américaine Henrietta Leavitt (1868-1921) en 1912, plus la période de pulsation est grande, plus la luminosité réelle est grande. Ainsi, lorsqu'on découvre une céphéide dans une galaxie, on peut, à partir de sa période de pulsation, connaître sa luminosité réelle, puis, à partir de sa luminosité apparente, estimer sa distance. Une galaxie qui contient une céphéide de luminosité réelle très grande, mais qui paraît peu lumineuse, est donc située très loin.

Par ailleurs, la vitesse de déplacement d'une étoile ou d'une galaxie peut se mesurer à l'aide de l'effet Doppler, qui est une modification apparente, attribuable à son mouvement, de la longueur d'onde de la lumière émise par l'étoile ou la galaxie. Ce phénomène est semblable à la variation de la tonalité du son émis par un véhicule que l'on croise sur la route.

L'exploration à l'aide de satellites terrestres. Un satellite artificiel en orbite autour de la Terre est en fait un projectile, lancé par une fusée, qui retombe en suivant la courbure de la Terre. Il tourne donc autour de celle-ci sans qu'aucune énergie soit utilisée. Les satellites artificiels, qui peuvent être habités (exemple : la navette spatiale américaine) ou inhabités (comme les satellites de météorologie) permettent de mieux connaître la Terre et

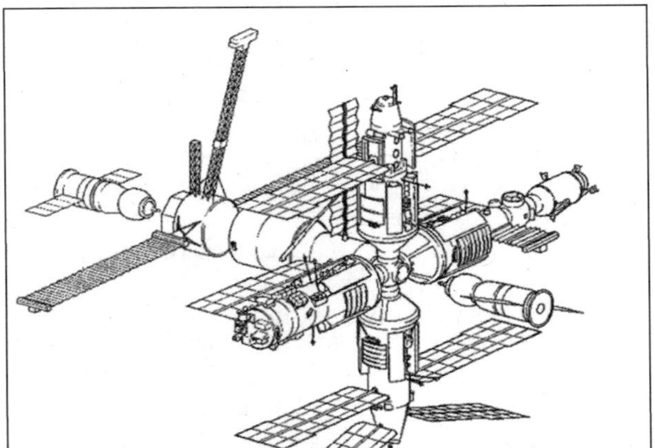
Station spatiale internationale

l'Univers, car ils peuvent être munis de caméras et de détecteurs qui captent diverses longueurs d'onde du spectre électromagnétique. Une station spatiale est un gros satellite, constitué de plusieurs modules, dans lequel plusieurs astronautes peuvent séjourner pendant de longues périodes.

Robot tout-terrain *Sojourner*, sur Mars

L'exploration à l'aide de sondes spatiales. Une sonde spatiale est un projectile habité ou inhabité lancé vers un autre corps céleste. Des astronautes américains se posèrent sur la Lune en 1969 pendant la mission Apollo 11, et au cours de missions subséquentes. De nombreuses sondes spatiales inhabitées ont été lancées vers la Lune, le Soleil, des planètes, des astéroïdes, des comètes, ou l'extérieur du système solaire. Munies de caméras et de détecteurs, les sondes spatiales peuvent également transporter des robots mobiles qui se posent et prélèvent des échantillons (exemple : la sonde Pathfinder transporta le robot *Sojourner* sur Mars en 1977).

CONCEPTIONS FRÉQUENTES	EXPLICATIONS DES CONCEPTIONS	CONCEPTS SCIENTIFIQUES
	L'observation en lumière visible	
Tous les télescopes sont fabriqués de la même façon.	Vus de l'extérieur, tous les télescopes sont assez semblables.	Il existe des télescopes réfracteurs et des télescopes réflecteurs.
Le grossissement est la caractéristique la plus importante d'un télescope.	Généralisation, aux télescopes, d'une caractéristique importante d'instruments tels que les loupes et les microscopes.	La caractéristique la plus importante d'un télescope est la quantité de lumière qu'il peut recueillir.
	L'observation en d'autres rayonnements	
La lumière visible est le seul rayonnement qui permet d'observer l'Univers.	La lumière visible est le rayonnement le plus évident et le mieux connu.	Plusieurs autres rayonnements, tels que les ondes radio, les rayons X et les rayons gamma permettent d'observer l'Univers.
	La mesure des distances dans l'Univers	
Les étoiles qui paraissent très brillantes sont moins éloignées que celles qui paraissent peu brillantes.	Dans la vie de tous les jours, une source de lumière qui paraît moins brillante qu'une autre est souvent plus éloignée.	Certaines étoiles très brillantes peuvent être plus éloignées que d'autres étoiles moins brillantes.
	L'exploration à l'aide de satellites terrestres	
Les satellites tournent autour de la Terre grâce à leurs moteurs.	Généralisation, aux satellites, de la façon dont les avions se déplacent dans le ciel.	Un satellite tourne autour de la Terre sans qu'aucun moteur fonctionne.

CONCEPTIONS FRÉQUENTES	EXPLICATIONS DES CONCEPTIONS	CONCEPTS SCIENTIFIQUES
L'exploration à l'aide de sondes spatiales		
Les sondes spatiales se déplacent dans l'espace grâce à leurs moteurs.	Généralisation, aux sondes spatiales, de la façon dont les avions se déplacent dans le ciel.	Une sonde spatiale peut franchir de grandes distances sans que ses moteurs fonctionnent.
Les sondes spatiales franchissent rapidement la distance entre la Terre et un autre corps céleste.	La grande vitesse des sondes spatiales peut donner l'impression qu'elles franchissent rapidement les distances entre les corps célestes.	Il faut compter près de deux ans, par exemple, pour franchir la distance Terre-Mars.

CHAPITRE 5

Les sciences de la Terre

Les sciences de la Terre ont pour objet d'étude l'écorce et l'intérieur de la Terre, ainsi que son atmosphère.

TEST 5

(30 QUESTIONS)

Pour toutes les questions qui suivent, choisissez la réponse qui vous semble la meilleure.

1. Pourquoi y a-t-il des années bissextiles?

a) Parce que la durée d'un jour peut varier légèrement.
b) Parce que la durée d'une année n'est pas un nombre entier de jours.
c) Parce que le calendrier occidental comporte un léger défaut de conception.
d) Parce que l'année est un peu plus longue tous les deux ans.
e) Parce que la durée des mois ne coïncide pas bien avec celle d'une année.

2. Les calottes glaciaires du pôle Nord et du pôle Sud reposent-elles sur un continent?

a) Non, celle du pôle Sud ne repose pas sur un continent.
b) Oui, mais la superficie de ce continent est moins grande au pôle Nord.
c) Non, celle du pôle Nord ne repose pas sur un continent.
d) Non, ni celle du pôle Nord ni celle du pôle Sud ne reposent sur un continent.
e) Oui, les deux calottes glaciaires reposent sur un continent.

3. Pourquoi y a-t-il des saisons?

a) Parce que l'axe de rotation de la Terre est incliné par rapport à son orbite.
b) Parce que la Terre est plus près du Soleil en été qu'en hiver.
c) Parce que le rayonnement solaire est plus intense en été qu'en hiver.

d) Parce que la neige, en hiver, réfléchit une grande partie du rayonnement solaire.

e) Parce que l'air chaud et humide, en été, augmente l'effet de serre.

4. Que sont les latitudes et les longitudes?

a) Les latitudes sont des cercles qui passent par les pôles, et les longitudes des cercles parallèles à l'équateur.

b) Les latitudes sont des lignes de changement de degré, et les longitudes les lignes de changement d'heure.

c) Les latitudes sont des cercles parallèles à l'équateur, et les longitudes des cercles qui passent par les pôles.

d) Les latitudes sont des lignes de changement d'heure, et les longitudes les lignes de changement de degré.

e) Les latitudes sont des méridiens équatoriaux, et les longitudes des méridiens polaires.

5. Pourquoi les fuseaux horaires ont-ils été inventés?

a) Pour éviter que l'heure soit la même partout en même temps.

b) Parce que les journées sont plus courtes en hiver qu'en été.

c) Pour éviter que chaque ville ait une heure différente.

d) Pour ajuster la longueur des jours et le nombre de jours dans l'année.

e) Pour que les voyages au-dessus de l'Atlantique aient une durée prévisible.

6. Comment peut-on décrire la structure de l'ensemble de la Terre, en partant du centre de celle-ci?

a) Un noyau interne liquide, un noyau externe solide, un épais manteau visqueux et une mince croûte.

b) Un noyau interne solide, un noyau externe liquide, un épais manteau visqueux et une mince croûte.

c) Un noyau interne liquide, un noyau externe solide, un mince manteau visqueux et une épaisse croûte.

d) Un noyau interne solide, un épais manteau visqueux, un noyau externe liquide et une mince croûte.

e) Un noyau interne liquide, un mince manteau visqueux, une épaisse croûte et un noyau externe solide.

7. Quels sont les deux éléments chimiques les plus abondants dans la croûte terrestre?

a) Le carbone et l'hydrogène.
b) L'oxygène et le silicium.
c) Le fer et l'azote.
d) L'oxygène et l'hydrogène.
e) Le carbone et le fer.

8. La position des pôles magnétiques est-elle la même que celle des pôles géographiques?

a) Oui, comme le montre le fait qu'une boussole indique le nord géographique.
b) Non, comme le montre la position changeante des aurores boréales.
c) Oui, comme le montre le fait que les oiseaux migrateurs volent même par temps couvert.
d) Non, comme le montre le fait qu'une boussole n'indique pas le nord géographique.
e) Oui, comme le montre le fait que les aurores boréales sont visibles au nord.

9. Par quoi les aurores boréales sont-elles produites?

a) Des ondes ultraviolettes et infrarouges à haute altitude.
b) Des particules magnétiques qui réfléchissent la lumière solaire.
c) Le reflet de la lumière du Soleil sur les calottes glaciaires.
d) La dispersion de particules incandescentes provenant de météorites.
e) Des particules électrisées en provenance du Soleil.

10. Pourquoi Alfred Wegener est-il célèbre?

a) Il mesura la circonférence de la Terre avec précision.
b) Il proposa un modèle de la structure de la Terre.
c) Il expliqua le champ magnétique terrestre.
d) Il énonça la théorie de la dérive des continents.
e) Il énonça le principe de superposition des couches de roches.

11. Où se trouvent la majorité des volcans sur la Terre?

a) Autour des océans et des mers.
b) Au-dessus des failles dans la croûte terrestre.
c) Près des chaînes de montagnes.
d) Aux endroits où la croûte terrestre est la plus mince.
e) Aux endroits où la pression du manteau terrestre est la plus forte.

12. Comment se forment la plupart des chaînes de montagnes?

a) Par la pression du magma.
b) Par la pression du poids des océans.
c) Par le rétrécissement de la croûte terrestre.
d) Par des éruptions volcaniques.
e) Par la collision entre des plaques tectoniques.

13. Quel est l'âge approximatif de la Terre?

a) 46 millions d'années.
b) 460 millions d'années.
c) 4,6 millions d'années.
d) 46 milliards d'années.
e) 4,6 milliards d'années.

14. Comment s'explique la présence d'oxygène dans l'atmosphère terrestre?

a) Il fut rejeté dans l'atmosphère par les éruptions volcaniques.
b) Il fut produit par le phytoplancton et les plantes.
c) Il fut libéré à la désintégration de nombreuses météorites.
d) Il fut produit par des réactions chimiques entre les gaz de l'atmosphère primitive.
e) Il fut libéré de l'eau des océans par l'intense chaleur qui régnait autrefois.

15. Que permet de déduire, dans des couches de roches, le principe du recoupement?

a) Les couches de roches les plus profondes sont les plus anciennes.
b) Les couches de roches les plus profondes contiennent le plus de fossiles.
c) La présence de fossiles identiques indique que des couches de roches ont le même âge.
d) Les intrusions minérales sont plus récentes que les couches de roches qu'elles traversent.
e) La présence d'une faille indique que ces couches de roches sont très anciennes.

16. Comment se sont formés la plupart des fossiles?

a) Ce sont des êtres vivants qui ont séché et durci.
b) Ce sont des êtres vivants qui ont imprimé leur forme avant de se décomposer.

c) Ce sont des traces de pas d'animaux qui se sont pétrifiées.
d) Ce sont des parties dures, comme des squelettes, qui ont résisté au temps.
e) Ce sont des creux, laissés par des êtres vivants, qui se sont remplis de minéraux.

17. Dans l'échelle des temps géologiques, pourquoi l'une des périodes de l'ère primaire s'appelle-t-elle la *période du Carbonifère*?

a) L'atmosphère de cette période contenait beaucoup de gaz carbonique.
b) Les fossiles de cette période ont une couleur noire caractéristique.
c) Les forêts de fougères de cette période se transformèrent en charbon.
d) Les océans de cette période contenaient du carbone dissous dans l'eau.
e) Les fossiles de cette période se distinguent par un isotope du carbone.

18. Si l'histoire de la Terre était condensée en une seule journée de 24 heures, à quelle heure apparaîtraient les premiers hominidés, ancêtres des êtres humains?

a) Le matin, à 6 h.
b) À midi.
c) Le soir, à 23 h 59.
d) L'après-midi, à 16 h 30.
e) Le soir, à 22 h.

19. Lesquelles des roches suivantes se forment à partir d'autres roches soumises à des températures et à des pressions élevées?

a) Les roches magmatiques.
b) Les roches sédimentaires.
c) Les roches ignées.
d) Les roches erratiques.
e) Les roches métamorphiques.

20. Lorsqu'on effectue de la prospection minière sismique, comment localise-t-on des gisements?

a) Par des analyses du champ magnétique.
b) Par des analyses de la propagation d'ondes.
c) Par des analyses de la densité.
d) Par des analyses de la conductivité.
e) Par des analyses d'échantillons.

21. Parmi les causes possibles qui suivent, laquelle *n'est pas* une cause directe de l'érosion?

a) La pression exercée par des racines.

b) Les variations de la pression atmosphérique.

c) La dissolution par des acides.

d) L'action du vent et du sable.

e) L'oxydation par l'oxygène de l'air.

22. Qu'est qu'une nappe phréatique?

a) Une couche de minéraux oxydés à la surface du sol.

b) Une couche d'eau douce souterraine.

c) Une couche dure de roches magmatiques sous le sol cultivable.

d) Une couche de sédiments à l'emplacement d'anciennes mers.

e) Une couche d'hydrocarbures exploitables.

23. Qu'est-ce qu'un bassin versant?

a) Un flanc de montagne où se produisent des éboulements.

b) Une région où s'écoule l'eau qui alimente un cours d'eau.

c) Une vallée sujette à des glissements de terrains.

d) Une inclinaison prononcée de strates rocheuses.

e) Un lac situé en région montagneuse.

24. Qu'est-ce qu'un inlandsis?

a) Une masse de glace qui se déplace lentement.

b) Une vaste étendue de sable.

c) Une immense étendue de glace presque immobile.

d) Une grande surface sablonneuse parsemée de roches érodées.

e) Un ancien fond marin asséché.

25. Pourquoi le climat du Nord-Ouest de l'Europe est-il plus doux que celui du Nord-Est de l'Amérique du Nord?

a) Un courant océanique refroidit le Nord-Est de l'Amérique du Nord.

b) Le Nord-Ouest de l'Europe est situé à une latitude plus élevée que le Nord-Est de l'Amérique du Nord.

c) Un courant océanique réchauffe le Nord-Ouest de l'Europe.

d) Le Nord-Ouest de l'Europe est situé à une latitude plus basse que le Nord-Est de l'Amérique du Nord.

e) Un courant atmosphérique réchauffe le Nord-Ouest de l'Europe.

26. Quelle est la principale cause des marées?

a) L'attraction gravitationnelle du Soleil.
b) La rotation de la Terre sur elle-même.
c) L'attraction gravitationnelle de la Lune.
d) Les changements dans la direction des vents.
e) Les changements dans la pression atmosphérique.

27. Quel est le gaz le plus abondant de l'atmosphère?

a) L'oxygène.
b) Le dioxyde de carbone.
c) L'hydrogène.
d) L'azote.
e) Le monoxyde de carbone.

28. Dans le domaine de l'étude de l'atmosphère, pourquoi Blaise Pascal est-il célèbre?

a) Il montra que la pression diminuait avec l'altitude.
b) Il inventa le baromètre au mercure.
c) Il découvrit la composition de l'air.
d) Il montra que le vent était causé par une différence de pression.
e) Il proposa une échelle pour mesurer la force du vent.

29. Sans l'effet de serre, comment serait la température moyenne sur la Terre?

a) Elle serait un peu moins chaude, comme elle l'était avant le début de l'industrialisation.
b) Elle serait tellement chaude que toute vie y serait impossible.
c) Elle serait la même que maintenant, mais avec des extrêmes plus prononcés.
d) Elle serait la même que maintenant, mais avec des extrêmes moins prononcés.
e) Elle serait tellement froide que la vie y serait difficilement possible.

30. Si un météorologue devait se contenter d'un seul instrument pour faire ses prévisions, lequel choisirait-il?

a) Le baromètre.
b) Le thermomètre.
c) L'hygromètre.
d) L'anémomètre.
e) La girouette.

La Terre dans l'espace

La Terre est une sphère qui tourne sur elle-même et autour du Soleil.

RÉPONSES AUX QUESTIONS 1 À 5

La bonne réponse apparaît en caractères gras.

1. Pourquoi y a-t-il des années bissextiles?

a) Parce que la durée d'un jour peut varier légèrement.

b) Parce que la durée d'une année n'est pas un nombre entier de jours.

c) Parce que le calendrier occidental comporte un léger défaut de conception.

d) Parce que l'année est un peu plus longue tous les deux ans.

e) Parce que la durée des mois ne coïncide pas bien avec celle d'une année.

2. Les calottes glaciaires du pôle Nord et du pôle Sud reposent-elles sur un continent?

a) Non, celle du pôle Sud ne repose pas sur un continent.

b) Oui, mais la superficie de ce continent est moins grande au pôle Nord.

c) Non, celle du pôle Nord ne repose pas sur un continent.

d) Non, ni celle du pôle Nord ni celle du pôle Sud ne reposent sur un continent.

e) Oui, les deux calottes glaciaires reposent sur un continent.

3. Pourquoi y a-t-il des saisons?

a) Parce que l'axe de rotation de la Terre est incliné par rapport à son orbite.

b) Parce que la Terre est plus près du Soleil en été qu'en hiver.

c) Parce que le rayonnement solaire est plus intense en été qu'en hiver.

d) Parce que la neige, en hiver, réfléchit une grande partie du rayonnement solaire.

e) Parce que l'air chaud et humide, en été, augmente l'effet de serre.

4. Que sont les latitudes et les longitudes?

a) Les latitudes sont des cercles qui passent par les pôles, et les longitudes des cercles parallèles à l'équateur.

b) Les latitudes sont des lignes de changement de degré, et les longitudes les lignes de changement d'heure.

c) Les latitudes sont des cercles parallèles à l'équateur, et les longitudes des cercles qui passent par les pôles.

d) Les latitudes sont des lignes de changement d'heure, et les longitudes les lignes de changement de degré.
e) Les latitudes sont des méridiens équatoriaux, et les longitudes des méridiens polaires.

5. Pourquoi les fuseaux horaires ont-ils été inventés?

a) Pour éviter que l'heure soit la même partout en même temps.
b) Parce que les journées sont plus courtes en hiver qu'en été.
c) Pour éviter que chaque ville ait une heure différente.
d) Pour ajuster la longueur des jours et le nombre de jours dans l'année.
e) Pour que les voyages au-dessus de l'Atlantique aient une durée prévisible.

La forme et la taille de la Terre. Durant des millénaires, de nombreuses civilisations crurent que la Terre était plate. Cette idée était d'ailleurs encore assez répandue au Moyen Âge. Pourtant, dès 500 av. J.-C., le mathématicien grec Pythagore (v. 570-v. 480 av. J.-C.) avait affirmé que la Terre était ronde, et vers 350 av. J.-C., le philosophe grec Aristote (384-322 av. J.-C.) avait dressé une liste assez exhaustive des arguments déjà réunis en faveur de cette idée, le plus important étant l'apparition, lors d'un voyage vers le sud, de nouvelles étoiles à l'horizon sud, et la disparition de plusieurs étoiles connues à l'horizon nord. Vers 210 av. J.-C., le géographe grec Ératosthène (v. 280-v. 195 av. J.-C.) réussit à mesurer la circonférence de la Terre par une méthode géométrique, à partir de l'angle entre les rayons du Soleil et la verticale au moment où, à un endroit assez éloigné, un puits était éclairé jusqu'au fond par le Soleil.

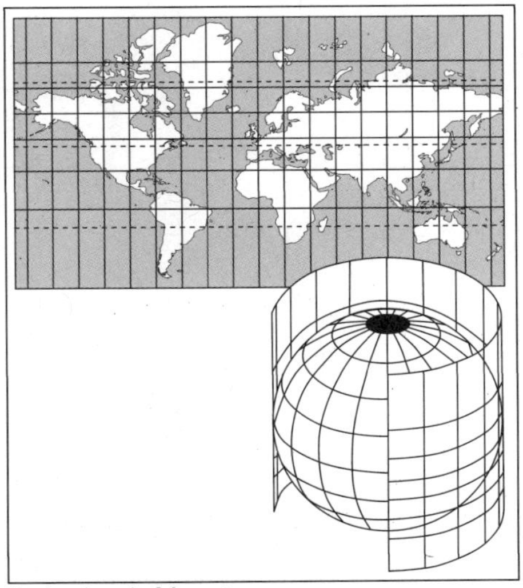
Projection de Mercator

La Terre est donc une sphère légèrement aplatie, d'un diamètre d'environ 12 800 km. Son volume est de 1 080 milliards de kilomètres cubes et sa masse est de 6×10^{24} kg. Elle tourne sur elle-même en 24 h. La Terre fait le tour du Soleil en 365 jours et 1/4, d'où la nécessité des années bissextiles, qui ont un jour de plus tous les quatre ans. La façon la plus courante de représenter la surface de la Terre sur une carte plane est la projection de Mercator, introduite en 1568 par le géographe flamand Gerardus

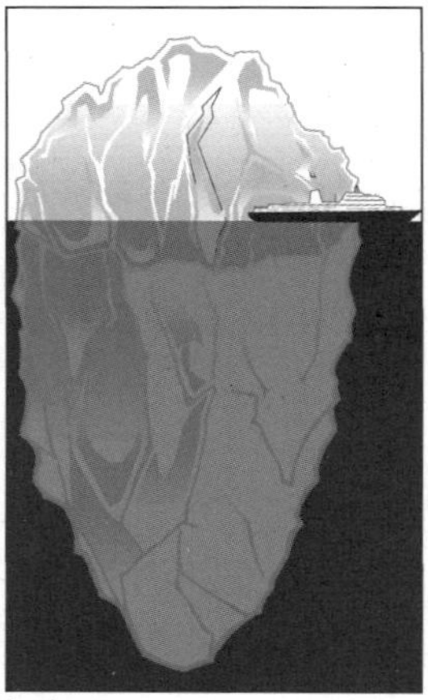

Iceberg

Mercator (1512-1594), qui consiste à projeter le globe sur un cylindre. Cette projection respecte les formes des continents, mais agrandit les régions situées près des pôles.

Les calottes glaciaires. La calotte glaciaire du pôle Nord est formée de glace qui flotte sur l'océan Arctique ou qui repose sur des îles telles que le Groenland ou les îles de Baffin. La calotte glaciaire du pôle Sud est formée de glace qui repose en bonne partie sur un continent, l'Antarctique. Les icebergs sont des morceaux de glace qui se détachent des calottes glaciaires.

Les saisons. Les saisons sont causées par l'inclinaison de 23° de l'axe de rotation de la Terre par rapport à une perpendiculaire à son plan de rotation autour du Soleil. En raison de cette inclinaison, les rayons du Soleil frappent le sol plus ou moins directement selon le mois de l'année. Quand c'est l'été dans l'hémisphère Nord, c'est l'hiver dans l'hémisphère Sud, et inversement. Le solstice d'été, vers le 21 juin, est le jour le plus long dans l'hémisphère Nord et le plus court dans l'hémisphère Sud. Le solstice d'hiver, vers le 21 décembre, est le jour le plus court dans l'hémisphère Nord et le plus long dans l'hémisphère Sud. À l'équinoxe de printemps, vers le 21 mars, et à l'équinoxe d'automne, vers le 21 septembre, le jour et la nuit ont la même durée de 12 heures, partout dans le monde.

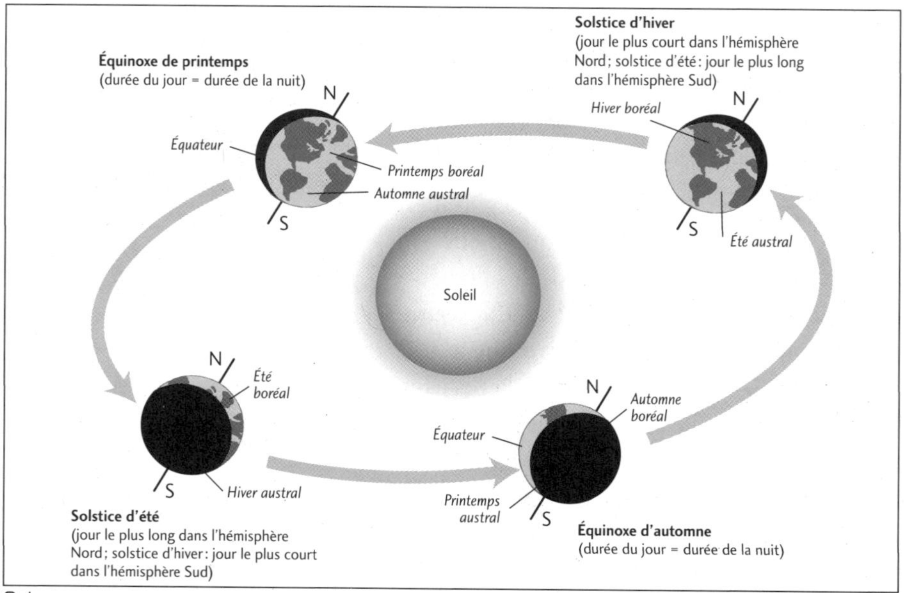

Saisons

Dans l'hémisphère Nord, à une latitude d'environ 45°, comme celle de Paris ou de Montréal, le 21 juin, à midi (heure normale), le Soleil se trouve à 78° au-dessus de l'horizon. Il est donc très haut dans le ciel, et les ombres des édifices et des arbres sont très courtes. Par contre, le 21 décembre, à midi (heure normale), le Soleil ne se trouve qu'à 22° au-dessus de l'horizon, et les ombres des édifices et des arbres sont plus longues que les édifices ou les arbres eux-mêmes.

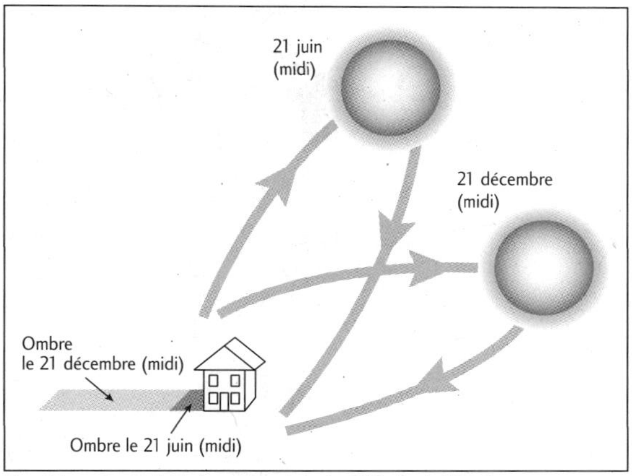

Position du Soleil dans le ciel, à 45° de latitude, le 21 juin et le 21 décembre, à midi (heure normale)

Les latitudes, les longitudes et les fuseaux horaires. Tel que proposé dès l'Antiquité grecque, notamment vers 160 av. J.-C. par l'astronome Hipparque de Rhodes (v. 190-v. 120 av. J.-C.), tout point sur la surface du globe peut être situé à l'aide de sa latitude et de sa longitude. Les latitudes sont des cercles imaginaires, les parallèles, définis à partir de l'équateur. Les longitudes sont de grands

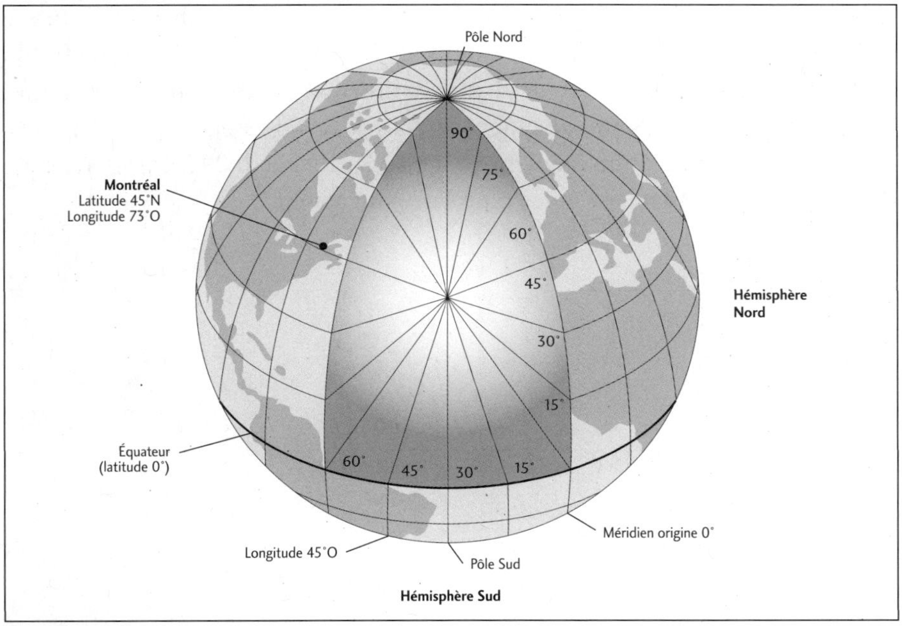

Latitudes et longitudes

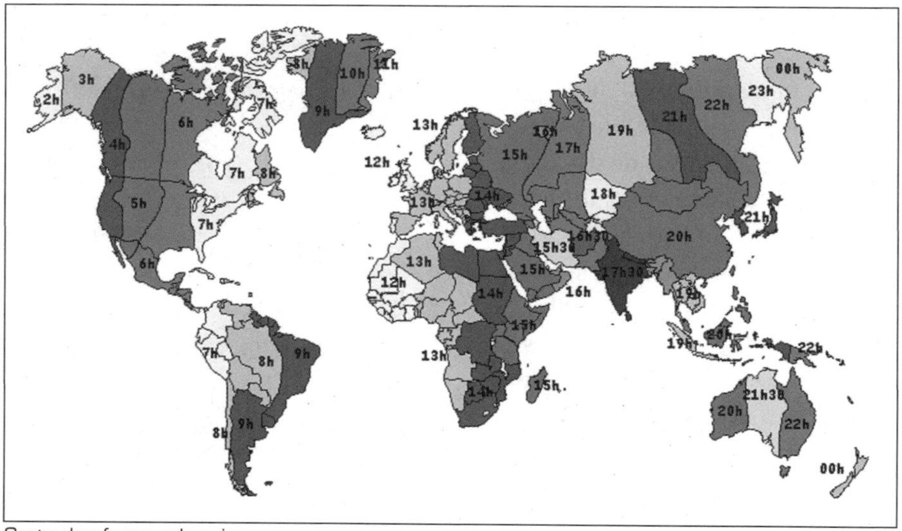

Carte des fuseaux horaires

cercles, les méridiens, qui passent tous par les pôles. Le méridien d'origine, de longitude 0°, passe par la ville de Greenwich, en Angleterre. La ville de Montréal, par exemple, est située à une latitude de 45° Nord et de 73° Ouest.

En théorie, il est midi quand le Soleil passe par le zénith, c'est-à-dire le point le plus élevé de sa trajectoire dans le ciel. En pratique, depuis la fin du XIXe siècle, pour éviter que toutes les villes situées à des longitudes différentes aient des heures différentes, le globe a été divisé en 24 fuseaux horaires. Ainsi, quand il est 6 h 00 à Montréal, il est 12 h 00 à Paris et 20 h 00 à Tokyo. La ligne de changement de date est située dans l'océan Pacifique.

CONCEPTIONS FRÉQUENTES	EXPLICATIONS DES CONCEPTIONS	CONCEPTS SCIENTIFIQUES
La forme et la taille de la Terre		
Une carte du monde représente la forme des continents telle qu'elle est réellement.	Les cartes du monde planes sont la façon la plus fréquente de représenter la forme des continents.	La plupart des cartes du monde déforment les continents.
Les calottes glaciaires		
Les calottes glaciaires du pôle Nord et du pôle Sud reposent toutes deux sur un continent.	Presque partout sur Terre, la neige et la glace reposent sur de la terre ferme.	Seule la calotte glaciaire du pôle Sud repose sur un continent. Les glaces du pôle Nord flottent sur l'océan Arctique.
Il neige beaucoup plus au pôle Nord et au pôle Sud qu'à Montréal ou à Québec.	Impression qui provient du fait qu'il y a toujours de la neige et de la glace aux pôles.	Aux pôles, il fait souvent tellement froid qu'il y a peu de vapeur d'eau et peu de précipitations.
La portion émergée d'un iceberg est aussi grande que sa portion immergée.	La portion émergée d'un navire est à peu près de la même taille que sa portion immergée.	La portion immergée constitue les quatre cinquièmes du volume de l'iceberg.
Les saisons		
Les saisons dépendent de la distance entre le Terre et le Soleil.	Dans la vie de tous les jours, un objet placé plus près d'une source de chaleur qu'un autre devient plus chaud.	Les saisons dépendent de l'inclinaison de l'axe de rotation de la Terre par rapport au plan de son orbite autour du Soleil.
Les saisons ont lieu aux mêmes périodes dans l'hémisphère Nord et l'hémisphère Sud.	Généralisation, à toute la Terre, du calendrier des saisons de l'hémisphère Nord.	Quand c'est l'été dans l'hémisphère Nord, c'est l'hiver dans l'hémisphère Sud, et inversement.
L'hémisphère Sud est plus chaud que l'hémisphère Nord et le pôle Sud est plus chaud que le pôle Nord.	Dans l'hémisphère Nord, en hiver, plusieurs touristes se rendent dans des régions situées plus au Sud.	Aux mêmes latitudes, les climats de l'hémisphère Sud et de l'hémisphère Nord, incluant les pôles, sont semblables.
Les latitudes, les longitudes et les fuseaux horaires		
Les latitudes et les longitudes sont définies de façon semblable.	Les latitudes et les longitudes sont placées dans une même catégorie.	Les latitudes sont des cercles parallèles de diverses circonférences, tandis que les longitudes sont toutes des grands cercles concentriques.
L'heure est la même partout sur la Terre.	Généralisation, à toute la Terre, de l'heure à un endroit donné.	Le globe est divisé en 24 fuseaux horaires.
La date est la même partout sur la Terre.	Généralisation, à toute la Terre, de la date à un endroit donné.	La date est différente de part et d'autre de la ligne de changement de date.

La structure de la Terre

La Terre comporte une atmosphère, une croûte terrestre, un manteau et un noyau.

RÉPONSES AUX QUESTIONS 6 À 12

La bonne réponse apparaît en caractères gras.

6. Comment peut-on décrire la structure de l'ensemble de la Terre, en partant du centre de celle-ci?

a) Un noyau interne liquide, un noyau externe solide, un épais manteau visqueux et une mince croûte.

b) Un noyau interne solide, un noyau externe liquide, un épais manteau visqueux et une mince croûte.

c) Un noyau interne liquide, un noyau externe solide, un mince manteau visqueux et une épaisse croûte.

d) Un noyau interne solide, un épais manteau visqueux, un noyau externe liquide et une mince croûte.

e) Un noyau interne liquide, un mince manteau visqueux, une épaisse croûte et un noyau externe solide.

7. Quels sont les deux éléments chimiques les plus abondants dans la croûte terrestre?

a) Le carbone et l'hydrogène.

b) L'oxygène et le silicium.

c) Le fer et l'azote.

d) L'oxygène et l'hydrogène.

e) Le carbone et le fer.

8. La position des pôles magnétiques est-elle la même que celle des pôles géographiques?

a) Oui, comme le montre le fait qu'une boussole indique le nord géographique.

b) Non, comme le montre la position changeante des aurores boréales.

c) Oui, comme le montre le fait que les oiseaux migrateurs volent même par temps couvert.

d) Non, comme le montre le fait qu'une boussole n'indique pas le nord géographique.

e) Oui, comme le montre le fait que les aurores boréales sont visibles au nord.

9. Par quoi les aurores boréales sont-elles produites?

a) Des ondes ultraviolettes et infrarouges à haute altitude.

b) Des particules magnétiques qui réfléchissent la lumière solaire.

c) Le reflet de la lumière du Soleil sur les calottes glaciaires.

d) La dispersion de particules incandescentes provenant de météorites.

e) Des particules électrisées en provenance du Soleil.

10. Pourquoi Alfred Wegener est-il célèbre?

a) Il mesura la circonférence de la Terre avec précision.

b) Il proposa un modèle de la structure de la Terre.

c) Il expliqua le champ magnétique terrestre.

d) Il énonça la théorie de la dérive des continents.

e) Il énonça le principe de superposition des couches de roches.

11. Où se trouvent la majorité des volcans sur la Terre?

a) Autour des océans et des mers.

b) Au-dessus des failles dans la croûte terrestre.

c) Près des chaînes de montagnes.

d) Aux endroits où la croûte terrestre est la plus mince.

e) Aux endroits où la pression du manteau terrestre est la plus forte.

12. Comment se forment la plupart des chaînes de montagnes?

a) Par la pression du magma.

b) Par la pression du poids des océans.

c) Par le rétrécissement de la croûte terrestre.

d) Par des éruptions volcaniques.

e) Par la collision entre des plaques tectoniques.

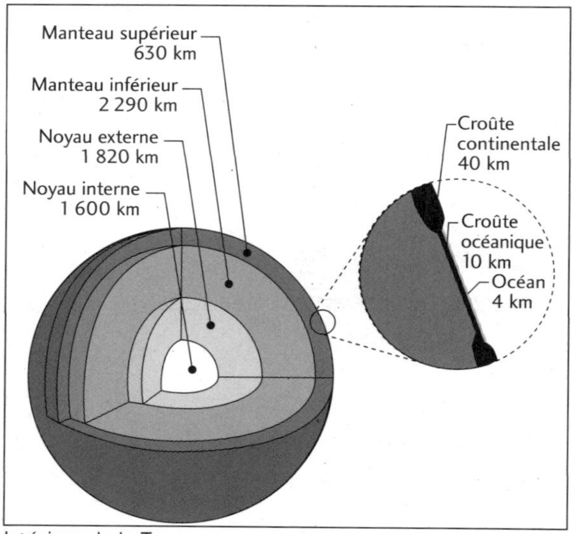

Intérieur de la Terre

L'intérieur de la Terre. Comme le montra le physicien et chimiste Henry Cavendish (1731-1810) en 1798, en mesurant l'attraction gravitationnelle de la Terre avec une grande précision, la densité moyenne des roches à la surface de celle-ci est d'environ 2,8, tandis que la densité de la Terre entière est de 5,5, ce qui montre que la densité de certaines parties de l'intérieur est beaucoup plus grande. La structure de la Terre peut être déduite de la façon dont se propagent les ondes sismiques produites par les tremblements de terre. En partant du centre, la Terre est formée d'un noyau interne solide, d'un noyau externe liquide, d'un manteau de roches partiellement fondues qui constitue 80 % du volume total de la Terre, et d'une mince croûte terrestre dont l'épaisseur varie entre 10 km sous les océans et 60 km sous les montagnes. La discontinuité de Mohorovicic, du nom du sismologue croate Andrija Mohorovicic (1857-1936) qui l'énonça en 1909, est la limite entre le manteau et la croûte terrestre, tandis que la discontinuité de Gutenberg, du nom du sismologue américain d'origine allemande Beno Gutenberg (1899-1960) qui la définit en 1913, est la limite entre le noyau externe et le manteau.

Étant donné qu'aucun forage n'a jamais dépassé une profondeur de 14 km, on ne connaît avec précision que la composition de la partie supérieure de la croûte terrestre. Les principaux éléments chimiques qui se trouvent dans les roches de la croûte sont l'oxygène et le silicium, sous forme de silicates qui forment des composés avec l'aluminium, le sodium, le potassium et le titane. On croit généralement que les principaux éléments du manteau sont aussi l'oxygène et le silicium, qui forment des composés avec le fer et le magnésium auxquels s'ajoute, à des profondeurs plus grandes, le soufre de composés tels que le sulfure de magnésium. Pour ce qui est du noyau, on pense qu'il est surtout constitué de fer, avec un peu de nickel, et des traces de divers autres éléments. Une partie de l'intense chaleur de l'intérieur de la Terre est une chaleur résiduelle, causée par l'accrétion de matière lors sa formation. La désintégration continue d'un certain nombre d'éléments radioactifs, présents dans la croûte, le manteau et le noyau, libère aussi de la chaleur.

Aurore polaire

Le magnétisme terrestre. La Terre possède un champ magnétique causé par la circulation du fer liquide de son noyau externe. Comme le montra le physicien anglais William Gilbert (1540-1603) en 1600, elle possède donc, comme tout aimant, un pôle magnétique Nord et un pôle magnétique Sud. Ces pôles magnétiques, qui se déplacent lentement, sont situés un peu à côté des pôles géographiques et la déclinaison nous donne l'angle entre le nord géographique et le nord magnétique. En 1929, le géologue japonais Motonori Mutuyama (1884-1958) découvrit, en étudiant le magnétisme des roches de la Terre, que plusieurs inversions magnétiques s'étaient produites, aux temps géologiques, et que le pôle magnétique Nord actuel avait souvent été, durant de longues périodes, le pôle magnétique Sud. Des aurores polaires (boréales dans l'hémisphère Nord et australes dans l'hémisphère Sud) se produisent lorsque des particules électrisées en provenance du Soleil, détournées vers les régions polaires sous l'action du champ magnétique terrestre, se heurtent aux atomes de la haute atmosphère, émettant une lumière jaune-vert.

La tectonique des plaques. Depuis toujours, sauf pour quelques récits légendaires comme la disparition de l'Atlantide, la forme et la position des continents, à la surface de la Terre, avaient été considérées comme immuables. Au XVIIe siècle, cependant, le philosophe anglais Francis Bacon (1561-1626) et l'écrivain français Savinien de Cyrano de Bergerac (1619-1655) avaient fait remarquer que la côte ouest de l'Afrique et la côte est de l'Amérique du Sud pouvaient s'emboîter l'une dans l'autre. En 1912, une explication déjà suggérée à quelques reprises, notamment en 1885 par le géologue autrichien Eduard Suess (1831-1914), fut reprise par le météorologue allemand Alfred Wegener (1880-1930). Selon lui, les continents actuels étaient les morceaux d'un énorme continent qui avaient dérivé en glissant sur la partie visqueuse du manteau terrestre. Bien que, jusqu'en 1930, année de la mort de Wegener, la totalité ou presque des spécialistes

Alfred Wegener

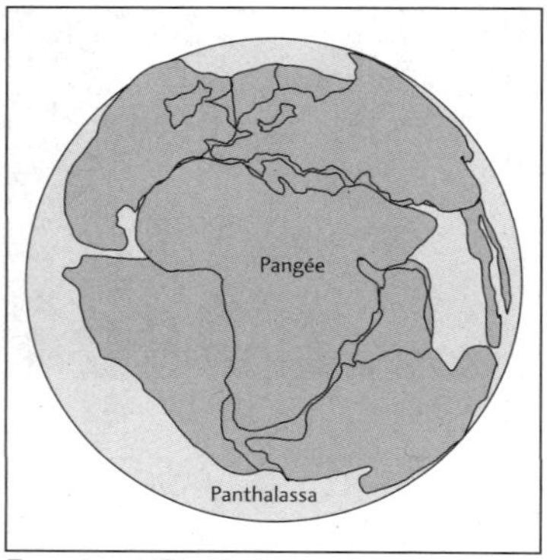

Pangée et Panthalassa

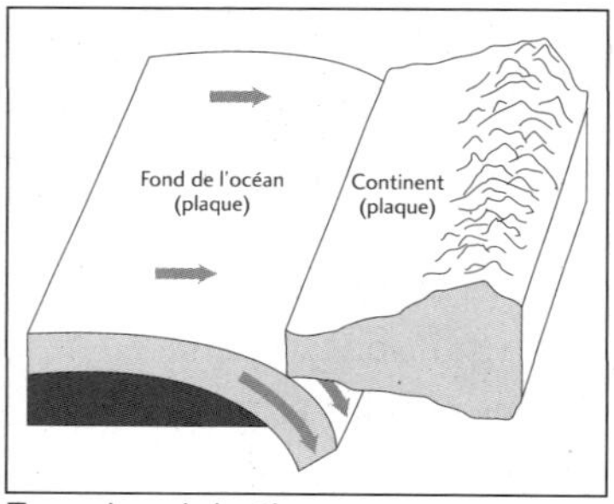

Zone de subduction

des sciences de la Terre rejetaient cette explication, elle constitue maintenant la base de la théorie de la tectonique des plaques, théorie fondamentale de la géologie moderne.

Ainsi, il y a environ 220 millions d'années, tous les continents ne formaient qu'un seul supercontinent, la Pangée, qui était entouré par un seul superocéan, la Panthalassa.

Ce supercontinent se sépara d'abord en deux continents, le Gondwana au sud et la Laurasie au nord, qui eux-mêmes se divisèrent pour former les continents actuels. Cette séparation explique, par exemple, que plusieurs formations géologiques et fossiles de l'est de l'Amérique du Sud soient identiques à ceux de l'ouest de l'Afrique, car ces deux continents formaient autrefois le Gondwana. La croûte terrestre est fragmentée en neuf grandes plaques tectoniques et en une douzaine plus petites, qui continuent à se déplacer sous l'effet de courants de convection de la matière du manteau de la Terre. Lorsque deux plaques se dirigent l'une vers l'autre, l'une peut glisser sous l'autre et s'enfoncer dans l'intérieur de la Terre, dans une zone de subduction, mais elles peuvent aussi s'élever l'une contre l'autre, dans une zone de collision, formant ainsi de grandes chaînes de montagnes.

Sous les océans, du magma chaud remonte vers la surface de la croûte terrestre, à certains endroits, et les plaques s'écartent lentement l'une de l'autre, ce qui cause une expansion des fonds océaniques et forme des structures connues sous le nom de *dorsales médio-océaniques* qui comportent des volcans sous-marins. Les plus importantes failles dans l'écorce terrestre se situent à la jonction de deux plaques tectoniques.

Les volcans et les séismes. Les volcans sont une région de la croûte terrestre d'où jaillit la roche en fusion, appelée *lave*, qui constitue le magma sous-terrain. Il y a environ 850 volcans actifs à la surface de la Terre. Plusieurs sont situés au-dessus des failles entre les plaques tectoniques, mais il existe également des volcans de point chaud, comme ceux de la chaîne des îles Hawaii, qui sont éloignés des failles. Bon nombre de volcans, tels que le Kilimandjaro au Kenya ou le Fuji-Yama au Japon, ont une forme conique caractéristique. Certaines éruptions projettent de grandes quantités de cendres. La ville de Pompéi, par exemple, fut entièrement ensevelie après l'éruption du Vésuve en 79.

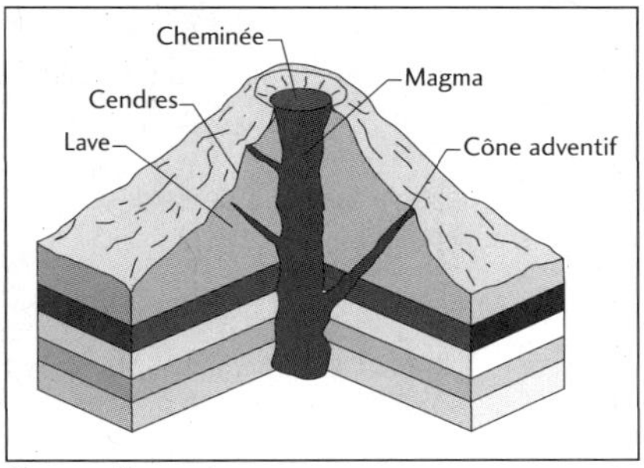

Coupe d'un volcan

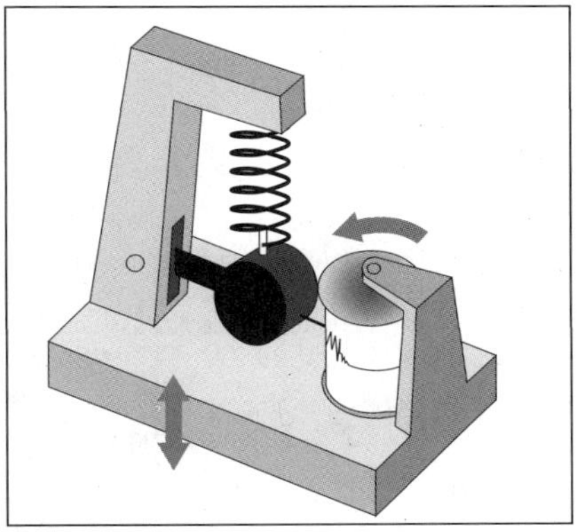
Sismographe

Les geysers sont causés par l'ébullition d'eau souterraine au contact du magma. Les séismes, ou tremblements de terre, les plus intenses résultent de mouvements brusques de deux plaques tectoniques l'une contre l'autre. Les ondes sismiques partent d'une région en profondeur appelée *foyer*. L'épicentre est le point de la surface situé juste au-dessus du foyer. L'intensité d'un séisme peut se mesurer d'après ses effets visibles, à l'aide de l'échelle de Mercalli, proposée en 1902 par le sismologue italien Giuseppe Mercalli (1850-1914) ou de l'échelle MSK, qui est une version améliorée de l'échelle de Mercalli. Elle peut aussi se mesurer d'après la quantité d'énergie libérée à l'aide de l'échelle de Richter, mise au point en 1935 par le géologue américain Charles Richter (1900-1985). Un sismographe permet d'enregistrer la durée et l'amplitude des ondes sismiques.

Lorsqu'il se produit en pleine mer, un séisme peut former un tsunami, ou raz-de-marée, dont les vagues peuvent atteindre 30 m de hauteur près de côtes.

Les montagnes. À l'exception de quelques volcans isolés, les montagnes font partie de chaînes de montagnes dont la plupart sont des plissements montagneux qui résultent de la collision entre des plaques tectoniques. Des montagnes peuvent également se former quand des blocs montagneux se soulèvent entre deux failles. La forme des montagnes s'arrondit avec le temps, sous l'effet de l'érosion.

CONCEPTIONS FRÉQUENTES	EXPLICATIONS DES CONCEPTIONS	CONCEPTS SCIENTIFIQUES
	L'intérieur de la Terre	
Toute la Terre est solide comme la croûte terrestre.	Généralisation, à toute la Terre, de la composition de la croûte terrestre.	Une partie importante de la Terre, le manteau, est constituée d'un magma semi-liquide très chaud.
L'épaisseur de la croûte terrestre est la même partout.	Généralisation, à toute la Terre, de l'épaisseur de la croûte terrestre sous les régions les mieux connues.	L'épaisseur de la croûte terrestre varie entre 10 km sous les océans et 60 km sous les montagnes.
Toute la partie de la Terre située sous la croûte terrestre est constituée de matière en fusion.	Généralisation, à tout l'intérieur de la Terre, de la présence de matière en fusion sous la croûte terrestre.	Bien que le manteau soit constitué d'un magma semi-liquide de matière en fusion, le noyau interne de la Terre est composé de métaux à l'état solide.
	Le magnétisme terrestre	
L'aiguille d'une boussole indique le nord parce qu'il y a du minerai magnétique au pôle Nord.	L'orientation de l'aiguille d'une boussole peut être modifiée par un aimant.	L'aiguille d'une boussole indique le nord et le sud, car elle s'oriente dans le sens du champ magnétique de la Terre.
La position du pôle magnétique Nord et du pôle magnétique Sud est immuable et identique à la position des pôles géographiques.	Les pôles magnétiques et les pôles géographiques sont considérés comme identiques.	Les pôles magnétiques ne sont pas à la même position que les pôles géographiques, et se déplacent constamment.
Les aurores polaires sont causées par la réflexion de rayons solaires ou lunaires sur les calottes glaciaires des pôles.	La glace réfléchit bien la lumière.	Les aurores polaires sont causées par des particules chargées en provenance du Soleil.
	La tectonique des plaques	
Les continents sont immobiles.	À l'échelle de la durée d'une vie humaine, les continents ne semblent pas se déplacer.	Les continents, portés par les plaques tectoniques, dérivent d'environ un centimètre par an.
Les plaques tectoniques forment toute la croûte terrestre.	Les plaques tectoniques ne semblent pouvoir glisser que sur de la matière en fusion.	Les plaques tectoniques constituent la partie supérieure de l'écorce terrestre et glissent sur la partie inférieure.
	Les volcans et les séismes	
Tous les volcans sont situés au-dessus des failles entre les plaques tectoniques.	Un lien direct est établi entre les volcans et les failles.	Il existe également des volcans de point chaud qui sont éloignés des failles.

CONCEPTIONS FRÉQUENTES	EXPLICATIONS DES CONCEPTIONS	CONCEPTS SCIENTIFIQUES
Les séismes se produisent d'abord au centre de la Terre.	Le fait que les séismes s'expliquent par des mécanismes souterrains peut donner l'impression qu'ils se produisent au centre de la Terre.	Les séismes résultent du mouvement brusque de plaques tectoniques dans l'écorce terrestre.
Les séismes ne se produisent que sur la terre ferme.	Les séismes qui se produisent sur la terre ferme sont ceux dont on parle le plus souvent.	Il se produit parfois des séismes en pleine mer, qui peuvent alors former des tsunamis.
	Les montagnes	
Toutes les montagnes sont d'anciens volcans.	Le volcanisme est une cause bien connue de la formation de certaines montagnes.	La plupart de montagnes font partie de chaînes qui sont des plissements résultant de la collision entre des plaques tectoniques.

L'histoire de la Terre

La Terre existe depuis environ 4,6 milliards d'années.

RÉPONSES AUX QUESTIONS 13 À 18

La bonne réponse apparaît en caractères gras.

13. Quel est l'âge approximatif de la Terre?

a) 46 millions d'années.

b) 460 millions d'années.

c) 4,6 millions d'années.

d) 46 milliards d'années.

e) 4,6 milliards d'années.

14. Comment s'explique la présence d'oxygène dans l'atmosphère terrestre?

a) Il fut rejeté dans l'atmosphère par les éruptions volcaniques.

b) Il fut produit par le phytoplancton et les plantes.

c) Il fut libéré à la désintégration de nombreuses météorites.

d) Il fut produit par des réactions chimiques entre les gaz de l'atmosphère primitive.

e) Il fut libéré de l'eau des océans par l'intense chaleur qui régnait autrefois.

15. Que permet de déduire, dans des couches de roches, le principe du recoupement?

a) Les couches de roches les plus profondes sont les plus anciennes.

b) Les couches de roches les plus profondes contiennent le plus de fossiles.

c) La présence de fossiles identiques indique que des couches de roches ont le même âge.

d) Les intrusions minérales sont plus récentes que les couches de roches qu'elles traversent.

e) La présence d'une faille indique que ces couches de roches sont très anciennes.

16. Comment se sont formés la plupart des fossiles?

a) Ce sont des êtres vivants qui ont séché et durci.

b) Ce sont des êtres vivants qui ont imprimé leur forme avant de se décomposer.

c) Ce sont des traces de pas d'animaux qui se sont pétrifiées.

d) Ce sont des parties dures, comme des squelettes, qui ont résisté au temps.

e) Ce sont des creux, laissés par des êtres vivants, qui se sont remplis de minéraux.

17. Dans l'échelle des temps géologiques, pourquoi l'une des périodes de l'ère primaire s'appelle-t-elle la *période du Carbonifère*?

a) L'atmosphère de cette période contenait beaucoup de gaz carbonique.

b) Les fossiles de cette période ont une couleur noire caractéristique.

c) Les forêts de fougères de cette période se transformèrent en charbon.

d) Les océans de cette période contenaient du carbone dissous dans l'eau.

e) Les fossiles de cette période se distinguent par un isotope du carbone.

18. Si l'histoire de la Terre était condensée en une seule journée de 24 heures, à quelle heure apparaîtraient les premiers hominidés, ancêtres des êtres humains?

a) Le matin, à 6 h.

b) À midi.

c) Le soir, à 23 h 59.

d) L'après-midi, à 16 h 30.

e) Le soir, à 22 h.

James Hutton

L'âge et l'origine de la Terre. Jusqu'au XVIIIe siècle, on pensait, comme il est dit dans la Bible, que l'Univers et la Terre avaient été créés quelques milliers d'années avant la naissance de Jésus-Christ. En 1660, l'évêque irlandais James Ussher (1581-1656) avait même calculé que la création s'était produite précisément en 4004 av. J.-C., ce qui donnait alors à la Terre un âge d'environ 6000 ans. En 1705, toutefois, le physicien anglais Robert Hooke (1635-1703) affirma, en se basant sur l'étude de fossiles, que la Terre était beaucoup plus vieille. En 1779, le naturaliste français Georges Leclerc, comte de Buffon (1707-1788), avança l'idée que la Terre était un morceau du Soleil et qu'elle existait depuis au moins 70 000 ans. En 1788, le géologue britannique James Hutton (1726-1797) montra que les reliefs étaient modelés par des processus naturels très lents et que la Terre existait depuis des millions d'années, idée reprise et développée par le géologue anglais Charles Lyell (1795-1875) en 1830.

En 1846, le physicien britannique William Thomson, lord Kelvin (1824-1907), en se basant sur des mesures de vitesse de refroidissement, estima que la Terre existait depuis environ 100 millions d'années. En 1913, le géologue anglais Arthur Holmes (1890-1965) établit, à l'aide de techniques de datation des roches par la radioactivité, que la Terre avait plus de 4,6 milliards d'années.

La Terre, comme les autres planètes, résulte probablement d'une accrétion, ou agglomération, de gaz et de poussières qui étaient en orbite autour du Soleil. La pression de cette agglomération et la radioactivité de certains éléments dégageaient une intense chaleur et pendant très longtemps la surface de la Terre comportait une multitude de volcans actifs libérant une épaisse fumée. L'atmosphère primitive, dénuée d'oxygène, comportait principalement de la vapeur d'eau, du méthane et de l'ammoniac. Ces deux derniers composés, dissociés par la lumière solaire, furent peu à peu remplacés par du gaz carbonique et de l'azote. L'oxygène apparut il y a environ un milliard d'années, après que des végétaux primitifs eurent commencé la photosynthèse.

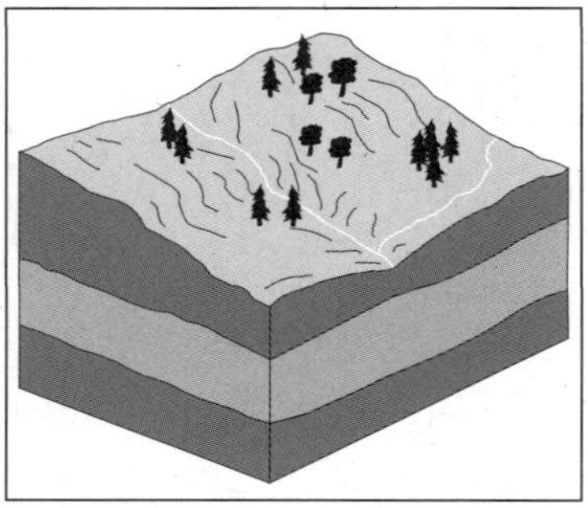

Superposition des strates

Les couches de roches et les fossiles. La distribution, la position et la nature des fossiles contenus dans les couches de roches, ou strates de l'écorce terrestre, fournissent de précieux indices au sujet de l'histoire de la Terre. Selon le principe de superposition, énoncé en 1669 par le géologue suédois Nicolas Sténon (1638-1686), dans un empilement de strates, les plus anciennes sont en bas et les plus jeunes en haut, sauf s'il y a des plis ou des failles dans l'empilement étudié.

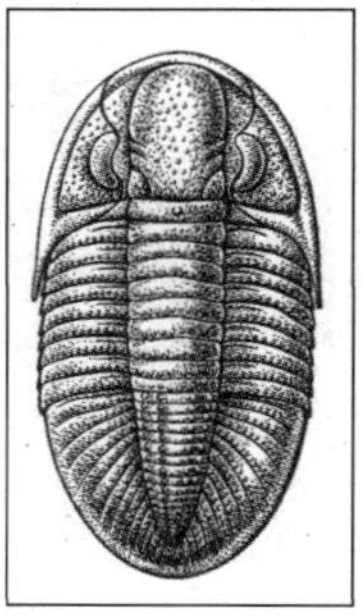

Fossile de trilobite

Selon le principe de recoupement, si une faille ou une intrusion de magma solidifié se trouve dans une couche de roches, elle est plus récente que ces roches. Certaines strates contiennent des fossiles, qui sont des restes de plantes et d'animaux ayant vécu il y a des millions d'années et qui ont été préservés dans les roches sédimentaires. Un fossile peut être un simple moule, en creux, d'une plante ou d'un animal qui s'est décomposé, ou, dans la plupart des cas, une empreinte formée par des minéraux qui ont pris la place de la plante ou de l'animal dans le moule. Les premiers fossiles datent d'environ 570 millions d'années. En 1815, le géologue anglais William Smith (1769-1839) montra que la présence de fossiles permettait de connaître l'âge de certaines formations rocheuses, observation corroborée en 1839 par le géologue britannique Roderick Murchison (1792-1871) qui montra que de nombreuses strates rocheuses se caractérisaient par la présence de fossiles bien particuliers.

Les temps géologiques. Les temps géologiques sont divisés en intervalles, lesquels comportent des subdivisions. Les intervalles les plus longs sont les ères, qui se divisent en périodes, puis parfois en époques et en âges. Les dinosaures, par exemple, dominaient la Terre il y a environ 160 millions d'années, à l'ère mésozoïque (ou ère secondaire) et à la période jurassique.

L'ÉCHELLE DES TEMPS GÉOLOGIQUES

Ère du Précambrien
(Débute il y a 4,6 milliards d'années et se termine il y a 570 millions d'années.)

Période archéozoïque (Débute il y a 4,6 milliards d'années et se termine il y a 1 milliard d'années.)	Formation de la croûte terrestre, puis des océans. Les premières formes de vie unicellulaire, comme les algues bleues qui font la photosynthèse et produisent de l'oxygène, se développent.
Période protérozoïque (Débute il y a 1 milliard d'années et se termine il y a 570 millions d'années.)	Formation des grands continents. Apparition des méduses, des vers, des arthropodes et des coraux primitifs.

Ère paléozoïque ou ère primaire
(Débute il y a 570 millions d'années et se termine il y a 250 millions d'années.)

Période du Cambrien (Débute il y a 570 millions d'années et se termine il y a 510 millions d'années.)	L'océan abrite de nombreuses espèces d'algues et de lichens. Apparition des mollusques et des invertébrés segmentés tels que le trilobite.
Période de l'Ordovicien (Débute il y a 510 millions d'années et se termine il y a 438 millions d'années.)	Déplacement important des continents. Apparition des poissons et des crustacés. Formation des récifs de coraux.
Période du Silurien (Débute il y a 438 millions d'années et se termine il y a 410 millions d'années.)	Apparition des mousses et des végétaux vasculaires terrestres. Apparitions des poissons à mâchoires et des poissons d'eau douce.
Période du Dévonien (Débute il y a 410 millions d'années et se termine il y a 355 millions d'années.)	Les fougères et les mousses, de tailles gigantesques, forment des forêts. Apparition de nombreuses espèces de poissons, dont le requin.
Période du Carbonifère (Débute il y a 355 millions d'années et se termine il y a 290 millions d'années.)	Formation de grandes forêts, qui constitueront plus tard le charbon. Apparition de nombreux amphibiens et des reptiles.
Période du Permien (Débute il y a 290 millions d'années et se termine il y a 250 millions d'années.)	Augmentation de l'étendue des déserts. Supplantation des fougères par les conifères. Diversification des reptiles.

Ère mésozoïque ou ère secondaire
(Débute il y a 250 millions d'années et se termine il y a 66 millions d'années.)

Période du Trias (Débute il y a 250 millions d'années et se termine il y a 205 millions d'années.)	Domination des plantes à graines. Apparition des dinosaures. Apparition des mammifères.

L'ÉCHELLE DES TEMPS GÉOLOGIQUES

Période du Jurassique (Débute il y a 205 millions d'années et se termine il y a 135 millions d'années.)	Séparation en deux de la Pangée, énorme supercontinent. Domination des dinosaures. Apparition de l'archéoptéryx, ancêtre des oiseaux.
Période du Crétacé (Débute il y a 135 millions d'années et se termine il y a 66 millions d'années.)	Apparition des plantes à fleurs. Apparition des petits mammifères. Disparition des dinosaures vers la fin de la période.

Ère néozoïque ou ère tertiaire
(Débute il y a 66 millions d'années et se termine il y a 1,6 million d'années.)

Période du Paléocène (Débute il y a 66 millions d'années et se termine il y a 53 millions d'années.)	Formation de l'aspect actuel des continents. Multiplication des oiseaux et des mammifères.
Période de l'Éocène (Débute il y a 53 millions d'années et se termine il y a 36,6 millions d'années.)	Multiplication des végétaux feuillus. Développement important des oiseaux. Apparition des éléphants, des rhinocéros et des primates.
Période de l'Oligocène (Débute il y a 36,6 millions d'années et se termine il y a 23 millions d'années.)	Diversification des végétaux. Développement des insectes et des araignées. Développement des singes.
Période du Miocène (Débute il y a 23 millions d'années et se termine il y a 6,3 millions d'années.)	Formation de nombreuses chaînes de montagnes. Développement des espèces végétales des régions tempérées. Apparition des ancêtres de l'homme.
Période du Pliocène (Débute il y a 6,3 millions d'années et se termine il y a 1,6 million d'années.)	Formation des forêts de feuillus. Apparition des ancêtres des mammifères actuels et des ancêtres directs de l'homme. Grande glaciation à la fin de la période.

Ère anthropozoïque ou ère quaternaire
(Débute il y a 1,6 million d'années et se poursuit encore de nos jours.)

Période du Pléistocène (Débute il y a 1,6 million d'années et se termine il y a 10 000 ans.)	Disparition de nombreux mammifères lors des âges glaciaires. Apparition des mammouths. Évolution rapide des vertébrés. Apparition de l'homme moderne.
Période de l'Holocène (Débute il y a 10 000 ans et se poursuit encore de nos jours.)	Naissances des premières grandes civilisations. Développement de l'agriculture, de l'élevage et du travail des métaux.

La datation, ou détermination de l'âge des fossiles et des autres roches, se fait principalement au moyen de techniques basées sur la vitesse de désintégration de certains atomes radioactifs tels que l'uranium ou le rubidium.

CONCEPTIONS FRÉQUENTES	EXPLICATIONS DES CONCEPTIONS	CONCEPTS SCIENTIFIQUES
	L'âge et l'origine de la Terre	
La Terre existe depuis quelques milliers d'années.	Les récits de plusieurs grandes religions mentionnent une formation relativement récente de la Terre.	La Terre s'est formée il y a environ 4,6 milliards d'années.
La Terre est un morceau détaché du Soleil.	Impression basée sur le fait que le Soleil est le plus gros corps du système solaire.	La Terre résulte de l'accrétion de gaz et de poussières qui étaient en orbite autour du Soleil.
La composition de l'atmosphère terrestre a toujours été la même.	Généralisation, à toutes les époques, de la composition actuelle de l'atmosphère.	L'atmosphère primitive comportait principalement de la vapeur d'eau, du méthane et de l'ammoniac.
L'atmosphère a toujours contenu de l'oxygène.	Généralisation, à toutes les époques, de la composition actuelle de l'atmosphère.	L'oxygène, formé par photosynthèse, est apparu il y a un milliard d'années.
	Les couches de roches et les fossiles	
Il n'y a pas de relation entre la profondeur d'un fossile dans le sol et son âge.	Les fossiles semblent dispersés de façon aléatoire dans le sol.	Les fossiles les plus anciens sont généralement situés dans les strates les plus profondes.
Les fossiles sont des restes de plantes et d'animaux qui ont durci.	Les fossiles ont la même forme que des plantes ou des animaux ou que des parties de plantes ou d'animaux.	Un fossile peut être un moule en creux ou une empreinte formée de minéraux qui ont pris la place de l'animal ou de la plante.
Tous les fossiles datent de la même époque.	Les fossiles semblent tous très anciens.	Les premiers fossiles datent d'environ 570 millions d'années, tandis que d'autres n'ont que quelques milliers d'années.
	Les temps géologiques	
Les dinosaures et les êtres humains ont déjà coexisté à la surface de la Terre.	Certains films de science-fiction et certaines bandes dessinées montrent des dinosaures et des êtres humains vivant à la même époque.	Les dinosaures sont disparus des dizaines de millions d'années avant l'apparition des premiers hominidés.

Les roches et les minéraux

La croûte terrestre est constituée d'une grande variété de roches et de minéraux.

RÉPONSES AUX QUESTIONS 19 ET 20

La bonne réponse apparaît en caractères gras.

19. Lesquelles des roches suivantes se forment à partir d'autres roches soumises à des températures et à des pressions élevées?

a) Les roches magmatiques.

b) Les roches sédimentaires.

c) Les roches ignées.

d) Les roches erratiques.

e) Les roches métamorphiques.

20. Lorsqu'on effectue de la prospection minière sismique, comment localise-t-on des gisements?

a) Par des analyses du champ magnétique.

b) Par des analyses de la propagation d'ondes.

c) Par des analyses de la densité.

d) Par des analyses de la conductivité.

e) Par des analyses d'échantillons.

Les roches. Vers la fin du XVIIIe siècle, le géologue allemand Abraham Werner (1749-1817) proposa une théorie connue sous le nom de *neptunisme*, d'après Neptune, dieu de la mer, selon laquelle toutes les roches étaient d'anciens sédiments marins. À la même époque, mais quelques années plus tard, James Hutton proposa une théorie très différente, connue sous le nom de *plutonisme*, d'après Pluton, dieu des enfers, selon laquelle la plupart des roches étaient plutôt d'origine volcanique. Vers 1810, le géologue et physicien britannique James Hall (1761-1832) montra que les roches fondues pouvaient cristalliser en refroidissant lentement, ce qui expliquait la formation de nombreux minéraux et appuyait la théorie du plutonisme.

Divers types de roche

Il existe en fait trois grands types de roches dans l'écorce terrestre. Les roches magmatiques, appelées aussi *roches ignées*, qui sont formées par les volcans (exemples : granit, basalte) ; les roches sédimentaires qui se forment par l'entassement de fragments issu de l'érosion et de la mort d'organismes vivants (exemples : argile, grès, calcaire, dolomie) ; les roches métamorphiques qui se forment lorsque d'autres roches sont soumises à des pressions et à des températures élevées (exemples : marbre, ardoise, schiste, gneiss).

Les minéraux. Les minéraux sont des cristaux de composés chimiques présents dans les roches. Il en existe plus de 1 000. Les plus abondants sont les silicates, formés principalement d'oxygène et de silicium combinés avec des éléments métalliques. Le mica, à structure feuilletée, est un type de silicate. D'autres minéraux importants sont les sulfures et les sulfates, à base de soufre, les carbonates, à base de carbone, et les oxydes, à base d'oxygène, presque tous combinés à des éléments métalliques. Les minéraux se caractérisent par leur densité, leur couleur, leur éclat, leur transparence, leur clivage, qui est la façon dont ils se fendent, et leur dureté.

L'échelle de Mohs, conçue en 1812 par le minéralogiste allemand Friedrich Mohs (1773-1839), permet de mesurer la dureté des minéraux, les moins durs ayant une dureté de 1 (exemple : talc) et les plus durs une dureté de 10 (exemple : diamant).

Divers types de minéraux

Bijou ancien serti de diamants, d'émeraudes, de rubis et de saphirs

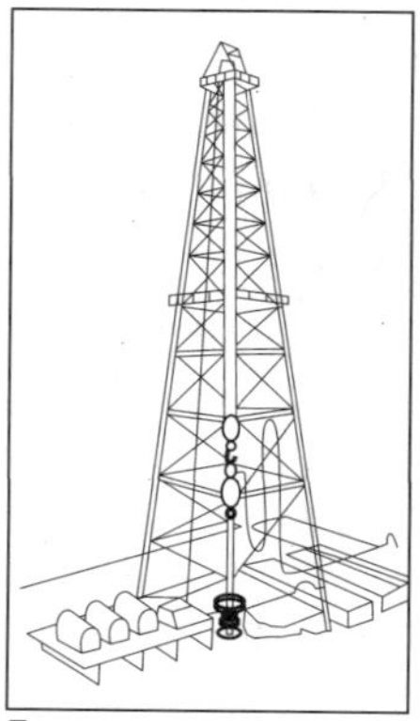

Forage

Les pierres précieuses. Certaines roches contiennent des pierres précieuses, ou gemmes, sous forme de cristaux. La plupart se forment dans les conditions de température et de pression élevées de certaines parties de l'écorce terrestre. Les diamants, les émeraudes, les rubis, les saphirs et l'opale sont des exemples de pierres précieuses, tandis que le quartz, l'améthyste, le jaspe et l'onyx sont des pierres semi-précieuses.

La prospection. Il existe plusieurs méthodes pour localiser des hydrocarbures et des minerais. Les méthodes géologiques, telles que la télédétection par satellite, visent à détecter les grandes zones minérales. Les méthodes géochimiques, qui consistent à tester des échantillons de roche, peuvent révéler la proximité de certains gisements. Les méthodes géophysiques sont basées sur les variations de diverses propriétés physiques : la magnétométrie mesure les variations du champ magnétique, la gravimétrie mesure les variations de densité, la prospection électrique mesure les variations de la conductivité et la prospection sismique mesure les variations dans la propagation d'ondes. Enfin, quand des ressources ont été localisées, un forage permet de faire une vérification directe.

CONCEPTIONS FRÉQUENTES	EXPLICATIONS DES CONCEPTIONS	CONCEPTS SCIENTIFIQUES
	Les roches	
Toutes les roches sont plus ou moins semblables et sont des entassements de terre et de sable.	Généralisation, à toutes les roches, des caractéristiques de roches sédimentaires communes.	Il existe une grande variété de roches, formées d'une variété de minéraux.
Toutes les roches proviennent directement des volcans.	Un lien direct est établi entre les roches et la lave des volcans.	Les roches sédimentaires et métamorphiques ne proviennent pas directement des volcans.
	Les minéraux	
Il n'existe que quelques variétés de minéraux.	Seuls quelques minéraux, comme le quartz, le gypse et le mica, sont relativement bien connus.	Il existe plus de 1 000 minéraux différents.
Tous les minéraux ont la même dureté.	Tous les minéraux sont considérés comme étant des roches plus ou moins semblables.	La dureté des minéraux varie énormément.
	Les pierres précieuses	
Les pierres précieuses sont artificielles.	Les pierres précieuses sont souvent taillées pour leur donner des formes très régulières.	Les pierres précieuses sont des cristaux naturels.
	La prospection	
Le forage est la seule façon de faire de la prospection minière.	Le forage est l'étape la mieux connue de la prospection.	Il existe des méthodes géologiques, géochimiques et géophysiques de prospection.

L'évolution de la surface de la Terre

Les paysages terrestres changent avec le temps.

RÉPONSES AUX QUESTIONS 21 À 24

La bonne réponse apparaît en caractères gras.

21. Parmi les causes possibles qui suivent, laquelle *n'est pas* une cause directe de l'érosion?

a) La pression exercée par des racines.

b) Les variations de la pression atmosphérique.

c) La dissolution par des acides.

d) L'action du vent et du sable.

e) L'oxydation par l'oxygène de l'air.

22. Qu'est qu'une nappe phréatique?

a) Une couche de minéraux oxydés à la surface du sol.

b) Une couche d'eau douce souterraine.

c) Une couche dure de roches magmatiques sous le sol cultivable.

d) Une couche de sédiments à l'emplacement d'anciennes mers.

e) Une couche d'hydrocarbures exploitables.

23. Qu'est-ce qu'un bassin versant?

a) Un flanc de montagne où se produisent des éboulements.

b) Une région où s'écoule l'eau qui alimente un cours d'eau.

c) Une vallée sujette à des glissements de terrains.

d) Une inclinaison prononcée de strates rocheuses.

e) Un lac situé en région montagneuse.

24. Qu'est-ce qu'un inlandsis?

a) Une masse de glace qui se déplace lentement.

b) Une vaste étendue de sable.

c) Une immense étendue de glace presque immobile.

d) Une grande surface sablonneuse parsemée de roches érodées.

e) Un ancien fond marin asséché.

L'érosion. Les roches s'altèrent et se désagrègent avec le temps. Cette érosion peut être causée par des processus physiques, tels que les variations de température, l'action de la glace et de l'eau, ou encore l'action combinée du vent et du sable. Elle peut aussi être engendrée par des processus chimiques qui modifient la composition des roches, tels que l'oxydation avec l'oxygène de l'air ou la dissolution par des acides faibles présents dans l'eau. Elle peut aussi être le résultat de processus biologiques, tels que la pression exercée par les racines des arbres ou l'attaque d'un sol par les acides de l'humus. La vitesse d'érosion varie selon la composition des roches et le climat.

Érosion causée par l'eau

Au XVIIIe siècle, un grand nombre de scientifiques, inspirés par le récit biblique du Déluge, appuyaient la théorie du catastrophisme selon laquelle les formations géologiques étaient le résultat d'une série de catastrophes. En 1788, Hutton énonça la théorie de l'uniformitarianisme selon laquelle les formations géologiques étaient le résultat de processus très lents encore à l'œuvre dans l'écorce terrestre. En 1812, pourtant, le célèbre naturaliste français Georges Cuvier (1769-1832), spécialiste des fossiles, défendait encore le catastrophisme. En 1830, Charles Lyell publia ses *Principes de géologie* dans lesquels il développait l'uniformitarianisme de Hutton. De nos jours, l'uniformitarianisme est accepté par tous les scientifiques, qui admettent toutefois que des catastrophes d'envergure, telles que l'impact de la comète qui causa la disparition des dinosaures, se sont déjà produites sur la Terre.

L'eau. L'eau qui tombe des nuages, sous forme de pluie ou de neige, s'infiltre en partie dans le sol. Certaines roches, telles que le sable ou le gravier, laissent passer l'eau facilement et sont dites *perméables*, tandis que d'autres, telles que l'argile, empêchent l'infiltration de l'eau et sont dites *imperméables*. Quand l'eau s'infiltre dans le sol, elle le sature, en certains endroits, et forme la nappe phréatique, d'où peut être puisée de l'eau douce. Une source est de l'eau de la nappe phréatique qui sort parfois du sol au pied d'une pente. Dans un désert, la présence d'une source crée une oasis.

Oasis

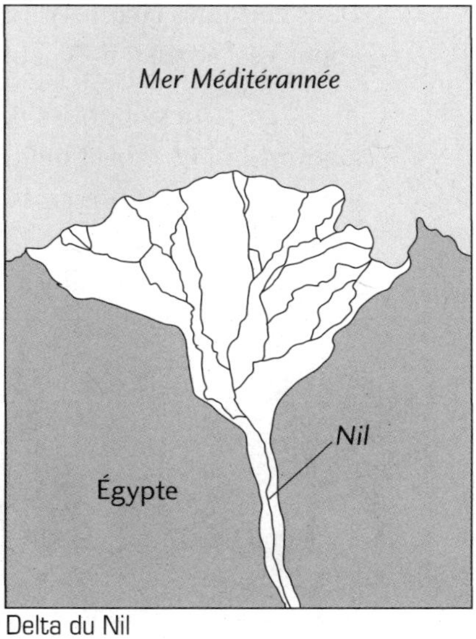

Delta du Nil

Les cours d'eau. Une partie de l'eau qui tombe des nuages coule à la surface du sol et forme des ruisseaux, des rivières et des fleuves. La région où se rejoignent l'ensemble des eaux d'écoulement liées à un cours d'eau constitue un bassin versant. Généralement, les jeunes rivières et les fleuves coulent en ligne droite dans une vallée en forme de V, aux pentes escarpées. Avec le temps, les rivières et les fleuves forment des méandres, dans une vallée plus large, aux pentes plus douces. Près de son embouchure, un fleuve

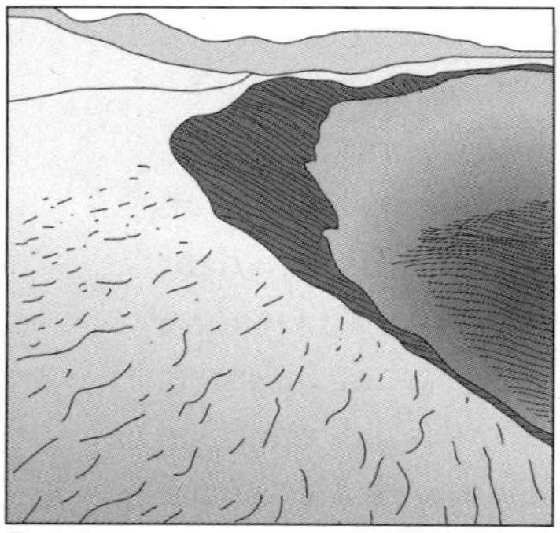
Dunes

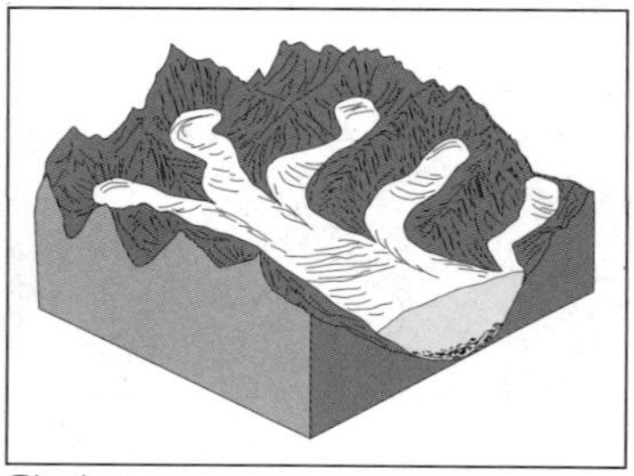
Glacier

dépose souvent de nombreux sédiments, ce qui forme alors une plaine alluviale, et parfois un delta, tels que ceux du Nil ou du Mississippi.

Les régions arides. Les régions arides, où les précipitations sont rares, n'ont pas ou peu de végétation et sont donc exposées à l'action du Soleil et du vent. Certains déserts, tels que le Sahara (au Nord de l'Afrique), le centre de l'Australie ou la Basse-Californie sont situés dans des régions chaudes du globe, mais d'autres déserts, tels que l'Arctique et l'Antarctique, qui reçoivent à peine plus de précipitations que le Sahara, sont situés dans des régions froides. L'érosion la plus active dans les régions arides est l'érosion éolienne, processus physique d'usure, de transport et de dépôt attribuables au vent. Les vastes étendues de sable de certains déserts forment des dunes dont les formes varient (paraboles, croissants, tas, vagues) selon la quantité de sable et la variabilité du vent.

Les étendues de glace. Près des pôles se trouvent de grandes étendues de glace, appelées *inlandsis*, qui forment les calottes polaires. L'inlandsis du Groenland, par exemple, couvre une immense surface continentale. Dans certaines chaînes de montagnes se trouvent d'immenses masses de glace, appelées *glaciers*, qui s'écoulent lentement sous l'action de la gravité.

À certaines époques, la Terre a été beaucoup plus froide qu'elle ne l'est aujourd'hui et, dans l'hémisphère Nord, comme l'affirma en 1839 le géologue américain d'origine suisse Louis Agassiz (1807-1873), la glace recouvrait d'immenses portions de l'Amérique du Nord et de l'Europe. Le dernier âge glaciaire s'est achevé il y a 10 000 ans. Les inlandsis et les glaciers causent une érosion glaciaire importante qui se caractérise par des lacs remplis d'eau de fonte, des vallées en auge, des fjords, des surfaces de roches arrondies ainsi que par des blocs erratiques et des amas de roche ou de sable laissés par les glaces disparues.

Blocs erratiques

Le sol. Le sol est le mélange meuble superficiel de débris rocheux et organiques. Les débris organiques, qui sont des restes de plantes et d'animaux attaqués par des bactéries et des champignons, constituent l'humus essentiel à la croissance des plantes. Il existe divers systèmes de classification des sols. Le système américain Soil Taxonomy classe les sols en fonction de leur pH, de leur texture, de leur couleur et de leur structure. Voici quelques exemples de sols de ce système :

- Histosol : Sol humide riche en débris végétaux.
- Oxisol : Sol riche en oxyde de fer et d'aluminium qui lui donnent une couleur rouge.
- Alfisol : Sol riche en argile.
- Spodisol : Sol sableux, avec une couche supérieure grise, des forêts de conifères.
- Mollisol : Sol fertile à couche supérieure noire (terre noire).
- Aridisol : Sol sec contenant beaucoup de sable et de calcaire.

CONCEPTIONS FRÉQUENTES	EXPLICATIONS DES CONCEPTIONS	CONCEPTS SCIENTIFIQUES
	L'érosion	
Toute l'érosion est causée par l'eau.	L'eau est la cause la mieux connue de l'érosion.	Les variations de température, le vent, de même que des processus chimiques et biologiques sont aussi des causes d'érosion.
Les êtres vivants ne peuvent être une cause d'érosion.	Les roches semblent trop dures pour pouvoir être érodées par des êtres vivants.	La pression des racines et les acides de l'humus sont des causes d'érosion.
Toutes les roches s'usent à la même vitesse.	Les roches semblent toutes relativement dures et résistantes.	La vitesse d'érosion varie selon la composition des roches.
	L'eau	
L'eau s'infiltre facilement dans tous les sols.	Les sols les plus courants sont perméables.	Certains sols sont imperméables.
Une source est de l'eau qui remonte dans le sol jusqu'à la surface.	L'eau de certaines sources jaillit du sol.	Une source coule par gravité et ne peut jaillir du sol qu'au pied d'une pente.

CONCEPTIONS FRÉQUENTES	EXPLICATIONS DES CONCEPTIONS	CONCEPTS SCIENTIFIQUES
	Les cours d'eau	
Une rivière et un fleuve conservent toujours la même trajectoire.	À l'échelle de la durée d'une vie humaine, les changements de trajectoire d'une rivière ou d'un fleuve sont généralement peu perceptibles.	Avec le temps, les rivières et les fleuves forment des méandres.
	Les régions arides	
Les déserts ne reçoivent jamais de précipitations.	Dans le langage courant, le mot désert est associé à une aridité presque absolue.	Dans les déserts, les précipitations sont rares, mais jamais totalement absentes.
Tous les déserts sont situés dans des régions chaudes.	Les déserts les mieux connus sont ceux des régions chaudes.	Il existe des déserts, tels que l'Antarctique, dans les régions froides.
Les dunes ont toutes des formes semblables.	Généralisation, à toutes les dunes, de la forme en vague de plusieurs dunes.	Il existe des dunes en forme de paraboles, de croissants, de tas et de vagues.
	Les étendues de glace	
Toutes les étendues de glace sont des glaciers.	Généralisation, à toutes les étendues de glace, des caractéristiques de celles qui sont les mieux connues.	Les plus grandes étendues de glace sont les inlandsis des calottes polaires.
Les glaciers sont immobiles.	Le mouvement des glaciers est relativement lent et difficile à percevoir.	Les glaciers, situés en montagne, s'écoulent lentement sous l'action de la gravité.
Les grandes étendues de glace ont toujours été situées près de pôles.	De nos jours, les plus grandes étendues de glace sont situées près de pôles.	La glace a déjà recouvert d'immenses portions de certains continents.
La glace ne cause pas autant d'érosion que l'eau.	L'érosion causée par la glace est moins bien connue que celle qui est causée par l'eau.	La glace cause une érosion importante qui explique de nombreuses formations géologiques.
	Le sol	
Le sol est formé de débris rocheux.	Une partie du sol est formée de débris rocheux.	Le sol est un mélange de débris rocheux et de débris organiques.
Tous les sols sont semblables.	Généralisation, à tous les sols, des caractéristiques des types de sols les mieux connus.	Il existe plusieurs types de sols qui peuvent être classés selon diverses caractéristiques.

Les océans et les mers

Il existe plusieurs océans et mers à la surface de la Terre.

RÉPONSES AUX QUESTIONS 25 ET 26

La bonne réponse apparaît en caractères gras.

25. Pourquoi le climat du Nord-Ouest de l'Europe est-il plus doux que celui du Nord-Est de l'Amérique du Nord?

a) Un courant océanique refroidit le Nord-Est de l'Amérique du Nord.

b) Le Nord-Ouest de l'Europe est situé à une latitude plus élevée que le Nord-Est de l'Amérique du Nord.

c) Un courant océanique réchauffe le Nord-Ouest de l'Europe.

d) Le Nord-Ouest de l'Europe est situé à une latitude plus basse que le Nord-Est de l'Amérique du Nord.

e) Un courant atmosphérique réchauffe le Nord-Ouest de l'Europe.

26. Quelle est la principale cause des marées?

a) L'attraction gravitationnelle du Soleil.

b) La rotation de la Terre sur elle-même.

c) L'attraction gravitationnelle de la Lune.

d) Les changements dans la direction des vents.

e) Les changements dans la pression atmosphérique.

Les océans et les mers couvrent 71 % de la surface du globe et contiennent 1,3 milliard de kilomètres cubes d'eau. La profondeur moyenne des mers et des océans est de 3 730 m. Pourtant, toute proportion gardée, si nous représentons la Terre par une boule de billard, les océans et les mers ne forment qu'une mince couche de buée. On trouve cinq grands océans sur la Terre : l'océan Atlantique, l'océan Pacifique, l'océan Indien, l'océan Austral et l'océan Arctique. Il existe également des mers, plus petites, telles que la mer Méditerranée, la mer Baltique ou la mer Rouge. L'eau des mers et des océans est salée, mais la salinité des mers peu profondes, sous des climats chauds, est plus élevée que celle des océans. Les océans sont traversés par de multiples courants froids et chauds, tels que le Gulf Stream, un courant chaud qui adoucit le climat de l'Europe occidentale.

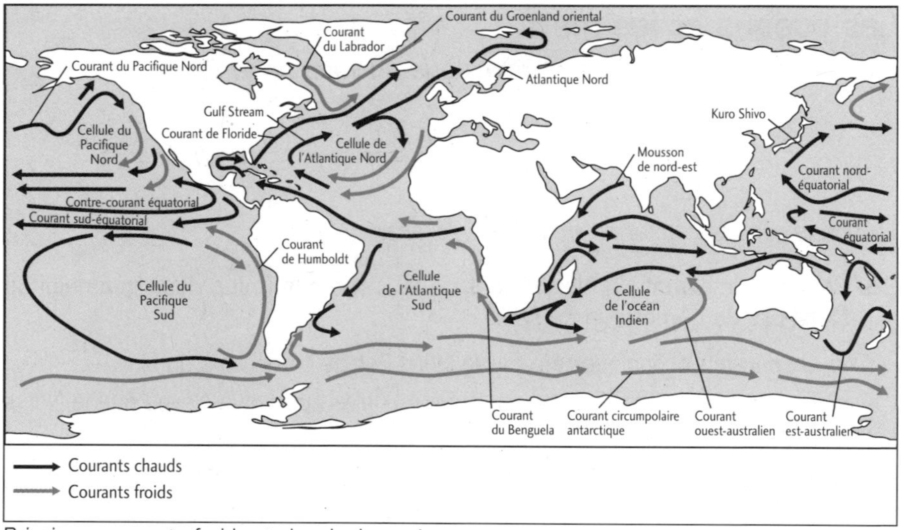

Principaux courants froids et chauds des océans

La plupart des continents sont entourés d'un plateau continental sous-marin plus ou moins étendu. Le relief des fonds océaniques, très accidenté, comporte des volcans, des chaînes de montagnes et des canyons. Il comporte également des abysses, fosses sous-marines pouvant atteindre une profondeur de plus de 10 000 m. Les marées sont causées par la force d'attraction gravitationnelle de la Lune sur l'eau des océans. Il y a deux marées hautes et deux marées basses toutes les 24 heures.

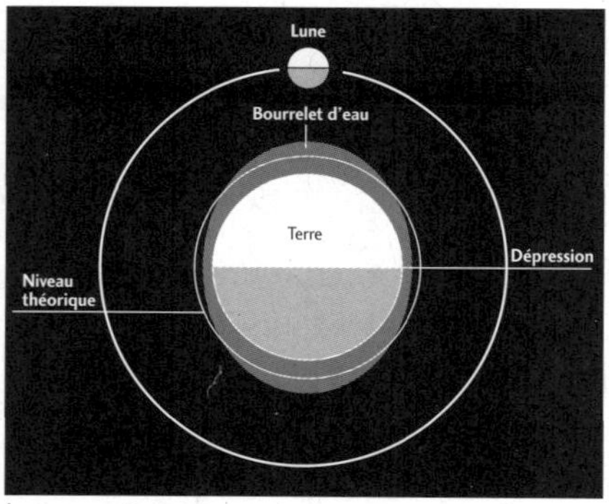

Les marées

CONCEPTIONS FRÉQUENTES	EXPLICATIONS DES CONCEPTIONS	CONCEPTS SCIENTIFIQUES
	Les océans et les mers	
La profondeur des océans représente une portion appréciable du rayon de la Terre.	Les océans sont très profonds.	Toute proportion gardée, les océans peuvent être comparés à une mince couche de buée à la surface d'une boule de billard.
L'eau de toutes les mers et de tous les océans contient la même concentration de sel.	Généralisation, à toutes les mers, de la salinité d'une mer ou d'un océan.	La salinité des mers peu profondes, sous des climats chauds, est plus élevée que celle des océans.
Toutes les villes situées à la même latitude connaissent des climats à peu près identiques.	Les climats ne semblent dépendre que de l'angle d'incidence des rayons du Soleil.	En raison des courants océaniques, le climat de certaines villes situées à la même latitude est très différent.
Le fond des mers et des océans est plat.	Un lien direct est établi entre la surface plane des mers et des océans et leur fond.	Le relief des fonds océaniques est très accidenté et comporte des montagnes et des canyons.
Les marées sont causées par le vent ou la rotation de la Terre autour de son axe.	Le vent et le mouvement sont des causes fréquentes de déplacement d'eau.	Les marées sont causées par l'attraction gravitationnelle de la Lune.

L'atmosphère et le temps

L'atmosphère est formée des gaz qui entourent la Terre.

RÉPONSES AUX QUESTIONS 27 À 30

La bonne réponse apparaît en caractères gras.

27. Quel est le gaz le plus abondant de l'atmosphère?

a) L'oxygène.

b) Le dioxyde de carbone.

c) L'hydrogène.

d) L'azote.

e) Le monoxyde de carbone.

28. Dans le domaine de l'étude de l'atmosphère, pourquoi Blaise Pascal est-il célèbre?

a) Il montra que la pression diminuait avec l'altitude.

b) Il inventa le baromètre au mercure.

c) Il découvrit la composition de l'air.

d) Il montra que le vent était causé par une différence de pression.

e) Il proposa une échelle pour mesurer la force du vent.

29. Sans l'effet de serre, comment serait la température moyenne sur la Terre?

a) Elle serait un peu moins chaude, comme elle l'était avant le début de l'industrialisation.

b) Elle serait tellement chaude que toute vie y serait impossible.

c) Elle serait la même que maintenant, mais avec des extrêmes plus prononcés.

d) Elle serait la même que maintenant, mais avec des extrêmes moins prononcés.

e) Elle serait tellement froide que la vie y serait difficilement possible.

30. Si un météorologue devait se contenter d'un seul instrument pour faire ses prévisions, lequel choisirait-il?

a) Le baromètre.

b) Le thermomètre.

c) L'hygromètre.

d) L'anémomètre.

e) La girouette.

L'atmosphère. L'air, qui constitue l'atmosphère, est un mélange d'azote (78 %), d'oxygène (21 %), d'argon (0,93 %) et de dioxyde de carbone (0,03 %), ainsi que de concentrations infimes de néon, de krypton, de xénon, d'hélium, d'oxyde nitreux et de méthane. Entre le sol et une altitude de 12 km se trouve la troposphère, où se forment la majorité des nuages, qui est généralement plus chaude près du sol et se refroidit avec l'altitude. Entre 12 km et 50 km se trouve la stratosphère, au sommet de laquelle est située la couche d'ozone, de quelques kilomètres d'épaisseur, qui protège la Terre des rayons ultraviolets du Soleil. Entre 50 km et 80 km se trouve la mésosphère, où brûlent la plupart des météorites. Entre 80 km et 700 km se trouve la thermosphère, où se forment les aurores polaires. L'ionosphère est une partie de la thermosphère, entre 100 km et 300 km d'altitude, qui contient des particules ionisées, c'est-à-dire électriquement chargées, qui réfléchit les ondes radio vers la Terre. Au-delà de 700 km se trouve l'exosphère, où la densité de l'air est presque nulle.

La pression et le vent. En 1643, le physicien et mathématicien italien Evangelista Torricelli (1608-1647) démontra, au moyen du premier baromètre, constitué d'un tube de verre rempli de mercure, que l'atmosphère possédait un poids et exerçait une pression. En 1648, le philosophe, mathématicien et physicien français Blaise Pascal (1623-1662) montra que la pression atmosphérique diminuait avec l'altitude.

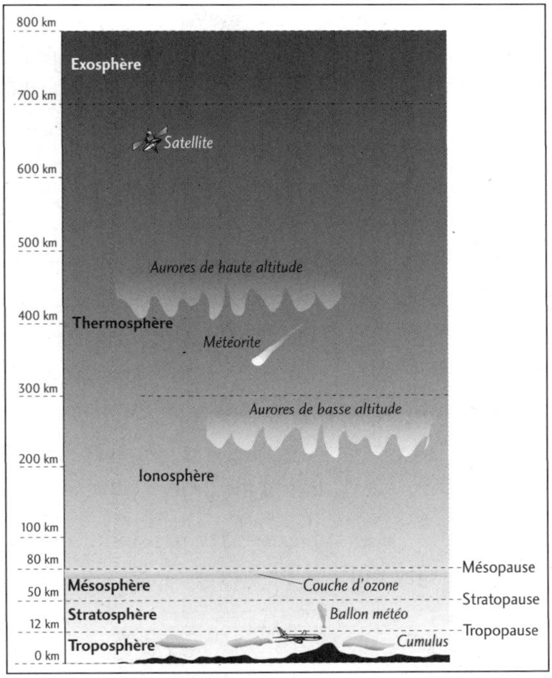

Couches de l'atmosphère

La pression atmosphérique, dont la valeur moyenne est de 1 013 millibars (mb) au niveau de la mer, change constamment, surtout en raison de l'échauffement irrégulier de l'air. Les zones de haute pression, où le temps est généralement beau, sont des anticyclones et les zones de basse pression, où le temps est généralement mauvais, sont des dépressions. En 1686, l'astronome et physicien anglais Edmond Halley (1656-1742) montra que le vent était engendré par une différence de pression atmosphérique; il put ainsi établir la première carte météorologique. Ewn surface, le vent souffle des zones de haute pression vers les zones de basse pression, mais il est dévié vers la droite dans l'hémisphère Nord et vers la gauche dans l'hémisphère Sud par la force de Coriolis, décrite en 1835 par le physicien français Gaspard Coriolis (1792-1843), qui résulte de la rotation de la Terre. Par conséquent, dans l'hémisphère Nord, les vents soufflent dans le sens des aiguilles d'une montre autour des anticyclones et dans le sens contraire autour des dépressions, alors que c'est l'inverse dans l'hémisphère Sud.

Blaise Pascal

La force du vent se mesure à l'aide des 13 degrés de l'échelle de Beaufort, du nom du météorologue britannique Francis Beaufort (1774-1857) qui la proposa en 1806, sur laquelle le 0 correspond à l'absence totale de vent, et le 12 aux vents d'un ouragan. La plupart des régions sont soumises à un vent dominant, qui est celui qui souffle le plus souvent. À Montréal, par exemple, le vent dominant vient de l'ouest. Il existe trois grandes cellules de circulation des vents dominants dans chaque hémisphère. Dans l'hémisphère Nord, par exemple, se trouvent la cellule polaire, où les vents dominants de surface soufflent du nord vers le sud, la cellule des latitudes moyennes, où les vents dominants de surface soufflent de l'ouest vers l'est, et, entre le tropique et l'équateur, la cellule de Hadley, du nom du physicien anglais George Hadley (1685-1768) qui en postula l'existence en 1735, où les vents de surface, nommés *alizés*, soufflent du nord-est vers le sud-ouest. Ces cellules sont séparées par des courants jets, étroite ceinture de vents d'ouest à haute altitude, dont la vitesse peut atteindre 370 km/h.

Les nuages et les précipitations. L'humidité est la quantité de vapeur d'eau contenue dans l'air. Lorsqu'elle est exprimée en pourcentage, c'est l'humidité relative, qui est la proportion de la quantité maximale possible de vapeur d'eau à cette température. En effet, plus l'air est chaud, plus il peut absorber de vapeur d'eau et il devient saturé quand il ne peut plus en absorber. L'évaporation de l'eau des océans, des mers, des lacs et des cours d'eau de même que la transpiration des plantes produisent de la vapeur d'eau qui se condense pour former des nuages, qui donnent ensuite des précipitations sous forme de pluie et de neige : c'est le cycle de l'eau.

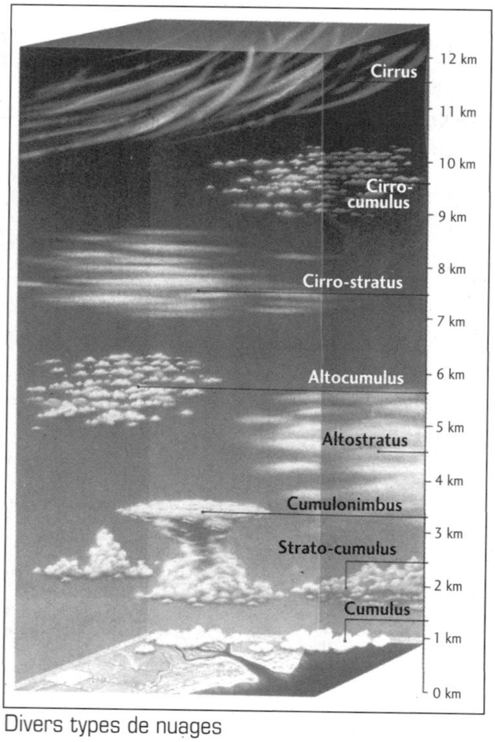

Divers types de nuages

Il existe plusieurs types de nuages, tels que les cirrus, à haute altitude, qui sont formés de cristaux de glace ; les stratus, grands nuages en grappe parfois responsables des longues périodes de pluie ou de neige ; les cumulus, souvent blancs et ronds, et les cumulonimbus, responsables des orages.

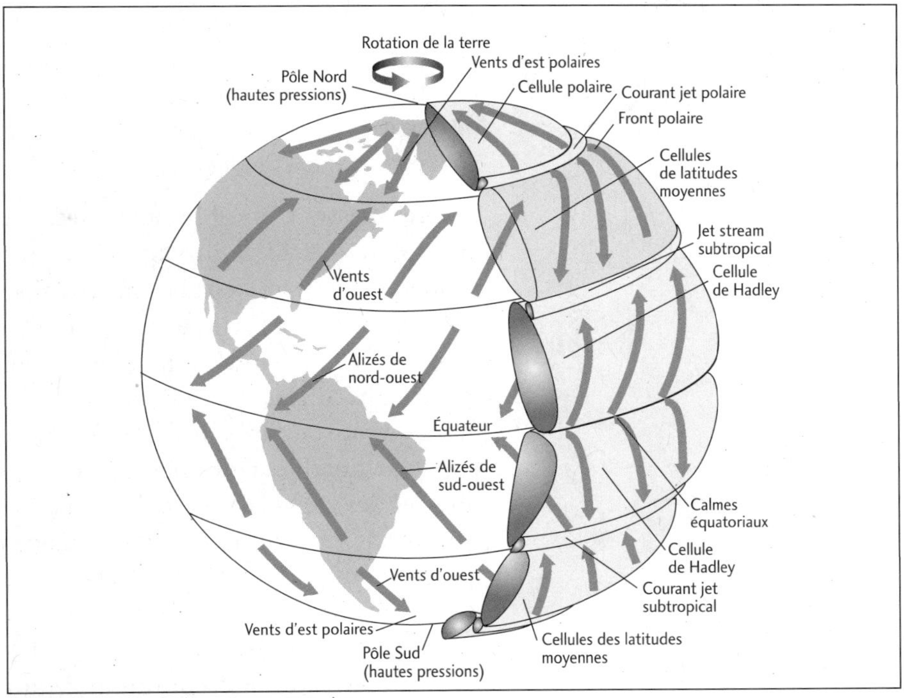

Cellules de circulation et courants jets

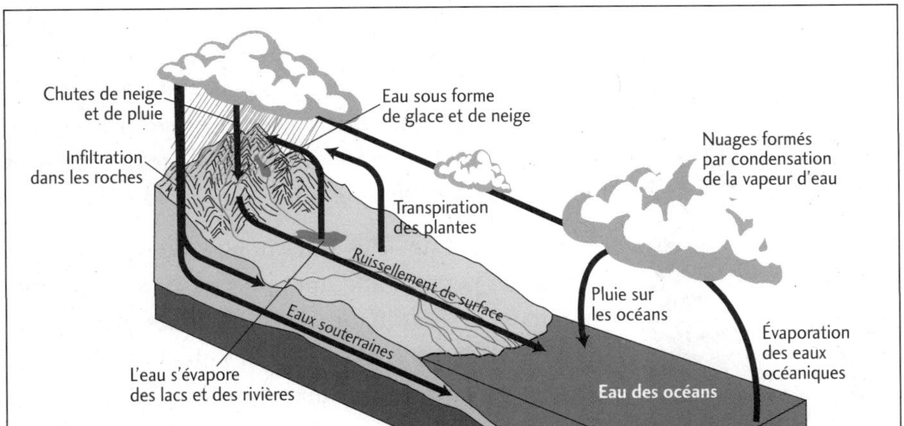

Cycle de l'eau

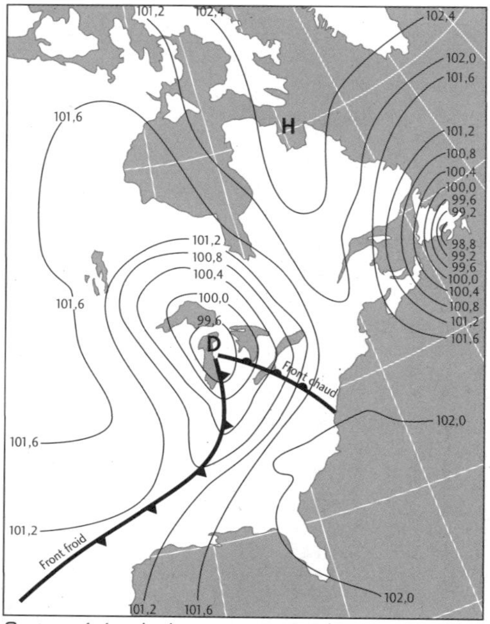

Carte météorologique montrant un front chaud et un front froid

L'eau peut tomber des nuages sous diverses formes : bruine (pluie très fine), pluie, neige, grésil (mélange de pluie et de neige), grêle (billes de glace) et verglas (pluie gelant au contact du sol).

Les masses d'air et les tempêtes. Un changement dans la direction du vent annonce souvent un changement du temps, car il correspond à l'arrivée d'une nouvelle masse d'air, à la température et aux taux d'humidité différents. Les principales masses d'air sont les masses d'air polaire maritime, qui donne des ciels couverts en hiver et des ciels clairs en été, les masses d'air tropical maritime, chaud et humide, qui donnent parfois de longues averses, les masses d'air tropical continental, qui donnent du temps chaud et sec, et les masses d'air arctique continental, qui donne des ciels très clairs mais des températures froides. Quand une masse d'air chaud avance au-dessus d'une masse d'air froid, il se forme alors un front chaud, qui donne une température chaude et humide et des précipitations continues. Quand une masse d'air froid avance sous une masse d'air chaud, il se forme alors un front froid, qui cause un orage frontal aux précipitations abondantes, mais de courte durée, suivis d'une chute de la température.

Benjamin Franklin

Les orages, associés à des nuages de type cumulonimbus qui peuvent atteindre plus de 15 m d'altitude, causent des éclairs, du tonnerre, des pluies torrentielles et parfois de la grêle. Comme le montra le politicien et physicien américain Benjamin Franklin (1706-1790), en 1752, en faisant voler, pendant un orage, un cerf-volant muni de petites pièces métalliques, les éclairs résultent d'une décharge d'électricité statique.

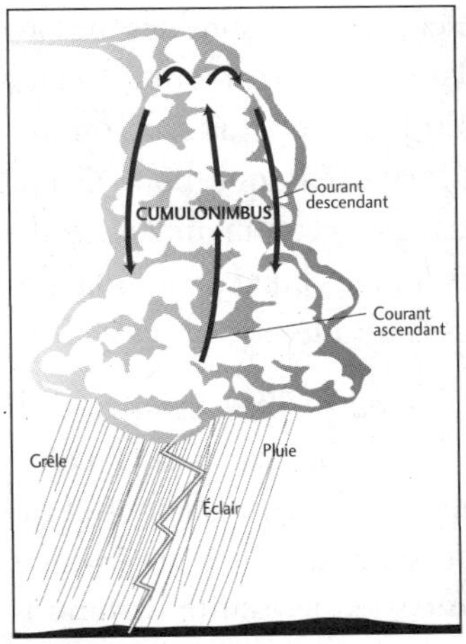

Orage

Photo satellite d'un ouragan

Tornade

Les forts vents qui parcourent les cumulonimbus heurtent entre eux les cristaux de glace qui s'y trouvent et leur font perdre des électrons. Le nuage se charge positivement à son sommet et négativement à sa base, ce qui finit par causer une décharge électrique à l'intérieur du nuage, entre deux nuages, ou entre le nuage et le sol. Le tonnerre est causé par l'expansion brusque de l'air chauffé à 30 000 °C par le passage de l'éclair.

Les ouragans, appelés aussi *cyclones* et *typhons*, se forment au-dessus des mers tropicales chaudes et sont constitués d'une immense spirale de nuages pouvant atteindre 800 km de diamètre et dans laquelle les vents peuvent souffler jusqu'à 360 km/h.

Les tornades, orages de petites tailles caractérisés par une colonne d'air ascendant, peuvent souffler jusqu'à 400 km/h.

Les climats. Les climats, dont la classification fut proposée en 1918 par le climatologue allemand Wladimir Köppen (1846-1940), se caractérisent principalement par leurs températures moyennes mensuelles plus ou moins élevées et leurs précipitations moyennes mensuelles plus ou moins abondantes. Les trois grandes zones climatiques du globe sont les régions polaires, les régions tempérées et les régions tropicales. Dans les régions polaires, le Soleil est toujours bas sur l'horizon et ne se lève pas durant plusieurs semaines ou plusieurs mois, selon la latitude. Les régions tempérées connaissent des étés chauds et des hivers froids. Les régions tropicales sont très chaudes : certaines sont des déserts, car elles sont situées sous des anticyclones qui maintiennent l'air sec; d'autres sont des jungles luxuriantes, car les pluies y sont régulières et abondantes; d'autres sont affectées par des vents de mousson qui leur donnent une saison sèche et une saison des pluies. Partout sur le globe, les régions côtières, au climat océanique, connaissent souvent un climat plus humide et plus variable que les régions continentales, tandis que les régions montagneuses connaissent habituellement le climat de montagne, plus froid et plus humide que celui des plaines à basse altitude.

Dès 1863, le physicien irlandais John Tyndall (1820-1893) montra que l'atmosphère emprisonnait une partie de la chaleur réfléchie par la surface de la Terre, un peu comme le font les parois d'une serre, et que sans cet effet de serre les températures moyennes seraient tellement basses que la Terre serait à peu près inhabitable. En 1896, le physicien et chimiste suédois Svante Arrhenius (1859-1927) affirma qu'une augmentation de la concentration de dioxyde de carbone ferait augmenter l'effet de serre et les températures moyennes, une prédiction qui se vérifie de façon de plus en plus dramatique depuis que l'activité humaine fait augmenter la concentration de dioxyde de carbone et de divers autres gaz à un rythme accéléré.

La prévision météorologique. La prévision météorologique est l'étude des phénomènes atmosphériques en vue de la prévision du temps. Pour prévoir le temps, il faut connaître à chaque instant la pression atmosphérique (à l'aide du baromètre), la température (à l'aide du thermomètre), le taux d'humidité (à l'aide de l'hygromètre), la direction et la vitesse des vents (à l'aide de la girouette et de l'anémomètre) dans les diverses zones de l'atmosphère, ainsi que la quantité de précipitations au sol (à l'aide du pluviomètre). Étant donné que la prévision météorologique dépend dans une large mesure du déplacement des zones de haute pression et de basse pression, le baromètre est l'instrument le plus utile au météorologue. L'étude de l'évolution des divers types de nuages et des fronts, chauds ou froids, est également importante. Il existe environ 10 000 stations météorologiques à la surface de la Terre, dont plusieurs sont entièrement automatisées, auxquelles s'ajoutent les centaines de ballons-sondes lancés chaque jour ainsi qu'un grand nombre de satellites météorologiques d'observation et de retransmission qui communiquent toutes leurs données

Ballon-sonde

aux divers centres de l'Organisation météorologique mondiale, où des superordinateurs très puissants, programmés à partir de modèles mathématiques de prévision, calculent l'évolution du temps.

CONCEPTIONS FRÉQUENTES	EXPLICATIONS DES CONCEPTIONS	CONCEPTS SCIENTIFIQUES
	L'atmosphère	
L'atmosphère est composée principalement d'oxygène.	L'oxygène est le gaz de l'atmosphère le mieux connu.	L'atmosphère contient 78 % d'azote, 21 % d'oxygène et quelques autres gaz.
L'air contient une proportion importante de dioxyde carbone.	De grandes quantités de dioxyde de carbone sont rejetées dans l'atmosphère par les animaux, les êtres humains, les moteurs et les industries.	La proportion de dioxyde de carbone dans l'air est d'environ 0,03 %.
L'atmosphère s'étend indéfiniment, jusqu'aux limites de l'Univers.	Il ne semble pas y avoir de différence entre l'atmosphère et le vide.	À une altitude supérieure à 450 km, la densité de l'air est presque nulle.
L'atmosphère se termine brusquement, à une altitude située juste au-dessus des nuages.	Les nuages semblent flotter à la surface de l'atmosphère, comme des bateaux sur l'eau.	À une altitude supérieure à 450 km, la densité de l'air est presque nulle.
La couche d'ozone est très épaisse.	Un lien direct est établi entre l'importance de la couche d'ozone et son épaisseur.	Bien qu'elle soit épaisse de plusieurs kilomètres, la couche d'ozone n'équivaut qu'à une couche de quelques centimètres au niveau de la mer.
	La pression et le vent	
Au niveau de la mer, la pression atmosphérique est toujours la même.	Un lien direct est établi entre la pression atmosphérique et l'altitude.	La pression atmosphérique change constamment.
Les anticyclones sont des cyclones qui tournent en sens inverse.	Le mot *anticyclone* est semblable au mot *cyclone*.	Les anticyclones sont des zones de haute pression où il fait généralement beau.
Les vents sont causés par les nuages.	Le ciel est couvert dans les grosses tempêtes.	Il peut y avoir du vent en présence ou en l'absence de nuages. Les vents sont causés par les différences de température et de pression dans l'atmosphère.
Le vent est causé par la rotation de la Terre.	La Terre semble tourner par rapport à l'air qui l'entoure.	Bien que la rotation de la Terre contribue à l'orientation des vents dominants, les vents sont causés par les différences de température et de pression dans l'atmosphère.

CONCEPTIONS FRÉQUENTES	EXPLICATIONS DES CONCEPTIONS	CONCEPTS SCIENTIFIQUES
À haute altitude, il y a des courants jets partout autour de la Terre.	Un lien direct est établi entre les hautes altitudes et les vents de vitesses élevées.	Les courants jets sont d'étroites ceintures de vents situées entre les cellules de circulation.
	Les nuages et les précipitations	
Un taux d'humidité de 100 % signifie que l'air ne contient que de l'eau.	Un lien direct est établi entre le taux d'humidité et la proportion d'eau.	Un taux d'humidité de 100 % signifie que l'air ne peut pas contenir plus de vapeur d'eau.
Les nuages sont de l'eau à l'état gazeux.	Les nuages sont parfois présentés comme un exemple de vapeur d'eau.	La vapeur d'eau est invisible et les nuages sont formés de fines gouttelettes d'eau.
Les nuages ne pèsent presque rien.	L'apparence vaporeuse des nuages peut donner l'impression qu'ils ne pèsent presque rien.	Certains nuages sont formés de milliers de tonnes d'eau.
Les nuages gris contiennent de l'eau, et les nuages blancs sont vides.	Un lien direct est établi entre la couleur des nuages et les précipitations.	Tous les nuages sont formés gouttelettes d'eau ou de cristaux de glace. Leur couleur dépend de la façon dont ils sont éclairés.
Les nuages à basse altitude (exemple : cumulus) sont un signe de mauvais temps et les nuages à haute altitude (exemple : cirrus) sont un signe de beau temps.	Il y a assez souvent des nuages à basse altitude lorsqu'il pleut.	Certains nuages à haute altitude sont un signe de mauvais temps.
Des précipitations d'un centimètre de neige contiennent la même quantité d'eau que des précipitations d'un centimètre de pluie.	Toutes les précipitations peuvent sembler équivalentes.	Des précipitations de dix centimètres de neige contiennent la même quantité d'eau que des précipitations d'un centimètre de pluie.
	Les masses d'air et les tempêtes	
Un front chaud amène du beau temps et un front froid amène du mauvais temps.	Le mot *chaud* a une connotation positive et le mot *froid* une connotation négative.	Les fronts chauds et froids amènent du mauvais temps.
Les éclairs et le tonnerre sont causés par le choc des nuages.	Il existe une croyance populaire selon laquelle les éclairs et le tonnerre sont causés par le choc des nuages.	Les éclairs et le tonnerre sont des décharges d'électricité statique à l'intérieur des nuages, entre les nuages ou entre les nuages et le sol.
Les ouragans et les tornades sont des phénomènes semblables.	Les phénomènes météorologiques de vent tournoyant sont placés dans une même catégorie.	Les ouragans sont d'énormes tempêtes, alors que les tornades sont des orages de petite taille.

CONCEPTIONS FRÉQUENTES	EXPLICATIONS DES CONCEPTIONS	CONCEPTS SCIENTIFIQUES
	Les climats	
Les régions tempérées ne connaissent pas de températures chaudes ou froides.	Le mot *tempéré* évoque des climats ni chauds ni froids.	Les régions tempérées connaissent des étés chauds et des hivers froids.
Les régions tropicales sont toutes chaudes et humides.	Les régions tropicales les mieux connues sont chaudes et humides.	Certaines régions tropicales sont des déserts.
	La prévision météorologique	
Les météorologues choisissent et déterminent le temps.	La façon dont certains journalistes parlent des prévisions donne parfois l'impression que les météorologues déterminent le temps.	Les météorologues prédisent le temps.
Le thermomètre est l'instrument de mesure le plus utile pour prévoir le temps.	Le thermomètre est l'instrument météorologique le mieux connu et le plus courant.	Le baromètre est l'instrument de mesure le plus utile pour prévoir le temps.

CHAPITRE 6

La biologie

La biologie a pour objet d'étude la vie et le fonctionnement des êtres vivants. Bien que certains êtres vivants, tels que les bactéries ou les champignons, ne soient ni des végétaux ni des animaux, la biologie végétale et la biologie animale sont deux grands domaines importants de la biologie.

TEST 6

(40 QUESTIONS)

Pour toutes les questions qui suivent, choisissez la réponse qui vous semble la meilleure.

1. Pourquoi Jakob Schleiden et Theodor Schwann sont-ils célèbres?

a) Ils énoncèrent la théorie de l'évolution.
b) Ils découvrirent le rôle des vitamines.
c) Ils décodèrent le code génétique.
d) Ils énoncèrent la théorie cellulaire.
e) Ils découvrirent les virus.

2. Quelle est la principale différence entre la cellule végétale et la cellule animale?

a) La cellule végétale comporte une paroi rigide, et la cellule animale une membrane souple.
b) La cellule végétale comporte des chloroplastes, et la cellule animale des mitochondries.
c) La cellule végétale comporte des vacuoles, et la cellule animale aucune.
d) La cellule végétale est autotrophe, et la cellule animale hétérotrophe.
e) La cellule végétale ne comporte pas de chromosomes, et la cellule animale en comporte.

3. Lequel des composés qui suivent *n'est pas* un glucide?

a) La cellulose.
b) L'alcool.
c) Le glucose.
d) Le fructose.
e) L'amidon.

4. En quoi consiste la respiration aérobie?

a) C'est la production d'énergie, de gaz carbonique et d'eau à partir de glucose et d'oxygène.
b) C'est la production d'énergie, de glucose et d'oxygène à partir de gaz carbonique et d'eau.
c) C'est la production de gaz carbonique et d'eau à partir d'énergie, de glucose et d'oxygène.
d) C'est la production de glucose et d'oxygène à partir d'énergie, de gaz carbonique et d'eau.
e) C'est la production d'énergie, de gaz carbonique et de glucose à partir d'eau et d'oxygène.

5. Pourquoi Francis Crick et James Watson sont-ils célèbres?

a) Ils énoncèrent la théorie de l'évolution.
b) Ils énoncèrent la théorie cellulaire.
c) Ils découvrirent le rôle des vitamines.
d) Ils découvrirent la structure de l'ADN.
e) Ils découvrirent les virus.

6. Un homme et une femme qui ont les yeux bruns peuvent-ils avoir un enfant aux yeux bleus?

a) Non, car leur génotype ne comporte pas l'allèle des yeux bleus.
b) Oui, car leur phénotype peut aussi comporter la caractéristique des yeux bleus.
c) Non, car l'allèle des yeux bruns est dominant.
d) Non, car leur phénotype ne comporte que la caractéristique des yeux bruns.
e) Oui, car ils peuvent tous les deux être porteurs de l'allèle récessif des yeux bleus.

7. La génération spontanée, ou apparition spontanée de la vie, est-elle possible?

a) Oui, car des micro-organismes se forment dans la matière organique en décomposition.

b) Non, sauf au moment de l'apparition de la vie sur la Terre.

c) Oui, car des vers et des petites mouches apparaissent dans les fruits très mûrs.

d) Oui, les virus et les bactéries se forment de façon spontanée.

e) Non, de simples réactions chimiques ne peuvent former des êtres vivants.

8. Un homme et une femme qui font beaucoup d'exercices de musculation auront-ils un enfant plus musclé que s'ils n'en faisaient pas?

a) Non, il est rare que les allèles des deux parents soient modifiés simultanément.

b) Oui, mais seulement si leurs muscles sont bien développés peu avant la conception.

c) Non, les caractères acquis par les parents ne sont pas transmis aux générations suivantes.

d) Non, la modification du génotype ne modifie pas le phénotype.

e) Oui, les caractères acquis par les parents sont transmis aux générations suivantes.

9. Pourquoi Charles Darwin et Alfred Wallace sont-ils célèbres?

a) Ils énoncèrent la théorie cellulaire.

b) Ils découvrirent les mécanismes de l'hérédité.

c) Ils énoncèrent la théorie de l'évolution.

d) Ils découvrirent la structure de l'ADN.

e) Ils découvrirent les ancêtres des êtres humains.

10. Quels sont les cinq grands règnes du système de classification?

a) Procaryotes, protistes, champignons, végétaux, animaux.

b) Virus, bactéries, protozoaires, végétaux, animaux.

c) Bactéries, algues microscopiques, amibes, végétaux, animaux.

d) Virus, procaryotes, protozoaires, végétaux, animaux.

e) Bactéries, protozoaires, végétaux, invertébrés, vertébrés.

11. De quels animaux l'analyse de l'ADN permet-elle de montrer que les hippopotames sont proches parents?

a) Des bœufs.
b) Des baleines.
c) Des éléphants.
d) Des rhinocéros.
e) Des buffles.

12. Les virus sont-ils des êtres vivants?

a) Non, car certains virus peuvent exister sous forme de cristaux.
b) Oui, car ils sont semblables aux bactéries.
c) Oui, car ils comportent de l'acide nucléique et des protéines.
d) Non, car ils ne peuvent se reproduire sans parasiter des cellules.
e) Oui, car ils causent des maladies comme le font plusieurs autres micro-organismes.

13. Quelle est la cause de la maladie appelée *paludisme* ou *malaria*?

a) Un virus.
b) Un protozoaire.
c) Une bactérie.
d) Une algue microscopique.
e) Un champignon microscopique.

14. Lequel des phénomènes suivants *n'est pas* lié à la présence de bactéries?

a) Du lait qui se transforme en yaourt.
b) Du jus de raisin qui se transforme en vin.
c) Une grippe qui devient une pneumonie.
d) Des aliments qui sont digérés dans l'intestin grêle.
e) Une épidémie de choléra dans un pays sous-développé.

15. Au cours de la Deuxième Guerre mondiale (1939-1945), pourquoi beaucoup moins de soldats moururent d'infections qu'au cours de la Première Guerre mondiale (1914-1918)?

a) L'usage des liquides désinfectants s'était répandu.
b) Les techniques opératoires s'étaient améliorées.
c) La pénicilline avait été découverte.
d) Les médicaments antiviraux avaient été découverts.
e) Les règles d'hygiène avaient été améliorées.

16. Dans les contrées nordiques, il y a des lichens sur la plupart des roches. Que sont les lichens?

a) Des mousses.

b) De petits champignons.

c) De petites algues terrestres.

d) De petites fougères.

e) Des associations d'algues et de champignons.

17. Comment les fougères se reproduisent-elles?

a) Par des graines.

b) Par des rhizomes.

c) Par des spores.

d) Par des bulbes.

e) Par des racines.

18. Lequel des conifères qui suivent perd toutes ses aiguilles vers la fin de l'automne?

a) Le pin.

b) Le mélèze.

c) Le thuya.

d) Le séquoia.

e) L'if.

19. Quelle est la différence entre les végétaux appelés *monocotylédones* et ceux qui sont appelés *dicotylédones*?

a) Les monocotylédones n'ont qu'une seule fleur, tandis que les dicotylédones en ont deux ou plus.

b) Les monocotylédones n'ont qu'une seule tige, tandis que les dicotylédones en ont deux ou plus.

c) Les monocotylédones ont des feuilles simples, tandis que les dicotylédones ont des feuilles qui comportent deux ou plusieurs lobes.

d) Les monocotylédones ont des fruits simples, tandis que les dicotylédones ont des fruits composés.

e) Les monocotylédones ont des graines simples, tandis que les dicotylédones ont des graines qui se séparent en deux moitiés.

20. Lequel des végétaux qui suivent *ne fait pas* partie de la même famille que les autres ?

a) Le rosier.

b) Le pommier.

c) Le manguier.

d) Le prunier.

e) Le fraisier.

21. Dans l'intérieur d'un tronc d'arbre, les cellules sont-elles mortes ou vivantes ?

a) Elles sont mortes et commencent souvent à se décomposer.

b) Elles sont vivantes, ce qui permet à la sève de monter jusqu'aux feuilles.

c) Elles sont mortes et seule leur paroi rigide subsiste.

d) Elles sont mortes, car elles sont privées de lumière solaire.

e) Elles sont vivantes et l'arbre continue à croître.

22. En quoi consiste la photosynthèse ?

a) La production d'énergie, de gaz carbonique et d'eau à partir de glucose et d'oxygène.

b) La production d'énergie, de glucose et d'oxygène à partir de gaz carbonique et d'eau.

c) La production de gaz carbonique et d'eau à partir d'énergie, de glucose et d'oxygène.

d) La production de glucose et d'oxygène à partir d'énergie, de gaz carbonique et d'eau.

e) La production d'énergie, de gaz carbonique et de glucose à partir d'eau et d'oxygène.

23. De quoi sont formées la partie femelle et la partie mâle de la fleur ?

a) La partie femelle est formée des pétales, et la partie mâle des sépales.

b) La partie femelle est formée de la corolle, et la partie mâle du pistil.

c) La partie femelle est formée du pistil, et la partie mâle des étamines.

d) La partie femelle est formée des étamines, et la partie mâle du pollen.

e) La partie femelle est formée du réceptacle, et la partie mâle du style.

24. Un concombre est-il un fruit ou un légume?

a) Un fruit, car on peut s'en servir pour faire des cornichons sucrés.
b) Un légume, car on le mange généralement salé.
c) Un fruit, car il contient des graines.
d) Un légume, car il est de la même famille que le céleri et la tomate.
e) Un légume, car il fait partie de la famille des légumineuses.

25. Que sont les éponges naturelles?

a) Des animaux.
b) Des algues.
c) Des champignons.
d) Des mousses.
e) Des groupes d'unicellulaires.

26. De quoi un récif de corail est-il formé?

a) De squelettes de micro-organismes.
b) De lave océanique refroidie.
c) De roches sédimentaires.
d) De coquilles de mollusques agglomérées.
e) De sels marins cristallisés.

27. Lequel des animaux qui suivent *n'est pas* un mollusque?

a) L'escargot.
b) La sangsue.
c) L'huître.
d) La pieuvre.
e) La limace.

28. Lequel des animaux qui suivent *n'est pas* un insecte?

a) La chenille.
b) Le termite.
c) La libellule.
d) La puce.
e) Le mille-pattes.

29. Lequel des animaux qui suivent possède un squelette constitué uniquement de cartilage?

a) Le requin.
b) L'étoile de mer.
c) L'esturgeon.
d) Le crabe.
e) La sardine.

30. Lequel des animaux qui suivent *n'est pas* un amphibien?

a) La salamandre.
b) La grenouille.
c) Le crapaud.
d) Le lézard.
e) La rainette.

31. Lequel des animaux qui suivent est le plus proche parent actuel des êtres humains?

a) Le tarsier.
b) Le chimpanzé.
c) Le babouin.
d) L'orang-outan.
e) Le gorille.

32. Pourquoi l'estomac, qui sécrète de l'acide gastrique très corrosif, ne se digère-t-il pas lui-même?

a) Parce qu'il est recouvert d'une membrane interne très résistante.
b) Parce que l'acide gastrique imbibe surtout les aliments.
c) Parce qu'il sécrète aussi un liquide basique.
d) Parce qu'il sécrète aussi un mucus protecteur.
e) Parce que l'acide gastrique s'écoule rapidement hors de l'estomac.

33. Pourquoi Louis Pasteur est-il célèbre?

a) Il proposa un système de classification des bactéries.
b) Il proposa l'amélioration des mesures d'hygiène dans les hôpitaux.
c) Il montra le rôle important des micro-organismes dans plusieurs maladies.
d) Il découvrit les premiers antibiotiques.
e) Il découvrit le rôle pathogène de plusieurs virus.

34. Quelle partie de l'œil contient les photorécepteurs sensibles à la lumière?

a) Le cristallin.
b) Le nerf optique.
c) La rétine.
d) La cornée.
e) L'iris.

35. Certaines infections de l'oreille peuvent occasionner une perte temporaire du sens de l'équilibre. Elles affectent:

a) le tympan.
b) le conduit auditif.
c) l'enclume.
d) l'oreille moyenne.
e) les canaux semi-circulaires.

36. Certains animaux se reproduisent par des œufs, mais les conservent dans leurs voies génitales jusqu'à l'éclosion des petits. Ces animaux sont:

a) hybrides.
b) ovovivipares.
c) vivipares.
d) ovipares.
e) asexués.

37. Lesquels des insectes qui suivent subissent une métamorphose complète au cours de leur développement?

a) le papillon et la sauterelle.
b) la mouche et le criquet.
c) le papillon et la coccinelle.
d) la sauterelle et la mouche.
e) la sauterelle et le criquet.

38. Qu'est-ce que l'écologie?

a) la science du développement durable.
b) l'ensemble des milieux naturels.
c) l'ensemble des techniques pour réduire la pollution.
d) la science de l'environnement.
e) la protection de la biodiversité.

39. Dans une chaîne alimentaire, quel est le rôle du lièvre?

a) Un consommateur primaire.
b) Un producteur.
c) Un décomposeur.
d) Un consommateur secondaire.
e) Une niche écologique.

40. Qu'est-ce que le commensalisme?

a) Une relation, entre deux espèces, bénéfique pour les deux espèces.
b) Une relation, entre deux espèces, bénéfique pour une espèce et nuisible pour l'autre.
c) Une relation, entre plusieurs espèces, bénéfique pour toutes les espèces.
d) Une relation, entre deux espèces, bénéfique pour une espèce et neutre pour l'autre.
e) Une relation, entre plusieurs espèces, bénéfique pour certaines espèces.

La cellule

La cellule est l'élément constitutif fondamental d'un être vivant, végétal ou animal.

RÉPONSES AUX QUESTIONS 1 ET 2

La bonne réponse apparaît en caractères gras.

1. Pourquoi Jakob Schleiden et Theodor Schwann sont-ils célèbres?

a) Ils énoncèrent la théorie de l'évolution.
b) Ils découvrirent le rôle des vitamines.
c) Ils décodèrent le code génétique.
d) Ils énoncèrent la théorie cellulaire.
e) Ils découvrirent les virus.

2. Quelle est la principale différence entre la cellule végétale et la cellule animale?

a) La cellule végétale comporte une paroi rigide, et la cellule animale une membrane souple.

b) La cellule végétale comporte des chloroplastes, et la cellule animale des mitochondries.

c) La cellule végétale comporte des vacuoles, et la cellule animale aucune.

d) La cellule végétale est autotrophe, et la cellule animale hétérotrophe.

e) La cellule végétale ne comporte pas de chromosomes, et la cellule animale en comporte.

La théorie cellulaire. Pendant longtemps, des organes comme le cœur, le cerveau, les poumons, le foie ou les reins, dans le cas des animaux, et des organes comme les racines, la tige, les feuilles ou les fleurs, dans le cas des plantes, furent considérés comme les éléments constitutifs fondamentaux des êtres vivants. À partir du XVIIe siècle, les premières observations au microscope, notamment par le médecin italien Marcello Malpighi (1628-1694), le savant anglais Robert Hooke (1635-1703) et le naturaliste hollandais Antonie Van Leeuwenhœk (1632-1723), permirent de découvrir des structures inconnues auparavant. En 1801, l'anatomiste français Xavier Bichat (1771-1802) montra que les organes étaient composés de tissus, dont il isola plusieurs types. En 1839, les biologistes allemands Jakob Schleiden (1804-1881) et Theodor Schwann (1810-1882) énoncèrent la théorie cellulaire, qui faisait de la cellule l'élément constitutif de base de tous les êtres vivants. En 1844, le biologiste suisse Albert von Kölliker (1817-1905) réalisa les premières observations de divisions cellulaires.

Jakob Schleiden

Theodor Schwann

La cellule végétale. La cellule végétale capte l'énergie du Soleil et produit sa propre nourriture, à partir de gaz carbonique et d'eau, grâce à l'action de la chlorophylle. Elle est entourée d'une paroi cellulaire rigide et d'une membrane plasmique. Elle renferme un noyau, du cytoplasme et des organites dont les principaux sont les chloroplastes, qui contiennent la chlorophylle. La plupart de cellules végétales contiennent des vacuoles remplies de suc. Étant donné qu'elle produit sa propre nourriture, la cellule végétale est dite *autotrophe.*

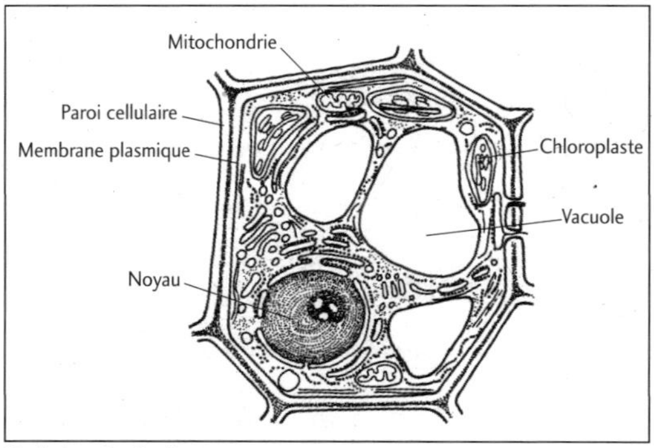

Cellule végétale

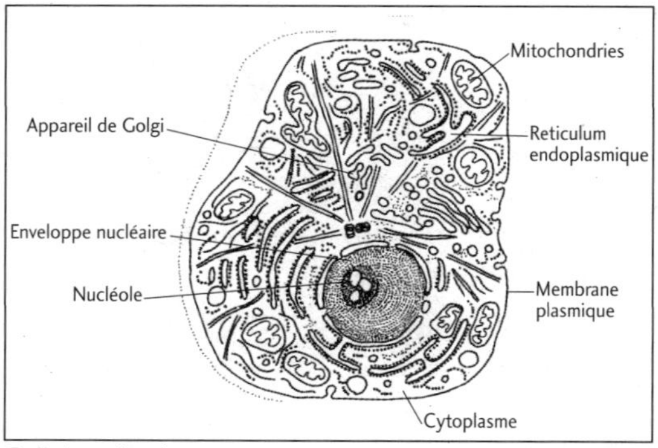

Cellule animale

La cellule animale. La cellule animale tire son énergie des aliments. Elle est constituée d'une membrane plasmique souple, de cytoplasme, d'un noyau qui renferme les chromosomes et de divers organites. Les principaux organites présents dans le cytoplasme sont les mitochondries, qui assurent la respiration, le réticulum endoplasmique, qui fabrique des protéines, des lipides et des hormones, ainsi que l'appareil de Golgi, qui collecte et protège des enzymes et des hormones. Étant donné qu'elle ne peut produire sa propre nourriture et doit tirer son énergie des aliments, la cellule animale est dite *hétérotrophe.*

Le mouvement des molécules. Dans une cellule, le mouvement des molécules se fait principalement par diffusion, quand les molécules se dispersent uniformément, ou par osmose, quand les molécules d'eau d'une solution traversent une membrane en direction de la solution la plus concentrée.

Les tissus et les organes. Les tissus et les organes sont formés de groupes de cellules. Les principaux types de tissus sont le tissu musculaire, le tissu nerveux, le tissu conjonctif (exemples: os, cartilage, sang) et le tissu épithélial (exemple: peau).

CONCEPTIONS FRÉQUENTES	EXPLICATIONS DES CONCEPTIONS	CONCEPTS SCIENTIFIQUES
	La théorie cellulaire	
La vie résulte uniquement de l'action macroscopique des organes et des systèmes.	Un animal ou un être humain est parfois comparé à une machine dont les organes sont les pièces.	La cellule est l'unité fondamentale des êtres vivants.
Les cellules sont des gélules inertes, un peu comme les briques d'un édifice.	Dans le langage courant, une cellule, comme celles d'une ruche ou d'une prison, est un petit espace.	Les cellules sont le lieu de toutes les réactions biochimiques qui permettent la vie.

CONCEPTIONS FRÉQUENTES	EXPLICATIONS DES CONCEPTIONS	CONCEPTS SCIENTIFIQUES
	La cellule végétale	
La cellule végétale est identique à la cellule animale.	Les cellules vivantes sont toutes placées dans une même catégorie.	La cellule végétale possède une paroi cellulaire rigide et fait la photosynthèse, ce qui n'est pas le cas de la cellule animale.
	La cellule animale	
La cellule animale peut produire sa propre nourriture.	La croissance des organismes animaux peut donner l'impression qu'ils produisent de la matière.	La cellule animale doit puiser sa nourriture dans son environnement.
	Le mouvement des molécules	
L'osmose est un simple passage de liquide à travers une membrane, sans direction particulière.	L'osmose est associée à un phénomène tel qu'un vêtement qui devient mouillé sous la pluie.	L'osmose est un passage de liquide de la solution la moins concentrée vers la solution la plus concentrée.
	Les tissus et les organes	
Les nerfs, les os et le sang ne sont pas des tissus.	Le mot *tissu* peut donner l'impression qu'un tissu vivant doit ressembler à un tissu textile.	Les nerfs sont du tissu nerveux, tandis que les os et le sang sont du tissu conjonctif.

La biochimie

L'étude de la biochimie porte sur les constituants de la matière vivante, ainsi que leurs réactions chimiques.

RÉPONSES AUX QUESTIONS 3 À 5

La bonne réponse apparaît en caractères gras.

3. Lequel des composés qui suivent *n'est pas* un glucide?

a) La cellulose.

b) L'alcool.

c) Le glucose.

d) Le fructose.

e) L'amidon.

4. En quoi consiste la respiration aérobie?

a) C'est la production d'énergie, de gaz carbonique et d'eau à partir de glucose et d'oxygène.

b) C'est la production d'énergie, de glucose et d'oxygène à partir de gaz carbonique et d'eau.

c) C'est la production de gaz carbonique et d'eau à partir d'énergie, de glucose et d'oxygène.

d) C'est la production de glucose et d'oxygène à partir d'énergie, de gaz carbonique et d'eau.

e) C'est la production d'énergie, de gaz carbonique et de glucose à partir d'eau et d'oxygène.

5. Pourquoi Francis Crick et James Watson sont-ils célèbres?

a) Ils énoncèrent la théorie de l'évolution.

b) Ils énoncèrent la théorie cellulaire.

c) Ils découvrirent le rôle des vitamines.

d) Ils découvrirent la structure de l'ADN.

e) Ils découvrirent les virus.

Les composés organiques. Pendant longtemps, on pensa que la chimie de la vie était quelque chose à part, qui obéissait à ses propres règles. Au début du XIXe siècle, par exemple, le chimiste suédois Jöns Berzelius (1779-1848) avait affirmé que seuls les êtres vivants pouvaient produire des composés organiques. Ce point de vue était connu sous le nom de *vitalisme*. En 1828, cependant, le chimiste allemand Friedrich Wöhler (1800-1882), étudiant de Berzelius, réussit à fabriquer de l'urée en chauffant du cyanate d'ammonium. De nos jours, un très grand nombre de composés organiques, tels que la vitamine C, l'insuline et l'hormone de croissance, peuvent être synthétisés en laboratoire.

L'eau. L'eau est absolument indispensable à la vie. La proportion d'eau contenue dans le corps humain est d'environ 70 %. L'alimentation doit assurer un apport important et constant en eau, pour renouveler toute celle qui est évacuée par l'urine et la sueur.

présent dans le lait. L'amidon, qui sert de réserve d'énergie pour les plantes, est formé de chaînes de divers glucides. La cellulose, qui forme les parois cellulaires des végétaux, est formée de chaînes de glucose.

Les lipides. Les lipides isolent et stockent de l'énergie, dans le cas de graisses et des huiles, et forment des revêtements imperméables, dans le cas des cires. L'alimentation occidentale comporte souvent une proportion trop élevée de lipides.

Les protides. Constitués de chaînes d'acides aminés, les protides permettent de construire les tissus et, dans le cas des enzymes, de contrôler des réactions chimiques. L'immunoglobuline est une protéine particulièrement importante, qui protège l'organisme contre les bactéries et les virus. Les végétariens qui ne consomment pas les bonnes combinaisons d'acides aminés souffrent de carences en protéines.

Les vitamines et les minéraux. Les vitamines et les minéraux sont indispensables, en petites quantités, pour certaines réactions chimiques à l'intérieur de l'organisme. Dès le XVIIIe siècle, on savait que la consommation d'huile de foie de morue pouvait prévenir le rachitisme ou que celle d'agrumes pouvait prévenir le scorbut, mais on ne savait pas pourquoi. En 1897, le physiologiste hollandais Christiaan Eijkmann (1858-1930) remarqua que la consommation de riz entier, plutôt que de riz poli, pouvait prévenir une maladie, appelée le *béribéri*, chez des populations d'Indonésie et en déduisit que le riz entier contenait une substance organique indispensable. En 1912, le biochimiste polonais Casimir Funk (1884-1967) réussit à isoler la thiamine, ou vitamine B1, contenue dans le riz entier. Depuis cette date, plusieurs autres vitamines ont été découvertes et isolées. Chez les personnes qui n'ont pas une alimentation équilibrée, le manque de vitamines A et D ainsi que le manque de calcium et de fer sont les carences les plus fréquemment observées.

La respiration. Malgré son importance pour tous les êtres vivants, la respiration demeura longtemps incomprise. Ce n'est qu'au XVIIe siècle, vers 1670, que le physicien et chimiste irlandais Robert Boyle (1627-1691) observa que les animaux mouraient dans des récipients dont il avait retiré l'air et en déduisit qu'il y avait dans l'air – un des quatre « éléments » des alchimistes – une matière essentielle à la vie. En 1771, le chimiste britannique Joseph Priestley (1733-1804) démontra que l'air usé, qui ne permettait plus à un animal de survivre, permettait cependant à une plante de le faire. Le chimiste français Antoine de Lavoisier (1743-1794) découvrit plus tard, en 1777, que, dans l'air usé, l'oxygène, nécessaire aux animaux, avait cédé la place à du gaz carbonique, nécessaire aux plantes.

Pendant la respiration, les êtres vivants se procurent leur énergie au moyen d'une réaction chimique qui fait intervenir les glucides. Dans le cas d'une respiration aérobie, le glucose se combine avec l'oxygène pour former du gaz carbonique et de l'eau. Dans le cas d'une respiration anaérobie, comme dans le cas de la fermentation lactique qui se produit au cours d'un exercice vigoureux, le glucose libère de l'énergie en produisant de l'acide lactique, ce qui rend les muscles douloureux. La fermentation alcoolique, utilisée pour fabriquer du vin et de la bière, est un type de respiration anaérobie qui se produit chez certaines levures (champignons microscopiques).

L'acide désoxyribonucléique (ADN) et l'acide ribonucléique (ARN). L'ADN et l'ARN sont des acides nucléiques, composés organiques complexes porteurs d'information. Vers 1940, les acides nucléiques étaient connus, mais leur rôle exact dans la cellule ainsi que leur structure chimique étaient incompris. En 1944, le bactériologiste américain Oswald Avery (1877-1955) et ses collègues découvrirent que le matériel génétique de bactéries mortes pouvait modifier celui de bactéries vivantes, et démontrèrent que le matériel génétique de tous les êtres vivants était constitué d'ADN. En 1953, le biologiste britannique Francis Crick (1916-2004) et le biologiste américain James Watson (né en 1928) publièrent leur découverte de la structure de la molécule d'ADN, qui consiste en deux brins torsadés, formant une double hélice, liés entre eux par des paires de bases azotées.

James Watson (à gauche), Francis Crick et leur modèle de la molécule d'ADN

L'ADN d'une seule cellule humaine mesurerait près de deux mètres, s'il était déroulé et placé bout à bout, et contient l'équivalent en information de 600 000 pages d'écriture. L'ARN est un autre acide nucléique essentiel dont un type important transporte de l'information dans la cellule.

CONCEPTIONS FRÉQUENTES	EXPLICATIONS DES CONCEPTIONS	CONCEPTS SCIENTIFIQUES
	Les composés organiques	
Seuls les êtres vivants peuvent produire les composés de la matière vivante.	Les composés de la matière vivante peuvent sembler appartenir à une catégorie distincte.	Plusieurs composés organiques, tels que l'urée, la vitamine C et l'hormone de croissance, peuvent être synthétisés en laboratoire.
	Les glucides	
L'amidon et la cellulose ne sont pas des sucres.	L'amidon et la cellulose n'ont pas la texture et le goût des sucres les mieux connus.	L'amidon et la cellulose sont des sucres dont les molécules sont formées de plusieurs molécules de glucose.
Tous les aliments de couleur pâle contiennent de l'amidon.	Plusieurs aliments qui contiennent de l'amidon, comme les pommes de terre et le pain, sont de couleur pâle.	Une pomme, par exemple, ne contient pas d'amidon.
	Les lipides	
Les cires sont très différentes des huiles et des graisses.	La texture des cires est très différente de celle des huiles et des graisses.	Les cires, les huiles et les graisses sont toutes des matières grasses.
	Les protides	
Seuls la viande et le poisson contiennent des protéines.	La viande et le poisson sont les sources de protéines les plus souvent citées en exemple.	Plusieurs végétaux contiennent des protéines.
Des végétaux comme le soja contiennent tous les acides aminés nécessaires à l'organisme.	L'importance du soja, pour les végétariens, peut donner l'impression qu'il contient tous les acides aminés nécessaires à l'organisme.	Aucun végétal ne contient à lui seul tous les acides aminés nécessaires à l'organisme.
	Les vitamines et les minéraux	
Toutes les vitamines doivent être avalées.	Les vitamines se trouvent dans les aliments ou sont disponibles sous forme de comprimés.	La vitamine D est également produite par l'action du Soleil sur la peau.
L'action du Soleil sur la peau permet la formation de vitamine C.	Il se consomme plus de vitamine C en hiver qu'en été.	C'est la vitamine D, et non la vitamine C, qui est produite par l'action du Soleil sur la peau.
Des surplus de vitamines et de minéraux vont causer des effets inverses de ceux qui sont causés par les carences (exemple : un surplus de vitamine A améliore la vision).	L'effet d'une vitamine est conçu comme étant proportionnel à la quantité reçue par l'organisme.	Certains surplus sont aussi dangereux que certaines carences.
Les minéraux ne peuvent être utiles au fonctionnement de l'organisme.	Les minéraux sont plutôt associés à des sources de métaux industriels qu'à des aliments.	Certains minéraux sont essentiels au développement et au fonctionnement de l'organisme.

CONCEPTIONS FRÉQUENTES	EXPLICATIONS DES CONCEPTIONS	CONCEPTS SCIENTIFIQUES
	La respiration	
Toutes les formes de respiration nécessitent de l'oxygène.	La respiration aérobie, qui nécessite de l'oxygène, est la mieux connue.	La respiration anaérobie des muscles qui fournissent un effort intense ne nécessite pas d'oxygène.
La fermentation alcoolique est le résultat de l'ajout d'un produit chimique à la bière ou au vin.	La bière et le vin sont associés à des produits de synthèse chimique.	La fermentation alcoolique est le résultat de l'action d'une levure.

La transmission des caractères héréditaires

L'étude de la génétique, science de l'hérédité, porte sur la transmission des caractères anatomiques et fonctionnels entre les générations d'êtres vivants.

RÉPONSE À LA QUESTION 6

La bonne réponse apparaît en caractères gras.

6. Un homme et une femme qui ont les yeux bruns peuvent-ils avoir un enfant aux yeux bleus?

a) Non, car leur génotype ne comporte pas l'allèle des yeux bleus.

b) Oui, car leur phénotype peut aussi comporter la caractéristique des yeux bleus.

c) Non, car l'allèle des yeux bruns est dominant.

d) Non, car leur phénotype ne comporte que la caractéristique des yeux bruns.

e) Oui, car ils peuvent tous les deux être porteurs de l'allèle récessif des yeux bleus.

Le code génétique. Le code génétique est un code chimique constitué par l'arrangement particulier de très longues séquences de bases azotées dans les molécules d'ADN et d'ARN. Un gène est un petit segment d'ADN qui indique aux cellules de l'organisme comment fabriquer certaines protéines. L'ADN des cellules humaines comporte près de 100 000 gènes. Chaque gène est formé de codons et chacun de ces codons est composé de trois bases azotées, choisies parmi les quatre sortes de bases azotées possibles. Une carte génétique permet de représenter la répartition des gènes sur les chromosomes. En génétique, il est important de savoir distinguer le phénotype, qui regroupe les caractéristiques visibles d'un être vivant, du génotype, qui est sa composition génétique. Les gènes présents dans le génotype ne sont pas tous exprimés dans le phénotype, mais peuvent se manifester dans les générations suivantes.

Les chromosomes. Les chromosomes sont des structures qui renferment l'ADN d'une cellule. Chaque espèce d'être vivant a un nombre précis de chromosomes dans ses cellules qui est appelé *nombre chromosomique.* Une cellule humaine contient 46 chromosomes. Les généticiens utilisent beaucoup, pour leurs recherches, la drosophile, ou mouche du vinaigre, car elle ne contient que quatre chromosomes de très grande taille et se reproduit très rapidement.

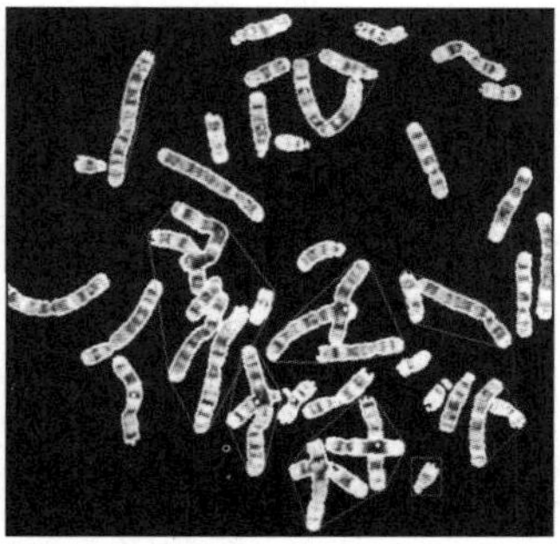
Chromosomes

L'hérédité. L'hérédité est le lien qui existe entre des générations successives d'êtres vivants. Pendant des siècles, les traits physiques des animaux et des êtres humains furent expliqués par la théorie du mélange des sangs de leurs parents. Par exemple, en Amérique du Nord, on disait d'un Métis qu'une moitié de son sang était du sang indien et l'autre moitié du sang européen. Il était fréquent, par ailleurs, que des conjoints ayant tous deux les yeux bruns se disputent si un de leurs enfants avait les yeux bleus. En 1865, le botaniste autrichien Gregor Mendel (1822-1884), qui étudiait des générations successives de petits pois, énonça les lois de l'hérédité, dans lesquelles il faisait la distinction entre gènes dominants et gènes récessifs. Ses travaux furent oubliés durant plusieurs dizaines d'années, puis redécouverts simultanément et indépendamment, en 1900, par le botaniste allemand Carl Correns (1864-1933), le botaniste néerlandais Hugo de Vries (1849-1935) et le botaniste autrichien Erich von Tschermak-Seysenegg (1871-1962).

Gregor Mendel

Dans les cellules humaines, un gène se présente sous deux ou plusieurs formes appelées *allèles.* Les allèles dominants font partie du génotype (le bagage génétique) et sont également exprimés dans le phénotype (les caractéristiques visibles). Les allèles récessifs, qui sont masqués par les allèles dominants, font aussi partie du génotype, mais ne sont souvent pas exprimés dans le phénotype. Un allèle récessif (exemple : allèle des yeux bleus) masqué par un allèle dominant (exemple : allèle des yeux bruns) ne peut s'exprimer, dans un individu de la génération suivante, que s'il est associé à un allèle récessif identique. Un homme et une femme qui ont les yeux bruns peuvent donc avoir un enfant aux yeux bleus s'ils transmettent tous deux l'allèle récessif des yeux bleus à cet enfant.

CONCEPTIONS FRÉQUENTES	EXPLICATIONS DES CONCEPTIONS	CONCEPTS SCIENTIFIQUES
	Le code génétique	
Les caractéristiques visibles d'un être vivant sont toujours identiques à son bagage génétique.	Le phénotype (caractéristiques visibles) peut sembler directement lié au génotype (bagage génétique).	Le bagage génétique d'un être vivant comporte des caractéristiques non exprimées qui pourraient être visibles à la génération suivante.
	Les chromosomes	
Tous les êtres vivants ont le même nombre de chromosomes.	Généralisation, à tous les êtres vivants, du nombre de chromosomes des êtres humains.	Le nombre de chromosomes est très variable d'une espèce à une autre.
	L'hérédité	
Les caractéristiques d'un animal ou d'un être humain sont déterminées par le mélange du sang de ses parents.	Le mélange du sang est une explication historique, qui se perpétue dans les croyances populaires, au sujet de la transmission des caractères héréditaires.	Les caractéristiques d'un animal ou d'un être humain sont déterminées par son bagage génétique.
Un homme et une femme aux yeux bruns ne peuvent pas avoir d'enfants aux yeux bleus.	Le phénotype (caractéristiques visibles) peut sembler directement lié au génotype (bagage génétique).	Un homme et une femme aux yeux bruns, qui possèdent l'allèle récessif des yeux bleus, peuvent avoir des enfants aux yeux bleus.

L'évolution

L'évolution est l'ensemble des changements subis au cours des temps géologiques par les lignées animales et végétales. Elle a eu pour résultat l'apparition de formes et d'espèces nouvelles.

RÉPONSES AUX QUESTIONS 7 À 9

La bonne réponse apparaît en caractères gras.

7. La génération spontanée, ou apparition spontanée de la vie, est-elle possible?

a) Oui, car des micro-organismes se forment dans la matière organique en décomposition.

b) Non, sauf au moment de l'apparition de la vie sur la Terre.

c) Oui, car des vers et des petites mouches apparaissent dans les fruits très mûrs.

d) Oui, les virus et les bactéries se forment de façon spontanée.

e) Non, de simples réactions chimiques ne peuvent former des êtres vivants.

8. Un homme et une femme qui font beaucoup d'exercices de musculation auront-ils un enfant plus musclé que s'ils n'en faisaient pas?

a) Non, il est rare que les allèles des deux parents soient modifiés simultanément.

b) Oui, mais seulement si leurs muscles sont bien développés peu avant la conception.

c) Non, les caractères acquis par les parents ne sont pas transmis aux générations suivantes.

d) Non, la modification du génotype ne modifie pas le phénotype.

e) Oui, les caractères acquis par les parents sont transmis aux générations suivantes.

9. Pourquoi Charles Darwin et Alfred Wallace sont-ils célèbres?

a) Ils énoncèrent la théorie cellulaire.

b) Ils découvrirent les mécanismes de l'hérédité.

c) Ils énoncèrent la théorie de l'évolution.

d) Ils découvrirent la structure de l'ADN.

e) Ils découvrirent les ancêtres des êtres humains.

L'origine de la vie. Vers 1950, l'idée que la vie ait pu apparaître spontanément sur la Terre, par le jeu combiné des éléments chimiques présents, des conditions physiques ambiantes et du hasard, répugnait encore à plusieurs scientifiques. Pourtant, divers types d'acides aminés, molécules de base de la matière vivante, avaient déjà été synthétisés en laboratoire. Mais l'hypothèse que ces synthèses complexes aient pu se produire dans la nature paraissait difficile à accepter.

En 1952, le biochimiste américain Stanley Miller (1930-2007) fabriqua un dispositif permettant de faire passer des décharges électriques dans un flacon contenant de l'eau, de l'ammoniac, du méthane et de l'hydrogène, simulant ainsi les orages continuels de l'atmosphère terrestre primitive. Au bout d'une semaine, il analysa la solution et y trouva divers types d'acides aminés. Du coup, l'idée que la vie ait pu apparaître spontanément devint plus plausible.

La vie est probablement apparue dans les mers, qui contenaient de nombreux composés chimiques expulsés par des éruptions volcaniques. Des réactions chimiques survenant au hasard, durant des millions d'années, finirent par créer des composés capables de se copier, ce qui mena à la première vie véritable, un micro-organisme très simple. Depuis l'apparition de la vie, toutefois, et contrairement à ce que l'on a longtemps cru, la génération spontanée, c'est-à-dire la formation d'êtres vivants à partir de matières minérales ou de substances organiques en décomposition, est impossible, comme le montra le biochimiste Louis Pasteur (1822-1895) vers 1860. En d'autres termes, la vie est toujours provenue et provient toujours de la vie, sauf au moment de son apparition sur la Terre, il y a environ 3,8 milliards d'années.

Louis Pasteur

La théorie de l'évolution. Jusqu'au XIXe siècle, la plupart des naturalistes adhéraient au créationnisme de type fixiste, théorie selon laquelle toutes les espèces végétales et animales avaient été créées par Dieu, ce qui est le créationnisme, et n'avaient subi aucune évolution depuis leur création, ce qui est le fixisme.

En 1749, le naturaliste français Georges Louis Leclerc, comte de Buffon (1707-1788), et en 1751 le biologiste français Pierre-Louis Moreau de Maupertuis (1698-1759) émirent l'hypothèse que les espèces s'étaient graduellement transformées. En 1809, le naturaliste français Jean-Baptiste de Lamarck (1744-1829) énonça la théorie du transformisme, selon laquelle l'évolution découlait de l'hérédité des caractères acquis par les individus au cours de leur vie. Il croyait, par exemple, que les girafes, s'étirant le cou pour manger les feuilles des arbres, transmettaient un cou plus long aux générations suivantes. Mais c'est aux naturalistes anglais Charles Darwin (1809-1882) et Alfred Wallace (1823-1913) que revient le mérite d'avoir proposé, en 1858, la première théorie convaincante de l'évolution, basée sur le mécanisme de la sélection naturelle. De nos jours, cette théorie a été améliorée pour tenir compte des lois de la génétique et de l'hérédité. On parle maintenant de *néodarwinisme*, qui est une version moderne de la théorie de Darwin.

Charles Darwin

La théorie de l'évolution permet de comprendre la classification des êtres vivants. Par exemple, les animaux qui se ressemblent, tels que les grands singes et les êtres humains, ont un ancêtre commun. Cet ancêtre et d'autres animaux semblables avaient également un ancêtre commun, et ainsi de suite jusqu'aux formes de vie animale les plus simples.

L'histoire de la vie. La Terre existe depuis environ 4,5 milliards d'années. Le premier être vivant, une bactérie, est probablement apparu il y a 3,8 milliards d'années environ. Depuis, de nombreuses formes de vie ont prospéré et disparu, laissant des fossiles comme preuves. Selon le récit allégorique de la Bible, de nombreuses espèces végétales et animales disparurent lors du Déluge, et seules survécurent celles que Noé amena sur son Arche. En fait, il y eut cinq extinctions massives d'espèces végétales et animales depuis l'apparition de la vie sur la Terre. Il y a 650 millions d'années, au Précambrien, près de 70 % de toutes les espèces d'algues marines se sont éteintes. Il y a 510 millions d'années, à la fin du Cambrien, de nombreuses espèces d'invertébrés marins se sont éteintes. Il y a 355 millions d'années, à la fin du Dévonien, les trilobites ainsi que de nombreuses espèces de coraux furent rayés de la carte. Il y a 250 millions d'années, à la fin du Permien, près de 90 % des espèces marines ainsi que de nombreux reptiles disparurent à cause de la dérive rapide des continents. Il y a 65 millions d'années, à la fin du Crétacé, les dinosaures ont été anéantis à la suite de l'impact d'un astéroïde. Plusieurs biologistes considèrent que l'activité humaine est en train de causer une sixième extinction massive d'espèces végétales et animales.

L'évolution de l'être humain. Même après que Charles Darwin eut publié sa théorie de l'évolution, en 1859, l'idée que les êtres humains aient eu comme ancêtres des primates moins évolués n'était pas vraiment prise au sérieux et plusieurs scientifiques plaçaient encore les êtres humains dans une catégorie distincte. Pourtant, des squelettes de l'homme de Neandertal, hominidé différent de l'être humain actuel, avaient été découverts en 1848, puis en 1856, et des squelettes de l'homme de Cro-Magnon, autre hominidé, avaient été mis au jour en 1868. Ce n'est qu'au début du XXe siècle, cependant, que ces découvertes furent pleinement reconnues et correctement situées dans l'histoire de l'évolution des êtres humains.

Les êtres humains existent depuis plus d'un million d'années. Notre espèce, *Homo sapiens,* existe depuis environ 300 000 ans, mais elle fut précédée par d'autres espèces de primates de la famille des hominidés, telles que l'espèce des australopithèques et l'espèce *Homo habilis.* De nos jours, les deux espèces animales les plus étroitement apparentées à l'espèce *Homo sapiens* sont les chimpanzés et les gorilles. Environ 99 % de leur bagage génétique est identique à celui des êtres humains. Ces trois espèces ont un ancêtre commun qui vivait il y a cinq millions d'années.

CONCEPTIONS FRÉQUENTES	EXPLICATIONS DES CONCEPTIONS	CONCEPTS SCIENTIFIQUES
	L'origine de la vie	
La vie provient d'une météorite tombée sur la Terre.	Théorie parfois présentée par les médias pour expliquer l'origine de la vie.	Bien que cette hypothèse soit plausible, il est plus probable que la vie soit apparue dans les océans.
	La théorie de l'évolution	
Toutes les espèces végétales et animales ont été créées telles qu'elles existent maintenant.	Théorie créationniste et fixiste, proposée par plusieurs religions, concernant les espèces végétales et animales.	Toutes les espèces végétales et animales ont évolué à partir des premières cellules apparues sur la Terre.
Les espèces évoluent grâce à la transmission des caractères acquis pendant la vie des individus.	Croyance populaire concernant la transmission des caractères acquis.	Les espèces évoluent grâce au processus de la sélection naturelle.
Les mutations visibles constituent le mécanisme fondamental de l'évolution.	La première version de la théorie de l'évolution de Darwin mettait l'accent sur les mutations visibles.	L'évolution est plutôt attribuable aux mécanismes de la transmission des caractères génétiques.

CONCEPTIONS FRÉQUENTES	EXPLICATIONS DES CONCEPTIONS	CONCEPTS SCIENTIFIQUES
Les espèces animales ont évolué, mais pas les espèces végétales.	Les exemples donnés pour la théorie de l'évolution sont presque toujours des exemples d'espèces animales.	Les espèces végétales ont évolué, tout comme les espèces animales.
L'évolution se fait toujours nécessairement dans le sens d'une complexification des caractéristiques des espèces.	L'évolution est souvent présentée comme une amélioration des espèces.	Certaines espèces évoluent parfois vers une simplification, comme le monotrope, une plante qui a perdu sa chlorophylle au cours de l'évolution.
	L'histoire de la vie	
La vie est apparue sur la Terre aussitôt après la formation du système solaire.	La longue histoire de la formation du système solaire et de la Terre est parfois négligée.	La vie est apparue sur la Terre près d'un milliard d'années après sa formation.
Les végétaux et les animaux sont apparus à peu près en même temps.	La façon dont l'apparition et l'évolution de la vie sont présentées ne rend pas toujours compte des longues périodes concernées.	Les végétaux sont apparus très longtemps avant les animaux, et ont produit de l'oxygène.
	L'évolution de l'être humain	
Les êtres humains sont dans une catégorie distincte, qui ne résulte pas de l'évolution d'une espèce animale.	Les croyances traditionnelles placent l'être humain dans une catégorie distincte de celle des animaux.	Les êtres humains font partie de la famille des primates, qui résulte de l'évolution des mammifères qui les ont précédés sur la Terre.
Les êtres humains sont les descendants d'une espèce de singe semblable à celle des chimpanzés.	Le dicton bien connu selon lequel « l'homme descend du singe » donne l'impression que l'homme descend d'une des espèces de singe actuelles.	Les êtres humains et les grands singes qui existent à l'heure actuelle ont un ancêtre commun qui vivait il y a plus de 15 millions d'années.
L'*Homo sapiens* est la seule espèce d'êtres humains qui ait jamais existé.	L'*Homo sapiens* est l'espèce d'êtres humains la mieux connue.	Il existe d'autres espèces d'êtres humains, telles que l'espèce des australopithèques et l'espèce *Homo habilis*.

La classification des êtres vivants

Les êtres vivants sont classés en règnes, en embranchements, en classes, en ordres, en familles, en genres et en espèces.

RÉPONSES AUX QUESTIONS 10 ET 11

La bonne réponse apparaît en caractères gras.

10. Quels sont les cinq grands règnes du système de classification?

a) Procaryotes, protistes, champignons, végétaux, animaux.
b) Virus, bactéries, protozoaires, végétaux, animaux.
c) Bactéries, algues microscopiques, amibes, végétaux, animaux.
d) Virus, procaryotes, protozoaires, végétaux, animaux.
e) Bactéries, protozoaires, végétaux, invertébrés, vertébrés.

11. De quels animaux l'analyse de l'ADN permet-elle de montrer que les hippopotames sont proches parents?

a) Des bœufs.
b) Des baleines.
c) Des éléphants.
d) Des rhinocéros.
e) Des buffles.

Dans l'Antiquité, le philosophe Aristote (384-322 av. J.-C.) avait établi une classification des êtres vivants basée en partie sur leur apparence extérieure et leur habitat. Par exemple, selon cette classification, la baleine était considérée comme un poisson, puisqu'elle vivait dans l'eau, et la chauve-souris comme un oiseau, puisqu'elle volait. En 1682, le naturaliste anglais John Ray (1627-1705) proposa l'un des premiers systèmes de classification systématique des végétaux et des animaux, basé sur l'anatomie et, en 1703, définit l'espèce comme étant un groupe d'êtres vivants, plantes ou animaux, capables de se reproduire entre eux. Le véritable fondateur des lois de la classification est toutefois le naturaliste suédois Carl von Linné (1707-1778), dont les grandes lignes de son système, publié en 1735, sont encore valides de nos jours. Selon ce système, par exemple, la baleine et la chauve-souris font toutes deux partie de la classe des mammifères, en raison notamment de l'anatomie de leur système reproducteur.

Carl von Linné

Dans le système actuel le plus connu, les êtres vivants sont classés en règnes, en embranchements, en classes, en ordres, en familles, en genres et en espèces. Par exemple, le loup fait partie du règne animal, de l'embranchement des cordés, de la classe des mammifères, de l'ordre des carnivores, de la famille des canidés, du genre *canis* et de l'espèce *lupus*. Ce système de classification comprend cinq grands règnes : les procaryotes, qui sont des unicellulaires sans noyau (exemples : bactéries, algues bleues), les protistes, qui sont des unicellulaires avec noyau dont certains présentent des caractéristiques « végétales », (exemple : diatomées) et d'autres présentent des caractéristiques « animales » (exemple : amibes), les champignons, qui ne font pas de photosynthèse, les végétaux, qui fabriquent leur propre nourriture par photosynthèse, et les animaux.

Par ailleurs, les biologistes se basent de plus en plus sur une autre classification, la cladistique ou classification phylogénétique, basée uniquement sur l'apparentement évolutif des espèces et l'analyse de leur ADN. Ce système permet de montrer, par exemple, que les hippopotames sont relativement proches des dauphins et des baleines, et que tous ces animaux ont probablement un ancêtre commun. Selon cette classification, les êtres vivants se subdivisent en trois grands groupes (ou clades) :

- Les eubactéries, organismes sans noyau, un groupe qui rassemble la plupart des bactéries bien connues des microbiologistes.
- Les archées, un groupe qui rassemble des organismes très simples formés de cellules isolées ou agglomérées qui vivent dans des conditions extrêmes (sources hydrothermales, grands fonds marins).
- Les eucaryotes, un énorme groupe qui rassemble tous les autres êtres vivants connus, soit près de 1 800 000 espèces.

Chacun de ces groupes se subdivise en plusieurs sous-groupes ou taxons. Les termes *invertébré*, *poisson* ou *reptile*, qui ne sont pas considérés comme scientifiques selon ce système, n'y figurent pas. Toutefois, étant donné que cette classification est encore peu utilisée dans les publications destinées au grand public, elle n'a pas été retenue dans le présent ouvrage.

CONCEPTIONS FRÉQUENTES	EXPLICATIONS DES CONCEPTIONS	CONCEPTS SCIENTIFIQUES
Les unicellulaires appartiennent au règne des animaux.	Des unicellulaires tels que les amibes et les paramécies sont parfois présentés comme s'ils étaient de petits animaux.	Les unicellulaires ne sont pas des animaux et font partie de règnes distincts.
Les champignons appartiennent au règne des végétaux.	Certaines caractéristiques des champignons et des végétaux sont semblables.	Les champignons ne sont pas des végétaux et font partie d'un règne distinct.
Des êtres vivants tels que les oursins sont des végétaux.	Les oursins ressemblent à certaines plantes du fond des océans.	Certains êtres vivants tels que les oursins, qui ressemblent à des plantes, sont des animaux.
Les chauves-souris sont des oiseaux et les baleines sont des poissons.	Les chauves-souris volent et les baleines vivent dans l'eau.	Les chauves-souris et les baleines sont des mammifères.

Les virus et les micro-organismes

Les virus et les micro-organismes sont trop petits pour être visibles à l'œil nu.

RÉPONSES AUX QUESTIONS 12 ET 13

La bonne réponse apparaît en caractères gras.

12. Les virus sont-ils des êtres vivants?

a) Non, car certains virus peuvent exister sous forme de cristaux.

b) Oui, car ils sont semblables aux bactéries.

c) Oui, car ils comportent de l'acide nucléique et des protéines.

d) Non, car ils ne peuvent se reproduire sans parasiter des cellules.

e) Oui, car ils causent des maladies comme le font plusieurs autres micro-organismes.

13. Quelle est la cause de la maladie appelée *paludisme* ou *malaria*?

a) Un virus.

b) Un protozoaire.

c) Une bactérie.

d) Une algue microscopique.

e) Un champignon microscopique.

Notions de base. Jusqu'au XIXe siècle, les explications de maladies telles que la lèpre, la tuberculose, la diphtérie et la malaria faisaient intervenir des « miasmes » (matières en décomposition), quand ce n'était pas des causes surnaturelles. Pourtant, dès 1667, deux étudiants du médecin italien Francesco Redi (1626-1697) avaient découvert que la gale, maladie de la peau, était causée par un minuscule acarien, mais cette découverte n'avait pas modifié les explications courantes d'autres maladies. En 1796, le médecin anglais Edwar Jenner (1749-1823) découvrit le principe de la vaccination en montrant qu'un extrait des pustules causées par une maladie bovine protégeait les êtres humains contre la variole. En 1850, le médecin français Casimir Davaine (1812-1882) démontra la responsabilité d'une bactérie, type de micro-organisme qui avait été observé et décrit par Antonie Van Leeuwenhœk dès 1673, dans la maladie connue sous le nom de *charbon*, une maladie infectieuse courante à l'époque. Le rôle de la bactérie fut confirmé et précisé en 1876 par Louis Pasteur et par le médecin et bactériologiste allemand Robert Koch (1843-1910). Par la suite, de nombreuses autres bactéries ainsi que des protistes et des virus furent associés à diverses maladies.

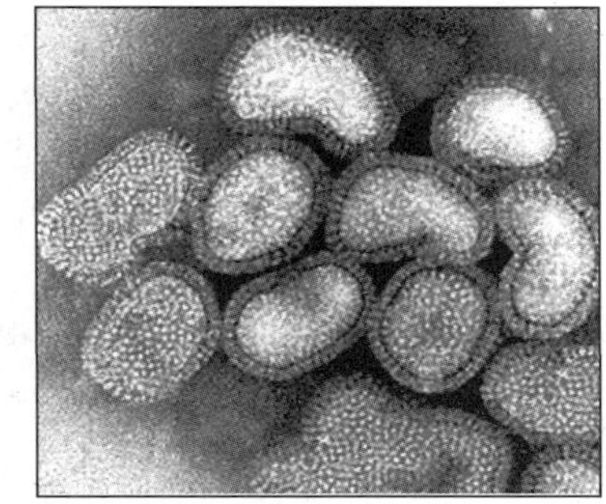
Virus de la grippe

Les virus. Découverts en 1897 par le bactériologiste hollandais Martinus Beijerinck (1851-1931), les virus sont des fragments d'acide nucléique entourés d'une capside, enveloppe formée de protéines. Ils doivent parasiter une cellule pour pouvoir se reproduire et ne sont donc pas considérés comme de véritables êtres vivants. Les virus provoquent de nombreuses maladies chez les végétaux et les animaux.

Les unicellulaires sans noyau. Constituant le règne des procaryotes, les unicellulaires sans noyau comprennent les bactéries et les cyanobactéries (algues bleues). Les bactéries sont des cellules complètes renforcées par une épaisse paroi cellulaire. Certaines sont utiles, comme celles qui vivent dans notre système digestif ou celles qu'on utilise pour la fabrication du yaourt, tandis que d'autres sont nuisibles, comme celles qui causent des maladies infectieuses. Les bactéries peuvent être classifiées selon leurs formes ou leurs sources nutritives. Selon leurs formes, d'après un système de classification proposé par le microbiologiste polonais Ferdinand Cohn (1828-1898) en 1872, il existe des bactéries de forme sphérique appelées *coques* (exemple : le streptocoque responsable de certaines pneumonies), de forme cylindrique appelées *bacilles* (exemples : le bacille

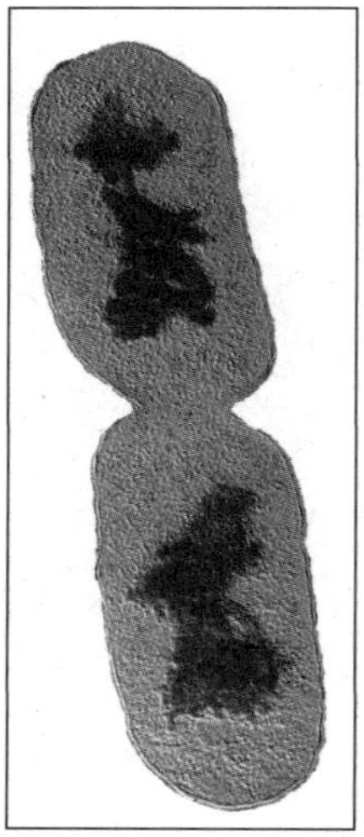
Bacille *Escherichia coli*

Escherichia coli [ou *E. coli*] de l'intestin et le bacille de la tuberculose) et de forme spirale appelées *spirilles* (exemples : les spirilles du choléra et de la syphilis).

Selon leur source nutritive, il existe des bactéries autotrophes qui, comme les végétaux, peuvent synthétiser des molécules organiques, et les hétérotrophes qui, comme les animaux, doivent se nourrir de composés organiques déjà synthétisés. Les cyanobactéries ou algues bleues, différentes des algues unicellulaires qui font partie du règne des protistes, vivent grâce à la photosynthèse ; elles prolifèrent dans les eaux trop riches en phosphore provenant de fertilisants, de détergents ou de fosses septiques défectueuses.

Les unicellulaires avec noyau. Les unicellulaires avec noyau, qui constituent le règne des protistes, se subdivisent en deux embranchements : celui des algues unicellulaires, qui présentent des caractéristiques « végétales », et celui des protozoaires, qui présentent des caractéristiques « animales ». En été, par exemple, les algues unicellulaires rendent les eaux stagnantes vertes et les gaz libérés par certains protozoaires leur donnent une odeur caractéristique. L'embranchement des algues unicellulaires comprend les sous-embranchements des chlorophycées, des zygophycées, des clarophycées et des englenophycées, qui sont toutes des algues vertes, des rhodophycées, qui sont des algues rouges, des chrysophycées, des phéophycées ou algues brunes, et des diatomées, protégées par une coque en silice.

Diatomées

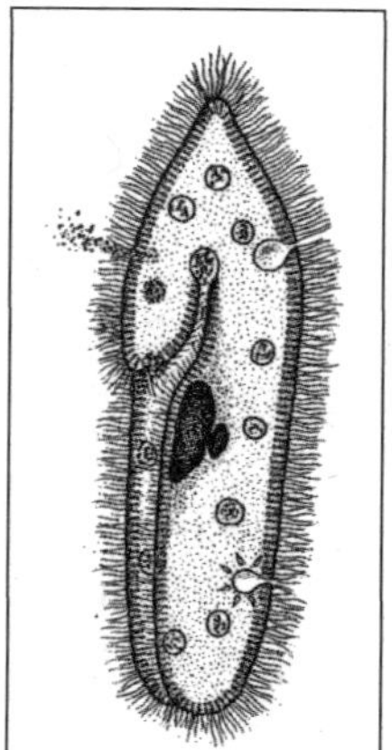
Paramécie

L'embranchement des protozoaires comprend les sous-embranchements des zooflagellés, des rhizopodes (exemples: les amibes, dont une espèce cause une maladie, la dysenterie amibienne, et les foraminifères, pourvus d'une coquille perforée), des actinopodes (exemple: les radiolaires, qui constituent la majeure partie du plancton marin), des sporozoaires, des microsporidies et des infusoires ciliés (exemple: la paramécie). L'hématozoaire est un protozoaire qui provoque le paludisme, maladie appelée aussi *malaria*.

CONCEPTIONS FRÉQUENTES	EXPLICATIONS DES CONCEPTIONS	CONCEPTS SCIENTIFIQUES
	Notions de base	
La matière organique en décomposition est la cause de plusieurs maladies.	Après une catastrophe naturelle qui cause des morts, les médias parlent souvent du risque d'épidémie.	Ce n'est pas la matière organique en décomposition elle-même, mais les micro-organismes qu'elle peut contenir qui causent certaines maladies.
	Les virus	
Les virus sont semblables aux bactéries et peuvent être éliminés par des antibiotiques.	Tous les « microbes », bactéries ou virus, sont considérés comme semblables.	Les antibiotiques, efficaces contre les bactéries, ne sont d'aucune utilité contre les virus.
Le rhume et la grippe sont causés par le froid.	Dans les pays tempérés, les cas de rhume et de grippe sont plus fréquents en hiver.	Le rhume et la grippe sont causés par des virus qui se transmettent mieux en hiver parce que les gens passent plus de temps à l'intérieur.
	Les unicellulaires sans noyau	
Toutes les bactéries sont nuisibles.	Les bactéries pathogènes défraient plus souvent les manchettes que les bactéries inoffensives ou utiles.	Il existe des bactéries utiles, comme celles qui sont utilisées dans la fabrication du yaourt et du fromage.
	Les unicellulaires avec noyau	
Les seuls êtres vivants qui possèdent de la chlorophylle sont les plantes.	La chlorophylle est associée aux végétaux les mieux connus.	Les algues unicellulaires possèdent de la chlorophylle.
Toutes les algues sont d'assez grandes plantes qui vivent dans l'eau.	Le mot *algue* évoque les plantes qu'on trouve au bord de la mer.	Il existe des algues unicellulaires microscopiques.
Les protozoaires sont des animaux minuscules qui possèdent des yeux, un cœur et des membres.	Généralisation, à tous les êtres vivants, des caractéristiques d'animaux bien connus.	Les protozoaires sont des organismes unicellulaires.

Les champignons

Les champignons ne sont ni des végétaux ni des animaux.

RÉPONSES AUX QUESTIONS 14 À 16

La bonne réponse apparaît en caractères gras.

14. Lequel des phénomènes suivants *n'est pas* lié à la présence de bactéries?

a) Du lait qui se transforme en yaourt.

b) Du jus de raisin qui se transforme en vin.

c) Une grippe qui devient une pneumonie.

d) Des aliments qui sont digérés dans l'intestin grêle.

e) Une épidémie de choléra dans un pays sous-développé.

15. Au cours de la Deuxième Guerre mondiale (1939-1945), pourquoi beaucoup moins de soldats moururent d'infections qu'au cours de la Première Guerre mondiale (1914-1918)?

a) L'usage des liquides désinfectants s'était répandu.

b) Les techniques opératoires s'étaient améliorées.

c) La pénicilline avait été découverte.

d) Les médicaments antiviraux avaient été découverts.

e) Les règles d'hygiène avaient été améliorées.

16. Dans les contrées nordiques, il y a des lichens sur la plupart des roches. Que sont les lichens?

a) Des mousses.

b) De petits champignons.

c) De petites algues terrestres.

d) De petites fougères.

e) Des associations d'algues et de champignons.

Les champignons, qui constituent un règne distinct, tirent leur subsistance de la matière organique, vivante ou morte, et se reproduisent au moyen de spores. Les moisissures, les levures (qui servent à faire lever la pâte ou à faire fermenter des liquides sucrés) et le penicillium (qui sert à fabriquer la pénicilline) sont de minuscules champignons.

Bien que les minuscules champignons que sont les levures et les moisissures eussent été utilisés depuis des siècles, notamment dans la fabrication du pain, de la bière et de certains fromages, on ne leur connaissait pas d'usage thérapeutique, sauf, semble-t-il, dans l'Égypte et dans la Chine antiques, mais ces pratiques avaient été oubliées. En 1928, le bactériologiste anglais Alexander Fleming (1881-1955) constata qu'une moisissure verte, le penicillium, produisait un liquide qui tuait les staphylocoques dorés, bactéries infectieuses. Il donna le nom de *pénicilline* au liquide produit par la moisissure. La production à grande échelle de la pénicilline ne débuta toutefois qu'au début des années 1940, à la suite des méthodes mises au point par le biochimiste anglais d'origine allemande Ernst Chain (1906-1979) et par le pathologiste australien Howard Florey (1898-1968).

Le règne des champignons se subdivise en trois grandes classes : les phycomycètes, telles que la moisissure blanche du pain, les ascomycètes, telles que le penicillium et les truffes, et les basidiomycètes, tels que le charbon du blé et tous les champignons qui comportent un pied et un chapeau (exemple : amanite).

Les lichens sont des végétaux qui résultent de l'association d'un champignon avec une algue vivant en symbiose.

Amanite

Lichens sur une roche

CONCEPTIONS FRÉQUENTES	EXPLICATIONS DES CONCEPTIONS	CONCEPTS SCIENTIFIQUES
	Les champignons	
Tous les champignons sont relativement gros, semblables aux champignons comestibles communs.	Généralisation basée sur les champignons les mieux connus.	Il existe des champignons microscopiques.
Les moisissures apparaissent spontanément sur des aliments humides.	Rien ne semble se déposer sur les aliments qui moisissent.	Les moisissures ne peuvent apparaître que si des spores se sont déposées sur les aliments.
Les levures et les moisissures ne sont utiles que pour la fabrication du pain, de la bière et de certains fromages.	La fabrication du pain, de la bière et de certains fromages sont les usages les mieux connus des levures et des moisissures.	Certains antibiotiques, tels que la pénicilline, sont produits par des levures ou des moisissures.
La pénicilline ne peut être produite que par synthèse chimique.	Plusieurs médicaments modernes sont des produits de synthèse.	La pénicilline est produite par une moisissure.

Les végétaux

Les végétaux sont des êtres vivants généralement pourvus de chlorophylle et fixés au sol, dont la sensibilité et la mobilité sont faibles. Ils se nourrissent de gaz carbonique et de sels minéraux.

RÉPONSES AUX QUESTIONS 17 À 20

La bonne réponse apparaît en caractères gras.

17. Comment les fougères se reproduisent-elles?

a) Par des graines.

b) Par des rhizomes.

c) Par des spores.

d) Par des bulbes.

e) Par des racines.

18. Lequel des conifères qui suivent perd toutes ses aiguilles vers la fin de l'automne?

a) Le pin.

b) Le mélèze.

c) Le thuya.

d) Le séquoia.

e) L'if.

19. Quelle est la différence entre les végétaux appelés *monocotylédones* et ceux qui sont appelés *dicotylédones*?

a) Les monocotylédones n'ont qu'une seule fleur, tandis que les dicotylédones en ont deux ou plus.

b) Les monocotylédones n'ont qu'une seule tige, tandis que les dicotylédones en ont deux ou plus.

c) Les monocotylédones ont des feuilles simples, tandis que les dicotylédones ont des feuilles qui comportent deux ou plusieurs lobes.

d) Les monocotylédones ont des fruits simples, tandis que les dicotylédones ont des fruits composés.

e) Les monocotylédones ont des graines simples, tandis que les dicotylédones ont des graines qui se séparent en deux moitiés.

20. Lequel des végétaux qui suivent *ne fait pas* partie de la même famille que les autres?

a) Le rosier.

b) Le pommier.

c) Le manguier.

d) Le prunier.

e) Le fraisier.

L'embranchement des bryophytes. L'embranchement des bryophytes réunit les végétaux dépourvus de racines et de système vasculaire qui se multiplient en disséminant de minuscules paquets de cellules appelés *spores*. Il comprend notamment la classe des hépatiques et celle des mousses.

Mousse

L'embranchement des ptéridophytes. Les ptéridophytes regroupent les végétaux pourvus de racines et d'un système vasculaire constitué de vaisseaux qui captent dans le sol et transportent dans toute la plante les substances indispensables à sa croissance. Ils ne produisent pas de graines et

Prêle

Ginkgo

Thuya

se reproduisent au moyen de spores, comme les bryophytes. Cet embranchement comprend notamment la classe des lépidophytes ou lycopsidées (lycopodes), des plantes à l'aspect de mousses qui poussent dans les lieux humides et ombragés, la classe des arthrophytes ou calmophytes, ou sphénopsidées (prêles), des plantes sans fleurs à l'aspect de pinceaux, et la classe des ptérophytes ou flilicopsidées (fougères), des plantes sans fleurs qui se déroulent en grandissant.

L'embranchement des spermaphytes. Les spermaphytes rassemblent les végétaux pourvus de racines et d'un système vasculaire qui se reproduisent au moyen de graines. Ils comprennent principalement la classe des gymnospermes et la classe des angiospermes. La plupart des gymnospermes sont des arbres qui produisent leurs graines dans des cônes. Cette classe comprend entre autres ordres les ginkgoales (ginkgos), derniers survivants d'un ordre ancien de gymnospermes, les cycadales (cycas), gymnospermes ayant la forme d'un petit palmier, et les coniférales (tous les conifères).

L'ordre des coniférales comprend entre autres familles les pinacées (pins, sapins, cèdres, mélèzes, ces dérniers ayant la particularité de perdre toutes leurs aiguilles en même temps vers la fin de l'automne), les taxodiacées (séquoias), les taxacées (ifs, torreyes) et les cupressacées (cyprès, genévriers, thuyas).

La classe des angiospermes regroupe les végétaux qui produisent des graines se développant dans un organe protecteur, l'ovaire. Cette classe comprend la sous-classe des monocotylédones, plantes dont les graines renferment un seul cotylédon (foliacé qui joue le rôle de réserve de nourriture), et la sous-classe des dicotylédones, plantes dont les gaines renferment deux cotylédons.

La sous-classe des **monocotylédones** comprend :

FAMILLE	**LILIACÉES**	**ORCHIDACÉES**	**POACÉES**
ESPÈCES	Lis, tulipes, muguets, ails, poireaux, aloès	Orchidées	Bambous, blés, maïs, avoine, riz
EXEMPLE	 Lis	 Orchidée	 Bambou

FAMILLE	**IRIDACÉES**	**CYPERACÉES**	**JONCACÉES**
ESPÈCES	Iris, glaïeuls, crocus	Souchets, laîches, scirpes	Joncs, luzules
EXEMPLE	 Iris	 Souchet	 Jonc

FAMILLE	**ARÉCACÉES**	**BROMÉLIACÉES**	**MUSACÉES**
ESPÈCES	Palmiers	Ananas	Bananiers
EXEMPLE	 Narcisse	 Narcisse	 Narcisse

FAMILLE	**AMARYLLIDACÉES**
ESPÈCES	Perce-neige, narcisses, agaves
EXEMPLE	 Narcisse

La sous-classe des **dicotylédones** comprend :

FAMILLE	**RENONCULACÉES**	**PAPAVÉRACÉES**	**ROSACÉES**
ESPÈCES	Boutons-d'or, renoncules, dauphinelles, anémones	Coquelicots, pavots	Roses, pommiers, poiriers, cerisiers, pruniers, fraisiers
EXEMPLE	 Bouton-d'or	 Coquelicot	 Fraisier

FAMILLE	**FAGACÉES**	**MAGNOLIACÉES**	**APIACÉES**
ESPÈCES	Hêtres, chênes, châtaigniers	Magnolia	Persil, carottes, panais
EXEMPLE	 Chêne	 Magnolia	 Persil

FAMILLE	**SOLANACÉES**	**LAMIACÉES OU LABIÉES**	**ASTÉRACÉES OU COMPOSÉES**
ESPÈCES	Pommes de terre, tomates, aubergines, piments, poivrons	Menthe	Marguerites, laitues, tournesols
EXEMPLE	 Aubergine	 Menthe	 Tournesol

FAMILLE	**SALICACÉES**	**PROTÉACÉES**	**MALVACÉES**
ESPÈCES	Saules, peupliers	Protées	Cotonniers
EXEMPLE	 Saule	 Protée	 Cotonnier

FAMILLE	**BRASSICÉES**	**CACTACÉES**	**FABACÉES**
ESPÈCES	Choux pommés, choux-fleurs, brocolis	Cactus	Pois, haricots
EXEMPLE	Non illustré	Non illustré	Non illustré

FAMILLE	**ANACARDIACÉES OU TÉRÉBINTHACÉES**	**CUCURBITACÉES**
ESPÈCES	Manguiers, pistachiers	Courges, concombres, melons, citrouilles
EXEMPLE	 Manguier	 Citrouille

CONCEPTIONS FRÉQUENTES	EXPLICATIONS DES CONCEPTIONS	CONCEPTS SCIENTIFIQUES
L'embranchement des bryophytes		
Tous les végétaux ont des racines.	Généralisation basée sur les végétaux les mieux connus.	Les hépatiques et les mousses sont dépourvues de racines.
L'embranchement des ptéridophytes		
Les fougères et les prèles peuvent produire des fleurs, des fruits et des graines.	Généralisation basée sur les caractéristiques des plantes à fleurs.	Les fougères ne se reproduisent pas au moyen de fruits et de graines, mais au moyen de spores.
Les spores sont de petits fruits ou de petites graines.	Tout ce qui permet la reproduction d'un végétal est considéré comme un fruit ou une graine.	Les spores sont de minuscules paquets de cellules sans structure définie.
L'embranchement des spermaphytes : les gymnospermes		
Les conifères n'ont pas de feuilles et, par conséquent, pas de chlorophylle.	Les aiguilles des conifères semblent très différentes des feuilles des arbres feuillus.	Les aiguilles des conifères sont de petites feuilles.
Tous les conifères conservent leurs aiguilles en hiver.	Les conifères les mieux connus, tels que les sapins, les pins et les épinettes, conservent leurs aiguilles en hiver.	Certains conifères, tels que les mélèzes, perdent leurs aiguilles à l'automne.
L'embranchement des spermaphytes : les angiospermes		
Les plantes à fleurs sont toutes semblables à des tulipes, des roses ou des marguerites.	Les plantes à fleurs les mieux connues sont celles qui sont cultivées dans les jardins.	Il existe des plantes à fleurs très différentes des fleurs de jardin.
La pomme de terre, la tomate et l'aubergine ne peuvent faire partie de la même famille.	Les parties comestibles de la pomme de terre, de la tomate et de l'aubergine sont très différentes.	La classification des plantes à fleurs est basée principalement sur les caractéristiques des fleurs, qui sont toutes semblables pour ces plantes.
Les rosiers, les pommiers et les fraisiers ne peuvent faire partie de la même famille.	Les rosiers, les pommiers et les fraisiers sont des plantes de tailles très différentes.	La classification des plantes à fleurs est basée principalement sur les caractéristiques des fleurs, qui sont toutes semblables pour ces plantes.

La biologie végétale

L'étude de la biologie végétale porte sur la façon dont les végétaux se maintiennent en vie et se reproduisent.

RÉPONSES AUX QUESTIONS 21 À 24

La bonne réponse apparaît en caractères gras.

21. Dans l'intérieur d'un tronc d'arbre, les cellules sont-elles mortes ou vivantes?

a) Elles sont mortes et commencent souvent à se décomposer.

b) Elles sont vivantes, ce qui permet à la sève de monter jusqu'aux feuilles.

c) Elles sont mortes et seule leur paroi rigide subsiste.

d) Elles sont mortes, car elles sont privées de lumière solaire.

e) Elles sont vivantes et l'arbre continue à croître.

22. En quoi consiste la photosynthèse?

a) La production d'énergie, de gaz carbonique et d'eau à partir de glucose et d'oxygène.

b) La production d'énergie, de glucose et d'oxygène à partir de gaz carbonique et d'eau.

c) La production de gaz carbonique et d'eau à partir d'énergie, de glucose et d'oxygène.

d) La production de glucose et d'oxygène à partir d'énergie, de gaz carbonique et d'eau.

e) La production d'énergie, de gaz carbonique et de glucose à partir d'eau et d'oxygène.

23. De quoi sont formées la partie femelle et la partie mâle de la fleur?

a) La partie femelle est formée des pétales, et la partie mâle des sépales.

b) La partie femelle est formée de la corolle, et la partie mâle du pistil.

c) La partie femelle est formée du pistil, et la partie mâle des étamines.

d) La partie femelle est formée des étamines, et la partie mâle du pollen.

e) La partie femelle est formée du réceptacle, et la partie mâle du style.

24. Un concombre est-il un fruit ou un légume?

a) Un fruit, car on peut s'en servir pour faire des cornichons sucrés.
b) Un légume, car on le mange généralement salé.
c) Un fruit, car il contient des graines.
d) Un légume, car il est de la même famille que le céleri et la tomate.
e) Un légume, car il fait partie de la famille des légumineuses.

Des êtres vivants autotrophes. Contrairement aux animaux, qui doivent puiser leur nourriture dans leur environnement et sont dits *hétérotrophes*, les végétaux fabriquent leur propre nourriture et sont dits *autotrophes*. Sans la vie végétale, la vie animale serait impossible.

L'anatomie des végétaux. La plupart des végétaux terrestres possèdent une tige feuillée et un réseau de racines. Il existe des feuilles alternes, opposées et en verticilles. Certains végétaux possèdent des rhizomes, des tubercules ou des bulbes qui sont trois types de tiges souterraines. Le bois est formé de cellules renforcées de lignine, une substance qui donne sa rigidité au bois. Dans le tronc d'un arbre, seules les cellules des couches extérieures, situées sous l'écorce, sont vivantes. Toutes les autres cellules sont mortes et il n'en subsiste que la lignine.

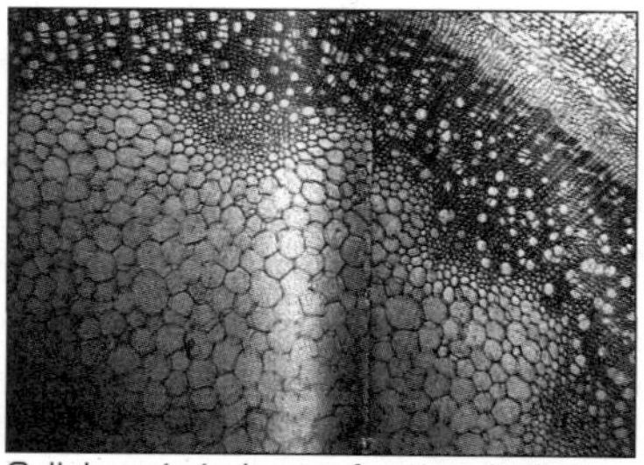
Cellules végétales renforcées de lignine

La photosynthèse. On a longtemps pensé que le seul rôle des végétaux, pour le maintien de la vie animale, était de constituer une source de nourriture. En 1771, Joseph Priestley découvrit qu'une plante rétablissait la qualité de l'air que la respiration d'une souris avait fait diminuer. L'année suivante, il découvrit que ce phénomène ne se produisait qu'en présence de lumière. La découverte de la production de l'oxygène par le naturaliste hollandais Johannes Ingen-Housz (1730-1799), en 1779, de l'utilisation du gaz carbonique par le naturaliste suisse Jean Senebier (1742-1809), en 1782, et du rôle de l'eau dans la respiration de la plante par le chimiste suisse Nicolas de Saussure (1767-1845), en 1804, conduisirent finalement le botaniste allemand Julius von Sachs (1832-1897), en 1864, à la formule chimique de la photosynthèse. Sans les végétaux et le phytoplancton, non seulement les animaux manqueraient de nourriture, mais ils manqueraient également d'oxygène.

La photosynthèse est donc un processus au moyen duquel les végétaux utilisent l'énergie lumineuse pour fabriquer du glucose à partir de gaz carbonique et d'eau, en libérant de l'oxygène :

$$6CO_2 + 6H_2O \longrightarrow C_6H_{12}O_6 + 6O_2$$

La photosynthèse comporte une phase lumineuse et une phase obscure. Au cours de la phase lumineuse, qui nécessite de la lumière, les molécules d'eau sont décomposées pour former de l'adénosinetriphosphate (ATP), qui transporte de l'énergie. Au cours de la phase obscure, qui peut se produire dans l'obscurité, l'énergie de l'ATP est utilisée pour former du glucose. Dans la phase obscure, une petite quantité d'oxygène est utilisée et une petite quantité de gaz carbonique est libérée, ce qui réduit un peu la production totale d'oxygène par les végétaux. Le principal pigment impliqué dans la photosynthèse est la chlorophylle, de couleur verte. Les autres pigments comprennent le carotène, de couleur orangée, les xanthophylles, jaunes, et la phycoérythrine, rouge, qui sont habituellement masqués par la chlorophylle, mais qui deviennent visibles quand celle-ci se dégrade, ce qui explique le changement de couleur des feuilles de plusieurs arbres et plantes, particulièrement à l'automne.

La circulation de la sève. Les systèmes de transport permettent la circulation de diverses substances à l'intérieur d'une plante. La sève monte dans le système vasculaire de la plante grâce à la capillarité, à la pression racinienne causée par l'entrée d'eau dans les racines (par osmose) et à la traction de transpiration causée par l'évaporation de l'eau à la surface des feuilles.

Les tropismes. Les plantes ne peuvent se déplacer, mais utilisent des types de croissance particuliers pour réagir à leur environnement. Par exemple, la croissance de certaines plantes se fait en direction de la lumière (phototropisme) et les racines poussent dans la direction de la pesanteur (géotropisme) ou dans la direction où il y a le plus d'eau (hydrotropisme). Il existe des plantes qui vivent un an (annuelles), deux ans (bisannuelles) ou plus de deux ans (vivaces).

Les fleurs, les fruits et les graines. Un très grand nombre de végétaux se reproduisent au moyen de graines contenues dans des fruits qui se sont formés après la fécondation des fleurs. Le pistil, partie femelle de la fleur, porte les ovules, tandis que les étamines, partie mâle, produisent du pollen.

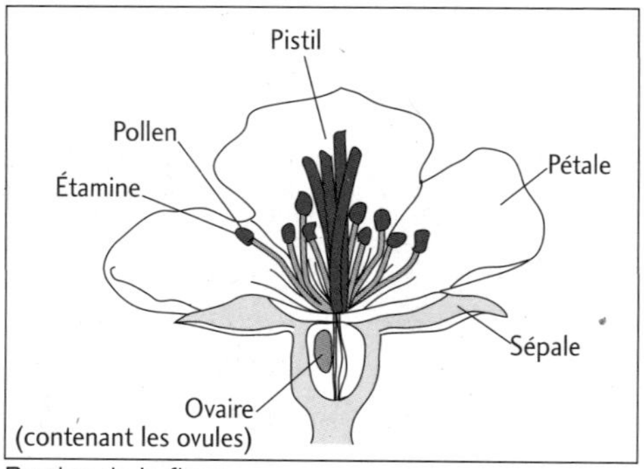

Parties de la fleur

Chez plusieurs plantes, telles que le lis, le pistil et les étamines sont dans la même fleur. Chez certaines plantes, telles que le concombre, le pistil et les étamines sont dans des fleurs différentes. Chez d'autres plantes, telles que l'actinidia (qui produit le kiwi), le pistil et les étamines sont dans des fleurs différentes et sur des pieds différents. Il existe des fleurs uniques, en capitule, en épi, en ombelle et en grappe.

La pollinisation, comprise en 1694 par le savant hollandais Rudolf Camerarius (1665-1721), est le transfert du pollen des parties mâles aux parties femelles. De nombreuses plantes sont capables d'autofécondation. Cependant, celle-ci ne produit pas beaucoup de variation génétique et plusieurs plantes ont développé des méthodes de pollinisation croisée, d'une plante à une autre de la même espèce, qui impliquent l'action d'animaux (surtout les insectes), du vent ou de l'eau. Les graines, formées par les ovules fécondés, contiennent les provisions de nourriture nécessaires pour assurer le début de la croissance de la plante.

Le terme *fruit*, qui s'applique à la noix de coco, au concombre et au pois, désigne la partie de la plante qui contient des graines. Dans un fruit simple, comme le bleuet, la baie est formée de l'ovaire unique d'une seule fleur. Dans un fruit multiple, comme l'orange, chaque quartier provient d'un des ovaires d'une même fleur. Dans un fruit composé, comme l'ananas, les ovaires proviennent de plusieurs fleurs. Les pommes et les fraises sont de faux fruits. Le vrai fruit, dans une pomme, est le trognon situé à l'intérieur du réceptacle charnu, et les vrais fruits, sur une fraise, sont les petits akènes éparpillés à la surface. Plusieurs plantes peuvent se multiplier à l'aide de fruits et de graines ; elles peuvent aussi se multiplier par bouturage de la feuille, de la racine ou de la tige, par marcottage ordinaire ou aérien, par division et par greffage.

CONCEPTIONS FRÉQUENTES	EXPLICATIONS DES CONCEPTIONS	CONCEPTS SCIENTIFIQUES
	L'anatomie des végétaux	
Les rhizomes, les tubercules et les bulbes sont des parties des racines.	Toutes les parties souterraines des plantes sont associées à des racines.	Les rhizomes, les tubercules et les bulbes sont des tiges souterraines.
Le bois est une substance minérale qui ne contient pas de cellules.	Le bois est dur comme du plastique ou de la pierre.	Le bois est formé de couches de cellules mortes renforcées par une substance qui les rend rigides.
Les plantes peuvent entendre des sons.	Il existe une croyance populaire selon laquelle la musique favorise la croissance des plantes.	Les plantes ne possèdent pas d'organe permettant de capter les vibrations de l'air.
	La photosynthèse	
Le principal rôle des végétaux, pour le maintien de la vie animale, est d'être une source de nourriture.	Le rôle le mieux connu des végétaux est celui de source de nourriture.	L'un des rôles les plus importants des plantes est de produire l'oxygène qui permet aux animaux de respirer.
Les plantes ont besoin d'eau, des rayons du Soleil et de terre.	L'eau, le Soleil et la terre sont facilement visibles.	Les plantes ont aussi besoin de gaz carbonique pour pouvoir respirer.
Les plantes utilisent et rejettent les mêmes gaz que le système respiratoire des animaux.	La respiration végétale est associée à la respiration animale.	La plante utilise du gaz carbonique et rejette de l'oxygène.
La matière dont est formée une plante provient surtout des minéraux du sol.	L'importance accordée aux engrais donne l'impression que la plante tire l'essentiel de sa substance du sol.	La matière dont est formée une plante provient surtout du gaz carbonique et de l'eau.
La chlorophylle des arbres feuillus change de couleur à l'automne.	La chlorophylle, bien connue, semble être le seul pigment des arbres feuillus.	La chlorophylle est toujours verte, mais elle disparaît à l'automne, et les autres pigments deviennent plus visibles.
Seules les plantes font de la photosynthèse.	Les organismes les plus souvent mentionnés lorsqu'il est question de la photosynthèse sont les plantes.	Il existe des organismes unicellulaires qui font de la photosynthèse : les protophytes ou algues unicellulaires.
Les végétaux ne rejettent jamais de gaz carbonique.	La réaction chimique principale de la photosynthèse comprend du gaz carbonique et produit de l'oxygène.	Pendant la phase obscure de la photosynthèse, les végétaux utilisent un peu d'oxygène et rejettent un peu de gaz carbonique.
	La circulation de la sève	
La sève monte jusqu'aux feuilles uniquement par capillarité.	La capillarité est le phénomène le mieux connu qui explique que de l'eau monte dans un tube.	La capillarité ne peut faire monter l'eau que de quelques centimètres. La traction de transpiration est donc nécessaire.

CONCEPTIONS FRÉQUENTES	EXPLICATIONS DES CONCEPTIONS	CONCEPTS SCIENTIFIQUES
L'évaporation de l'eau à la surface des feuilles joue le même rôle que la sudation chez les êtres humains.	La physiologie végétale est associée à la physiologie animale.	L'évaporation de l'eau à la surface des feuilles cause la traction de transpiration qui fait monter la sève.
	Les tropismes	
Les plantes ne réagissent pas à leur environnement.	Les plantes peuvent sembler parfaitement immobiles et inertes.	L'existence du phototropisme, du géotropisme et de l'hydrotropisme montre que la plante réagit à son environnement.
Une plante ne peut pousser que dans la terre.	La terre est le milieu habituel de croissance des plantes.	Des cultures hydroponiques, dans de l'eau qui contient des sels minéraux, sont possibles.
Les bourgeons des arbres feuillus se forment au printemps..	Les bourgeons sont plus gros et plus visibles au printemps.	Les bourgeons se forment à l'automne.
Toutes les plantes, à l'exception des arbres, ne vivent qu'un an.	Le froid de l'hiver semble pouvoir tuer toutes les petites plantes.	Il existe plusieurs espèces de plantes vivaces, qui vivent plus d'un an.
	Les fleurs, les fruits et les graines	
Les fleurs de toutes les plantes possèdent un pistil et des étamines.	Les schémas habituels de la fleur la présentent avec un pistil et des étamines.	Certaines plantes ont des fleurs qui ne renferment qu'un pistil ou que des étamines.
Toutes les fleurs sont des fleurs semblables aux fleurs du rosier.	Les schémas habituels de la fleur représentent une fleur de type « fleur unique ».	Il existe des fleurs uniques, en capitule, en épi, en ombrelle et en grappe.
Le pollen est semblable à des spores et pourrait permettre la reproduction de la plante.	Le pollen est souvent présenté comme très important pour la reproduction de la plante.	Le pollen doit féconder un ovule pour que la plante se reproduise.
Les plantes se reproduisent seulement quand les étamines d'une fleur fécondent le pistil de la même fleur.	Les étamines d'une fleur unique sont juste à côté de son pistil.	La plupart des plantes se reproduisent par pollinisation croisée, quand les étamines d'une fleur fécondent le pistil d'une autre fleur.
La pollinisation par les insectes est équivalente à l'autofécondation à l'intérieur d'une même fleur.	Tous les grains de pollen et tous les ovules d'une même espèce de fleurs semblent identiques.	La pollinisation croisée, qui résulte en bonne partie du transport du pollen par les insectes, produit des variations génétiques importantes pour la santé des espèces de plantes.
Un obstacle peut facilement empêcher une graine de germer et une plante de pousser.	Une petite pousse de plante semble très fragile.	Certaines pousses peuvent briser de l'asphalte et du béton.

CONCEPTIONS FRÉQUENTES	EXPLICATIONS DES CONCEPTIONS	CONCEPTS SCIENTIFIQUES
La tomate, le concombre ou le haricot sont des « légumes ».	Dans le langage courant, les parties des plantes qui se mangent plutôt salées que sucrées sont appelées des « légumes ».	La formation des tomates, des concombres et des haricots résulte de la fécondation des fleurs ; ce sont donc des fruits. De plus, le terme légume peut difficilement être défini de façon univoque.
Tous les fruits sont des fruits simples, comme le bleuet ou la cerise.	Tous les fruits sont placés dans une même grande catégorie générale.	Il existe des fruits simples, des fruits multiples, des fruits composés et des faux fruits.
Les plantes à fleurs ne peuvent se multiplier qu'au moyen de fruits et de graines.	Les fruits et les graines sont le mode habituel de reproduction des plantes à fleurs.	Les plantes à fleurs peuvent aussi se reproduire de façon asexuée.

Les animaux

Les animaux sont des êtres vivants organisés, doués de mobilité, de sensibilité et se nourrissant de substances organiques.

RÉPONSES AUX QUESTIONS 25 À 31

La bonne réponse apparaît en caractères gras.

25. Que sont les éponges naturelles?

a) Des animaux.
b) Des algues.
c) Des champignons.
d) Des mousses.
e) Des groupes d'unicellulaires.

26. De quoi un récif de corail est-il formé?

a) De squelettes de micro-organismes.
b) De lave océanique refroidie.
c) De roches sédimentaires.
d) De coquilles de mollusques agglomérées.
e) De sels marins cristallisés.

27. Lequel des animaux qui suivent *n'est pas* un mollusque?

a) L'escargot.

b) La sangsue.

c) L'huître.

d) La pieuvre.

e) La limace.

28. Lequel des animaux qui suivent n'est pas un insecte?

a) La chenille.

b) Le termite.

c) La libellule.

d) La puce.

e) Le mille-pattes.

29. Lequel des animaux qui suivent possède un squelette constitué uniquement de cartilage?

a) Le requin.

b) L'étoile de mer.

c) L'esturgeon.

d) Le crabe.

e) La sardine.

30. Lequel des animaux qui suivent *n'est pas* un amphibien?

a) La salamandre.

b) La grenouille.

c) Le crapaud.

d) Le lézard.

e) La rainette.

31. Lequel des animaux qui suivent est le plus proche parent actuel des êtres humains?

a) Le tarsier.

b) Le chimpanzé.

c) Le babouin.

d) L'orang-outan.

e) Le gorille.

L'embranchement des spongiaires. Les spongiaires regroupent les éponges, des invertébrés marins très simples dépourvus d'organes qui filtrent l'eau pour en extraire les particules alimentaires et qui sont parfois confondus avec des végétaux. L'espèce d'éponge la plus connue est celle qui peut être utilisée comme éponge de toilette, car elle absorbe une grande quantité d'eau et est douce au toucher.

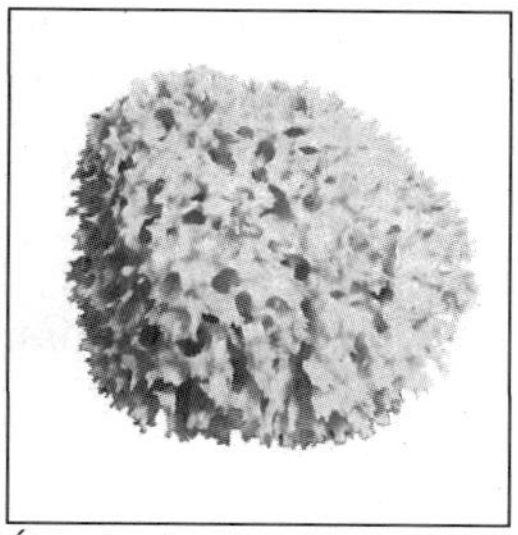
Éponge

L'embranchement des cnidaires. Les cnidaires réunissent d'autres invertébrés marins simples, dont la classe des hydrozoaires (hydres), la classe des scyphozoaires (méduses), qui nagent en contractant et en relâchant leur ombrelle, et la classe des anthozoaires (anémones de mer, coraux).

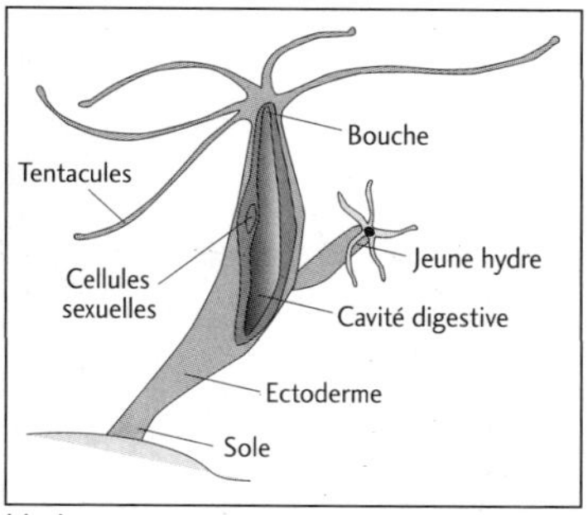

Hydre

L'embranchement des plathelminthes. Les plathelminthes, qui sont des invertébrés, souvent parasites, comprennent entre autres classes les trématodes (douves) et les cestodes (ténias). La douve du foie infeste le bétail, tandis que le ténia du porc s'installe parfois aussi dans l'intestin de l'être humain.

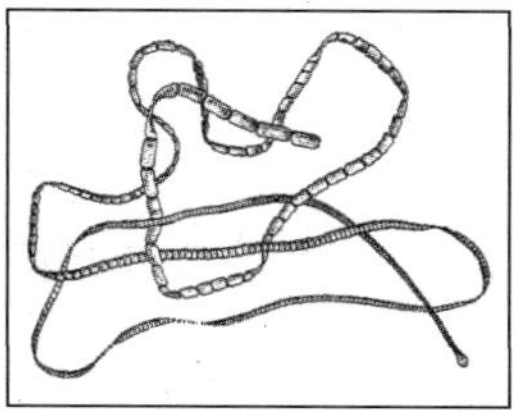
Ténia du porc

L'embranchement des nématodes. Les nématodes qui sont des invertébrés, comprennent diverses espèces de vers au corps rond, sans anneaux, qui vivent dans l'eau, sur terre ou parasitent d'autres organismes.

L'embranchement des mollusques. Les mollusques sont des invertébrés au corps mou et humide, parfois protégé par une coquille. Ils comprennent notamment la classe des gastéropodes (escargots et limaces), la classe des pélécypodes (palourdes et moules) et la classe des céphalopodes (pieuvres et calmars).

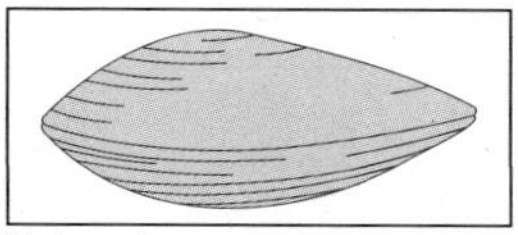
Palourde

L'embranchement des annélides. Chez les annélides, qui sont des invertébrés, plusieurs espèces de vers segmentés sont regroupées dans la classe de polychètes (arénicoles) et la classe des clitellates (lombrics et sangsues).

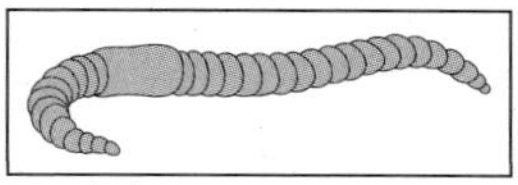
Lombric

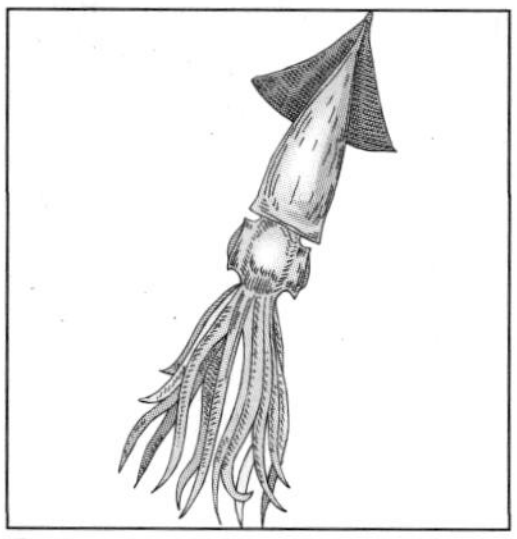
Calmar

L'embranchement des arthropodes. L'embranchement des arthropodes, invertébrés articulés pourvus d'un exosquelette, comprend d'abord le sous-embranchement des trachéates, qui renferme, entre autres classes, les diplopodes (mille-pattes).

Il comprend aussi la classe des hexapodes dont fait partie principalement la sous-classe des insectes qui constituent les trois quarts de toutes les espèces animales sur la Terre. Le corps de tous les insectes est divisé en trois parties: la tête, où se trouvent les pièces buccales et les organes sensoriels, le thorax, auquel sont reliées les trois paires de pattes et les ailes, et l'abdomen, qui renferme l'appareil digestif et les organes reproducteurs. Parmi les principaux ordres de la sous-classe des insectes se trouvent:

ORDRE	**ÉPHÉMÉROPTÈRES**	**ISOPTÈRES**	**ORTHOPTÈRES**
ESPÈCES	Éphémères	Termite	Sauterelles et grillons
EXEMPLE		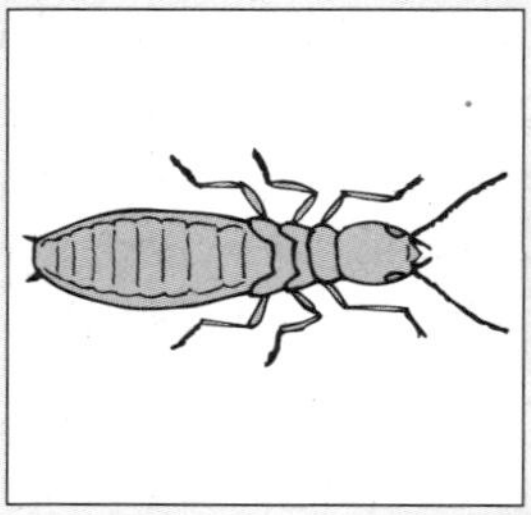	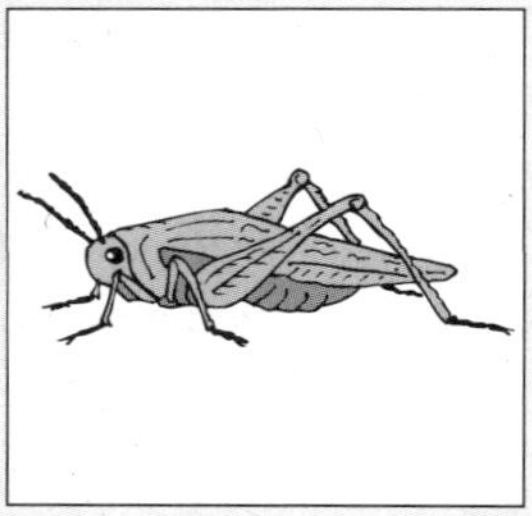 Grillon

ORDRE	**DERMAPTÈRES**	**ODONATES**	**HÉMIPTÈRES**
ESPÈCES	Perce-oreilles	Libellule	Punaise
EXEMPLE			

ORDRE	**HYMÉNOPTÈRES**	**LÉPIDOPTÈRES**
ESPÈCES	Fourmis, abeilles, guêpes	Papillons
EXEMPLE	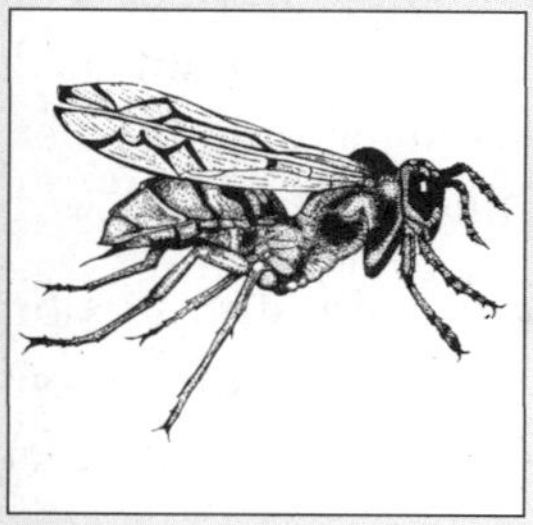 Guêpe	 Papillon monarque

ORDRE	**COLÉOPTÈRES**	**SIPHONAPTÈRES**	**DIPTÈRES**
ESPÈCES	Coccinelles	Puces	Mouches et moustiques
EXEMPLE	Non illustré	Non illustré	Non illustré

L'embranchement des arthropodes comprend aussi le sous-embranchement des crustacés, dont font partie la classe des branchiopodes (puces d'eau), la classe des cirripèdes (anatifes), crustacés marins, et la classe des malacostracés (homards, crabes, crevettes et cloportes).

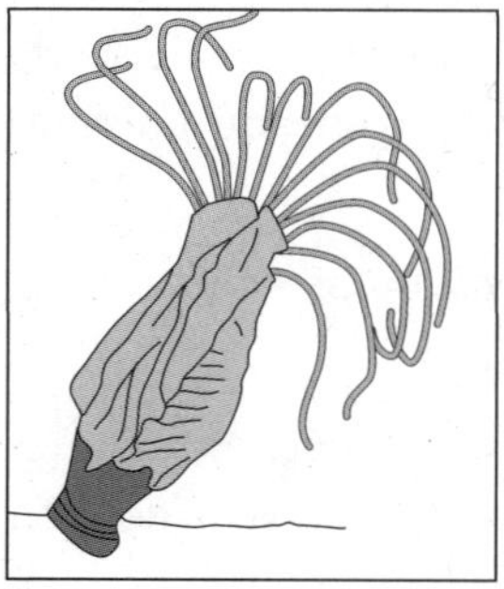
Anatife

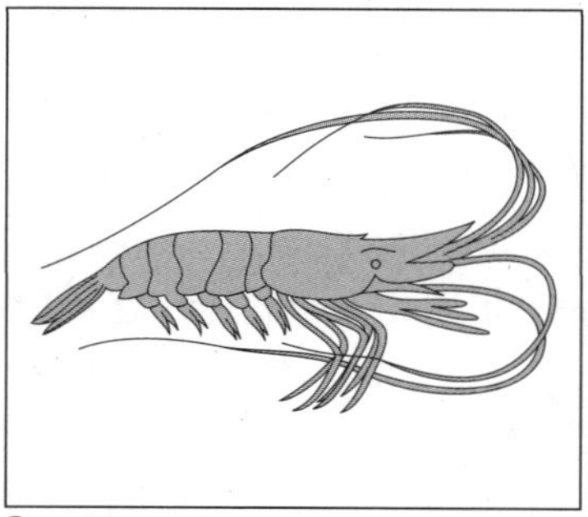
Crevette

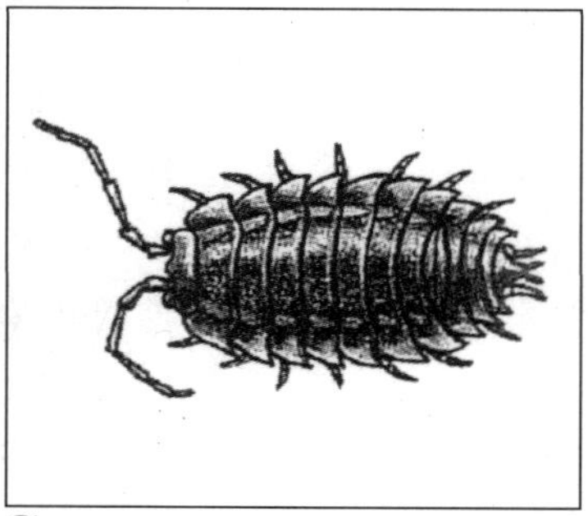
Cloporte

L'embranchement des arthropodes comprend enfin le sous-embranchement des chélicérates, qui renferme entre autres classes les mérostomes (limules) et les arachnides (araignées, scorpions, acariens, tiques).

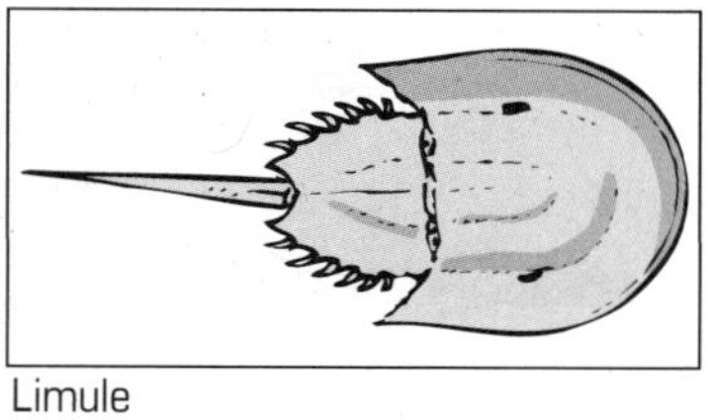
Limule

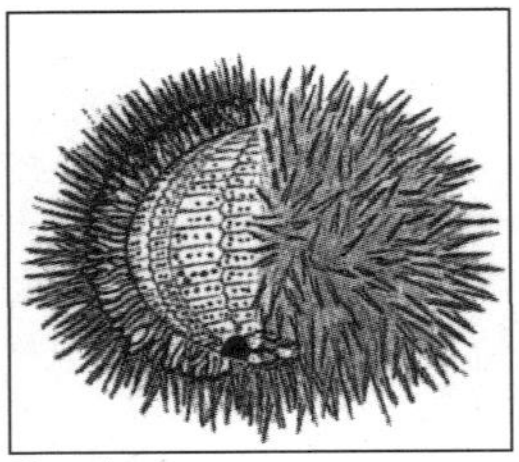
Oursin

L'embranchement des échinodermes. Chez les échinodermes, invertébrés marins dont le corps présente une symétrie radiale, on trouve la classe des holothurides (concombres de mer), la classe des échinides (oursins et dollars des sables), la classe des astérides (étoiles de mer, ophiures) et la classe des crinoïdes (lys de mer, comatules).

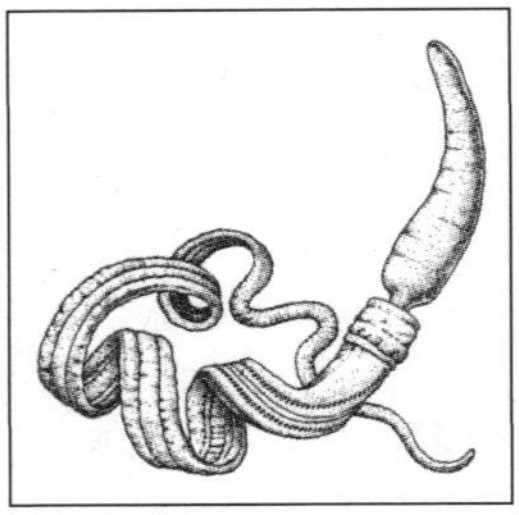
Balanoglosse

Divers embranchements mineurs. Les brachiopodes (lingules) et les hémicordés (balanoglosses) regroupent d'autres invertébrés qui sont tous de petits organismes marins.

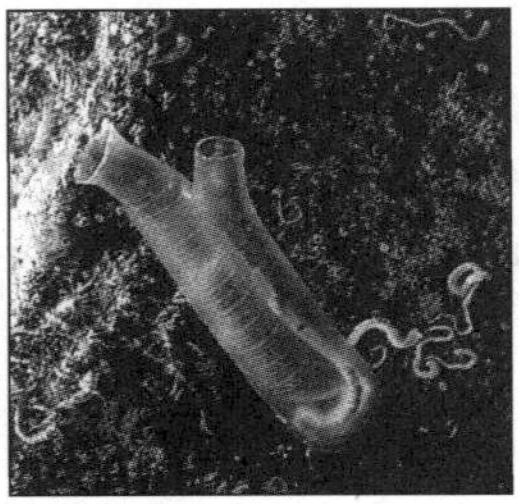
Tunicier

L'embranchement des cordés. Les cordés, animaux possédant un tube neural dorsal, comprennent le sous-embranchement des urocordés (tuniciers), le sous-embranchement des céphalocordés (lancelets), qui regroupent tous deux des invertébrés aquatiques, et, surtout, le sous-embranchement des vertébrés.

Ce sous-embranchement des vertébrés comprend la superclasse des agnathes, poissons sans mâchoire (lamproies), et la superclasse des gnathostomes, celle des vertébrés avec mâchoire.

Lancelet

Dans la superclasse des gnathostomes se trouvent deux classes de poissons, qui sont des vertébrés au corps profilé et muni d'écailles qui vivent dans l'eau et respirent à l'aide de branchies. Il y a la classe des chondrichthyens, ou poissons cartilagineux (requins, raies).

Il y a aussi la classe des ostéichthyens, ou poissons osseux, qui se subdivisent en trois superordres :

– les crossoptérygiens, poissons à mâchoire lobée, représentés par une seule espèce vivante, le cœlacanthe. Ce poisson, dont on

Lamproie

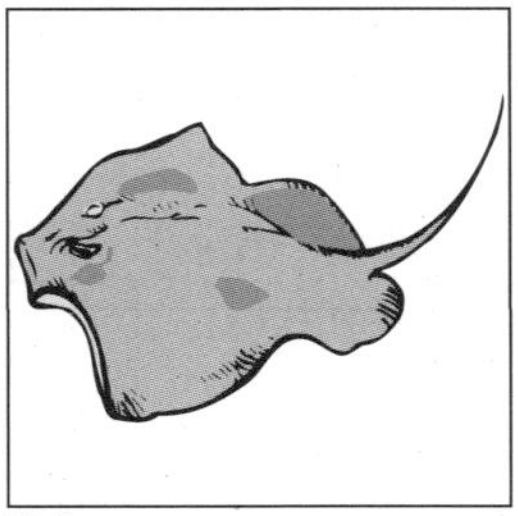
Raie

Cœlacanthe

connaissait des fossiles mais qu'on croyait disparu depuis au moins 80 millions d'années, fut découvert en 1938 au large des côtes de l'Afrique du Sud ;

- les dipneustes, des poissons pulmonés qui respirent aussi bien par leurs branchies que par leurs poumons (lépidosirènes) ;

Lépidosirène

- les actinoptérygiens, poissons à nageoires rayonnées dont font partie la plupart des poissons actuels. Ce superordre comprend principalement les ordres suivants :

ORDRE	**BRACHIOPTÉRYGIENS**	**CHONDROSTÉENS**	**HOLOSTÉENS**
ESPÈCES	Polyptères	Esturgeons	Lépisostée
EXEMPLES	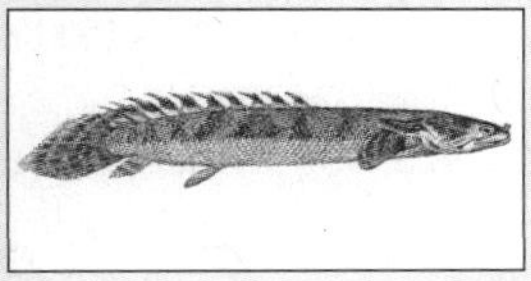	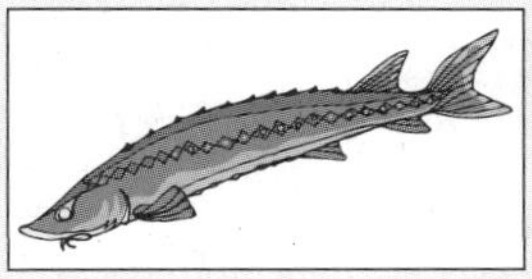	

Ainsi que plusieurs ordres de poissons osseux téléostéens tels que :

ORDRE	**OSTÉOGLOSSIFORMES**	**ÉLOPIFORMES**	**ANGUILLIFORMES**
ESPÈCES	Mormyres, arapaïmas	Tarpons	Anguille
EXEMPLES	 Mormyre	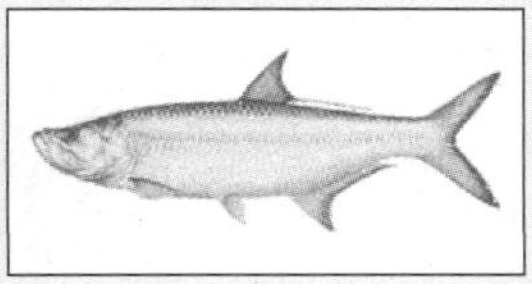	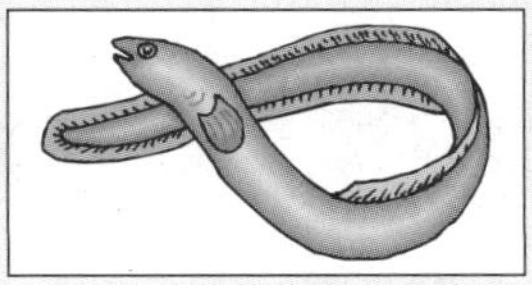

ORDRE	**CLUPÉIFORMES**	**CYPRINIFORMES**	**SALMONIFORMES**
ESPÈCES	Harengs, sardines, aloses	Carpes	Brochets, saumons, truites
EXEMPLES	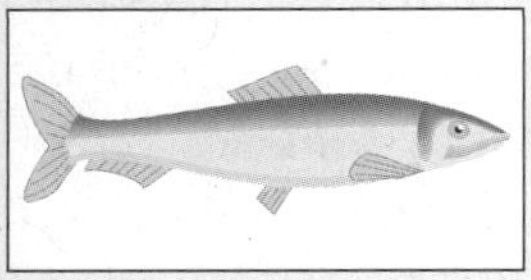 Hareng		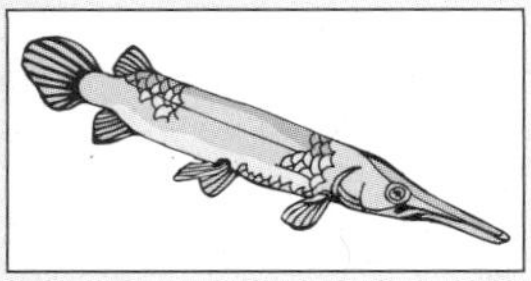 Brochet

ORDRE	**MYCTOPHIFORMES**	**GADIFORMES**	**HOLOSTÉENS**
ESPÈCES	Poissons-lanternes	Morue	Lépisostée
EXEMPLES			

ORDRE	**ORPHIDIIFORMES**	**LOPHIIFORMES**	**CYPRINODONTIFORMES**
ESPÈCES	Aurin	Baudroie	Guppy
EXEMPLES		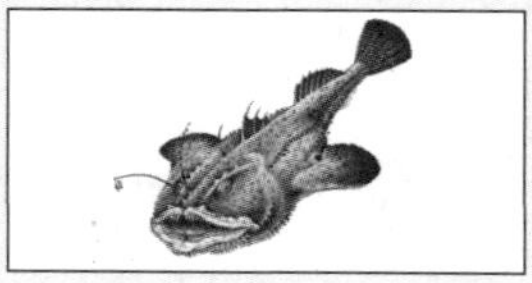	

ORDRE	**ATHÉRINIFORMES**	**GASTÉROTÉIFORMES**	**SYNGNATHIFORMES**
ESPÈCES	Exocet (poisson volant)	Épinoche	Hippocampe
EXEMPLES		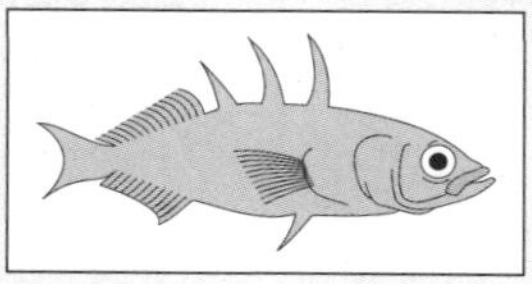	

ORDRE	**PERCIFORMES**	**PLEURONECTIFORMES**	**TÉTRAODONTIFORMES**
ESPÈCES	Perche, maquereau	Soles, plies, turbots	Tétrodon (poisson-globe)
EXEMPLES	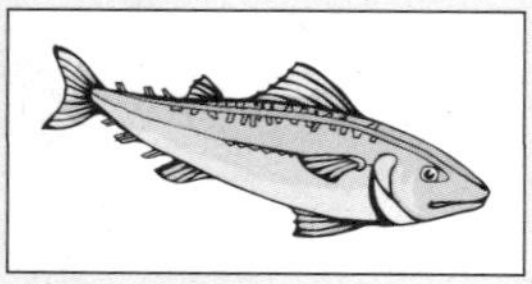 Maquereau	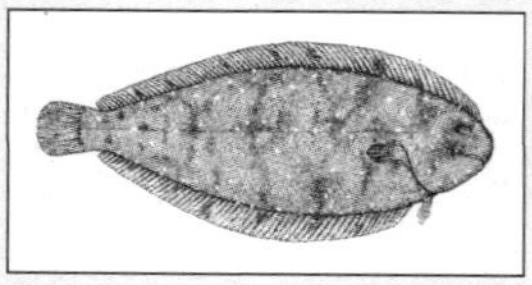 Sole	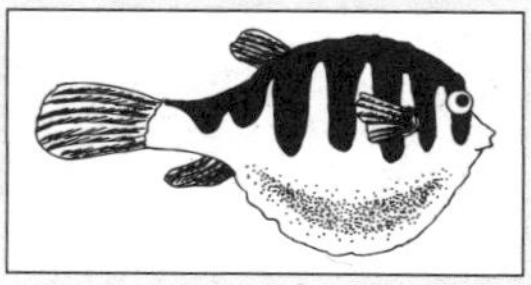

Dans la superclasse des gnathostomes se trouve aussi la classe des amphibiens ou batraciens, qui furent les premiers vertébrés à développer des pattes à la place des nageoires et à se déplacer sur la terre sèche. Cette superclasse comprend l'ordre des urodèles (salamandres, tritons), l'ordre des anoures (grenouilles, crapauds) et l'ordre des apodes (cécilies).

Salamandre

La superclasse des gnathostomes comprend aussi la classe des reptiles, vertébrés à la peau écailleuse et aux œufs hermétiquement clos, qui comprend la sous-classe des archosauriens (crocodiles, alligators), la sous-classe des anapsidés (tortues) et la sous-classe de lépidosauriens (lézards, serpents, sphénodons). Tous les dinosaures, qui disparurent il y a 65 millions d'années, étaient des reptiles.

Crocodile

Dans la superclasse des gnathostomes prend place aussi la classe des oiseaux, vertébrés pourvus de plumes qui pondent des œufs protégés par une coquille, qui réunit les ordres suivants :

ORDRE	**PSITTACIFORMES**	**STRUTHIONIFORMES**	**ANSÉRIFORMES**
ESPÈCES	Perroquets, perruches, cacatoès	Autruches	Canards, oies, cygnes
ORDRE	**RHÉIFORMES**	**CASUARIIFORMES**	**APTÉRYGIFORMES**
ESPÈCES	Nandous	Casoars, émeus	Kiwi
EXEMPLES		 Casoar	
ORDRE	**TINAMIFORMES**	**SPHÉNISCIFORMES**	**GAVIIFORMES**
ESPÈCES	Tinamou	Manchot	Plongeons, huards
EXEMPLES			 Huard

ORDRES	**PODICIPÉDIFORMES**	**PROCELLARIIFORMES**	**PÉLÉCANIFORMES**
ESPÈCES	Grèbe	Pétrels, albatros, puffins	Pélicans, fous, cormorans, frégates
EXEMPLES		 Albatros	 Pélican

ORDRES	**CICONIIFORMES**	**GALLIFORMES**	**GRUIFORMES**
ESPÈCES	Hérons, butors, flamants, ibis, spatules, cigognes	Dindes, faisans, perdrix, paons	Grues, râles, foulques, outardes
EXEMPLES	 Héron	 Faisan	 Grue

ORDRES	**CHARADRIIFORMES**	**PTÉROCLIDIFORMES**	**CUCULIFORMES**
ESPÈCES	Pluviers, goélands, sternes, pingouins	Ganga	Coucous, coureurs des routes
EXEMPLES	 Pluvier	 Ganga	 Coureur des routes

ORDRES	**FALCONIFORMES**	**COLUMBIFORMES**	**STRIGIFORMES**
ESPÈCES	Aigles, faucons, vautours, buses, éperviers	Colombes, pigeons	Chouettes, hiboux, effraies

ORDRES	**CAPRIMULGIFORMES**	**APODIFORMES**	**COLIIFORMES**
ESPÈCES	Engoulevents, guacharos	Colibris, martinets	Coliou
EXEMPLES	 Engoulevent	 Colibri	

ORDRES	**TROGNONIFORMES**	**CORACIIFORMES**	**PICIFORMES**
ESPÈCES	Quetzal	Martins-pêcheurs, huppes, calaos	Pics, jacamars, toucans
EXEMPLES		 Martin-pêcheur	 Pic

ORDRES	**PASSÉRIFORMES**
ESPÈCES	Alouettes, hirondelles, grives, parulines, moineaux, pinsons, étourneaux, corbeaux, paradisiers
EXEMPLES	 Alouette

Ornithorynque

Opossum

Koala

Dans la superclasse des gnathostomes se trouve enfin la classe des mammifères, des vertébrés pourvus de poils et allaitant leurs petits, qui comprend d'abord la sous-classe des protothériens, des mammifères qui pondent des œufs (ordre des monotrèmes : ornithorynques, échidnés). Quand l'ornithorynque fut découvert, en 1798, tous les scientifiques du British Museum à qui le premier spécimen fut envoyé crurent d'abord à un canular. En effet, personne ne pouvait croire qu'un tel animal, recouvert de fourrure, muni d'un bec de canard, aux pattes palmées et portant une queue de castor, et qui, par surcroît, pondait des œufs et allaitait ses petits, puisse exister.

Les gnathostomes renferment aussi la sous-classe des thériens, qui comprend deux superordres. Le premier est le superordre des marsupiaux, dont les petits terminent leur développement dans une poche ventrale (kangourous, opossums, koalas). Il existe des souris marsupiales, des taupes marsupiales, des chats marsupiaux et des fourmiliers marsupiaux, ce qui est un exemple frappant de convergence évolutive, c'est-à-dire d'une évolution qui donne de grandes ressemblances à des animaux non apparentés qui empruntent des modes de vie semblables.

Le second est le superordre des euthériens, mammifères placentaires se développant dans l'utérus de la mère, qui comprend entre autres :

- l'ordre des insectivores (musaraignes, taupes, hérissons) ;
- l'ordre des chiroptères (chauves-souris) ;
- l'ordre des carnivores, qui réunit entre autres familles les canidés (chiens, loups, renards), les ursidés (ours), les mustélidés (belettes, hermines, mouffettes, visons, loutres), les rocyonidés (ratons laveurs), les félidés (chats, jaguars, tigres, lions), les hyænidés (hyènes), les otariidés (otaries), les phocidés (phoques), les odobénidés

Hérisson

Chauve-souris

Loutre

Hyène

Morse

(morses) et les fissipèdes (pandas), ces derniers étant des carnivores qui se sont adaptés à un régime végétal;

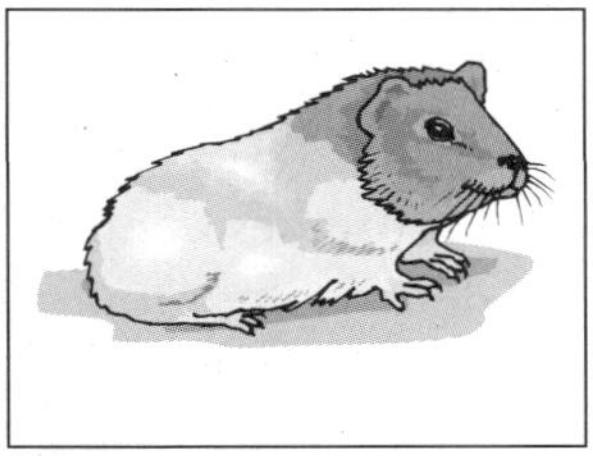
Cobaye

- l'ordre des rongeurs, qui comprend notamment les familles suivantes: caviomorphes (cobayes), hystricomorphes (porcs-épics), myomorphes (rats, souris) et sciuromorphes (écureuils, castors);
- l'ordre des xénarthres, dont les familles myrmécophagidés (fourmiliers), bradipodidés (aï ou paresseux à trois doigts) et dasypodidés (tatous);

Grand fourmilier (tamanoir)

- l'ordre des pholidotes (pangolins);
- l'ordre des tubulidentés (oryctéropes);

Pangolin

- l'ordre des périssodactyles, animaux à sabots (ongulés) ayant un nombre impair de doigts à chaque pied, qui comprend notamment les familles suivantes: équidés (chevaux, ânes, zèbres), rhinocérotidés (rhinocéros) et tapiridés (tapirs);

Oryctérope

Zèbre

- l'ordre des artiodactyles, animaux à sabots (ongulés) ayant un nombre pair de doigts à chaque pied, qui comprend notamment les familles suivantes: camélidés (dromadaires, chameaux), giraffidés (girafes), cervidés (chevreuils, daims, élans ou orignaux), bovidés (vaches, moutons, chèvres) et tayassuidés (pécaris) ;

Pécari

- l'ordre des proboscidés, animaux au « nez long », qui comprend uniquement la famille des éléphantidés (éléphants) ;
- l'ordre des odontocètes, « baleines à dents », dont font partie notamment les familles suivantes : delphinidés (dauphins, orques), physétéridés (cachalots) et monodontidés (narvals, bélougas) ;

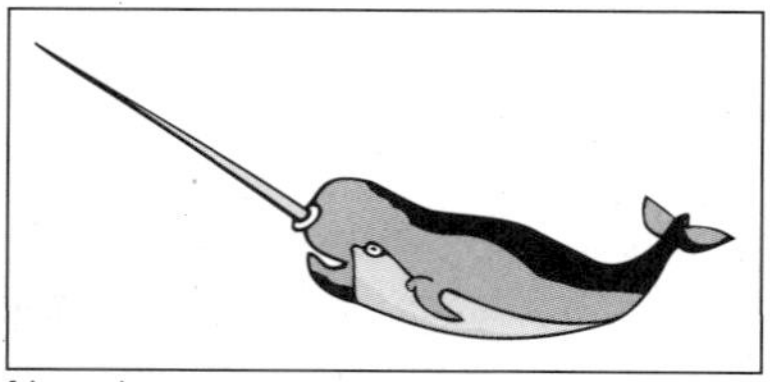
Narval

- l'ordre des mysticètes, « baleines à moustaches », qui comprend entre autres familles les rorquals, les baleines grises et les baleines franches;

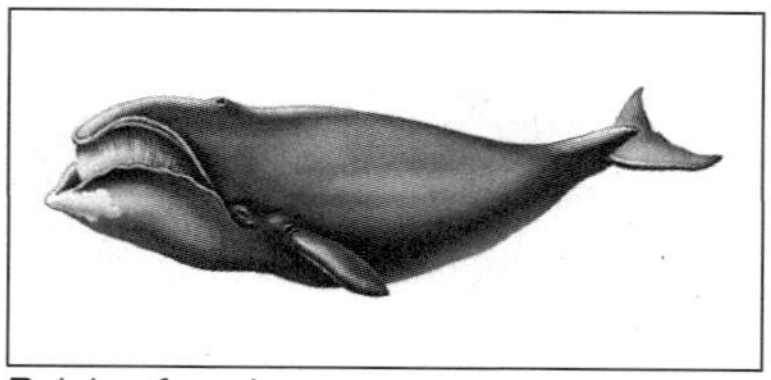
Baleine franche

- l'ordre des primates, mammifères possédant des doigts et des orteils flexibles ainsi que des yeux dirigés vers l'avant, qui comprend deux sous-ordres. Le premier est le sous-ordre des promisiens (lémurs, tarsiens, loris).

Tarsier

Le second est le sous-ordre des anthropoïdes, qui comprend:

La superfamille des cébidés, ou singes du Nouveau Monde (ouistitis, tamarins, hurleurs).

La superfamille des cercopithèques ou singes de l'Ancien Monde (mandrills, macaques, babouins).

Ouistiti

La superfamille des hominoïdes (gibbons, orangs-outans, gorilles, chimpanzés, êtres humains). Les chimpanzés sont les plus proches parents actuels des êtres humains.

Macaque rhésus

Gibbon

CONCEPTIONS FRÉQUENTES	EXPLICATIONS DES CONCEPTIONS	CONCEPTS SCIENTIFIQUES
L'embranchement des spongiaires		
Les éponges sont des végétaux.	L'apparence extérieure des éponges est semblable à celle de certaines plantes aquatiques.	L'anatomie des éponges de même que les cellules de leur organisme sont très différentes de celles des végétaux.
L'embranchement des cnidaires		
La méduse fait partie de la même famille que la pieuvre.	Les animaux qui nagent en contractant et en relâchant leur corps sont placés dans une même catégorie.	La méduse est un invertébré simple, tandis que la pieuvre est un mollusque.
Les coraux sont des roches.	Les récifs coralliens ressemblent à des formations rocheuses.	Les récifs coralliens sont des accumulations des minuscules cloisons en calcaire laissées par les coraux.
L'embranchement des mollusques		
Les mollusques sont tous de petits animaux comme l'escargot, la limace et la moule.	Les mollusques les mieux connus sont de petits animaux.	La pieuvre et le calmar sont aussi des mollusques.
L'embranchement des annélides		
Les vers de terre et les chenilles appartiennent à la même famille.	L'apparence extérieure des chenilles est un peu semblable à celle des vers de terre.	Les vers conservent la même forme toute leur vie, tandis que les chenilles connaissent des métamorphoses, ce qui les situe dans des familles très différentes.
Les vers de terre aiment se chauffer au soleil.	La forme des vers de terre ressemble à celle des serpents, qui se chauffent au soleil.	Les vers de terre ne peuvent survivre que dans un milieu humide, à l'abri des rayons du Soleil.
L'embranchement des arthropodes: les diplopodes		
Le mille-pattes est un insecte.	Tous les petits animaux qui ressemblent un peu à des insectes sont placés dans une même catégorie.	Le mille-pattes est un arthropode de la famille des diplopodes.

CONCEPTIONS FRÉQUENTES	EXPLICATIONS DES CONCEPTIONS	CONCEPTS SCIENTIFIQUES
L'embranchement des arthropodes : les insectes		
Les insectes ne sont pas des animaux.	Les exemples courants d'animaux sont presque toujours des vertébrés.	Les insectes, les araignées, les mille-pattes et les vers sont tous des animaux.
Le nombre d'espèces d'insectes est relativement petit, de l'ordre de quelques dizaines.	Seul un nombre réduit d'espèces d'insectes est bien connu.	Il existe plus d'un million d'espèces d'insectes, et l'on en découvre environ 10 000 par année.
Un insecte a des organes semblables à ceux d'un mammifère.	L'anatomie des insectes est associée à celle des animaux les mieux connus.	L'anatomie d'un insecte est très différente de celle d'un mammifère.
Les pattes d'un insecte sont reliées aux trois parties de son corps.	Un lien direct est établi entre les trois parties du corps et les trois paires de pattes.	Les six pattes d'un insecte sont reliées à son thorax.
Les chenilles ont un grand nombre de paires de pattes.	Une observation rapide des chenilles donne l'impression qu'elles ont un grand nombre de paires de pattes identiques.	Les chenilles, comme tous les insectes, n'ont que trois paires de vraies pattes.
Les papillons ne font pas partie de la sous-classe des insectes.	L'apparence extérieure des papillons est assez différente de celle de plusieurs autres espèces d'insectes.	Les papillons sont des insectes de l'ordre des lépidoptères.
L'embranchement des arthropodes : les crustacés		
Les crustacés sont des poissons.	Tous les animaux mobiles qui vivent dans l'eau sont considérés comme des poissons.	L'anatomie des crustacés est très différente de celle des poissons.
L'embranchement des arthropodes : les arachnides		
Les araignées sont des insectes.	Tous les petits animaux qui ressemblent un peu à des insectes sont placés dans une même catégorie.	Les araignées sont des arthropodes de la classe des arachnides.
Toutes les araignées sont vénéneuses.	Les araignées sont souvent présentées comme des animaux dangereux.	Plusieurs espèces d'araignées, telles que la faucheuse, sont inoffensives.
L'embranchement des échinodermes		
Les échinodermes, tels que les étoiles de mer et les oursins, sont des végétaux.	Les étoiles de mer et les oursins ressemblent un peu à certaines plantes aquatiques.	Les étoiles de mer et les oursins sont des animaux relativement complexes.
L'embranchement des cordés : les poissons		
La lamproie et le poisson-suceur appartiennent à la classe des sangsues.	La lamproie et le poisson suceur possèdent une bouche en forme de ventouse qui ressemble à celle des sangsues.	La lamproie et le poisson suceur sont des poissons, tandis que les sangsues sont des vers.

CONCEPTIONS FRÉQUENTES	EXPLICATIONS DES CONCEPTIONS	CONCEPTS SCIENTIFIQUES
Tous les poissons ont un squelette osseux.	La plupart des espèces de poissons ont un squelette osseux.	Le requin possède un squelette cartilagineux.
Les poissons possèdent des poumons.	Le système respiratoire le mieux connu est celui des amphibiens, des reptiles et des mammifères.	Les poissons, sauf les dipneustes, ne respirent pas par des poumons, mais par des branchies.
L'embranchement des cordés : les amphibiens		
Les amphibiens se reproduisent et se développent de la même façon que les reptiles.	Tous les animaux à sang froid sont classés dans une même catégorie.	Les amphibiens doivent pondre leurs œufs dans l'eau, ce qui n'est pas le cas des reptiles.
Les salamandres et les tritons sont des espèces de lézards.	L'apparence extérieure des salamandres et des tritons est semblable à celle des lézards.	Les salamandres et les tritons sont des amphibiens.
L'embranchement des cordés : les reptiles		
Les reptiles sont moins évolués que les amphibiens.	Les reptiles sont souvent associés à des animaux primitifs.	Les amphibiens sont apparus sur la Terre avant les reptiles.
Les œufs des reptiles sont semblables à ceux des amphibiens.	Les œufs des animaux à sang froid sont tous placés dans une même catégorie générale.	Les œufs des reptiles, contrairement à ceux des amphibiens, sont des œufs amniotiques hermétiquement clos, ce qui rend les reptiles mieux adaptés à une vie sur la terre ferme.
Les reptiles mettent leurs petits au monde comme des mammifères.	Le système de reproduction des vertébrés est placé dans une seule catégorie.	Tous les reptiles pondent des œufs.
L'embranchement des cordés : les oiseaux		
Les oiseaux sont complètement différents des reptiles.	Certaines caractéristiques évidentes des oiseaux, telles que les plumes et le fait de voler, sont différentes de celles des reptiles actuels.	Les oiseaux et les reptiles ont plusieurs caractéristiques communes.
Les chouettes peuvent voir dans l'obscurité totale.	Le fait que les chouettes puissent capturer des proies pendant la nuit peut donner l'impression qu'elles voient dans l'obscurité totale.	Les chouettes ont besoin d'un peu de lumière pour voir.
Tous les oiseaux ont une durée de vie relativement courte.	La vie de plusieurs espèces d'oiseaux bien connues est relativement courte.	Certaines espèces d'oiseaux, telles que le perroquet, ont une durée de vie comparable à celle des êtres humains.

CONCEPTIONS FRÉQUENTES	EXPLICATIONS DES CONCEPTIONS	CONCEPTS SCIENTIFIQUES
L'embranchement des cordés : les mammifères		
Un animal qui pond des œufs ne peut pas être un mammifère.	La très grande majorité des mammifères ne pondent pas d'œufs.	Il existe trois espèces de mammifères qui pondent des œufs, dont l'ornithorynque.
Les petits de tous les mammifères se développent complètement dans l'utérus de la mère.	Les petits des mammifères les mieux connus se développent complètement dans l'utérus de la mère.	Les petits de certaines espèces de mammifères se développent complètement dans un œuf ou terminent leur développement dans la poche ventrale de la mère.
La poche ventrale des marsupiaux sert simplement à transporter les petits et à les tenir au chaud.	Transporter les petits et les tenir au chaud sont les rôles les plus évidents de la poche ventrale des marsupiaux.	La poche ventrale des marsupiaux permet surtout le développement des petits qui naissent incomplètement développés.
Les dauphins et les baleines sont des poissons.	Tous les animaux qui vivent dans l'eau et dont la forme ressemble à celle d'un poisson sont considérés comme des poissons.	Les dauphins et les baleines sont des mammifères marins.
Les gorilles sont les plus proches parents des êtres humains.	La taille des gorilles est semblable à celle des êtres humains.	Les chimpanzés sont les plus proches parents des êtres humains.

La biologie animale

L'étude de la biologie animale porte sur la façon dont les animaux se maintiennent en vie et se reproduisent.

RÉPONSES AUX QUESTIONS 32 À 37

La bonne réponse apparaît en caractères gras.

32. Pourquoi l'estomac, qui sécrète de l'acide gastrique très corrosif, ne se digère-t-il pas lui-même ?

a) Parce qu'il est recouvert d'une membrane interne très résistante.

b) Parce que l'acide gastrique imbibe surtout les aliments.

c) Parce qu'il sécrète aussi un liquide basique.

d) Parce qu'il sécrète aussi un mucus protecteur.

e) Parce que l'acide gastrique s'écoule rapidement hors de l'estomac.

33. Pourquoi Louis Pasteur est-il célèbre?

a) Il proposa un système de classification des bactéries.

b) Il proposa l'amélioration des mesures d'hygiène dans les hôpitaux.

c) Il montra le rôle important des micro-organismes dans plusieurs maladies.

d) Il découvrit les premiers antibiotiques.

e) Il découvrit le rôle pathogène de plusieurs virus.

34. Quelle partie de l'œil contient les photorécepteurs sensibles à la lumière?

a) Le cristallin.

b) Le nerf optique.

c) La rétine.

d) La cornée.

e) L'iris.

35. Certaines infections de l'oreille peuvent occasionner une perte temporaire du sens de l'équilibre. Elles affectent:

a) le tympan.

b) le conduit auditif.

c) l'enclume.

d) l'oreille moyenne.

e) les canaux semi-circulaires.

36. Certains animaux se reproduisent par des œufs, mais les conservent dans leurs voies génitales jusqu'à l'éclosion des petits. Ces animaux sont:

a) hybrides.

b) ovovivipares.

c) vivipares.

d) ovipares.

e) asexués.

37. Lesquels des insectes qui suivent subissent une métamorphose complète au cours de leur développement?

a) le papillon et la sauterelle.

b) la mouche et le criquet.

c) le papillon et la coccinelle.

d) la sauterelle et la mouche.

e) la sauterelle et le criquet.

Des êtres vivants hétérotrophes. Contrairement aux végétaux qui peuvent fabriquer leur propre nourriture, les animaux doivent manger pour survivre. Selon leur régime alimentaire, ils sont dits *herbivores* (végétaux), *carnivores* (viande), *omnivores* (végétaux et viande), *détritivores* (détritus), *suceurs* (liquides de plantes ou d'animaux), *filtreurs* (petits organismes dans l'eau) ou *saprophages* (substances autour de l'animal). Les êtres humains adultes, omnivores, ont besoin d'un apport alimentaire quotidien d'environ 2 500 calories (ou 10 400 joules), mais ce nombre augmente pour ceux dont l'activité physique est intense.

Les squelettes. Tous les animaux ont besoin d'un support pour maintenir la forme de leur corps et pour se déplacer. Il existe des squelettes hydrostatiques (exemple : pression du liquide dans les cavités d'un ver), des exosquelettes (exemple : carapace d'un insecte) et des endosquelettes en cartilage (exemple : squelette du requin) ou en os (exemple : squelette du chat). La moelle des os produit les globules rouges du sang. Les principales parties du squelette de plusieurs vertébrés sont le crâne, la colonne vertébrale, la cage thoracique, le bassin et les membres.

La dentition d'un être humain compte 20 dents de lait, puis 32 dents définitives. Les quatre types de dents sont les incisives, les canines, les prémolaires et les molaires. Les défenses des éléphants sont des dents spécialisées qui s'allongent à partir de la mâchoire.

La peau. La peau est le plus grand organe du corps. Elle constitue une barrière résistante et imperméable qui protège contre les bactéries nuisibles, les blessures et les rayons nocifs du Soleil. La partie externe est l'épiderme, et la partie interne le derme. Les poils et les ongles sont des excroissances de la peau. La tête d'un être humain adulte compte entre 100 000 et 150 000 cheveux, qui sont un type de poils.

Le système respiratoire. Tous les animaux absorbent de l'oxygène et rejettent du gaz carbonique. Ces échanges gazeux se font au moyen de spiracles (petits trous permettant à l'air d'entrer dans les trachées d'un insecte), de branchies (fins replis qui permettent des échanges de gaz avec l'eau) ou de poumons. Les oiseaux possèdent des sacs aérifères qui augmentent l'efficacité de leurs poumons.

Les poumons mettent en contact l'air et le sang. L'inhalation et l'exhalation se font au moyen du diaphragme et des muscles de la cage thoracique. La trachée, qui va de la gorge aux poumons, se subdivise en bronches, bronchioles et alvéoles, où ont lieu les échanges gazeux.

Le cœur et la circulation sanguine. On a longtemps pensé que le cœur était le siège de la pensée et de la sensation. Le cœur maintient la circulation du sang dans le corps d'un animal. Le cœur humain est subdivisé en quatre cavités : les deux oreillettes et les deux ventricules. Chaque cavité subit une phase de contraction (systole) et une phase de décontraction (diastole).

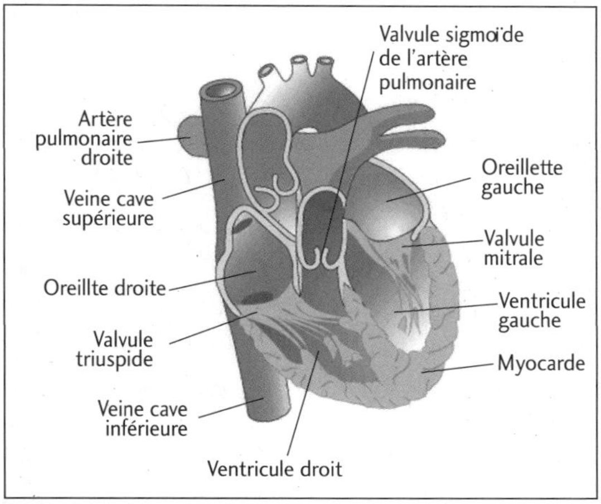

Cœur humain

Au XVIIe siècle, on croyait encore, comme l'avait enseigné Aristote, que les vaisseaux sanguins transportaient de l'air et du sang, et on se représentait le système circulatoire, selon la description du médecin romain Galien (129-vers 200), comme un circuit ouvert : le sang qui se rendait vers le cœur était produit par le système digestif, et le sang qui partait du cœur était utilisé par les divers organes du corps. En 1628, le médecin anglais William Harvey (1578-1657) affirma qu'il n'y avait pas d'air dans les vaisseaux sanguins et, calculant que le cœur débite la quantité totale de sang de l'organisme en moins de 20 minutes, en déduisit que le système circulatoire est un circuit fermé.

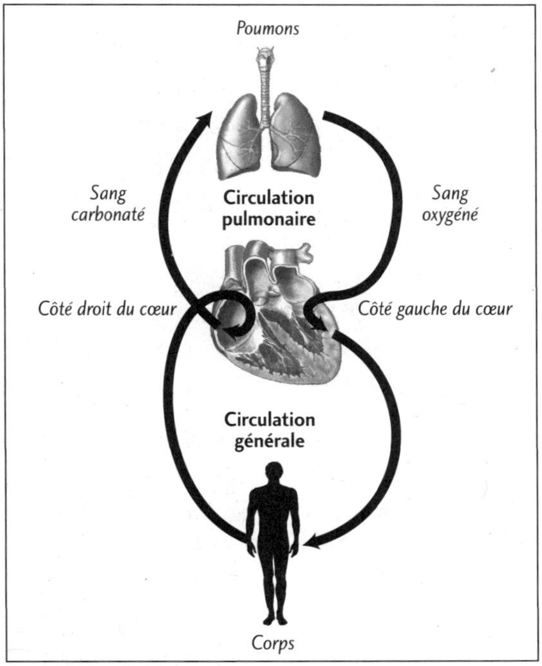

Double circulation

L'appareil circulatoire, composé de vaisseaux sanguins, transporte le sang dans tout le corps d'un animal. Chez certains animaux, tels que les poissons, le sang circule en une seule boucle du cœur vers tout le corps : c'est la circulation simple. Chez les oiseaux et les mammifères, il circule dans deux boucles distinctes, soit une boucle pour les poumons et une boucle pour le reste du corps : c'est la double circulation.

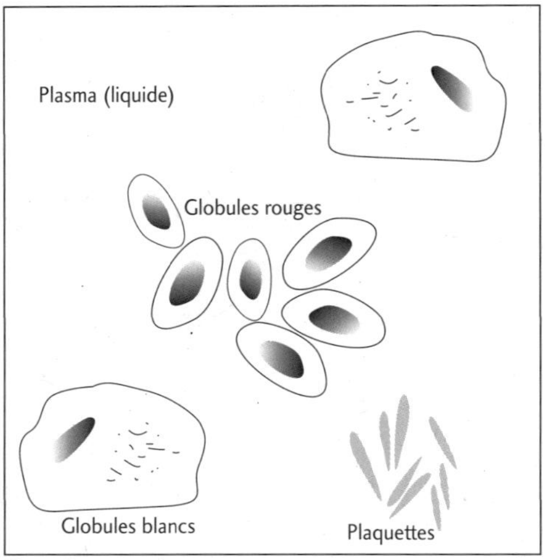

Constituants du sang

Le sang apporte aux cellules de l'oxygène et des nutriments provenant des aliments digérés, et évacue les déchets. La partie liquide du sang est le plasma. Le sang comporte des globules rouges, découverts en 1658 par le naturaliste hollandais Jan Swammerdam (1637-1680), dont l'hémoglobine capte l'oxygène ou le gaz carbonique, des globules blancs, qui défendent le corps contre les micro-organismes, et des plaquettes, qui réparent les vaisseaux sanguins abîmés. Les êtres humains se répartissent selon des groupes sanguins, découverts en 1902 par le médecin américain Karl Landsteiner (1868-1943), dont il faut tenir compte en cas de transfusion sanguine.

Le système digestif. L'appareil digestif décompose les aliments, au moyen d'enzymes, en substances simples utilisables par le corps. Ces enzymes sont sécrétées par les glandes salivaires, l'estomac, l'intestin grêle, le pancréas et le foie. L'estomac décompose aussi les aliments au moyen de l'acide gastrique, découvert vers 1610 par le médecin et chimiste flamand Jan Baptist Van Helmont (1579-1644). Il sécrète aussi un mucus qui protège sa paroi interne des effets de cet acide très corrosif. Les ruminants mâchent leur nourriture une deuxième fois après qu'elle est passée par la panse, une des poches de leur estomac.

Le système urinaire et l'homéostasie. Les reins régulent la proportion d'eau dans le sang et débarrassent celui-ci de certains déchets. Plusieurs autres mécanismes de régulation assurent la stabilité ou l'homéostasie d'un être vivant, concept proposé en 1848 par le physiologiste français Claude Bernard (1813-1878). Par exemple, la transpiration, la vasodilatation (dilation des vaisseaux sanguins), la vasoconstriction (contraction des vaisseaux sanguins) et le frissonnement régulent la température du corps.

Le système musculaire. Les muscles sont faits de cellules cylindriques qui forment les fibres musculaires. Les muscles lisses, comme ceux qui font progresser les aliments dans le canal alimentaire, ne sont pas soumis à un contrôle conscient. Les muscles striés, comme ceux des membres, sont soumis à un contrôle conscient. La fatigue musculaire est causée par une accumulation d'acide lactique.

Les mouvements. Les diverses formes de locomotion sont le mouvement ciliaire (cils vibratiles de la paramécie), le mouvement flagellaire (flagelle du spermatozoïde), le mouvement longitudinal (ondulation musculaire de l'escargot), la propulsion par réaction (contraction de la cavité palléale de la pieuvre), le mouvement ondulatoire (serpent, requin), la nage, la marche, le vol plané (écureuil volant) et le vol ramé (oiseaux).

Le système nerveux. Le système nerveux central d'un vertébré est constitué de l'encéphale et de la moelle épinière. Le système nerveux périphérique est constitué des nerfs reliant le système nerveux central au reste du corps. Il existe des neurones sensitifs (exemple : neurones de l'œil), des neurones moteurs (exemple : neurones des muscles) et des neurones d'association (exemple : neurones du cerveau). La jonction entre deux neurones est une synapse.

L'encéphale. L'encéphale d'un animal est le centre de contrôle de son système nerveux. Ses principales parties sont le bulbe rachidien, qui contrôle des processus involontaires (exemple : la respiration), le cervelet, qui coordonne des mouvements inconscients (exemple : certains mouvements de la posture et de la marche), l'hypothalamus, qui contrôle l'état du corps (exemple : la température), et le cerveau, divisé en deux hémisphères, qui contrôle les actions volontaires ainsi que la mémoire, l'apprentissage et la sensation.

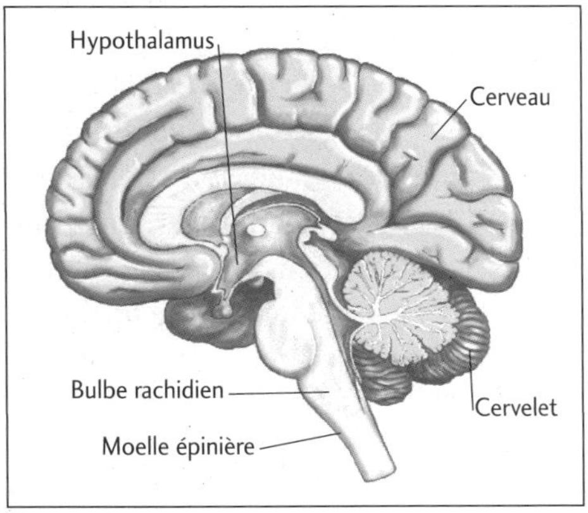

Encéphale

Les sens. Les sens permettent aux êtres vivants de percevoir diverses facettes de leur environnement. La vue est l'un des sens les plus importants. Les yeux captent la lumière grâce à des cellules appelées *photorécepteurs.* La plupart des crustacés et des insectes ont des yeux composés, à plusieurs facettes. Chez les vertébrés, la lumière est concentrée par le cristallin sur la rétine, qui contient des photorécepteurs appelés *cônes* (perception des couleurs) et *bâtonnets* (perception de l'intensité lumineuse), et les signaux sont transmis au cerveau par les nerfs. Dans les yeux d'une personne myope, qui a de la difficulté à voir les objets éloignés, le cristallin

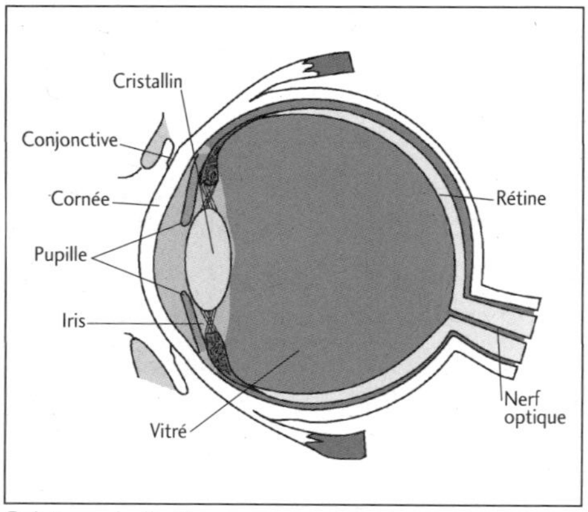

Schéma de l'œil

courbe trop les rayons lumineux, alors que dans les yeux d'une personne presbyte, qui a de la difficulté à voir les objets rapprochés, il ne les courbe pas assez. Les premières lentilles correctrices pour la vue, lentilles convergentes destinées aux presbytes, furent inventées en 1285, en Italie.

L'ouïe est le sens qui détecte les sons. Les invertébrés ont souvent des « oreilles » n'importe où sur le corps, comme la sauterelle qui a des organes auditifs situés sur les pattes antérieures. Les vertébrés ont des oreilles qui se divisent en oreille externe (pavillon, conduit auditif, tympan), en oreille moyenne (marteau, enclume, étrier) et en oreille interne (labyrinthe, canaux semi-circulaires).

Le toucher et l'équilibre renseignent un animal sur son environnement immédiat et la position de son corps. Le toucher est détecté par des mécanorécepteurs, tels que les corpuscules de Vater-Pacini qui détectent de fortes pressions. L'équilibre, dont les organes sont situés dans l'oreille interne chez les mammifères, informe un animal de la façon dont il se tient ainsi que de ses mouvements. Certaines infections bactériennes ou virales, qui bouchent les canaux semi-circulaires, peuvent entraîner un dysfonctionnement temporaire du sens de l'équilibre qui se manifeste par des vertiges.

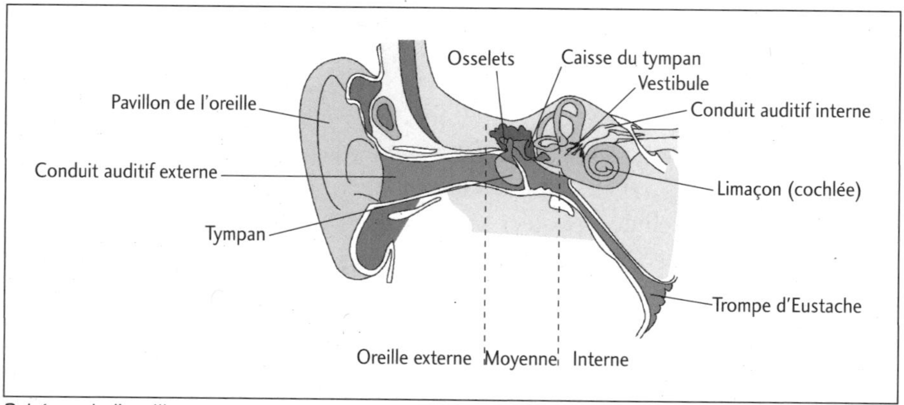

Schéma de l'oreille

Le goût et l'odorat sont des sens qui détectent des composés chimiques. La langue humaine a des chimiorécepteurs situés dans des papilles gustatives, qui peuvent détecter les quatre goûts de base suivants : sucré, acide, salé et amer.

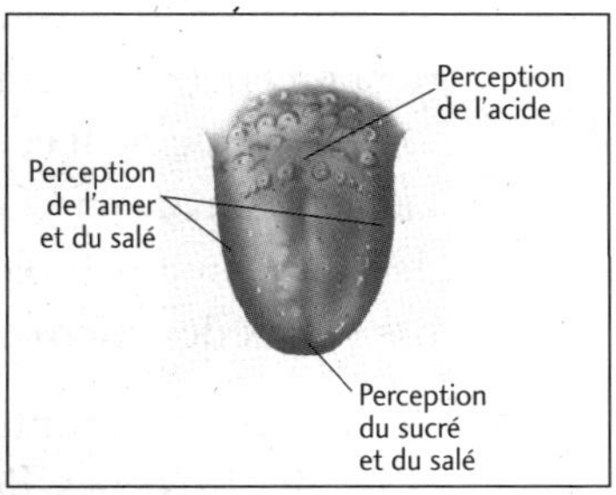

Papilles gustatives

Le nez humain contient des chimiorécepteurs situés dans des cils olfactifs qui peuvent percevoir, dans les substances volatiles, les sept odeurs de base suivantes : camphrée, musquée, florale, mentholée, éthérée, âcre, putride. La flaveur d'un aliment résulte des perceptions combinées du goût et de l'odorat.

La communication. Les animaux communiquent pour rester en contact avec d'autres membres de leur espèce et pour avertir leurs rivaux ou leurs ennemis de se tenir à l'écart. La communication tactile est importante pour les animaux qui mènent une vie souterraine (chiens de prairie, termites). La communication chimique permet à certains insectes d'attirer un partenaire, à l'aide de phéromones, et à certains mammifères d'indiquer leur territoire. La communication sonore est particulièrement importante pour les oiseaux, qui produisent des sons à l'aide de leur syrinx, et pour plusieurs mammifères, qui utilisent leurs cordes vocales. La communication visuelle, basée sur des formes, des couleurs ou des mouvements, peut être très complexe, comme la danse des abeilles qui indique où se trouve la nourriture.

Les hormones. Les hormones sont des messagers chimiques sécrétés par des glandes et transportés par le sang pour agir à distance sur d'autres cellules du corps. Les principales sont les hormones de croissance, sécrétées par l'hypophyse, les hormones sexuelles femelles, sécrétées par les ovaires et l'hypophyse, les hormones sexuelles mâles, sécrétées par les testicules et l'hypophyse, et l'adrénaline, qui prépare au danger, sécrétée par les glandes surrénales.

Les défenses contre les maladies. Au Ve siècle av. J.-C., le médecin grec Hippocrate de Cos (v. 460-v. 377 av. J.-C.) établit une théorie des maladies reposant sur l'altération des humeurs (bile jaune, pituite ou flegme, bile noire et sang) de l'organisme. Cette théorie, modifiée au Moyen Âge, définissait alors la maladie comme une modification de la « complexion » (mélange du froid, du chaud, du sec et de l'humide) de l'organisme. À partir du XVe siècle, cependant, la reprise des dissections effectuées sur des cadavres humains, comme on le faisait à l'Antiquité gréco-romaine, permit un développement progressif de l'anatomie, notamment grâce aux travaux de l'anatomiste flamand André Vésale (1514-1564). Ce développement conduisit le médecin suisse Théophile Bonet (1620-1689) et l'anatomiste italien Giambattista Morgagni (1682-1771) aux premiers fondements de l'anatomie pathologique. Vers la fin du XIXe siècle Pasteur montra le rôle important des micro-organismes dans plusieurs maladies.

Le système immunitaire doit constamment défendre le corps contre des virus, des bactéries, des champignons et des protistes. Il le fait au moyen des lymphocytes (globules blancs) qui engloutissent les micro-organismes ou produisent des anticorps pour les neutraliser. Les allergies sont causées par une réponse immunitaire excessive à certaines substances.

La reproduction et le développement. Jusqu'au début du XIXe siècle, deux théories sur la formation de l'embryon divisaient les scientifiques. Certains, s'appuyant sur les théories de Jan Swammerdam, de Marcello Malpighi ou du physiologiste hollandais Reinier De Graaf (1641-1673), croyaient à la préformation selon laquelle l'embryon était déjà entièrement préformé, en miniature, dans l'ovule ou dans le spermatozoïde, tandis que d'autres, s'appuyant sur les théories de William Harvey, croyaient à l'épigenèse, selon laquelle l'embryon se structurait, à partir de l'œuf, en une succession d'étapes. Cette dernière théorie, l'épigenèse, l'emporta graduellement sur la préformation, à la suite notamment des travaux de l'embryologiste allemand Kaspar Wolff (1733-1794) sur l'embryon du poulet, pourtant publiés dès 1768, et surtout des travaux sur les trois feuillets germinatifs de l'embryon par le biologiste russe d'origine allemande Karl von Baer (1792-1876), en 1845.

La reproduction est asexuée quand elle n'implique qu'un parent unique, ou sexuée quand chacun des deux parents produit des cellules sexuelles dans ses gonades (organes sexuels), qui formeront des zygotes (œufs fécondés). Le clonage d'animaux tels que le chat ou la brebis est une technique de reproduction asexuée qui consiste à obtenir un ou plusieurs animaux identiques au premier à partir du noyau d'une cellule quelconque du premier. Les animaux ovipares se reproduisent par ponte d'œufs, et les vivipares donnent naissance à des petits vivants. Les animaux ovovivipares, tels que l'hippocampe et la vipère, se reproduisent par des œufs, mais les conservent dans leurs voies génitales jusqu'à l'éclosion des jeunes.

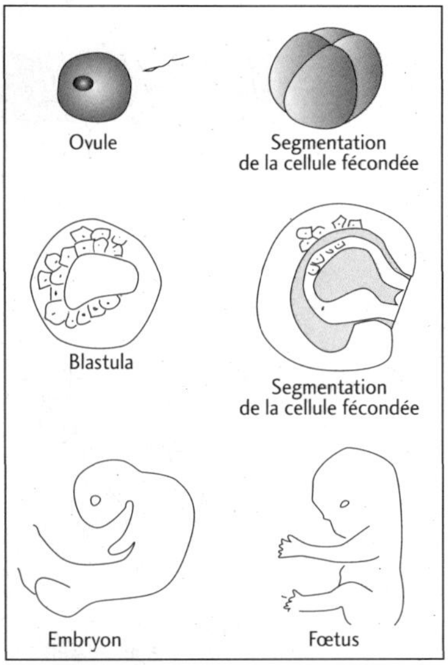

Développement de l'embryon humain

L'ovule fécondé, ou embryon, se développe par différenciation progressive des cellules, en passant d'abord par les stades de morula (massif de cellules en forme de mûre), de blastula (sphère creuse) et de gastrula (blastula repliée sur elle-même). Chez l'être humain, l'embryon se nomme fœtus à partir du troisième mois. Plusieurs animaux acquièrent des caractères sexuels primaires et secondaires qui différencient le mâle de la femelle. Contrairement à beaucoup d'animaux, les êtres humains se reproduisent très lentement. Le temps de gestation du fœtus est de 266 jours et il faut plusieurs années à un être humain pour devenir adulte.

La métamorphose est un changement important subi par certains animaux, en particulier certains invertébrés et les amphibiens, en grandissant. Une métamorphose incomplète est une modification progressive de la forme du corps au moyen de mues successives : une sauterelle, par exemple, mue cinq fois avant d'être adulte. Une métamorphose complète est une modification totale du corps : une coccinelle, par exemple, passe par les stades de larve et de nymphe avant de parvenir à l'état adulte. Une larve de grenouille ou de crapaud est un têtard.

Le comportement. Le comportement est un mode de réponses d'un animal au monde extérieur. Il peut être instinctif, comme le tissage d'une toile par une araignée, ou acquis, comme l'utilisation d'un outil par un chimpanzé. Un comportement d'empreinte est un comportement acquis au début de la vie d'un animal. Parmi les comportements instinctifs particuliers, on peut mentionner l'hibernation, la migration, la défense d'un territoire, la parade nuptiale et le soin parental.

CONCEPTIONS FRÉQUENTES	EXPLICATIONS DES CONCEPTIONS	CONCEPTS SCIENTIFIQUES
	Des êtres vivants hétérotrophes	
Les animaux sont herbivores, carnivores ou omnivores.	Les régimes alimentaires les mieux connus sont ceux des animaux herbivores, carnivores et omnivores.	Il existe également des animaux suceurs, détritivores, filtreurs et saprophages.
	Les squelettes	
Les seuls squelettes sont les squelettes osseux internes.	Dans le langage courant, le mot *squelette* désigne un squelette osseux interne.	Il existe aussi des exosquelettes, des squelettes hydrostatiques et des endosquelettes cartilagineux.
Les os sont des morceaux de matière minérale inerte.	Les os sont durs comme de la roche.	L'os est une substance vivante et plusieurs os sont remplis de moelle rouge, qui produit les globules rouges du sang.
Les adultes ont la même dentition que les jeunes enfants.	La dentition de tous les êtres humains, quel que soit leur âge, est classée dans une même catégorie.	La dentition d'un enfant compte d'abord 20 dents de lait, puis 32 dents définitives.
Les dents sont des morceaux de matière minérale inerte.	L'extérieur des dents est dur comme de la roche.	Les dents, tout comme les os, sont des tissus vivants.
Les défenses des éléphants sont un type de cornes.	Tous les appendices situés sur la tête d'un animal sont classés dans une même catégorie.	Les défenses des éléphants sont des dents spécialisées qui s'allongent à partir de la mâchoire.
	La peau	
La peau est une membrane inerte.	La peau ressemble un peu à un tissu textile.	La peau est le plus grand organe du corps.
Les Noirs ont la peau foncée parce qu'ils passent beaucoup de temps au soleil.	Le Soleil fait bronzer la peau des êtres humains à la peau blanche.	Les Noirs ont la peau foncée parce qu'elle contient une pigmentation naturelle foncée.
Il n'y a pas de lien biologique entre les ongles et la peau.	Les ongles et la peau semblent faits de matières très différentes.	Les poils et les ongles sont des excroissances de la peau.
	Le système respiratoire	
Tous les animaux possèdent des poumons.	Les animaux les mieux connus, tels que les oiseaux et les mammifères, possèdent des poumons.	De nombreuses espèces animales, telles que les vers, les insectes et les poissons, n'ont pas de poumons.
Un insecte tombé à l'eau peut respirer pourvu qu'il ait la tête hors de l'eau.	Des animaux bien connus, tels que les reptiles, les oiseaux et les mammifères, peuvent respirer s'ils ont la tête hors de l'eau.	La présence d'orifices respiratoires sur tout le corps d'un insecte risque de causer sa mort par noyade s'il tombe à l'eau.

CONCEPTIONS FRÉQUENTES	EXPLICATIONS DES CONCEPTIONS	CONCEPTS SCIENTIFIQUES
Les branchies permettent au poisson d'extraire l'oxygène dont sont constituées les molécules d'eau (H2O).	L'oxygène des molécules d'eau est mieux connu que l'oxygène en solution dans l'eau.	Le poisson respire de l'air dissous dans l'eau, et non l'oxygène des molécules d'eau.
Le cœur et la circulation sanguine		
Tous les animaux ont un (et un seul) cœur.	Les animaux les mieux connus ont un (et un seul) cœur.	Certains animaux, tels que l'éponge, n'ont pas de cœur, tandis que d'autres, comme certains vers, en ont plusieurs.
Le cœur humain ne contient qu'une seule cavité.	Certaines représentations simplifiées du cœur lui donnent un peu l'apparence d'un ballon.	Le cœur humain est subdivisé en quatre cavités : les deux oreillettes et les deux ventricules.
Tout le cœur humain se contracte en même temps.	Un lien direct est établi entre chacun des battements du cœur et une contraction de tout le cœur.	Les cavités du cœur humain se contractent suivant une séquence déterminée.
Le cœur humain bat toujours à la même fréquence.	Dans les conditions normales de la vie de tous les jours, la fréquence cardiaque varie peu.	La fréquence cardiaque varie selon les besoins en oxygène de l'organisme.
Le sang circule dans tout le corps humain en une seule boucle.	Le système circulatoire est associé à un circuit hydraulique simple, comme celui de la pompe d'une piscine.	Contrairement aux poissons, par exemple, les oiseaux et les mammifères possèdent un système circulatoire à deux boucles : l'une pour les poumons et l'autre pour le reste de l'organisme.
Le sang est un liquide rouge uniforme.	Observé à l'œil nu, le sang est un liquide rouge uniforme.	Le sang est constitué de sérum, de globules rouges, de globules blancs et de plaquettes.
La principale fonction du sang est de transporter des nutriments.	La fonction du sang est associée à celle de la sève des arbres.	La principale fonction du sang est d'amener l'oxygène dans toutes les parties du corps.
Le système digestif		
La salive sert uniquement à humecter les aliments.	Le rôle le plus évident de la salive est d'humecter les aliments.	Le goût du pain devient plus sucré à mesure qu'une enzyme de la salive commence à dégrader l'amidon.
Seuls l'estomac et l'intestin sont impliqués dans la digestion.	Le système digestif semble n'être constitué que des organes à l'intérieur desquels passent les aliments.	Le système digestif comprend plusieurs organes, dont l'estomac et les intestins, mais aussi le foie et le pancréas.
Une vache mâche toujours de l'herbe qu'elle vient d'avaler.	Le fonctionnement du système digestif de tous les mammifères est classé dans une seule catégorie.	La vache, qui est un ruminant, mâche souvent de l'herbe régurgitée.

CONCEPTIONS FRÉQUENTES	EXPLICATIONS DES CONCEPTIONS	CONCEPTS SCIENTIFIQUES
Le système urinaire et l'homéostasie		
Les reins sont la partie du système digestif qui produit les déchets liquides.	Le système digestif est conçu comme un système divisé en deux parties, une qui produit les déchets solides et l'autre qui produit les déchets liquides.	Les reins ne font pas partie du système digestif et sont des organes qui débarrassent le sang des déchets.
La transpiration et le frissonnement sont des réflexes sans utilité particulière.	La transpiration et le frissonnement ne semblent rien changer rien au fonctionnement du corps.	La transpiration et le frissonnement contribuent à réguler la température du corps.
Le système musculaire		
Tous les muscles sont soumis à un contrôle conscient.	Les muscles les mieux connus, ceux des membres, sont soumis à un contrôle conscient.	Il est possible, par exemple, de contracter volontairement les muscles de l'abdomen, mais impossible de contracter volontairement les muscles qui entourent l'estomac.
La fatigue et la douleur musculaires sont causées par un manque de sucre.	Un lien direct est établi entre la consommation de glucose par les muscles, et la fatigue et la douleur musculaires.	Manger du sucre peut redonner de l'énergie, mais n'a pas d'effet sur la fatigue et la douleur musculaires.
Les mouvements		
Le mouvement des vers de terre est identique au mouvement des serpents.	Les mouvements de tous les animaux longilignes sont placés dans une même catégorie.	Le mouvement des vers de terre est longitudinal, et celui des serpents ondulatoire.
Le vol de l'écureuil volant est identique au vol des oiseaux.	Le vol de tous animaux qui volent est placé dans une même catégorie.	Le vol de l'écureuil volant est plané, tandis que celui des oiseaux est ramé.
Le système nerveux		
Tous les neurones sont des neurones d'association, comme ceux du cerveau.	Les neurones du cerveau sont les mieux connus.	Il existe des neurones sensitifs et des neurones moteurs en plus des neurones d'association.
Les neurones ne se trouvent que dans le cerveau.	Les neurones dont on parle le plus souvent dans les médias sont ceux du cerveau.	Il y a des neurones dans toutes les parties du corps.
Les nerfs et les neurones sont deux entités différentes.	La façon dont on parle parfois des nerfs et des neurones peut donner l'impression que les nerfs transmettent des influx et que les neurones les produisent.	Les nerfs sont formés de neurones.
L'encéphale		
La respiration et les mouvements de posture sont contrôlés par la même partie du cerveau.	Les processus involontaires et les mouvements inconscients sont placés dans une même catégorie.	La respiration est contrôlée par le bulbe rachidien, tandis que les mouvements de la posture et de la marche sont contrôlés par le cervelet.

CONCEPTIONS FRÉQUENTES	EXPLICATIONS DES CONCEPTIONS	CONCEPTS SCIENTIFIQUES
Le cerveau humain est formé de quelques milliers de neurones.	Certaines représentations des neurones peuvent donner l'impression qu'ils sont relativement gros.	Le cerveau humain contient quelque 1 000 milliards de neurones.
Les deux hémisphères du cerveau ont la même importance dans le contrôle du corps.	Le fait que le côté droit et le côté gauche du corps fonctionnent de la même façon peut donner l'impression que les deux hémisphères du cerveau ont la même importance dans le contrôle du corps.	Un des deux hémisphères du cerveau est dominant.
	Les sens	
Tous les animaux perçoivent les formes et les couleurs comme les êtres humains.	Généralisation à partir de la perception des formes et des couleurs par les êtres humains.	Plusieurs animaux ne distinguent pas très bien les formes et ne distinguent pas les couleurs.
Tous les êtres humains perçoivent les couleurs de la même façon.	La plupart des êtres humains perçoivent les couleurs de la même façon.	Certains êtres humains souffrent de daltonisme.
Toutes les lunettes correctrices ont pour rôle de grossir les objets.	Les lentilles les mieux connues, comme les loupes, servent à grossir les objets.	Les lunettes correctrices servent surtout à améliorer la convergence des rayons lumineux sur la rétine.
Les oreilles de tous les animaux sont situées de chaque côté de leur tête.	Généralisation à partir de la position des oreilles de plusieurs vertébrés.	Plusieurs espèces d'insectes, par exemple, ont des organes auditifs situés sur leurs pattes antérieures.
Les yeux des chauves-souris fonctionnent même dans l'obscurité.	Un lien direct est établi entre le sens de la vue et le fait que les chauves-souris se dirigent et repèrent leurs proies dans l'obscurité.	Les chauves-souris se dirigent et repèrent leurs proies à l'aide de sons réfléchis.
L'oreille ne sert qu'à entendre.	L'audition est la fonction de l'oreille la mieux connue.	L'oreille interne joue aussi un grand rôle dans la perception de l'équilibre.
Seule l'oreille interne est responsable de l'équilibre.	L'oreille interne joue un rôle important dans le sens de l'équilibre.	En plus de l'oreille interne, les yeux jouent un rôle important dans la perception de l'équilibre.
Les goûts sont perçus par toute la surface de la langue.	Les papilles gustatives semblent toutes identiques et dispersées sur toute la langue.	La langue possède quatre sortes de papilles gustatives sur des parties différentes de la langue.
La langue est seule responsable des perceptions de la flaveur des aliments.	Dans le langage courant, les sensations associées aux aliments sont toutes attribuées à la langue.	La langue ne perçoit que les goûts acide, sucré, salé et amer, et non les nuances de la flaveur.

CONCEPTIONS FRÉQUENTES	EXPLICATIONS DES CONCEPTIONS	CONCEPTS SCIENTIFIQUES
	La communication	
La plupart des contacts entre les fourmis sont aléatoires ou causés par leur maladresse.	Les contacts entre les fourmis semblent désordonnés et très nombreux.	Les contacts entre les fourmis sont une façon de communiquer.
Les chiens urinent à des endroits aléatoires.	À première vue, l'endroit où un chien urine ne semble pas avoir d'explication particulière.	Les chiens urinent souvent pour délimiter un territoire.
Les chants et les cris des oiseaux expriment des émotions.	Généralisation, aux oiseaux, des raisons pour lesquelles les êtres humains chantent et crient.	Les chants et les cris des animaux servent à délimiter un territoire, à attirer un partenaire ou à donner l'alerte.
Les abeilles dansent, dans une ruche, parce qu'elles sont nerveuses et agitées.	À première vue, le mouvement des abeilles dans une ruche semble désordonné.	La danse des abeilles indique aux autres butineuses où trouver la nourriture qui est à distance.
	Les hormones	
Les hormones et les enzymes sont identiques.	Les messagers et les catalyseurs sont placés dans une même catégorie générale.	Les hormones sont des messagers chimiques, tandis que les enzymes sont des protéines qui jouent le rôle de catalyseurs.
Les seules hormones sont les hormones sexuelles.	Les hormones sexuelles sont les mieux connues.	En plus des hormones sexuelles, il existe de nombreuses autres hormones, telles que les hormones de croissance et l'adrénaline.
	Les défenses contre les maladies	
Les seuls micro-organismes contre lesquels l'organisme doit se défendre sont les bactéries et les virus.	Les bactéries et les virus sont les micro-organismes dont on parle le plus souvent.	L'organisme doit parfois se défendre contre des champignons et des protistes tels que les amibes.
Le seul mécanisme de défense du corps contre les micro-organismes est l'engloutissement par les globules blancs.	L'engloutissement par les globules blancs est un mécanisme simple et bien connu.	Le corps se défend également en produisant des anticorps qui neutralisent les micro-organismes.
Les allergies sont directement causées par les substances auxquelles le corps est allergique.	Le mécanisme des allergies est associé à celui des maladies infectieuses.	Les allergies sont causées par une réponse immunitaire excessive à certaines substances.

CONCEPTIONS FRÉQUENTES	EXPLICATIONS DES CONCEPTIONS	CONCEPTS SCIENTIFIQUES
	La reproduction et le développement	
La reproduction de tous les animaux est sexuée.	La reproduction sexuée des animaux est le mode de reproduction le mieux connu.	Certains animaux simples se reproduisent par simple division.
La formation d'un embryon nécessite une cellule sexuelle mâle et une cellule sexuelle femelle.	La formation d'un embryon par des cellules sexuelles mâles et femelles est la mieux connue.	Certains animaux, tels que les insectes, se reproduisent parfois par parthénogenèse, c'est-à-dire à partir des seuls gamètes femelles.
La reproduction sexuée nécessite un individu mâle et un individu femelle.	La reproduction sexuée par un individu mâle et un individu femelle est la plus courante.	Certains animaux, tels que l'escargot, sont hermaphrodites, c'est-à-dire à la fois des mâles et des femelles.
L'embryon existe déjà sous forme miniature dans le spermatozoïde ou dans l'ovule.	Un animal ou un être humain semble ne pouvoir se former qu'à partir d'un petit animal ou être humain.	Au tout début de son développement, l'embryon humain est un groupe de cellules peu différenciées.
L'embryon humain n'a rien de semblable à l'embryon d'un poisson.	L'anatomie d'un être humain semble avoir très peu en commun avec l'anatomie d'un poisson.	À ses débuts, l'embryon humain a des fentes branchiales et ressemble beaucoup à l'embryon d'un poisson.
Les papillons sont les seuls insectes à subir une métamorphose.	L'exemple de métamorphose le plus souvent présenté est la métamorphose des papillons.	Il n'y a pas que les papillons qui subissent une métamorphose. La coccinelle, par exemple, passe aussi par les états de larve et de nymphe.
Toutes les métamorphoses comportent un état de nymphe.	La métamorphose la mieux connue, celle des papillons, comporte un état de nymphe.	Une sauterelle a toujours la même forme, mais grossit en passant par les mues successives d'une métamorphose incomplète.
Il existe des têtards de grenouille et de crapaud, mais pas de têtard de salamandre ou de triton.	La salamandre et le triton sont parfois considérés comme des reptiles plutôt que comme des amphibiens.	Tous les amphibiens passent par une phase de têtard.
	Le comportement	
Tous les comportements des animaux sont acquis et doivent être enseignés par les parents.	Généralisation à partir de la façon dont les êtres humains éduquent leurs enfants.	De nombreux comportements des animaux sont innés et ne nécessitent aucun apprentissage.
Les ours hibernent parce qu'ils sont paresseux.	La paresse est une cause possible de sommeil chez les êtres humains.	L'hibernation est un comportement de survie instinctif.

L'écologie

L'étude de l'écologie porte sur les relations des êtres vivants entre eux et avec leur milieu.

RÉPONSES AUX QUESTIONS 38 À 40

La bonne réponse apparaît en caractères gras.

38. Qu'est-ce que l'écologie?

a) la science du développement durable.
b) l'ensemble des milieux naturels.
c) l'ensemble des techniques pour réduire la pollution.
d) la science de l'environnement.
e) la protection de la biodiversité.

39. Dans une chaîne alimentaire, quel est le rôle du lièvre?

a) Un consommateur primaire.
b) Un producteur.
c) Un décomposeur.
d) Un consommateur secondaire.
e) Une niche écologique.

40. Qu'est-ce que le commensalisme?

a) Une relation, entre deux espèces, bénéfique pour les deux espèces.
b) Une relation, entre deux espèces, bénéfique pour une espèce et nuisible pour l'autre.
c) Une relation, entre plusieurs espèces, bénéfique pour toutes les espèces.
d) Une relation, entre deux espèces, bénéfique pour une espèce et neutre pour l'autre.
e) Une relation, entre plusieurs espèces, bénéfique pour certaines espèces.

Notions de base. L'étude de l'écologie porte sur l'environnement, qui comprend l'ensemble du monde vivant et la biosphère, laquelle s'étend des profondeurs de l'océan aux basses couches de l'atmosphère. Elle s'intéresse particulièrement aux écosystèmes, qui sont des communautés d'êtres vivants dans leur environnement, aux habitats, qui sont des endroits où vivent des espèces, et aux niches écologiques, qui décrivent les rôles des êtres vivants dans leur environnement.

Les cycles. Un cycle biogéochimique est la circulation d'un élément ou d'un composé chimique entre l'environnement et les êtres vivants. Les principaux cycles sont le cycle de l'eau (mer, atmosphère, terre), le cycle du carbone (gaz carbonique, plantes, animaux), le cycle de l'azote (nitrates, plantes, animaux) et le cycle du phosphore (phosphates, plantes, animaux).

Les pyramides et les chaînes alimentaires. Les pyramides et les chaînes alimentaires montrent comment la nourriture et l'énergie passent d'une espèce à l'autre. Les producteurs (exemple: plantes) transforment des substances simples en nourriture. Les consommateurs primaires (exemple: lièvres) mangent des producteurs, et les consommateurs secondaires (exemple: renards) mangent des producteurs ou des consommateurs primaires. Les décomposeurs (exemple: bactéries) décomposent les restes d'autres êtres vivants. La biomasse est la masse totale de matière vivante dans un milieu.

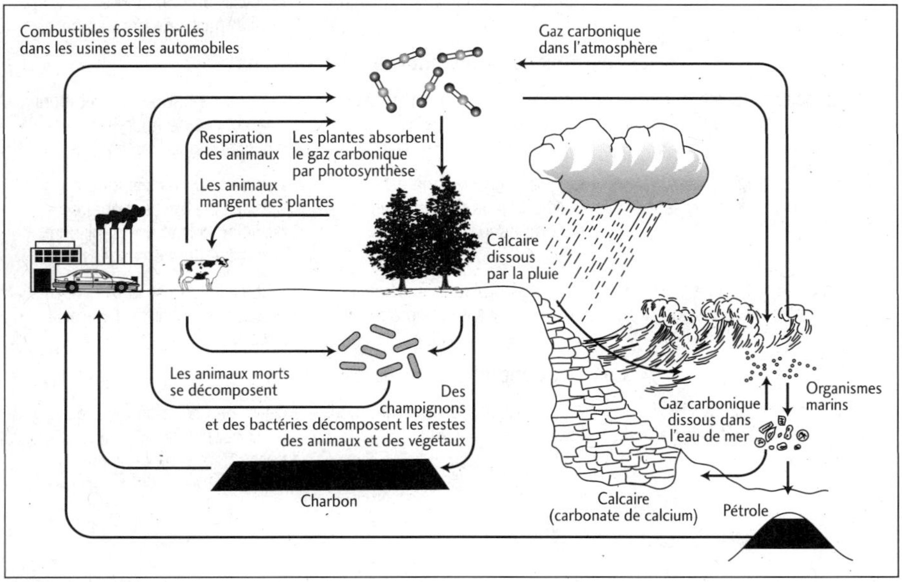

Cycle du carbone

Les relations entre les êtres vivants. La plupart des êtres vivants dépendent d'autres espèces pour leur survie. Un prédateur est un animal qui en mange d'autres, appelés *proies*. La symbiose est une relation entre deux espèces (exemple: le lichen est formé d'un champignon et d'une algue). Le commensalisme est une relation symbiotique dans laquelle une espèce est bénéficiaire, sans que l'autre en retire un avantage ou un inconvénient (exemple: le poisson-clown se nourrit des aliments laissés par l'anémone de mer). Un parasite (exemple: puce) est une espèce qui vit aux dépens de son hôte. Un vecteur est un animal qui transporte un parasite.

CONCEPTIONS FRÉQUENTES	EXPLICATIONS DES CONCEPTIONS	CONCEPTS SCIENTIFIQUES
	Notions de base	
La biosphère est la surface des continents.	Les espèces vivantes les mieux connues se trouvent à la surface des continents.	La biosphère est plus que la surface des continents. Elle s'étend des profondeurs de l'océan aux basses couches de l'atmosphère, et inclut aussi une certaine épaisseur de l'écorce terrestre.
	Les cycles	
Le seul cycle important est le cycle de l'eau.	L'exemple de cycle biogéochimique le plus souvent présenté est le cycle de l'eau.	Il existe aussi un cycle du carbone, un cycle de l'azote et un cycle du phosphore qui sont très importants dans la nature.
	Les pyramides et les chaînes alimentaires	
Les plantes et les arbres ont surtout une fonction d'abri pour les animaux.	La fonction d'abri est la fonction la plus évidente des plantes et des arbres.	Les plantes et les arbres sont une source de nourriture et d'oxygène pour les animaux.
Les décomposeurs jouent surtout un rôle de nettoyage.	Le rôle de nettoyage est le rôle le plus évident des décomposeurs.	Les décomposeurs jouent surtout le rôle essentiel de recycler la matière dont sont constitués les êtres vivants.
La biomasse est constituée des végétaux d'un milieu naturel.	Les végétaux sont souvent les êtres vivants les plus abondants d'un milieu naturel.	La biomasse est la masse totale de matière vivante d'un milieu naturel.
	Les relations entre les êtres vivants	
Toutes les relations entre deux espèces sont bénéfiques aux deux espèces.	Les relations de symbiose sont les mieux connues.	Certaines relations entre deux espèces, telles que le parasitisme, ne sont pas bénéfiques aux deux espèces.

CHAPITRE 7

Les techniques et les technologies

Les techniques et les technologies regroupent l'ensemble des principes et des savoir-faire, fondés sur des bases scientifiques, qui sont appliqués pour construire, se déplacer, communiquer, chauffer, se défendre, se vêtir et s'alimenter.

TEST 7
(40 QUESTIONS)

Pour toutes les questions qui suivent, choisissez la réponse qui vous semble la meilleure.

1. Comment les Égyptiens procédèrent-ils pour monter les lourds blocs de pierre des grandes pyramides?

a) Ils tirèrent les blocs sur des traîneaux huilés.
b) Ils hissèrent les blocs à l'aide de grues et de poulies.
c) Ils soulevèrent les blocs à l'aide de leviers.
d) Ils tirèrent les blocs à l'aide de treuils.
e) Ils roulèrent les blocs sur des billes de bois.

2. Qu'est-ce qu'une clé de voûte?

a) Le clocheton situé sur le haut d'un dôme.
b) La clé qui permet d'ouvrir un grand coffre-fort.
c) La partie supérieure des fondations d'une basilique.
d) La porte principale d'un édifice muni d'un dôme.
e) La pierre centrale au sommet d'une arche.

3. Quelle est la partie la plus importante d'une bonne route?

a) La couche de surface en asphalte ou en béton.
b) Le sous-terrassement en terre asséchée.

c) Les fossés.
d) La fondation en pierres comprimées.
e) L'accotement en pierre, en asphalte ou en béton.

4. Qu'est-ce que le tablier d'un pont?

a) Les bandes métalliques de sécurité de chaque côté de la chaussée ou des rails.
b) L'ensemble de sa structure métallique.
c) L'articulation centrale du pont.
d) La plate-forme horizontale où passent les voitures ou les trains.
e) Le pilier qui supporte la force la plus grande.

5. Pourquoi la base d'un barrage est-elle beaucoup plus épaisse que son sommet?

a) Parce que la base doit supporter tout le poids du barrage.
b) Parce que les formes triangulaires sont plus résistantes que les formes rectangulaires.
c) Parce qu'il se forme des courants près du fond des réservoirs d'eau.
d) Parce que les matériaux du sommet sont de densité plus élevée.
e) Parce que la pression de l'eau augmente avec la profondeur.

6. Laquelle des inventions qui suivent rendit possible la construction de gratte-ciel?

a) La structure métallique portante.
b) Le béton armé.
c) Les fondations renforcées.
d) Les parois de verre léger.
e) Les briques de faible densité.

7. Comment les patins permettent-ils de glisser rapidement sur la glace?

a) En coupant la glace.
b) En faisant fondre un peu de glace.
c) En rendant la glace plus lisse.
d) En rendant la glace plus compacte.
e) En rendant la glace plus molle.

8. Un voilier peut-il avancer contre le vent?

a) Oui, mais avec l'aide d'un moteur auxiliaire.
b) Oui, si le vent n'est pas trop fort.
c) Non, car il doit être poussé par le vent.
d) Oui, grâce à la forme des voiles.
e) Non, sauf si les vagues le poussent contre le vent.

9. Pourquoi une fusée monte-t-elle?

a) Parce que les gaz chauds qu'elle éjecte poussent contre le sol.
b) Parce que ses ailerons latéraux lui assurent une portance.
c) Parce que la combustion de son carburant la rend de moins en moins lourde.
d) Parce que l'action des gaz éjectés cause une réaction en sens inverse.
e) Parce que sa vitesse est supérieure à celle de la rotation de la Terre.

10. Pourquoi les dirigeables construits au début du XXe siècle étaient-ils dangereux?

a) Parce que leur structure en métal n'était pas assez rigide.
b) Parce que leur toile était poreuse.
c) Parce qu'ils étaient remplis avec de l'hydrogène.
d) Parce que leurs moteurs étaient trop lourds.
e) Parce que leur système de direction n'était pas très efficace.

11. Comment un avion tient-il dans les airs?

a) Grâce à la forme de ses ailes qui crée une force vers le haut.
b) Grâce au fait qu'il est plus léger que l'air.
c) Grâce à ses moteurs qui exercent une poussée vers le haut.
d) Grâce au fait qu'il se déplace plus rapidement que le vent.
e) Grâce à ses ailerons qui créent une poussée vers le bas.

12. Qu'est-ce qu'un parchemin?

a) Un ancien type de papier à base de fibres textiles.
b) Un support pour l'écriture semblable à du papyrus.
c) Un morceau de tissu sur lequel on peut écrire.
d) Un morceau d'écorce semblable à du papier.
e) Une peau d'animal traitée pour l'écriture.

13. Selon la classification moderne des instruments de musique, que sont les idiophones?

a) Des instruments à cordes.

b) Des instruments en bois ou en métal résonnant.

c) Des instruments à vent.

d) Des instruments composés d'une membrane tendue.

e) Des instruments électroniques.

14. Comment une lampe à fluorescence, qui a souvent la forme d'un tube droit ou torsadé, émet-elle de la lumière?

a) Elle comporte un filament situé au centre du tube.

b) Elle comporte un gaz qui émet de la lumière.

c) Elle comporte des éléments chimiques qui réagissent grâce à l'électricité.

d) Elle comporte un gaz qui fait briller sa surface intérieure.

e) Elle comporte de petites plaques qui émettent des électrons.

15. De quel type de lunettes correctrices les personnes hypermétropes ont-elles besoin?

a) Des lentilles concaves qui font diverger la lumière.

b) Des lentilles qui comportent une partie concave et une partie convexe.

c) Des lentilles convexes qui font converger la lumière.

d) Des lentilles concaves qui font converger la lumière.

e) Des lentilles convexes qui font diverger la lumière.

16. Pourquoi les téléphones portables sont-ils appelés *cell phones* («téléphones cellulaires») en anglais?

a) Parce que les territoires où ils sont utilisés sont découpés en cellules géographiques.

b) Parce que ces appareils comportent des processeurs regroupés en cellules électroniques.

c) Parce que ces appareils sont composés de plusieurs modules aux fonctions distinctes.

d) Parce qu'ils sont faits de matériaux composites légers qui comportent des alvéoles.

e) Parce qu'ils ont été mis au point dans des laboratoires divisés en cellules.

17. Quelle est la différence entre un enregistrement du son sous forme analogique et un enregistrement du son sous forme numérique?

a) L'analogique est de meilleure qualité que le numérique.
b) L'analogique est électrique, et le numérique électronique.
c) L'analogique est composé d'un motif ondulatoire, et le numérique de chiffres.
d) L'analogique n'est pas amplifié, et le numérique est amplifié.
e) L'analogique est gravé, et le numérique est imprimé.

18. Quel est le principe de fonctionnement d'un élément chauffant électrique?

a) Un matériau non conducteur bloque le courant électrique.
b) Un matériau conducteur accélère le courant électrique.
c) Un matériau conducteur réagit avec l'oxygène au passage du courant électrique.
d) Un matériau conducteur oppose une résistance au courant électrique.
e) Un matériau conducteur fait alterner le sens du courant électrique.

19. Comment un four à micro-ondes fonctionne-t-il?

a) Il produit un courant d'air chaud qui se concentre sur les aliments.
b) Il produit une lumière blanche qui est aussi une source de chaleur.
c) Il produit une augmentation de pression qui fait augmenter la température.
d) Il produit des ondes qui font vibrer les molécules des aliments.
e) Il produit des ultrasons qui réchauffent rapidement les aliments.

20. Pourquoi James Watt est-il célèbre?

a) Il a inventé le moteur à combustion externe.
b) Il a inventé le moteur à essence.
c) Il a perfectionné le moteur à vapeur.
d) Il a inventé le moteur à quatre temps.
e) Il a inventé le moteur à combustion interne.

21. Pourquoi construit-on de moins en moins de véhicules munis d'un moteur à deux temps?

a) Parce que ce type de moteur est plus polluant que le moteur à quatre temps.
b) Parce que ce type de moteur est moins fiable que le moteur à quatre temps.
c) Parce que ce type de moteur est plus bruyant que le moteur à quatre temps.

d) Parce que ce type de moteur est plus coûteux à produire que le moteur à quatre temps.

e) Parce que plus énergivore que le moteur à quatre temps.

22. Qu'est-ce qu'un trébuchet?

a) Un appareil qui permet de lancer de lourdes pierres.

b) Un appareil qui permet de renverser des chars d'assaut.

c) Un appareil qui permet de faire trébucher les chevaux de l'ennemi.

d) Un appareil qui permet de creuser rapidement des tranchées.

e) Un appareil qui permet d'escalader des murailles.

23. Qu'est-ce qu'un brûlot?

a) Un récipient rempli de poudre.

b) Une voiture qui transporte des munitions.

c) Un type de lance-flammes.

d) Un canon de petit calibre.

e) Un bateau enflammé.

24. Quelle invention a rendu Alfred Nobel célèbre?

a) L'obus antichar.

b) La dynamite.

c) Le missile.

d) Le masque à gaz.

e) Le gaz moutarde.

25. À laquelle des substances qui suivent l'émail ressemble-t-il?

a) La céramique.

b) La poterie.

c) La faïence.

d) Le verre.

e) La porcelaine.

26. Le Québec ne produit pas de bauxite, qui contient le minerai d'aluminium. Pourquoi y trouve-t-on de nombreuses alumineries?

a) Parce qu'il est situé près de routes maritimes de transport de la bauxite.

b) Parce qu'il produit beaucoup d'électricité indispensable à leur fonctionnement.

c) Parce qu'il est situé près de provinces et de pays qui en produisent.
d) Parce que le fleuve Saint-Laurent permet d'accueillir les navires qui transportent la bauxite.
e) Parce qu'il produit un autre minerai qui peut être transformé en bauxite.

27. Avec quoi fait-on le savon?

a) Avec de l'huile et un sel.
b) Avec des matières grasses et un acide.
c) Avec de l'huile végétale et une base.
d) Avec de la cire et un acide.
e) Avec un acide, une base et de l'huile.

28. Existe-t-il des vêtements en plastique?

a) Oui, certains vêtements de plein air comportent des matières plastiques.
b) Non, car les plastiques sont trop rigides pour fabriquer des vêtements.
c) Non, car les plastiques sont trop inflammables pour fabriquer des vêtements.
d) Non, sauf certains types d'imperméables.
e) Oui, car les fibres synthétiques sont des plastiques.

29. Qu'est-ce qu'une jachère?

a) Une terre qui ne sera plus cultivée.
b) Une terre qui vient d'être défrichée.
c) Une terre non cultivée pendant quelque temps.
d) Une terre fraîchement labourée.
e) Une terre qui doit être défrichée.

30. D'où provient la présure nécessaire à la fabrication de plusieurs types de fromages?

a) De cultures de yaourt.
b) D'une variété de vinaigre.
c) D'une variété de vin blanc.
d) De l'estomac de ruminants.
e) De divers agrumes pressés.

31. À l'Antiquité, au Moyen Âge et à la Renaissance, pourquoi le sel était-il un produit très recherché?

a) Il était indispensable pour l'entretien des routes.
b) Il améliorait le goût de plusieurs aliments.

c) Il entrait dans la composition du savon.
d) Il était utilisé comme antiseptique.
e) Il était utilisé comme agent de conservation.

32. La plupart des techniques d'épuration de l'eau *ne peuvent pas* éliminer :

a) les virus.
b) les bactéries.
c) les contaminants chimiques.
d) les particules en suspension dans l'eau.
e) les protozoaires.

33. Pourquoi les médecins canadiens Frederick Banting et Charles Best sont-ils célèbres ?

a) Ils découvrirent l'aspirine.
b) Ils découvrirent le rôle de l'insuline.
c) Ils découvrirent la quinine.
d) Ils découvrirent la pénicilline.
e) Ils découvrirent la chimiothérapie.

34. Pourquoi ajoute-t-on de l'iode au sel de table ?

a) Pour prévenir le goitre.
b) Pour prévenir l'anémie.
c) Pour prévenir le scorbut.
d) Pour prévenir le béribéri.
e) Pour prévenir le paludisme.

35. À quoi sert un sphygmomanomètre ?

a) À écouter les battements du cœur.
b) À mesurer la tension artérielle.
c) À examiner la rétine.
d) À étudier le fonctionnement du cerveau.
e) À détecter des tumeurs.

36. À quelle maladie des séances de dialyse permettent-elles de survivre ?

a) L'insuffisance cardiaque.
b) L'insuffisance pulmonaire.
c) L'insuffisance hépatique.

d) L'insuffisance lymphatique.
e) L'insuffisance rénale.

37. Qu'est-ce que le compostage?

a) Une technique de recyclage de tous les déchets domestiques.
b) Une technique pour réduire l'odeur malodorante des déchets.
c) Une technique pour transformer les déchets organiques en engrais.
d) Une technique pour se débarrasser des feuilles mortes.
e) Une technique pour déchiqueter des déchets.

38. D'où un système géothermique tire-t-il son énergie?

a) Des vagues.
b) Des cours d'eau.
c) Du sol.
d) Du Soleil.
e) Du vent.

39. Pourquoi certains environnementalistes sont-ils favorables à l'énergie nucléaire?

a) Elle est moins coûteuse que les autres formes d'énergie.
b) Elle ne présente pas de risques.
c) Elle peut être produite dans des centrales de petite taille.
d) Son carburant est facile à extraire du sol.
e) Elle ne produit pas de gaz à effet de serre.

40. Pourquoi est-il difficile de construire des voitures entièrement électriques qui soient performantes?

a) Un moteur électrique est moins puissant qu'un moteur à essence de même taille.
b) Les piles de ces voitures sont difficiles à recharger.
c) Un moteur électrique manque de puissance à basse vitesse.
d) Les piles nécessaires pour faire fonctionner ces voitures sont très lourdes.
e) Un moteur électrique n'accélère pas très vite.

Les techniques et les technologies de l'architecture et de la construction

Les techniques et les technologies de l'architecture et de la construction permettent, par exemple, de réaliser des édifices, des tours, des routes, des ponts et des barrages.

RÉPONSES AUX QUESTIONS 1 À 6

La bonne réponse apparaît en caractères gras.

1. **Comment les Égyptiens procédèrent-ils pour monter les lourds blocs de pierre des grandes pyramides?**

   a) Ils tirèrent les blocs sur des traîneaux huilés.

   b) Ils hissèrent les blocs à l'aide de grues et de poulies.

   c) Ils soulevèrent les blocs à l'aide de leviers.

   d) Ils tirèrent les blocs à l'aide de treuils.

   e) Ils roulèrent les blocs sur des billes de bois.

2. **Qu'est-ce qu'une clé de voûte?**

   a) Le clocheton situé sur le haut d'un dôme.

   b) La clé qui permet d'ouvrir un grand coffre-fort.

   c) La partie supérieure des fondations d'une basilique.

   d) La porte principale d'un édifice muni d'un dôme.

   e) La pierre centrale au sommet d'une arche.

3. **Quelle est la partie la plus importante d'une bonne route?**

   a) La couche de surface en asphalte ou en béton.

   b) Le sous-terrassement en terre asséchée.

   c) Les fossés.

   d) La fondation en pierres comprimées.

   e) L'accotement en pierre, en asphalte ou en béton.

4. **Qu'est-ce que le tablier d'un pont?**

   a) Les bandes métalliques de sécurité de chaque côté de la chaussée ou des rails.

   b) L'ensemble de sa structure métallique.

c) L'articulation centrale du pont.

d) La plate-forme horizontale où passent les voitures ou les trains.

e) Le pilier qui supporte la force la plus grande.

5. Pourquoi la base d'un barrage est-elle beaucoup plus épaisse que son sommet?

a) Parce que la base doit supporter tout le poids du barrage.

b) Parce que les formes triangulaires sont plus résistantes que les formes rectangulaires.

c) Parce qu'il se forme des courants près du fond des réservoirs d'eau.

d) Parce que les matériaux du sommet sont de densité plus élevée.

e) Parce que la pression de l'eau augmente avec la profondeur.

6. Laquelle des inventions qui suivent rendit possible la construction de gratte-ciel?

a) La structure métallique portante.

b) Le béton armé.

c) Les fondations renforcées.

d) Les parois de verre léger.

e) Les briques de faible densité.

Grandes pyramides d'Égypte

Les pyramides. L'une des structures les plus anciennes utilisées par les architectes est la pyramide, qui permit aux Égyptiens de construire des sépultures grandioses. Parmi les trois pyramides de Khéops, par exemple, la « grande pyramide », construite 2500 ans av. J.-C., mesure 230 m de côté à sa base, 140 m de hauteur et contient 2,3 millions de blocs de grès pesant entre 2 à 3 tonnes chacun. Les Égyptiens montaient les blocs en les plaçant sur des traîneaux qu'ils tiraient sur des rampes temporaires faites de pierre et de sable. Certains archéologues pensent que ces rampes se trouvaient à l'intérieur, et non à l'extérieur, de la pyramide. La friction, sous les traîneaux, était réduite à l'aide d'huile végétale.

Panthéon

Buckminster Fuller et son dôme géodésique

Phare maritime moderne

Les arches et les dômes. La forme élégante et solide de l'arche, inventée par les Sumériens environ 3500 ans av. J.-C., permet une répartition des forces qui fait en sorte que les blocs sont coincés les uns contre les autres et ne peuvent tomber. Le bloc le plus important est la clé de voûte, située au sommet de l'arche, qui assure la cohésion de l'ensemble. Les aqueducs construits à l'époque de l'Empire romain comportaient de nombreuses arches. Le dôme, dont l'un des plus célèbres est celui du Panthéon, à Rome, peut être considéré comme un ensemble d'arches qui forment une structure en trois dimensions.

En 1953, l'architecte américain Buckminster Fuller (1895-1983) inventa le dôme géodésique, de conception totalement différente, qui est une structure en tubes métalliques ayant la forme d'une sphère.

Les tours et les phares. La tour, d'abord utilisée comme flanquement d'une muraille, a été en usage dès l'Antiquité la plus lointaine. De nos jours, il existe de nombreux types de tours, dont plusieurs sont à la fois des attractions touristiques, comme la tour Eiffel à Paris, ou la tour du CN, à Toronto, et des supports pour des systèmes de télécommunication. Un phare est une grande tour bâtie sur un littoral ou sur une île et munie d'un système d'éclairage qui guide les navires pendant la nuit. La lumière des premiers phares provenait d'un feu de bois, qui fut remplacé par une lampe à l'huile au Ier siècle apr. J.-C., puis par une lampe électrique au XIXe siècle. L'un des plus célèbres phares de l'Antiquité est celui d'Alexandrie, en Égypte, construit en 283 av. J.-C.

Les routes. Dès le IIe siècle av. J.-C., les Romains construisirent des routes comportant de solides fondations et recouvertes de pavés, ce qui les rendit très durables. Ce principe, oublié durant des siècles, ne sera à nouveau appliqué qu'au XVIIIe siècle. Une route moderne comporte une fondation de pierres calibrées, serrées et comprimées à l'aide d'un rouleau compresseur. Cette fondation, qui

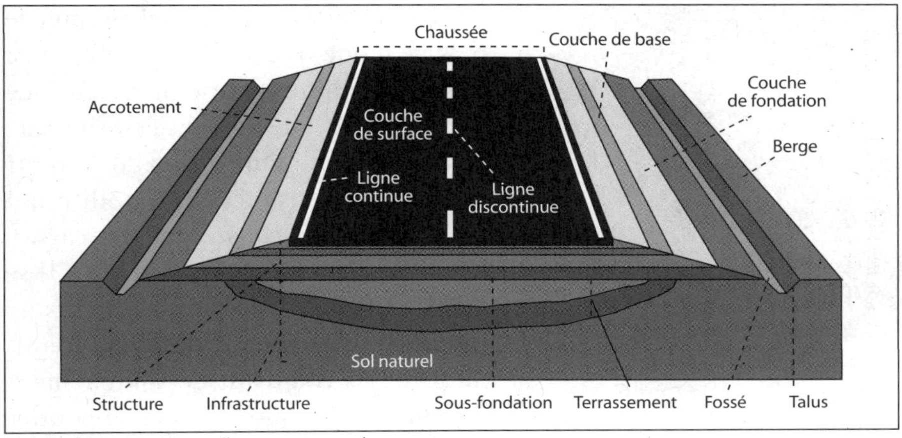

Coupe de la structure d'une route moderne

est sa partie la plus importante, assure sa stabilité et sa durabilité. L'assèchement de la route est assuré par des fossés profonds. Une route peut être recouverte d'asphalte ou, dans le cas des routes à grand débit, de béton.

Les ponts. Il existe plusieurs types de ponts, tels que le pont à poutres, le pont cantilever et le pont à béquilles. Plusieurs des grands ponts modernes sont des ponts suspendus à câbles porteurs ou à haubans. Le tablier d'un pont suspendu est soutenu par des câbles métalliques fixés à deux ou plusieurs pylônes. Certains ponts suspendus ont une longueur de plus d'un kilomètre. L'un des ponts suspendus à câbles porteurs les plus célèbres est le pont du Golden Gate, à San Francisco, en Californie. Les ponts à haubans ne comportent pas de câbles porteurs principaux, mais plusieurs haubans qui relient directement le tablier aux pylônes.

Golden Gate Bridge

Tunnelier

Barrage Manic-5

Les tunnels. Un tunnel permet le passage d'une voie ferrée ou d'une route sous une colline ou une montagne. Le percement d'un tunnel nécessite une expertise géologique préalable pour connaître les risques d'instabilité qui pourraient être causés par des cavités naturelles ou des assises fissurées. Il se fait à l'aide de dynamite, de marteaux pneumatiques et de tunneliers munis de foreuses rotatives. Le soutènement du tunnel est réalisé à l'aide de poutres en acier ou en béton. Le premier tunnel ferroviaire fut construit en Angleterre en 1826. Certains tunnels modernes atteignent des dizaines de kilomètres de longueur.

Les barrages. Un barrage est une construction qui permet de retenir l'eau pour l'irrigation, pour maîtriser la crue d'un cours d'eau ou pour produire de l'énergie. Durant des millénaires, les barrages n'étaient que des digues de terre et de pierre de faible hauteur. Plus tard, comme au cours de l'Empire romain, ils prirent la forme plus complexe de voûtes en pierre. À compter du XIXe siècle, ils furent surtout construits en ciment, puis en béton, mais des remblais de pierre et de terre sont encore utilisés dans certains cas. Quelques barrages modernes atteignent plus de 200 m de hauteur. La conception d'un barrage doit tenir compte du fait que la pression de l'eau augmente avec la profondeur. La base du barrage doit donc être beaucoup plus épaisse et solide que son sommet.

Les gratte-ciel. Ce type d'édifice, qui est la forme architecturale la plus caractéristique des XXe et XXIe siècles, a été rendu possible par l'invention de la structure portante métallique, des murs-rideaux et de l'ascenseur. Le premier gratte-ciel à structure métallique fut construit à Chicago en 1883. Certains gratte-ciel modernes sont le résultat de véritables prouesses techniques : ils comptent parfois plus de 100 étages et atteignent des centaines de mètres de hauteur.

CONCEPTIONS FRÉQUENTES	EXPLICATIONS DES CONCEPTIONS	CONCEPTS SCIENTIFIQUES
	Les pyramides	
Les blocs de pierre des pyramides d'Égypte étaient roulés sur des troncs et montés sur des rampes temporaires.	L'utilisation de troncs est une ancienne théorie concernant la façon dont les Égyptiens déplaçaient les blocs de pierre.	Les blocs de pierre étaient placés sur des traîneaux tirés sur des rampes temporaires recouvertes d'huile.
	Les arches et les dômes	
Une clé de voûte est la clé d'un coffre-fort.	L'anglicisme *voûte* est parfois employé comme synonyme de *chambre forte* ou de *coffre-fort.*	La clé de voûte est la pierre centrale au sommet d'une arche.
	Les tours et les phares	
Les tours modernes ne sont que des attractions touristiques.	La tour Eiffel ou la tour du CN, par exemple, reçoivent un grand nombre de visiteurs par année.	Presque toutes les tours modernes sont également des supports pour des systèmes de télécommunication.
	Les routes	
La partie la plus importante d'une bonne route est la chaussée en asphalte ou en béton.	La chaussée en asphalte ou en béton est la partie la plus visible d'une route.	La partie la plus importante d'une bonne route est sa fondation de pierres comprimées.
	Les ponts	
Le tablier d'un pont est toujours soutenu par ses piliers ou ses pylônes.	Le tablier des petits ponts les plus simples est soutenu par ses piliers.	Le tablier d'un pont suspendu est soutenu par des câbles porteurs ou des haubans.
	Les tunnels	
Le percement d'un tunnel se fait toujours à la dynamite.	L'utilisation de dynamite est une méthode bien connue de percement de tunnels.	Le percement de tunnels se fait de plus en plus à l'aide de tunneliers munis de foreuses rotatives.
	Les barrages	
L'épaisseur d'un barrage est la même à la base et au sommet.	L'observation des parties visibles d'un barrage peut donner l'impression que l'épaisseur est la même à la base et au sommet.	La base d'un barrage est plus épaisse que son sommet parce que la pression de l'eau augmente avec la profondeur.
	Les gratte-ciel	
Les gratte-ciel sont des édifices parfaitement rigides.	La solidité des poutres d'un gratte-ciel peut donner l'impression que l'édifice est parfaitement rigide.	Un gratte-ciel est un édifice flexible. Les plus hauts gratte-ciel oscillent de quelques mètres par forts vents.

Les techniques et les technologies du mouvement

Les techniques et les technologies du mouvement permettent la fabrication de machines automatiques et de moyens de transport.

RÉPONSES AUX QUESTIONS 7 À 11

La bonne réponse apparaît en caractères gras.

7. Comment les patins permettent-ils de glisser rapidement sur la glace?

a) En coupant la glace.

b) En faisant fondre un peu de glace.

c) En rendant la glace plus lisse.

d) En rendant la glace plus compacte.

e) En rendant la glace plus molle.

8. Un voilier peut-il avancer contre le vent?

a) Oui, mais avec l'aide d'un moteur auxiliaire.

b) Oui, si le vent n'est pas trop fort.

c) Non, car il doit être poussé par le vent.

d) Oui, grâce à la forme des voiles.

e) Non, sauf si les vagues le poussent contre le vent.

9. Pourquoi une fusée monte-t-elle?

a) Parce que les gaz chauds qu'elle éjecte poussent contre le sol.

b) Parce que ses ailerons latéraux lui assurent une portance.

c) Parce que la combustion de son carburant la rend de moins en moins lourde.

d) Parce que l'action des gaz éjectés cause une réaction en sens inverse.

e) Parce que sa vitesse est supérieure à celle de la rotation de la Terre.

10. Pourquoi les dirigeables construits au début du XXe siècle étaient-ils dangereux?

a) Parce que leur structure en métal n'était pas assez rigide.

b) Parce que leur toile était poreuse.

c) Parce qu'ils étaient remplis avec de l'hydrogène.

d) Parce que leurs moteurs étaient trop lourds.

e) Parce que leur système de direction n'était pas très efficace.

11. **Comment un avion tient-il dans les airs?**

a) Grâce à la forme de ses ailes qui crée une force vers le haut.

b) Grâce au fait qu'il est plus léger que l'air.

c) Grâce à ses moteurs qui exercent une poussée vers le haut.

d) Grâce au fait qu'il se déplace plus rapidement que le vent.

e) Grâce à ses ailerons qui créent une poussée vers le bas.

Les raquettes, les skis et les traîneaux. Les raquettes, inventées il y a 30 000 ans, et les skis, il y a près de 10 000 ans, peuvent tous deux être décrits comme de grandes semelles qui s'adaptent aux chaussures et permettent de marcher sur la neige sans s'y enfoncer. La pression exercée sur la neige est égale au poids de la personne qui les porte divisé par la surface de contact. Plus la surface des raquettes ou des skis est grande, plus la pression par unité de surface est petite, ce qui permet de marcher ou de glisser sans s'enfoncer dans la neige. Les traîneaux tirés sur la neige, inventés il y a environ 8500 ans, en Finlande, sont une autre application du même principe.

Les patins à glace. D'abord fabriqués avec des os, les patins à glace furent inventés il y a quelque 20 000 ans. Les premiers patins métalliques ont vu le jour au XIIIe siècle, aux Pays-Bas. Le principe du patin à glace est l'inverse de celui de la raquette ou du ski. Alors que, dans le cas de la raquette et du ski, le poids est réparti sur une grande surface, pour réduire la pression par unité de surface, dans le cas du patin, il est réparti sur une très petite surface, pour augmenter la pression par unité de surface. Cette pression permet de couper la surface de la glace, ce qui empêche le patin de déraper, et de faire fondre une très petite quantité de glace, ce qui lubrifie, avec de l'eau, l'espace entre le patin et la glace et facilite le glissement. Cette eau sous forme liquide regèle aussitôt après le passage du patin.

Les navires et les sous-marins. Les navires flottent parce qu'ils sont moins denses que l'eau, c'est-à-dire parce qu'ils sont moins lourds que le volume d'eau qu'ils déplacent. Les premières embarcations étaient des radeaux et des troncs creusés. Les premiers voiliers, inventés en Égypte environ 4000 ans av. J.-C., n'utilisaient que la force appliquée directement sur la voilure, et la navigation se faisait uniquement aux allures portantes, c'est-à-dire avec du vent arrière ou de travers. Les voiliers construits depuis 200 av. J.-C. tirent profit du fait que le vent s'écoule à des vitesses différentes sur les deux faces d'une voile, ce qui induit une

Gouvernail d'étambot

différence de pression, comme dans le cas des ailes d'un avion. C'est la résultante de cette différence de pression qui constitue la force aérodynamique de propulsion du voilier. Cette force se manifeste même quand le vent souffle dans une direction contraire à celle du déplacement du voilier et permet à celui-ci d'avancer contre le vent.

Inventé vers 1200, le gouvernail d'étambot, fixé à l'arrière de l'étambot qui est la poutre principale de la charpente d'un navire, sert à manœuvrer et à conduire le navire. Il se compose d'un safran, pièce plane tournant autour d'un axe vertical fixé sur l'étambot, et d'une barre ou d'une roue, qui commande l'angle donné au safran par rapport à l'axe du navire. L'invention du moteur à vapeur, au XVIIIe siècle, et plus tard celle d'autres types de moteurs, permit la construction de navires mus par des roues à aubes, puis par des hélices.

Les lignes de charge d'un navire, tracées sur sa coque, indiquent jusqu'où celui-ci s'enfonce dans l'eau avec sa charge maximale. Étant donné que la densité de l'eau salée est plus grande que celle de l'eau douce, un navire flotte mieux dans l'eau salée que dans l'eau douce. Sa ligne de charge dans l'eau salée est donc un peu plus basse, le long de sa coque, que dans l'eau douce.

Hydroptère

Le sous-marin, dont un premier prototype à propulsion humaine fut construit à Londres en 1620, peut descendre ou remonter selon sa densité, qui varie en fonction de la quantité d'eau contenue dans des réservoirs. Des ailes immergées permettent d'élever la coque de certains types de bateaux, appelés *hydroptères*, au-dessus du niveau de l'eau, ce qui diminue la résistance de l'eau au mouvement.

Les aéroglisseurs. En 1955, l'ingénieur anglais Christopher Cockerell (1910-1999) inventa l'aéroglisseur, véhicule amphibie ayant la possibilité de rester en sustentation au-dessus du sol ou de l'eau. La base est une jupe flexible qui permet de créer un coussin d'air au moyen d'un fort ventilateur.

Les parachutes. Le principe du parachute fut découvert en Chine vers 90 av. J.-C. La grande surface d'un parachute augmente la résistance de l'air au mouvement, ce qui ralentit la vitesse de chute d'un objet ou d'une personne. En 1490, l'artiste et scientifique italien Léonard de Vinci (1452-1519) dessina les plans du premier modèle de parachute capable de soutenir un être humain. Le premier saut en parachute, à partir d'un ballon, fut réussi en 1793. Il existe maintenant des parachutes en forme d'aile, appelés *parapentes*, dont la surface supérieure engendre une portance, comme le fait une aile d'avion, ce qui leur permet de tenir plus longtemps dans les airs et d'être utilisés comme planeurs.

Aéroglisseur

Léonard de Vinci et son plan d'un parachute

Les ballons et les dirigeables. Un ballon à air chaud vole parce que les molécules d'azote et d'oxygène de l'air chaud sont plus espacées que celles de l'air froid. L'air chaud est donc moins dense que l'air froid et « flotte » sur l'air froid. Comme l'air de l'atmosphère est de moins en moins dense à mesure qu'on augmente en altitude, le ballon s'élève jusqu'à ce qu'il atteigne une couche d'air froid de même densité que l'air chaud qu'il contient. En 1782, les frères Joseph (1740-1810) et Étienne Montgolfier (1745-1799), industriels français, construisirent et firent voler le premier ballon à air chaud, aussi appelé *montgolfière*. Le premier vol libre avec un passager humain eut lieu l'année suivante.

Un des ballons des frères de Montgolfier

Le dirigeable est un ballon de forme allongée, rempli d'hydrogène ou d'hélium, qui peut être dirigé grâce à des gouvernails et des moteurs à hélices. En 1884, l'inventeur français Charles Renard (1847-1905) construisit et pilota le premier dirigeable, qui était mû par un moteur électrique. En 1896, l'inventeur croate David Schwarz (1852-1897) fit voler le premier dirigeable rigide. L'ingénieur allemand Ferdinand, comte von Zeppelin (1838-1917), acheta les droits

Dirigeable

Train à grande vitesse (TGV)

de l'invention de Schwarz et construisit plusieurs dirigeables au début du XXe siècle. Les engins de cette époque étaient remplis d'hydrogène, gaz très explosif, ce qui causa quelques catastrophes. Les dirigeables modernes, peu nombreux, sont remplis d'hélium, gaz inerte.

Les trains. En 1804, l'ingénieur anglais Richard Trevitchick (1771-1833) construisit la première locomotive commerciale à vapeur. Sa locomotive était tellement lourde qu'elle détériorait les rails sur lesquels elle circulait, mais d'autres constructeurs réussirent, quelques années plus tard, à construire des locomotives plus opérationnelles. En 1825, la première ligne de chemin de fer fut mise en service en Angleterre. L'invention du moteur diesel et de moteurs électriques de grande puissance permit la construction de trains plus rapides vers la fin du XIXe siècle et au cours du siècle qui suivit. Dans un train diesel, le moteur diesel fait tourner une génératrice qui alimente un moteur électrique. C'est ce moteur électrique qui fait tourner les roues du train. Certains trains modernes, tels que le train à grande vitesse (TGV), en France, sont entièrement électriques et peuvent dépasser les 500 km/h.

Les vélos et les motos. En 1817, l'Allemand Karl von Sauebronn (1785-1851) inventa la draisienne, ancêtre du vélo, constituée d'un cadre de bois s'appuyant sur deux roues et munie d'un guidon pour le diriger. L'utilisateur se propulsait en poussant sur le sol, alternativement de part et d'autre, avec les pieds. La draisienne pouvait atteindre une vitesse de 12 km/h sur terrain plat. En 1860 fut inventé, en France, le grand bicycle dont la roue avant, mue par des pédales, pouvait atteindre un diamètre de 1,50 m. La position de la selle, perchée en haut de cette roue, rendait ce type de vélo très dangereux.

Un vélo tient en équilibre grâce à l'effet gyroscopique selon lequel l'axe de rotation d'une roue qui tourne conserve la même orientation. Le vélo moderne date de l'invention, en 1879, de la chaîne à rouleaux. Le vélo est souvent considéré comme un véhicule idéal, car il exploite de façon très efficace l'énergie dépensée. Le système de transmission avec chaîne et le dérailleur permettent de démultiplier la vitesse de rotation du pédalier de la façon la plus efficace pour chaque type de condition routière.

La motocyclette, appelée couramment *moto*, est une bicyclette motorisée. En 1885, l'ingénieur allemand Gottlieb Daimler (1834-1900) installa un moteur de son invention sur une bicyclette ; la première moto était née.

Les automobiles. En 1771, l'ingénieur français Joseph Cugnot (1725-1804) construisit le premier véhicule automobile à vapeur. Celui-ci était destiné au transport de canons et sa vitesse maximale était de 3,5 km/h. Les premières automobiles à essence furent commercialisées en 1885, en Allemagne, par les ingénieurs allemands Karl Benz (1844-1929) et Daimler.

Fardier de Joseph Cugnot

La plupart des automobiles fonctionnent en brûlant de l'essence, mais l'éthanol, le gaz naturel et l'huile diesel sont également utilisés. Leur moteur à combustion interne comporte plusieurs cylindres dans lesquels coulissent des pistons, qui font tourner un vilebrequin. Leur boîte de vitesses, qui modifie le rapport entre la vitesse de rotation du moteur et celle de l'arbre de transmission, permet de modifier la puissance transmise aux roues. On trouve des automobiles à traction, à propulsion et à quatre roues motrices. Leur système d'échappement, qui contient un pot catalytique, évacue les gaz brûlés et les transforme en gaz moins toxiques.

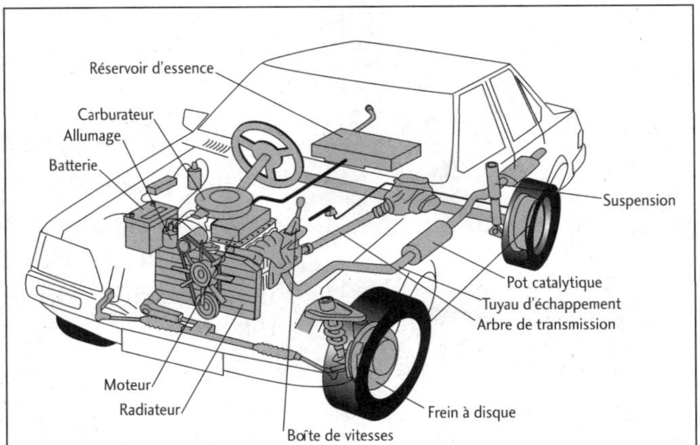

Quelques pièces essentielles d'une automobile

Joseph Armand Bombardier et l'une de ses motoneiges

Les motoneiges. En 1959, l'industriel canadien Joseph Armand Bombardier (1908-1964) inventa la motoneige, un véhicule propulsé grâce à un moteur à deux temps ou quatre temps qui entraîne une chenille. La direction est assurée par deux skis reliés au guidon et situés à l'avant.

Les planeurs et les avions. Un planeur est un avion sans moteur qui tient dans les airs grâce au principe, énoncé en 1738 par Daniel Bernoulli (1700-1782), selon lequel plus l'air circule rapidement, plus la pression qu'il exerce est faible. Les ailes d'un planeur sont conçues pour que l'air qui passe au-dessus circule plus rapidement que l'air qui passe au-dessous. En tenant compte du principe de Bernoulli, la pression au-dessus de l'aile est inférieure à celle qui est au-dessous, ce qui crée une force qui s'oppose à la gravité et permet au planeur ou à l'avion de rester en suspension.

Daniel Bernoulli

Pour voler, le planeur doit se déplacer à une vitesse suffisante, ce qu'il fait en descendant constamment, parfois dans une masse d'air ascendante, ce qui lui permet alors de rester longtemps dans les airs. Le premier vol d'un planeur piloté par un être humain eut lieu en France, en 1856. Au cours des années 1890, l'inventeur allemand Otto Lilienthal (1848-1896), qui fit des milliers de vols, apporta plusieurs modifications à la conception d'un planeur.

Planeur moderne

Un avion est un planeur muni d'un ou de plusieurs moteurs. Il tient aussi dans les airs grâce au principe de Bernoulli et doit se déplacer à une vitesse suffisante, ce qui est possible grâce à la poussée du ou des moteurs. En 1903, les frères Orville (1871-1948) et Wilbur Wright (1867-1912), aviateurs et constructeurs d'aéroplanes américains, expérimentèrent, avec succès, le premier avion à moteur. En 1927, l'aviateur américain Charles Lindbergh (1902-1974) réussit, en 33 heures, le premier vol solo sans escale entre l'Amérique et l'Europe. En 1933 eurent lieu le premier vol d'un avion à réaction ainsi que la mise en service du premier avion de ligne, le Boeing 247, bimoteur à hélices pouvant transporter dix passagers. En 1947 eut lieu le premier vol supersonique d'un avion expérimental. En 1969, le Concorde, avion supersonique civil, et le Boeing 747, gros-porteur, furent tous les deux mis en service. De nos jours, le plus grand des gros-porteurs est l'Airbus 380, dont le vol inaugural eut lieu en 2005.

Airbus 380

Les avions sont propulsés par des moteurs à hélices, qui engendrent une poussée en modifiant la pression de l'air, ou par des moteurs à réaction, qui projettent des gaz à haute vitesse vers l'arrière, ce qui crée une réaction vers l'avant. Certains avions à réaction peuvent voler à des vitesses supersoniques, c'est-à-dire à des vitesses plus grandes que la vitesse du son, qui est d'environ 1 200 km/h.

Les hélicoptères. Dès le XVe siècle, Léonard de Vinci esquissa le croquis d'un hélicoptère rudimentaire. En 1907, le Français Paul Cornu (1881-1944) construisit le premier hélicoptère, muni d'hélices horizontales. En 1908, l'ingénieur russe Igor Sikorsky (1889-1972) inventa le rotor, composé de pales dont la forme semblable à celle des ailes d'un avion deviendra l'une des pièces principales des futurs hélicoptères. Pendant leur rotation, la pression de l'air au-dessus des pales devient inférieure à celle qui est au-dessous. La force résultante s'oppose à celle de la gravité et permet à l'hélicoptère de monter et de tenir dans les airs. Le premier hélicoptère commercial fut mis en service par Sikorsky en 1939.

Les fusées. Les fusées furent inventées en Chine au XIIIe siècle. Le principe de propulsion d'une fusée est celui de la troisième loi de Newton selon laquelle une action induit une réaction. Dans la chambre à combustion d'une fusée, les forces de la pression causée par la combustion vont dans toutes les directions, mais s'annulent à peu près toutes en raison de la forme de cette chambre. Mais une seule force n'est pas annulée, soit celle qui va vers le haut, puisque des gaz sortent rapidement, vers le bas, par la tuyère qui est l'orifice servant à l'expulsion et à l'accélération des gaz de la chambre à combustion. Cette force propulse la fusée vers le haut. La première fusée capable de placer un satellite en orbite fut construite en Russie au cours des années 1950.

Les ascenseurs. En 1857, l'ingénieur américain Elisha Otis (1811-1861) inventa un ascenseur assez sécuritaire pour les premiers gratte-ciel. La cabine d'un ascenseur se déplace le long de guides et est équilibrée par un contrepoids également guidé. L'ensemble est relié par un ou plusieurs câbles, sur lesquels le moteur agit par l'intermédiaire d'une poulie ou d'un treuil. Tous les ascenseurs comportent des cliquets qui se coincent automatiquement dans des cannelures et qui immobilisent l'ascenseur en cas de rupture du câble.

Robot industriel

Les robots industriels. Le premier robot industriel fut commercialisé aux États-Unis en 1961. Plusieurs de ces machines comportent des capteurs, qui détectent des données physiques telles que la pression, la chaleur, la lumière, le mouvement, la vitesse ou un champ magnétique, des servomécanismes, qui réalisent un certain programme, et un mécanisme de contrôle, qui est souvent un microprocesseur ou un ordinateur. Le robot industriel s'adapte parfaitement au principe de la chaîne d'assemblage mobile. La robotisation des chaînes d'assemblage offre plusieurs avantages dont celui d'éviter aux ouvriers des tâches répétitives ou dangereuses.

CONCEPTIONS FRÉQUENTES	EXPLICATIONS DES CONCEPTIONS	CONCEPTS SCIENTIFIQUES
	Les raquettes, les skis et les traîneaux	
Les raquettes permettent de marcher sur la neige parce qu'elles sont faites de matériaux légers.	Les objets légers s'enfoncent peu dans la neige.	Les raquettes permettent de marcher sur la neige parce qu'elles répartissent le poids du marcheur sur une grande surface.
	Les patins à glace	
Les patins glissent bien parce qu'ils sont faits de métal très lisse.	L'aiguisage des patins peut donner l'impression que l'important est que leurs lames soient très lisses.	Les patins glissent bien parce que leur lame fait fondre de la glace et que l'eau agit comme lubrifiant.

CONCEPTIONS FRÉQUENTES	EXPLICATIONS DES CONCEPTIONS	CONCEPTS SCIENTIFIQUES
	Les navires et les sous-marins	
Les navires flottent grâce à la forme en V de leur coque.	La forme en V de certains objets peut les empêcher de s'enfoncer dans le sol.	Les navires flottent parce qu'ils sont moins denses que l'eau.
La ligne de charge d'un navire est indépendante du type d'eau ou de la température.	La ligne de charge semble dépendre de la forme du navire et non de l'eau.	La ligne de charge d'un navire varie avec le type d'eau et la température de l'eau.
Un sous-marin descend ou monte selon la façon dont ses gouvernails sont orientés.	Les gouvernails d'un sous-marin sont associés à ceux d'un avion.	Bien que les gouvernails jouent un certain rôle, le sous-marin descend ou monte surtout selon la quantité d'eau dans ses réservoirs qui font varier sa densité.
	Les ballons et les dirigeables	
Les montgolfières sont remplies d'hélium.	Les petits ballons gonflés à l'hélium sont bien connus.	Les montgolfières sont remplies d'air chaud.
	Les trains	
Un train diesel ne comporte qu'un moteur diesel.	Dans un train diesel, le moteur diesel est celui dont la présence et le fonctionnement sont les plus évidents.	Un train diesel comporte un moteur diesel, une génératrice et un moteur électrique. C'est le moteur électrique qui fait tourner les roues.
	Les vélos et les motos	
Un vélo tient en équilibre un peu comme une boîte mince placée debout sur une de ses petites faces minces.	Un lien direct est établi entre la façon dont un objet immobile et un objet mobile tiennent en équilibre.	Un vélo tient en équilibre grâce à l'effet gyroscopique selon lequel l'axe de rotation d'une roue qui tourne conserve la même orientation.
	Les automobiles	
La boîte de vitesses d'une automobile sert à modifier la vitesse de rotation de ses roues.	Une automobile va généralement plus vite si la boîte de vitesses est placée à une vitesse supérieure.	La boîte de vitesses d'une automobile sert à modifier la puissance transmise aux roues.
	Les planeurs et les avions	
Les avions sont plus légers que l'air.	Certains objets, tels que les ballons à l'hélium, volent parce qu'ils sont plus légers que l'air.	Les avions sont plus lourds que l'air.
Ce sont les moteurs qui maintiennent les avions dans les airs.	L'observation des moteurs, au décollage, peut donner l'impression qu'ils maintiennent les avions dans les airs.	C'est la baisse de pression causée par l'écoulement de l'air au-dessus des ailes qui maintient les avions dans les airs.

CONCEPTIONS FRÉQUENTES	EXPLICATIONS DES CONCEPTIONS	CONCEPTS SCIENTIFIQUES
	Les hélicoptères	
Un hélicoptère dont le moteur s'arrête tombe en chute libre.	À première vue, un rotor semble utile seulement lorsqu'il tourne.	Un hélicoptère dont le moteur s'arrête descend en planant grâce à son rotor que la descente fait tourner.
	Les fusées	
Une fusée monte parce que les gaz chauds qu'elle éjecte poussent sur le sol.	Impression causée par l'observation des gaz projetés vers le sol au décollage d'une fusée.	Une fusée monte parce que l'éjection des gaz vers le bas crée une force de réaction vers le haut.
	Les ascenseurs	
Un ascenseur dont le câble brise tombe en chute libre.	Le câble de l'ascenseur est la partie la mieux connue de son mécanisme.	Un ascenseur dont le câble brise est retenu par un système de cliquets et de cannelures.
	Les robots industriels	
Un robot industriel ne perçoit aucun stimulus de son environnement.	Un robot industriel semble être simplement un bras motorisé.	La plupart des robots industriels comportent des capteurs de pression, de chaleur ou de mouvement.

Les techniques et les technologies de la lumière, du son et des communications

Les techniques et les technologies de la lumière, du son et des communications permettent, par exemple, d'éclairer des endroits sombres, de transmettre et d'enregistrer des images et des sons, et de traiter de l'information.

RÉPONSES AUX QUESTIONS 12 À 17

La bonne réponse apparaît en caractères gras.

12. Qu'est-ce qu'un parchemin?

a) Un ancien type de papier à base de fibres textiles.

b) Un support pour l'écriture semblable à du papyrus.

c) Un morceau de tissu sur lequel on peut écrire.

d) Un morceau d'écorce semblable à du papier.

e) Une peau d'animal traitée pour l'écriture.

13. **Selon la classification moderne des instruments de musique, que sont les idiophones ?**

a) Des instruments à cordes.

b) Des instruments en bois ou en métal résonnant.

c) Des instruments à vent.

d) Des instruments composés d'une membrane tendue.

e) Des instruments électroniques.

14. **Comment une lampe à fluorescence, qui a souvent la forme d'un tube droit ou torsadé, émet-elle de la lumière ?**

a) Elle comporte un filament situé au centre du tube.

b) Elle comporte un gaz qui émet de la lumière.

c) Elle comporte des éléments chimiques qui réagissent grâce à l'électricité.

d) Elle comporte un gaz qui fait briller sa surface intérieure.

e) Elle comporte de petites plaques qui émettent des électrons.

15. **De quel type de lunettes correctrices les personnes hypermétropes ont-elles besoin ?**

a) Des lentilles concaves qui font diverger la lumière.

b) Des lentilles qui comportent une partie concave et une partie convexe.

c) Des lentilles convexes qui font converger la lumière.

d) Des lentilles concaves qui font converger la lumière.

e) Des lentilles convexes qui font diverger la lumière.

16. **Pourquoi les téléphones portables sont-ils appelés *cell phones* (« téléphones cellulaires ») en anglais ?**

a) Parce que les territoires où ils sont utilisés sont découpés en cellules géographiques.

b) Parce que ces appareils comportent des processeurs regroupés en cellules électroniques.

c) Parce que ces appareils sont composés de plusieurs modules aux fonctions distinctes.

d) Parce qu'ils sont faits de matériaux composites légers qui comportent des alvéoles.

e) Parce qu'ils ont été mis au point dans des laboratoires divisés en cellules.

17. Quelle est la différence entre un enregistrement du son sous forme analogique et un enregistrement du son sous forme numérique ?

a) L'analogique est de meilleure qualité que le numérique.

b) L'analogique est électrique, et le numérique électronique.

c) L'analogique est composé d'un motif ondulatoire, et le numérique de chiffres.

d) L'analogique n'est pas amplifié, et le numérique est amplifié.

e) L'analogique est gravé, et le numérique est imprimé.

L'écriture. L'écriture est apparue à Sumer, environ 4000 ans av. J.-C., sous la forme de petites marques, gravées dans de l'argile, qui formaient une écriture dite *cunéiforme*. Environ 3000 ans av. J.-C. apparut en Égypte une écriture hiéroglyphique gravée sur de la pierre ou tracée avec des pigments végétaux ou minéraux sur du papyrus, papier rudimentaire fabriqué à partir de la moelle de la tige d'un roseau. L'encre, composée de suie et de colle, fut inventée en Chine il y a 4500 ans av. J.-C. Le parchemin, peau d'animal traitée pour l'écriture, fut inventé à Pergame, ancienne ville d'Asie mineure, vers 190 av. J.-C. et son usage devint courant au VIIIe siècle. Bien que le papier, d'abord composé de fibres de soie, ait été connu des Chinois dès 150 av. J.-C., il ne remplacera le parchemin, pour la plupart des usages, qu'au XIVe siècle.

Dès le VIe siècle, les Chinois imprimaient du texte et des illustrations à l'aide de grandes plaques de bois gravées en relief mais il était cependant fastidieux de graver une plaque différente pour chaque page de texte. Ils inventèrent les premiers caractères mobiles vers 1040. Vers 1440, l'imprimeur allemand Johannes Gensfleisch, dit Gutenberg (1398-1468), inventa la presse à imprimer et perfectionna la typographie à caractères mobiles. Les presses à imprimer modernes sont des machines rotatives à très haut débit et entièrement automatisées.

La première machine à écrire d'utilisation pratique fut inventée par la firme Sholes et Remington en 1870. Le stylo à bille vit le jour en Argentine en 1938. Depuis l'invention des premiers ordinateurs personnels, vers la fin des années 1970, l'ordinateur, le logiciel de traitement de texte et l'imprimante ont progressivement remplacé les machines à écrire. Il existe depuis 1995 de petits écrans portatifs qui permettent de lire des livres stockés sur des cartes à puce.

En 1835, le Français Louis Braille (1809-1852), lui-même aveugle depuis l'enfance à la suite d'un accident, mit au point un système d'écriture pour les aveugles. L'alphabet braille représente les lettres et les chiffres au moyen de petits points en relief sur du papier ou du carton.

Les instruments de musique. Le tambour, d'abord constitué d'une peau d'animal tendue sur un morceau de bois creux, et la flûte, d'abord un os creux ou une tige de roseau, furent tous deux inventés il y a 30 000 ans. L'arc musical, dérivé de l'arc utilisé pour lancer des flèches et qui est l'ancêtre de la harpe, fut inventé il y a 20 000 ans. Les premières véritables harpes datent de 5 000 ans. La trompette fut inventée en Égypte vers 2000 av. J.-C. et la guitare en Assyrie, vers 1000 av. J.-C. Le clavecin, inventé au XIVe siècle, fut suivi par le piano en 1710. Les premiers instruments électriques, tels que le clavier et la guitare, datent des années 1930. Le synthétiseur, qui permet d'imiter les sons de divers instruments, fut mis au point en 1965 par un ingénieur américain. Depuis la création, en 1981, de l'interface MIDI, qui rend compatibles tous les instruments de musique électroniques et les rend également compatibles avec des micro-ordinateurs, plusieurs musiciens composent et jouent de la musique avec l'aide d'ordinateurs.

Parmi les instruments de musique, on distingue souvent les cordes, les bois, les cuivres, les percussions et les claviers, mais ces catégories ne sont pas tellement scientifiques. Le piano, par exemple, est à la fois un instrument à cordes, à percussion et à clavier. Une classification plus scientifique, proposée par le musicologue allemand Curt Sachs (1881-1959) et l'ethnomusicologue autrichien Erich Moritz von Hornbostel (1877-1935) en 1914, distingue les cordophones (instruments à cordes) tels que le piano, le violon et la kora ; les aérophones (instruments à vent) tels que l'orgue, l'harmonica et le basson ; les idiophones (instruments en bois ou en métal résonnant) tels que le triangle, le xylophone et les cymbales ; les membranophones (instruments composés d'une membrane tendue) tels que les tambours et les timbales ; les électrophones ou instruments électroacoustiques, qui comprennent les instruments électroniques inventés surtout au XXe siècle.

L'éclairage. La domestication du feu, il y a 1 400 000 ans, permit la première forme d'éclairage. Il y a 20 000 ans débuta la confection de vases de pierre pour la combustion d'huile à des fins d'éclairage. Par la suite, diverses sortes de sources d'éclairage basées sur la combustion de substances solides, liquides ou

Thomas Edison

gazeuses, telles que les torches, les lampes à l'huile, les bougies en cire et les lampes au gaz, furent inventées. En 1811, Freiberg, en Allemagne, devint la première ville à se doter d'un système d'éclairage extérieur au gaz de houille (charbon). En 1816, le chimiste français Eugène Chevreul (1786-1889) fabriqua les premières bougies en acide stéarique, cire synthétique.

Ampoule à fluorescence

En 1879, le physicien anglais Joseph Swan (1828-1914) et l'inventeur américain Thomas Edison (1847-1931) perfectionnèrent l'ampoule électrique à incandescence inventée par un étudiant canadien cinq ans auparavant. Le filament électrique d'une ampoule est une résistance qui chauffe et devient brillante au passage du courant électrique. L'ampoule est vide ou remplie d'un gaz inerte pour éviter toute réaction chimique avec le filament chauffé. La difficulté, pour les concepteurs de filaments d'ampoules, fut de trouver des matériaux qui pouvaient résister longtemps à des températures très élevées.

Laser

En 1909, le savant français Georges Claude (1870-1960) inventa l'éclairage au moyen de tubes à décharge au néon. Un tube à décharge, tel que les lampes au néon, à vapeur de sodium ou à fluorescence, contient un gaz dans lequel circule un courant électrique. Une lampe à fluorescence contient de la vapeur de mercure qui émet un rayonnement ultraviolet. Ce rayonnement frappe une couche de phosphore qui recouvre sa surface intérieure et donne de la lumière blanche par fluorescence. De nos jours, les ampoules à fluorescence remplacent de plus en plus les ampoules à incandescence, car elles nécessitent beaucoup moins d'énergie électrique.

En 1960, le physicien américain Théodore Maiman (1927-2007) fabriqua le premier laser, qui produit une lumière cohérente à partir d'un cylindre de rubis. En 1964 fut inventée la diode électroluminescente (DEL), qui émet de la lumière lorsqu'elle est traversée par un faible courant électrique. D'abord utilisées dans de petits témoins lumineux, les ampoules de type DEL, qui nécessitent très peu d'énergie électrique, ont de nombreuses applications grâce à des perfectionnements récents.

Les instruments d'optique. Les lentilles, composantes principales de tous les instruments d'optique, furent décrites pour la première vers l'an 1000 par le physicien arabe Ibn al-Haythaam Alhazen (965-1039).

Les premières lunettes correctrices pour la vue, qui étaient des lentilles convergentes destinées aux hypermétropes et aux presbytes, furent mises au point en 1285, en Italie. Les trois principaux problèmes que les lunettes permettent de corriger sont la myopie, l'hypermétropie et la presbytie. Dans un œil myope, qui converge trop, l'image d'un objet se forme en avant de la rétine et des lentilles divergentes concaves (creuses au centre) sont nécessaires. Dans un œil hypermétrope, qui ne converge pas assez, l'image se forme derrière l'œil et des lentilles convergentes convexes (bombées au centre) sont nécessaires. Dans un œil presbyte, qui n'accommode pas bien, des lentilles à double foyer comportant une partie concave et une partie convexe sont nécessaires.

Les premiers microscopes, composés de plusieurs lentilles, furent construits en 1590. Un microscope à lentilles multiples comporte au moins deux lentilles : un objectif d'une distance focale de quelques millimètres, séparé par une distance fixe de 15 à 18 cm d'un oculaire d'une distance focale de quelques centimètres. La mise au point se fait en déplaçant l'ensemble. Un autre type de microscope, composé d'une seule lentille minuscule de forme sphérique, fut également inventé à la même époque et perfectionné par le naturaliste hollandais Antonie Van Leeuwenhœk (1632-1723) vers 1680, ce qui lui permit de découvrir l'existence d'organismes microscopiques.

Le télescope à réfraction, appelé aussi *lunette astronomique,* fut inventé officiellement en 1608 par l'opticien hollandais Hans Lippershey (570-1619). Il est probable, cependant, que le principe en était connu dès le XIIIe siècle.

Le télescope à réflexion, dont la pièce principale est un miroir parabolique, fut conçu par le physicien Isaac Newton (1642-1727) en 1672.

La photographie et le cinéma. Il y a des milliers d'années, les Chinois découvrirent que la lumière pénétrant dans une pièce sombre par un trou percé dans un mur donnait, sur le mur opposé, une image de l'extérieur. En 1500, en Europe, existaient des *camera obscura,* de grandes boîtes produisant des images selon ce principe, qui est aussi celui des appareils photo et des caméras.

En 1826, le Français Joseph Niepce (1765-1833), qui avait déjà obtenu une image sur un papier imprégné de chlorure d'argent en 1816, inventa l'héliographie, un précurseur de la photographie qui nécessitait plusieurs heures d'exposition et qui consistait à fixer des images sur des plaques d'étain placées dans une chambre noire (boîte munie d'une lentille) et recouvertes d'un bitume sensible à la lumière. Il conçut également le diaphragme à iris, pour régler la quantité de lumière traversant l'objectif de la chambre noire. En 1835, le Français Jacques Daguerre (1787-1851) inventa le daguerréotype, procédé pour capter l'image d'un objet sur une plaque métallique recouverte de sels d'argent, plus rapide que l'héliographie de Niepce. Le stéréoscope, qui permet de voir une image en relief, fut pour sa part inventé en 1838.

En 1839, le photographe français Hippolyte Bayard (1801-1887) et le photographe anglais William Talbot (1800-1877) inventèrent, de façon indépendante, les négatifs photographiques, qui permettaient la reproduction de photos sur papier. Avec le procédé par négatif, le film exposé, qui contient des grains de sels d'argent impressionnés par la lumière, est immergé dans des solutions de traitement qui transforment l'image latente en image négative. Pour obtenir une épreuve positive, il faut alors projeter de la lumière à travers le négatif pour impressionner une feuille de papier sensible. Un négatif permet ainsi d'obtenir un nombre illimité de photographies positives.

Un premier procédé de photographie en couleurs fut mis au point en France en 1840. En 1888, le photographe américain George Eastman (1854-1932) inventa le Kodak, appareil photographique simple, léger et peu coûteux. En 1938, le physicien et inventeur américain Edwin Herbert Land (1909-1991) inventa le Polaroïd, premier appareil photo à développement instantané. En 1981, la compagnie Sony lança la photo numérique, dont les images furent d'abord enregistrées sur une disquette magnétique, puis plus tard sur un disque compact lu par un laser.

La photocopie vit le jour aux États-Unis en 1903. Un premier modèle de photocopieur fut commercialisé en 1907, mais la photocopie ne devint d'usage courant qu'au cours des années 1960, après l'invention de la xérographie en 1938. En 1947, le physicien britannique d'origine hongroise Dennis Gabor (1900-1979) inventa l'holographie, un procédé photographique permettant de produire des images en trois dimensions appelées hologrammes.

En 1895, les frères Auguste (1862-1954) et Louis Lumière (1864-1948), scientifiques français, inventèrent le cinématographe, appelé plus simplement *cinéma*, qui consiste à photographier puis à projeter sur un écran une série de photographies qui présentent les phases des mouvements filmés. À la projection, un obturateur coupe le faisceau lumineux du projecteur entre chaque photographie afin de dissimuler l'avance du film jusqu'à la photographie suivante.

Auguste (à gauche) et Louis Lumière

Les premiers films muets comportaient une cadence de 16 images par seconde, ce qui donnait des mouvements saccadés; le passage à une cadence de 24 images par seconde donna une fluidité naturelle aux mouvements. *Le chanteur de jazz*, premier film dans lequel le son était synchronisé au mouvement des lèvres, fut projeté aux États-Unis en 1927. Le procédé Technicolor, qui marqua les débuts des films commerciaux en couleurs, fut mis au point en 1934.

Le magnétoscope fut inventé aux États-Unis en 1951, et la compagnie Sony lança le premier modèle grand public en 1964. Cet appareil permettait d'enregistrer les images et les sons de la télévision sur une bande magnétique et de les reproduire à volonté. De nos jours, la bande magnétique a fait place au DVD (*Digital Versatile Disk*), semblable au disque compact, sur lequel les images et les sons sont enregistrés de façon numérique.

Le télégraphe. Le télégraphe permet de transmettre à distance des messages au moyen de signaux visibles, d'impulsions électriques ou d'impulsions lumineuses. En 1793, l'ingénieur français Claude Chappe (1763-1865) inventa le télégraphe optique, appelé aussi *sémaphore*. Ce type de télégraphe transmettait des messages au moyen de signaux effectués par des bras articulés installés sur des séries de tours situées à d'assez grandes distances les unes des autres. Des observateurs munis de télescopes, postés dans chacune des tours, relayaient les messages.

Sémaphore

En 1835, les Américains Samuel Morse (1791-1872) et Joseph Henry (1797-1878) inventèrent le télégraphe électromagnétique, et Samuel Morse conçut le code morse, composé de traits (impulsions électriques longues) et de points (impulsions électriques courtes). Le morse peut aussi servir pour transmettre des messages à l'aide d'impulsions lumineuses. Le premier câble sous-marin pour la transmission de télégrammes fut installé entre Douvres, en Angleterre, et Calais, en France, en 1851. Le premier câble télégraphique transatlantique fut installé en 1866.

Guglielmo Marconi

En 1895, l'inventeur italien Guglielmo Marconi (1874-1937) réussit à transmettre un message par radio, en morse, sur une distance de 145 kilomètres, ce qui marqua la naissance de la télégraphie sans fil (TSF).

Alexander Graham Bell

Le téléphone et le télécopieur. En 1871, l'ingénieur italien Antonio Meucci (1808-1889) déposa une demande de brevet pour un téléphone assez semblable à celui qui fut inventé par Alexander Graham Bell (1847-1922) en 1876, mais ne réussit pas, faute de moyens suffisants. C'est donc Bell qui en est officiellement considéré comme l'inventeur. Le téléphone, qui comporte un microphone et un haut-parleur, transmet des messages parlés en convertissant le son en signal électrique et le signal électrique en son.

Cette conversion du son peut se faire de façon analogique, en convertissant le son en impulsions électriques de même forme que les ondes sonores, ou, de plus en plus, de façon numérique, en convertissant le son sous forme de séquences de nombres transmis de façon électrique, dans des fils, et optique, dans des fibres optiques. Le premier câble téléphonique transatlantique, entre l'Amérique et l'Europe, fut installé en 1956. Les premiers satellites de télécommunication furent lancés vers la fin des années 1960.

Les premiers téléphones portables, qui sont en fait de petits émetteurs-récepteurs d'ondes électromagnétiques de la longueur d'onde des micro-ondes, furent mis en service en 1979. L'expression *téléphone cellulaire,* traduction littérale de l'anglais *cell phone,* parfois employée pour désigner les téléphones portables, vient du fait que le territoire où sont utilisés ces téléphones est découpé en petites zones géographiques, appelées *cellules*, qui possèdent chacune leur antenne émettrice et réceptrice.

En 1843, le scientifique anglais Alexander Bain (1810-1877) inventa un procédé, ancêtre du télécopieur, pour envoyer des images à distance à l'aide de l'électricité. Le téléscripteur ou télex, qui permettait d'envoyer des messages écrits par ligne téléphonique, fut inventé aux États-Unis en 1916 et sera commercialisé à partir de 1931. En 1924 eut lieu la démonstration, aux États-Unis, d'un télécopieur expérimental pour la transmission de photos par ligne téléphonique. Il sera commercialisé sous sa forme moderne à partir de 1973.

L'enregistrement des sons. L'enregistrement des sons peut se faire de façon analogique, en convertissant le son en sillons sur un disque en vinyle ou en motif magnétique sur une bande magnétique. Il peut aussi se faire de façon numérique, en convertissant le son sous forme de séquences de nombres sur une bande magnétique numérique ou un disque compact.

En 1877, Thomas Edison inventa le phonographe et réalisa le premier enregistrement d'un son. En 1888, l'Américain d'origine allemande Émile Berliner (1851-1929) inventa le gramophone, semblable au phonographe, mais qui, au lieu d'enregistrer les sons sur un cylindre, les enregistrait sur un disque de zinc recouvert de cire. Le gramophone faisait jouer des disques sur lesquels était gravé un sillon musical ; ce sillon était lu par une pointe reliée à un pavillon acoustique, et la rotation du disque était activée par un ressort spiral d'horlogerie. En 1925 fut inventé le microphone, qui transforme la voix en courant électrique. En 1933 eurent lieu les premiers enregistrements de disques stéréophoniques, mais leur commercialisation à grande échelle ne débutera qu'en 1958.

La bande magnétique pour l'enregistrement du son fut inventée en 1928, et la première démonstration d'un magnétophone eut lieu en 1935. Une bande magnétique est une bande plastique recouverte de particules métalliques. Pendant un enregistrement, elle se déroule à vitesse constante devant une tête aimantée dont l'aimantation varie en fonction des ondes sonores à enregistrer. Pendant la lecture, une autre tête subit les champs magnétiques induits par la bande magnétique et, après traitement, les ondes sonores peuvent être restituées.

En 1979, les compagnies Philips et Sony mirent au point le disque compact (CD) pour l'enregistrement numérique de la musique, et sa commercialisation commença en 1982. Le CD est un disque de 12 cm de diamètre constitué de matière plastique et d'une mince couche métallique. Sur le disque, une séquence binaire (succession de 0 et de 1) est gravée sur le métal. Si un creux est gravé, il correspond à un 0, si rien n'est gravé, cela correspond à un 1. C'est la forme numérique du son. Pendant la lecture du disque, un faible laser parcourt les pistes et est reflété de façon différente selon qu'il passe sur un creux ou non. Une cellule photoélectrique capte le laser reflété et l'appareil traduit la séquence binaire en sons audibles.

La radio et la télévision. Toute transmission radio nécessite un émetteur et un récepteur. L'émetteur produit une onde dite porteuse. Lorsque l'émetteur veut transmettre un son, il module l'onde porteuse. Le récepteur capte l'onde modulée et en fait ressortir le son original. Dans le cas de la radio AM (*Amplitude Modulation*), c'est l'amplitude de l'onde porteuse qui varie, tandis que dans le cas de la radio FM (*Frequency Modulation*), c'est sa fréquence. Le premier message radio, en morse, fut transmis en 1894 par le physicien anglais Oliver Lodge (1851-1940). La première transmission de paroles et de musique, par modulation d'amplitude (radio AM), fut réussie en 1906 par le physicien canadien Reginald Fessenden (1866-1932). La même année, Marconi réussit la première transmission de paroles par modulation de fréquence (radio FM).

La première station de radiodiffusion fut mise en service en 1920 à Pittsburgh, en Pennsylvanie. En 1925, le physicien anglais Edward Appleton (1892-1965) découvrit que la réflexion des ondes radio par l'ionosphère permettait la diffusion d'émissions de radio à de très grandes distances. L'invention du transistor, en 1954, permit la construction d'émetteurs et de récepteurs radio plus petits, moins énergivores et plus performants.

En 1996 fut lancée la radio numérique, d'une qualité sonore très supérieure à celle de la radio AM et FM, qui transmet les messages sous forme de séquence binaire (suite de 0 et de 1). La technologie de la radio numérique permet de transmettre du son, des images et même de la vidéo.

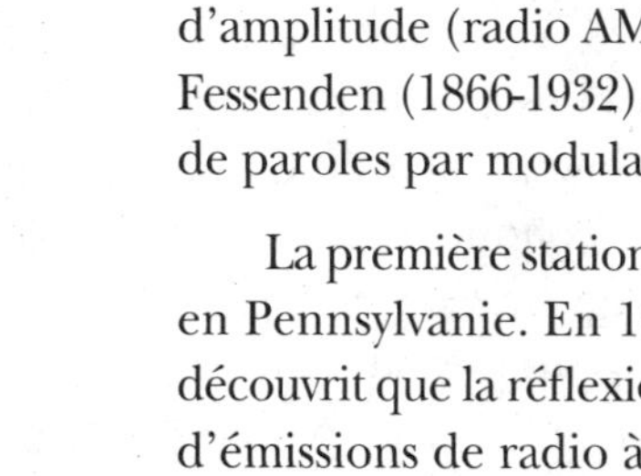

John Baird

En 1868, le physicien allemand Johan Wilhelm Hittorf (1824-1914) découvrit les rayons cathodiques, qui permirent plus tard l'invention de la télévision. L'ingénieur écossais John Baird (1888-1946) inventa la télévision en noir et blanc en 1925 et la télévision en couleurs en 1943.

L'écran d'un téléviseur classique est composé d'un tube cathodique qui comporte un tube à vide, un canon à électrons et des luminophores situés à la surface. Dans le cas d'un téléviseur noir et blanc, il y a un seul canon et un seul type de luminophore qui produit une lumière blanche, alors que dans un téléviseur couleur, il y a trois canons et trois types de luminophores, pour produire chacune des trois couleurs primaires. Pour que le faisceau d'électrons frappe les bons luminophores, une série d'électroaimants dirigent les électrons pour former à l'écran l'image désirée. Depuis quelques années, il existe également des téléviseurs à écran plat, sans tube cathodique, qui fonctionnent à l'aide de la lumière produite par des cristaux liquides.

Le premier satellite conçu spécialement pour la retransmission d'émissions de télévision fut mis en orbite en 1983. Les premières émissions de télévision à haute définition furent diffusées au Japon en 1989.

Les calculatrices et les ordinateurs. Le savant, philosophe et écrivain français Blaise Pascal (1623-1662) construisit la première machine à calculer mécanique en 1642. Des pièces trouvées au cours de fouilles archéologiques portent toutefois à croire que des machines semblables avaient peut-être été inventées dès l'Antiquité. En 1835, le mathématicien et économiste anglais Charles Babbage (1792-1871) conçut une machine à calculer analytique à cartes perforées qui, bien qu'elle ne fût jamais construite, est considérée comme l'ancêtre de l'ordinateur.

Alan Turing

Vers 1938, le mathématicien américain d'origine hongroise John von Neumann (1903-1957) définit le principe de fonctionnement d'une machine automatique de traitement de l'information à langage binaire et à programme enregistré qui sera adopté plus tard pour tous les ordinateurs. En 1942, John Vincent Atanasoff (1903-1995), physicien américain, construisit le premier calculateur électronique à tubes et, en 1943, l'ingénieur britannique Max Newman (1897-1985), se basant sur des principes énoncés par le mathématicien britannique Alan Turing (1912-1954), construisit le Colossus, premier ordinateur programmable, qui fut utilisé pendant la Deuxième Guerre mondiale par les Britanniques pour décoder des messages allemands.

En 1948, la compagnie américaine IBM présenta le modèle SSEC, premier véritable ordinateur commercial, dont la mémoire pouvait emmagasiner des programmes et des données. Comme tous les ordinateurs qui furent construits jusqu'à la fin des années 1950, c'était un ordinateur de première génération, qui comportait des milliers de tubes à vide et devait être programmé en langage machine formé de nombres binaires. En 1959, IBM livra les premiers 1620 et 1790, des ordinateurs de deuxième génération dans lesquels les tubes à vide avaient cédé la place aux transistors.

En 1971, la compagnie américaine Intel mit sur le marché le premier microprocesseur commercial. La calculatrice de poche fut inventée aux États-Unis en 1972. En 1976, les informaticiens américains Steven Jobs (né en 1955) et Steve Wozniak (né en 1950) créèrent la société de micro-ordinateurs Apple. En 1989 vit le jour, au Conseil européen pour la recherche nucléaire (CERN), le World Wide Web (WWW), utilitaire novateur pour relier les ordinateurs en réseaux. Netscape Navigator, le premier logiciel de navigation sur le Web pour le grand public, fut lancé en 1994.

CONCEPTIONS FRÉQUENTES	EXPLICATIONS DES CONCEPTIONS	CONCEPTS SCIENTIFIQUES
	L'écriture	
Un parchemin est un vieux papier.	Le papier est le matériau pour écrire le mieux connu.	Un parchemin est une peau d'animal traitée pour l'écriture.
	Les instruments de musique	
Les instruments de musique sont classés en cordes, en bois, en cuivres, en percussions et en claviers.	Une classification courante des instruments de musique comporte les cordes, les bois, les cuivres, les percussions et les claviers.	Une classification plus scientifique comporte les cordophones, les aérophones, les idiophones, les membranophones et les électrophones.
	L'éclairage	
Les ampoules électriques contiennent un gaz brillant.	Certains gaz émettent de la lumière lorsqu'ils brûlent.	C'est un filament incandescent qui fait briller les ampoules électriques.
Lorsqu'elles sont allumées, toutes les sortes de lampes sont très chaudes.	Les ampoules à incandescence, encore très courantes, deviennent très chaudes lorsqu'elles sont allumées.	Les lampes à fluorescence et les DEL ne chauffent pas tellement.
	Les instruments d'optique	
Un microscope comporte nécessairement plusieurs lentilles.	Les microscopes optiques modernes comportent plusieurs lentilles.	Les premières observations de micro-organismes furent effectuées à l'aide de microscopes à lentille simple.

CONCEPTIONS FRÉQUENTES	EXPLICATIONS DES CONCEPTIONS	CONCEPTS SCIENTIFIQUES
	La photographie et le cinéma	
La photographie et le cinéma sont deux techniques entièrement différentes.	Impression basée sur le fait que la photographie produit des images fixes et le cinéma des images en mouvement.	Les images du cinéma sont composées de photogrammes projetés au rythme de 24 par seconde.
	Le télégraphe	
Le télégraphe permet d'émettre et de recevoir le son de la voix.	Le télégraphe est associé au téléphone.	Le télégraphe permet d'émettre et de recevoir des messages codés en morse.
	Le téléphone et le télécopieur	
Les fils téléphoniques transmettent le son directement, comme de petits tubes ou comme des ficelles qui vibrent.	Dans un téléphone jouet rudimentaire, le son est transmis par une ficelle ou un tube.	Les fils téléphoniques transmettent un courant électrique ou une impulsion lumineuse qui sont recodés en sons.
Un téléphone portable, appelé aussi *téléphone cellulaire*, contient des cellules électroniques.	Le mot *cellule* évoque les petites cellules des êtres vivants.	Un téléphone cellulaire fonctionne au moyen d'un émetteur-récepteur qui couvre une petite zone géographique appelée *cellule*.
	L'enregistrement des sons	
Une aiguille ou une tête magnétique se déplace sur la surface d'un disque compact.	Généralisation à partir du fonctionnement d'un lecteur de disques en vinyle (microsillons) ou de cassettes magnétiques.	Un petit rayon laser éclaire un disque compact qui tourne.
	La radio et la télévision	
La radio permet l'émission et la réception directes d'ondes sonores.	Dans la vie courante, un son peut être entendu quand des ondes sonores se propagent dans l'air.	La radio fonctionne grâce à la transmission d'ondes électromagnétiques inaudibles.
Les émissions de radio et de télévision sont diffusées par des fils électriques.	Les postes de radio et de télévision sont branchés sur le secteur, et parfois aussi sur un réseau câblé.	Sauf dans le cas de la réception par câble, les émissions de radio et de télévision sont diffusées par des ondes électromagnétiques qui se propagent dans l'air.
	Les calculatrices et les ordinateurs	
Les calculatrices ont toujours été des appareils électroniques.	Les calculatrices modernes sont des appareils électroniques.	Les calculatrices ont longtemps été des appareils purement mécaniques.

Les techniques et les technologies de la chaleur

Les techniques et les technologies de la chaleur permettent la fabrication d'appareils de chauffage, de cuisson, de réfrigération ainsi que celle de certains moteurs.

RÉPONSES AUX QUESTIONS 18 À 21

La bonne réponse apparaît en caractères gras.

18. Quel est le principe de fonctionnement d'un élément chauffant électrique?

a) Un matériau non conducteur bloque le courant électrique.

b) Un matériau conducteur accélère le courant électrique.

c) Un matériau conducteur réagit avec l'oxygène au passage du courant électrique.

d) Un matériau conducteur oppose une résistance au courant électrique.

e) Un matériau conducteur fait alterner le sens du courant électrique.

19. Comment un four à micro-ondes fonctionne-t-il?

a) Il produit un courant d'air chaud qui se concentre sur les aliments.

b) Il produit une lumière blanche qui est aussi une source de chaleur.

c) Il produit une augmentation de pression qui fait augmenter la température.

d) Il produit des ondes qui font vibrer les molécules des aliments.

e) Il produit des ultrasons qui réchauffent rapidement les aliments.

20. Pourquoi James Watt est-il célèbre?

a) Il a inventé le moteur à combustion externe.

b) Il a inventé le moteur à essence.

c) Il a perfectionné le moteur à vapeur.

d) Il a inventé le moteur à quatre temps.

e) Il a inventé le moteur à combustion interne.

21. Pourquoi construit-on de moins en moins de véhicules munis d'un moteur à deux temps?

a) Parce que ce type de moteur est plus polluant que le moteur à quatre temps.

b) Parce que ce type de moteur est moins fiable que le moteur à quatre temps.

c) Parce que ce type de moteur est plus bruyant que le moteur à quatre temps.
d) Parce que ce type de moteur est plus coûteux à produire que le moteur à quatre temps.
e) Parce que ce type de moteur est plus énergivore que le moteur à quatre temps.

La cuisson. Dès la domestication du feu, les êtres humains découvrirent que la viande et certains autres aliments cuits par le feu avaient meilleur goût et se conservaient plus longtemps. La découverte des métaux permit plus tard l'invention de poêles et de casseroles permettant de faire frire ou de faire bouillir divers aliments.

Au IVe siècle, l'alchimiste d'Alexandrie Marie-la-Juive inventa le bain-marie, appareil constitué de deux récipients dont l'un contient de l'eau et l'autre est destiné à recevoir la substance à chauffer (ou à cuire), ce qui permet un chauffage lent et indirect.

L'invention de l'élément chauffant, en 1892, permit la conception de divers appareils de cuisson, notamment le grille-pain, en 1909, et la cuisinière électrique domestique, en 1921. L'élément chauffant fonctionne selon le principe de la conversion du courant électrique en chaleur, selon l'effet Joule, dans un conducteur qui oppose une résistance au courant.

Le four à micro-ondes, conçu en 1946 à partir de la technologie du radar, est une invention états-unienne. Ce type de four chauffe les aliments au moyen d'un dispositif appelé *magnétron*, qui produit des ondes électromagnétiques qui font vibrer les molécules d'eau ou d'huile des aliments, ce qui dégage de l'énergie. Il faudra toutefois attendre les années 1970 pour qu'il soit commercialisé sous forme d'appareil domestique de taille et de prix raisonnables.

L'autocuiseur, appelé aussi *cocotte-minute* ou *Presto*, dont l'ancêtre était le cuiseur conçu par le physicien français Denis Papin (1647-vers 1712) en 1680, fut inventé en 1948. L'autocuiseur est une casserole étanche aux parois épaisses, munie d'une soupape de sécurité, qui permet d'abréger le temps de cuisson grâce à la pression fournie par la vapeur et grâce aussi au fait que la température de la vapeur d'eau est supérieure à celle de l'eau bouillante.

Autocuiseur

Le chauffage domestique. La domestication du feu par les êtres humains, il y a 1 400 000 ans, marqua le début des premières formes de chauffage, basées sur la combustion de bois. Il y a environ 10 000 ans débutèrent l'exploitation de mines de charbon, en Chine, et son utilisation comme combustible. Le pétrole et le bitume, d'autres combustibles, furent découverts il y a 5 000 ans, mais leur utilisation resta longtemps limitée aux très rares endroits où ils pouvaient être trouvés à la surface de l'écorce terrestre, sans pratiquer de forage.

Vers 100 apr. J.-C., les Romains construisirent quelques maisons munies d'un système de chauffage avec feu central et radiateurs à air chaud, mais cette technique sera oubliée et les systèmes de chauffage central ne réapparaîtront qu'au XVIIIe siècle. Vers 850, l'Angleterre devint le premier pays d'Europe occidentale à exploiter et à utiliser des quantités relativement importantes de charbon pour divers usages, dont le chauffage.

Les plinthes et les radiateurs électriques, pour le chauffage des immeubles, comportent des éléments chauffants.

Le chauffage solaire. Dès 250 av. J.-C., le scientifique grec Archimède (287-212 av. J.-C.) découvrit que des miroirs paraboliques pouvaient concentrer la lumière du Soleil et enflammer du bois. Selon la légende, il aurait même réussi à mettre le feu à des navires ennemis. En 1515, Léonard de Vinci conçut un concentrateur solaire formé d'un miroir parabolique pour faire bouillir de l'eau dans une fabrique de teinture.

Vers 1780, le chimiste et physiologiste français Antoine de Lavoisier (1743-1794) inventa un four solaire, composé de deux grandes lentilles qui concentraient la lumière du Soleil, capable d'atteindre des températures de plus de 1 800 °C et de faire fondre des métaux tels que le platine. En 1878, un four solaire stationnaire chauffé par des miroirs orientables placés autour d'une tour centrale fut construit en Inde.

Capteur solaire plan

En 1885, Charles Tellier (1828-1913), ingénieur français, inventa un capteur solaire plan pour chauffer l'ammoniac contenu dans des tubes, augmenter sa pression et actionner une pompe à eau. De nos jours, les capteurs solaires plans utilisés pour chauffer de l'eau fonctionnent selon le même principe.

Le thermos. En 1892, le chimiste et physicien écossais James Dewar (1842-1923) fabriqua un récipient isolant, qui sera plus tard commercialisé sous le nom de Thermos, pour la conservation des gaz liquéfiés. Ce récipient est formé de deux enceintes de verre entre lesquelles on fait le vide pour éviter la transmission de chaleur par conduction gazeuse ou par convection. De plus, les faces des enceintes situées du côté de la partie sous vide sont argentées afin de limiter les pertes thermiques par rayonnement.

La réfrigération et la climatisation. L'utilisation de glace, parfois placée dans des matériaux isolants et conservée dans des caveaux, a longtemps été la seule technique de réfrigération. Au Moyen Âge, on découvrit que la dissolution, dans l'eau, de certaines substances telles que le salpêtre absorbait de la chaleur, ce qui permit de produire des mélanges réfrigérants plus efficaces que la glace.

En 1755, le physicien écossais William Cullen (1710-1790) obtint un peu de glace en faisant évaporer de l'eau sous une cloche à vide; il inventa ainsi la machine frigorifique à vapeur d'eau. En 1852, les physiciens britanniques James Joule (1818-1889) et William Thomson, lord Kelvin (1824-1907), expliquèrent que l'expansion d'un gaz causait un refroidissement parce qu'elle absorbait de la chaleur.

Un prototype de machine frigorifique à compression d'éther, qui peut être considéré comme le premier réfrigérateur, fut présenté aux États-Unis 1855. La nouveauté de cette machine résidait dans la présence d'un processus de refroidissement à cycle fermé qui est encore appliqué dans les réfrigérateurs modernes. Au cours de ce cycle, un liquide est vaporisé sous l'effet de la dépression entretenue par une pompe, ce qui entraîne l'absorption d'une certaine quantité de chaleur. Ce liquide est ensuite comprimé dans une autre partie du réfrigérateur, ce qui entraîne la production de chaleur évacuée à l'extérieur du réfrigérateur, puis le cycle recommence. Le réfrigérateur domestique vit le jour aux États-Unis en 1913.

Un climatiseur, qui fonctionne selon le même principe qu'un réfrigérateur, est installé de telle sorte que l'air chaud est évacué à l'extérieur de la pièce ou de l'édifice dont il faut abaisser la température. Une pompe à chaleur, qui peut être utilisée pour chauffer ou climatiser, est semblable à un climatiseur, mais conçue pour pouvoir évacuer l'air chaud et l'air froid vers l'extérieur ou l'intérieur, selon la température désirée à l'intérieur.

Pompe à chaleur

Le moteur à vapeur. L'ancêtre du moteur à vapeur est l'éolipile, petit moulinet à vapeur fonctionnant par réaction, inventé vers 50 apr. J.-C. par le mathématicien et ingénieur grec Héron d'Alexandrie (Ier siècle apr. J.-C.). Cet appareil n'avait toutefois aucune utilité pratique.

James Watt

En 1690, Denis Papin conçut une pompe à piston actionnée par la vapeur et, en 1698, l'ingénieur anglais Thomas Savery (1650-1715) mis au point une machine permettant d'utiliser la vapeur comme force de pompage.

En 1705, l'inventeur anglais Thomas Newcomen (1663-1729) et Thomas Savery construisirent la première machine à vapeur. Vers 1765, James Watt (1736-1819), ingénieur écossais, construisit le premier moteur à vapeur ayant un certain rendement et capable de faire fonctionner des machines industrielles. Le moteur à vapeur utilise la pression de la vapeur produite par une bouilloire pour actionner un ou plusieurs pistons et faire tourner un axe. Les moteurs à vapeur sont des moteurs à combustion externe parce que le combustible qui fait chauffer l'eau est à l'extérieur du moteur proprement dit. Watt apporta de nombreux perfectionnements à la machine à vapeur construite par Newcomen et Savery, notamment des tiges et des leviers capables de traction et de compression, une condensation externe (et non plus dans le cylindre), un vilebrequin avec volant d'inertie qui rendait le fonctionnement plus continu, et un régulateur à boule qui évitait l'emballement du moteur.

Le moteur à vapeur de James Watt

En 1771, la première fabrique de coton dont les métiers étaient mus par des machines à vapeur fut mise en service en Angleterre. Cela marqua les débuts de la Révolution industrielle.

Les moteurs à combustion interne. Les moteurs à combustion interne, tels que les moteurs à essence, les moteurs diesels et les moteurs à réaction, sont des moteurs dans lesquels la combustion du carburant se fait à l'intérieur du moteur. En 1673, le physicien hollandais Christiaan Huygens (1629-1695) fit la première

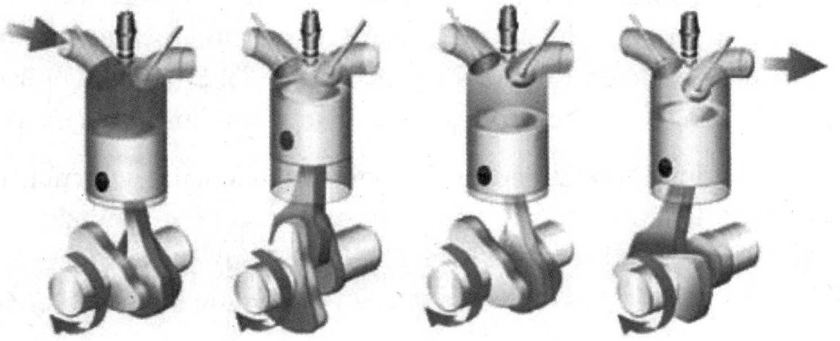

Cycle d'un cylindre d'un moteur à quatre temps

démonstration d'un moteur à piston expérimental, dont le combustible était de la poudre à canon. En 1859, l'ingénieur français d'origine belge Étienne Lenoir (1822-1900) inventa un premier moteur à combustion interne utilisable. Le carburant de ce moteur était du gaz de houille.

En 1876, l'ingénieur allemand Nikolaus Otto (1832-1891), qui refaisait une invention dont le principe avait déjà été breveté par l'ingénieur français Alphonse Beau de Rochas (1815-1893) en 1862, conçut un moteur à combustion interne à quatre temps, dont des versions améliorées sont encore utilisées de nos jours dans la plupart des véhicules automobiles. Un moteur à quatre temps comporte des pistons qui se déplacent dans des cylindres. Chaque temps correspond à un mouvement du piston dans chacun des cylindres. Le premier temps est l'admission du mélange air-carburant. Le deuxième temps est la compression du mélange. Le troisième temps est la combustion du mélange. Le quatrième temps est l'échappement des gaz produits par la combustion.

En 1879, l'ingénieur anglais Dugald Clerk (1854-1932) mit au point le moteur à deux temps. Le premier temps est la compression et la combustion du mélange air-carburant. Le deuxième temps est l'expulsion des gaz produits par la combustion et l'admission du mélange. De nos jours, on utilise de moins en moins de moteurs à deux temps, car ils sont plus polluants que les moteurs à quatre temps.

En 1883, Gottlieb Daimler construisit le premier moteur à combustion interne fonctionnant avec du pétrole, ce qui lui permit, quelques années plus tard, de lancer la première voiture à essence. En 1885, Étienne Lenoir inventa la bougie d'allumage électrique pour les moteurs à combustion interne.

En 1893, Rudolf Diesel (1858-1913), ingénieur allemand, conçut le moteur diesel, un moteur à combustion interne sans bougie d'allumage dont le combustible est de l'huile et dans lequel l'explosion du mélange air-carburant se produit spontanément, dans les pistons, sous l'effet de la pression élevée.

En 1929, l'ingénieur britannique Frank Whittle (1907-1996) inventa le moteur à réaction. Le premier vol d'un avion à réaction eut lieu en Allemagne dix ans plus tard. La plupart des moteurs à réaction modernes sont des turboréacteurs, dans lesquels une grande turbine souffle de l'air dans une chambre à combustion où il est mélangé à du kérosène, qui brûle au contact de l'air, expulsant un jet de gaz chaud vers l'arrière et propulsant l'avion vers l'avant. Plusieurs avions à hélices modernes sont également propulsés par des turboréacteurs. Dans ce cas, la turbine fait tourner l'hélice.

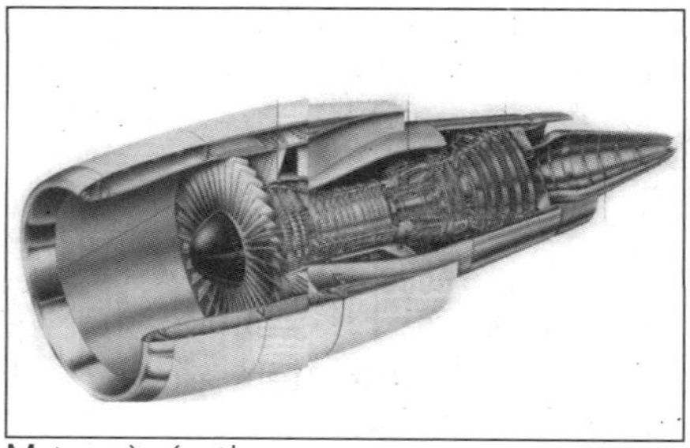

Moteur à réaction

CONCEPTIONS FRÉQUENTES	EXPLICATIONS DES CONCEPTIONS	CONCEPTS SCIENTIFIQUES
	La cuisson	
Un four à micro-ondes chauffe à l'aide d'une lampe chauffante.	Un lien direct est établi entre l'ampoule qui éclaire l'intérieur d'un four à micro-ondes et la façon dont celui-ci chauffe.	Un four à micro-ondes réchauffe les aliments en faisant vibrer les molécules d'eau qu'ils contiennent.
	Le chauffage domestique	
Tout chauffage implique une combustion.	La combustion, comme celle du bois dans un feu de foyer, est une façon bien connue de chauffer.	Plusieurs systèmes de chauffage fonctionnent au moyen d'éléments électriques.
	Le chauffage solaire	
La température des rayons du Soleil n'est pas assez élevée pour faire fondre des métaux.	Les températures maximales atteintes en été ne sont que de 30 °C à 40 °C.	Les rayons du Soleil concentrés par des lentilles ou des miroirs peuvent permettent d'atteindre des températures assez élevées pour faire fondre des métaux.

CONCEPTIONS FRÉQUENTES	EXPLICATIONS DES CONCEPTIONS	CONCEPTS SCIENTIFIQUES
	Le thermos	
Un thermos comporte un contenant extérieur, un contenant intérieur et un matériau isolant entre les deux.	Un matériau isolant est une façon simple de garder une substance chaude ou froide.	Un thermos est formé de deux enceintes de verre entre lesquelles on fait le vide. De plus, les faces de ces enceintes sont argentées afin de limiter les pertes thermiques.
	La réfrigération et la climatisation	
Un réfrigérateur comporte un puissant ventilateur qui refroidit les aliments.	La sensation de froid ressentie devant un ventilateur peut donner l'impression qu'un réfrigérateur fonctionne à l'aide d'un ventilateur.	C'est la dilatation d'un gaz comprimé qui refroidit les aliments dans un réfrigérateur.
	Le moteur à vapeur	
Dans un moteur à vapeur, le combustible brûle à l'intérieur des cylindres.	Généralisation basée sur le fonctionnement du moteur d'une voiture.	Le moteur à vapeur est un moteur à combustion externe, et le combustible fait chauffer l'eau d'une bouilloire située à l'extérieur des cylindres.
	Les moteurs à combustion interne	
Tous les moteurs à combustion interne fonctionnent à l'essence.	L'essence est le carburant le mieux connu.	Il existe aussi des moteurs à combustion interne qui fonctionnent à l'huile diesel, au gaz naturel et à l'éthanol.

Les techniques et les technologies militaires et policières

Les techniques et les technologies militaires et policières permettent la confection d'armes et l'analyse d'information liée à des crimes.

RÉPONSES AUX QUESTIONS 22 À 24

La bonne réponse apparaît en caractères gras.

22. Qu'est-ce qu'un trébuchet ?

a) Un appareil qui permet de lancer de lourdes pierres.

b) Un appareil qui permet de renverser des chars d'assaut.

c) Un appareil qui permet de faire trébucher les chevaux de l'ennemi.

d) Un appareil qui permet de creuser rapidement des tranchées.

e) Un appareil qui permet d'escalader des murailles.

23. Qu'est-ce qu'un brûlot?

a) Un récipient rempli de poudre.
b) Une voiture qui transporte des munitions.
c) Un type de lance-flammes.
d) Un canon de petit calibre.
e) Un bateau enflammé.

24. Quelle invention a rendu Alfred Nobel célèbre?

a) L'obus antichar.
b) La dynamite.
c) Le missile.
d) Le masque à gaz.
e) Le gaz moutarde.

Les premières armes offensives et défensives. Les premières armes offensives furent des bâtons, dont l'une des extrémités était taillée en forme de pointe, ainsi que des pierres lancées à la main. Il y a environ 500 000 ans débuta la taille de pierre pour fabriquer des couteaux, des haches et des pointes de lance.

La fronde, inventée il y a 30 000 ans, est une arme offensive de jet constituée d'une pièce de cuir suspendue à deux lanières. Le projectile, placé sur la pièce de cuir, s'échappe quand, après avoir fait tournoyer la fronde, on lâche une des lanières ou on fait un geste brusque pour le libérer de la pièce de cuir. L'arc, inventé vers la même époque, est une autre arme offensive de jet formée d'une tige de bois ou de métal et d'une corde attachée aux deux extrémités, ce qui permet de tendre l'arc pour décocher des flèches. Les flèches, formées d'une tige de bois, sont munies d'une pointe à une extrémité et d'ailerons à l'autre. L'arbalète, dérivée de l'arc, qui permet un tir plus précis et plus puissant, fut inventée en Chine vers 200 av. J.-C.

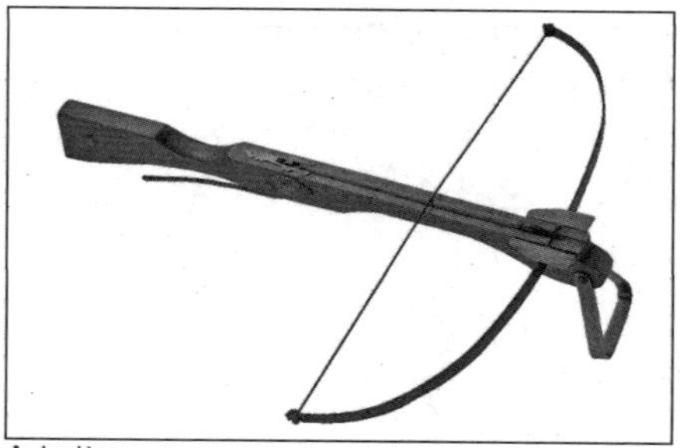

Arbalète

Le bouclier, inventé à peu près en même temps que la fronde et l'arc, est une arme défensive en forme de plaque pourvue d'une poignée. Il sert à se protéger des coups de lance, de sabre ou d'épée ainsi que des pierres et des flèches. D'abord fait d'osier ou de bois, il sera fait en métal après la découverte des premiers métaux.

Les premières armes offensives blanches, telles que le couteau, le poignard et le sabre, et appelées ainsi en raison de la couleur de certains des métaux dont elles sont formées, furent inventées il y a 5 500 ans environ. Le casque métallique est une arme défensive qui a vu le jour à la même époque. Au XIIe siècle, en Europe, fut inventée l'armure métallique, qui recouvrait le corps de certains combattants pour les protéger des flèches et des coups des adversaires. Le poids total d'une armure métallique pouvait atteindre 40 kg, ce qui gênait le combattant dans ses mouvements. L'armure devint inutile après l'invention des armes à feu.

Les machines de guerre. Au IVe siècle av. J.-C., les Grecs mirent au point la catapulte, machine de guerre permettant de lancer des projectiles lourds tels que de grosses flèches ou des pierres. Certaines catapultes ressemblaient à une énorme arbalète et lançaient des flèches au moyen d'un arc, tandis que d'autres projetaient des pierres, qui pesaient parfois plusieurs dizaines de kilogrammes, au moyen d'un bras actionné par la torsion d'un gros câble. Au XIIIe siècle fut inventé le trébuchet, catapulte à contrepoids permettant de lancer de lourdes charges contre des places fortifiées. Cette machine, qui fonctionnait selon le principe du levier, comportait un poids dont la descente rapide actionnait une poutre à l'extrémité de laquelle était placé le projectile.

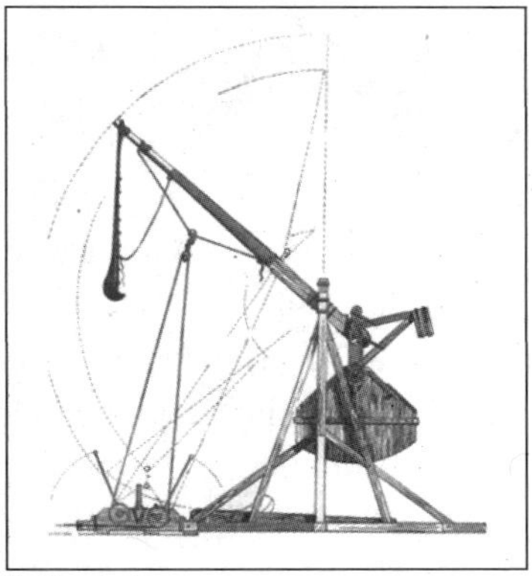
Trébuchet

Catapulte

Tous les moyens de transport, tels que les navires, les voitures, les avions, les fusées ou même les trains, comportent des versions militaires. Un char de combat, dont un premier modèle fut construit en 1916, est une automitrailleuse blindée munie de chenilles actionnées par des roues dentées. Il fonctionne habituellement avec un moteur diesel. Il comporte des canons installés dans une tourelle qui permet de tirer dans toutes les directions. La visibilité est assurée par des fenêtres blindées, des périscopes et, de nos jours, des dispositifs à infrarouge. Dans le domaine naval, le brûlot, bateau bourré de matière inflammable lancé contre les vaisseaux adverses, fut conçu au XVIe siècle. Le premier porte-avions, piste d'atterrissage flottante, vit le jour en 1911. Dans le domaine de l'aéronautique,

Wernher von Braun et un missile V2

la première utilisation d'un avion pour lancer une bombe eut lieu en 1911. Les premiers missiles (le V1 et le V2) furent fabriqués à partir de 1939 par l'ingénieur allemand Wernher von Braun (1912-1977).

Les armes à feu. La poudre noire fut inventée en Chine vers 600, et le lance-flammes au pétrole à Byzance vers 670. Les premières utilisations du feu grégeois, un mélange de soufre, de substances grasses et résineuses et de salpêtre qui brûle même en présence d'eau, datent de la même époque. En 1232, dans les combats, des Chinois utilisèrent de petites fusées propulsées par de la poudre noire.

Les premiers canons furent fabriqués par les Arabes vers 1300. Avec les siècles, les canons devinrent graduellement de plus en plus puissants et précis. Le bâton à feu (appelé aussi *canon à main* ou *escopette*), ancêtre du fusil, fut inventé au XVe siècle. Les modèles modernes de fusils, qui se chargent par la culasse, comportent une platine à percussion, un canon rayé qui donne un mouvement de rotation aux balles et un chargeur pour les cartouches. En 1835, l'armurier américain Samuel Colt (1814-1862) inventa le pistolet-revolver comportant un barillet, dans lequel sont logées plusieurs cartouches, qui tourne après chaque tir, ce qui permet plusieurs tirs à répétition. Le fusil-mitrailleur fut inventé en Italie en 1915.

Alfred Nobel

Le coton-poudre, constitué de nitrocellulose, explosif très puissant, fut inventé en Allemagne en 1847. La même année, la nitroglycérine, encore plus puissante, fut inventée en Italie. En 1866, le chimiste et ingénieur suédois Alfred Nobel (1833-1896), dont le frère s'était tué en manipulant de la nitroglycérine, mit au point la dynamite, explosif constitué de nitroglycérine stabilisée dans de la silice ou du coton. Cette invention, en plus de l'exploitation de puits de pétrole, permit à Nobel d'amasser la fortune grâce à laquelle il créa la fondation qui remet, chaque année, les prix qui portent son nom. La mine antipersonnel, munie d'une charge explosive, fut inventée en 1916.

Les armes bactériologiques et chimiques. Les armes bactériologiques (ou biologiques) visent à déclencher des épidémies à l'aide de bactéries, de virus, de parasites, de toxines ou de champignons. Par exemple, la dysenterie, la grippe, l'encéphalite, la peste, le choléra et l'anthrax peuvent servir d'agents pathogènes. Dès l'an 100 av. J.-C., les Romains lançaient dans les places fortes assiégées, au moyen de catapultes, des cadavres d'êtres humains morts de la peste ou des charognes d'animaux morts d'une maladie appelée le *charbon*. L'usage d'armes bactériologiques est maintenant interdit par des traités internationaux, mais plusieurs pays en possèdent. Quand elle est possible, la vaccination est la meilleure protection contre une arme bactériologique.

Les Allemands furent les premiers, en 1915, à utiliser une arme chimique, soit un nuage de chlore. Il existe des armes chimiques incapacitantes, qui visent à neutraliser l'adversaire (exemples: gaz lacrymogènes et irritants) et des armes chimiques toxiques, qui visent à tuer (exemples: chlore, ypérite ou gaz moutarde, acide cyanhydrique, agents neurotoxiques qui détruisent le système nerveux). L'invention des armes chimiques fut aussitôt suivie, en 1915, de celle du masque à gaz. Son rôle est de filtrer l'air et de réagir chimiquement avec les substances toxiques pour les neutraliser. Aucun modèle de masque n'est parfaitement efficace contre toutes les armes chimiques et bactériologiques.

Les bombes nucléaires. La première bombe nucléaire utilisée en temps de guerre, une bombe à fission, fut lancée sur la ville de Hiroshima, au Japon, le 6 août 1945. La bombe nucléaire à fusion fut inventée en 1952.

La bombe à fission, ou bombe A, est fondée sur le principe de l'énergie libérée au moment du bris de gros atomes d'uranium ou du plutonium. En pratique, à l'explosion de la bombe, deux masses d'uranium ou de plutonium sont projetées l'une contre l'autre par un explosif classique, ce qui forme alors une masse critique de combustible nucléaire explosant sous l'effet d'une réaction en chaîne. La bombe à fusion, ou bombe H, est fondée sur le principe de l'énergie libérée au moment de la fusion de petits atomes d'hydrogène. En pratique, une petite bombe à fission amorce l'explosion en fournissant l'énergie nécessaire à la fusion de l'hydrogène.

En 1958 fut inventée, aux États-Unis, la bombe à neutrons, qui tue les êtres humains sans détruire l'environnement matériel.

Empreinte digitale

Les techniques d'identification et d'enquête. En 1892, le physiologiste anglais Francis Galton (1822-1911), cousin de Charles Darwin, mit au point le système d'identification par les empreintes digitales. Ces empreintes, aussi appelées *dactylogrammes*, sont les traces souvent invisibles laissées par les doigts sur les objets touchés et qui permettent d'identifier une personne. Les empreintes digitales, qui comportent des lignes appelées *lignes papillaires*, sont propres à chaque personne. Elles peuvent être rendues visibles à l'aide de divers produits chimiques, tels que des sels d'argent. De nos jours, les ordinateurs accélèrent grandement le travail de reconnaissance des empreintes.

En 1921, le médecin américain d'origine canadienne John Larson (1892-1965), qui étudiait les variations de la conductivité de la peau en fonction du travail des glandes sudoripares, inventa le polygraphe, ou détecteur de mensonge. Cet appareil mesure plusieurs variables de l'activité physiologique, telles que la fréquence cardiaque et la conductivité électrique de la peau, et trace leur valeur sur un ruban de papier. La valeur de ces variables change souvent de façon observable quand le sujet interrogé se met à mentir.

En 1984 fut mise au point une méthode d'identification à partir de l'ADN provenant de traces de sang, de sperme, de peau, de salive, etc. Cette méthode, appelée *identification par empreintes génétiques*, est maintenant couramment employée dans les enquêtes policières. La même année fut conçu un premier système d'identification basé sur l'iris de l'œil. L'iris est le tissu musculaire pigmenté situé sur le devant de l'œil et qui comporte, au centre, la pupille. La distribution de la pigmentation de l'iris est différente pour chaque individu. Des ordinateurs munis d'émetteurs lasers et de photorécepteurs permettent d'identifier une personne d'après le patron de la pigmentation de ses iris. Ce système est surtout utilisé comme clé pour ouvrir la porte de bâtiments à haute sécurité ou pour accéder à des guichets automatiques.

CONCEPTIONS FRÉQUENTES	EXPLICATIONS DES CONCEPTIONS	CONCEPTS SCIENTIFIQUES
Les premières armes offensives et défensives		
Les premières armes étaient fabriquées avec des métaux.	De nos jours, les armes les plus simples sont des couteaux en métal.	Les premières armes étaient fabriquées avec du bois ou de la pierre.
Les machines de guerre		
Dans l'Antiquité, il était impossible de lancer des projectiles de plusieurs dizaines de kilogrammes.	Impression basée sur le fait que la poudre à canon était inconnue dans l'Antiquité.	Dans l'Antiquité, il existait des catapultes très puissantes.
Les armes à feu		
Le fusil est une invention relativement récente.	Impression basée sur la connaissance de quelques armes anciennes et modernes.	L'escopette, ancêtre du fusil, fut inventée au XVe siècle.
Les armes bactériologiques et chimiques		
Les armes bactériologiques sont une invention relativement récente.	Les armes bactériologiques les mieux connues sont des inventions relativement récentes.	Dès l'an 100 av. J.-C., les Romains utilisaient comme armes des cadavres d'animaux ou d'êtres humains morts de maladies contagieuses.
Toutes les armes chimiques visent à tuer l'adversaire.	Les armes chimiques les mieux connues visent à tuer l'adversaire.	Certaines armes chimiques visent à tuer, mais d'autres visent seulement à neutraliser l'adversaire.
Les bombes nucléaires		
Toutes les bombes atomiques fonctionnent selon le même principe.	Toutes les bombes atomiques sont placées dans une même catégorie.	Il existe divers types de bombes nucléaires, telles que les bombes à fission, à fusion et à neutrons.
Les techniques d'identification et d'enquête		
Le polygraphe ou détecteur de mensonge mesure l'activité du cerveau.	Le polygraphe est associé aux électro-encéphalogrammes.	Le polygraphe mesure la fréquence cardiaque et la conductivité électrique de la peau.

Les techniques et les technologies de la chimie

Les techniques et les technologies de la chimie permettent de produire diverses substances solides, liquides ou gazeuses à des fins domestiques ou industrielles.

RÉPONSES AUX QUESTIONS 25 À 27

La bonne réponse apparaît en caractères gras.

25. À laquelle des substances qui suivent l'émail ressemble-t-il?

a) La céramique.

b) La poterie.

c) La faïence.

d) Le verre.

e) La porcelaine.

26. Le Québec ne produit pas de bauxite, qui contient le minerai d'aluminium. Pourquoi y trouve-t-on de nombreuses alumineries?

a) Parce qu'il est situé près de routes maritimes de transport de la bauxite.

b) Parce qu'il produit beaucoup d'électricité indispensable à leur fonctionnement.

c) Parce qu'il est situé près de provinces et de pays qui en produisent.

d) Parce que le fleuve Saint-Laurent permet d'accueillir les navires qui transportent la bauxite.

e) Parce qu'il produit un autre minerai qui peut être transformé en bauxite.

27. Avec quoi fait-on le savon?

a) Avec de l'huile et un sel.

b) Avec des matières grasses et un acide.

c) Avec de l'huile végétale et une base.

d) Avec de la cire et un acide.

e) Avec un acide, une base et de l'huile.

Tour de potier

La céramique et le verre. Les premiers pots en céramique, de type *terre cuite*, furent fabriqués en Chine, en Iran et en Syrie entre 10000 et 7000 av. J.-C. Il existe maintenant plusieurs types de céramique, certaines étant à base d'argile à laquelle on a ajouté de la craie, de la terre, de la terre cuite broyée ou du sable, tandis que d'autres sont à base de grès. Les pièces mises en forme sont d'abord séchées à basse température puis cuites dans un four. Le tour, qui permet la fabrication de poteries très symétriques, fut inventé vers 3200 av. J.-C. Une céramique à pâte naturellement colorée est une faïence. Une céramique recouverte d'une glaçure (souvent à base d'émail, une substance semblable à du verre), qui la rend lustrée, est une porcelaine.

Le verre fut découvert en Égypte vers 1500 av. J.-C., et les Phéniciens, vers 800 av. J.-C., réussirent à fabriquer du verre de meilleure qualité, plus transparent. La technique du soufflage du verre date du Ier siècle av. J.-C. Le verre est une substance solide, transparente et fragile obtenue par fusion de sables riches en silice, tels que les sables à base de quartz et de carbonate de sodium ou de potassium. Il existe maintenant divers types de verre, tels que le cristal et le Pyrex. Ce dernier, inventé aux États-Unis en 1915, contient une proportion précise de borosilicate qui le rend résistant à la chaleur et aux brusques variations de température, ce qui est particulièrement utile pour fabriquer des ustensiles de cuisine et de la verrerie de laboratoire. La fibre de verre fut inventée en France en 1836, mais elle ne commença à être utilisée qu'en 1950, dans des matériaux composites et aussi comme isolant.

Les métaux. L'extraction des premiers métaux, soit le plomb, l'étain, le cuivre et l'or, débuta 5000 ans av. J.-C. Le fer, plus difficile à extraire du minerai qui le renferme, commença à être produit, à l'aide de la chaleur engendrée par la combustion du charbon, en Mésopotamie vers 1500 av. J.-C. La production industrielle de l'aluminium, découvert beaucoup plus tard, débuta au XIXe siècle. De nos jours, ce métal, le plus utilisé après le fer et l'acier (alliage à base de fer), est produit par électrolyse de l'alumine contenue dans la bauxite, procédé nécessitant beaucoup d'énergie électrique, ce qui explique que les alumineries soient surtout situées aux endroits où l'électricité est abondante et peu coûteuse.

Plusieurs métaux sont utilisés sous forme d'alliage. L'un des plus anciens est le bronze, alliage de cuivre et d'étain plus rigide que ses composants, inventé en Égypte 3 700 ans av. J.-C. La fonte, alliage de fer et de carbone, commença à être produite de façon industrielle au début du XIVe siècle. La production de l'acier, alliage de fer et de carbone plus résistant que le fer et la fonte, débuta au XVIIIe siècle. L'acier « inoxydable », alliage de fer, de carbone et de chrome inventé en 1903, n'est pas parfaitement inoxydable, mais s'oxyde beaucoup moins facilement que le fer ou l'acier ordinaire.

La soudure, d'abord assez rudimentaire, fut inventée il y a 5 500 ans environ. Les principaux types de soudure sont la soudure à l'acétylène, dont la chaleur provient de la combustion de l'acétylène en présence d'oxygène et dont la température de 3 200 °C est suffisante pour la plupart des métaux, la soudure à l'arc électrique, la soudure au laser, la soudure par bombardement électronique, très employée dans l'industrie, la soudure par friction, qui permet de chauffer des pièces métalliques mises en rotation l'une par rapport à l'autre, et la soudure par élément chauffant ou fer à souder, pour les soudures électriques qui ne nécessitent pas de très hautes températures.

Les parfums et les cosmétiques. Les premiers parfums et cosmétiques furent fabriqués au Proche-Orient, en Égypte et en Inde environ 7000 ans av. J.-C. Les premiers parfums étaient à base de produits tels que l'huile d'amande, le thym et l'eau de rose, alors que les premiers cosmétiques étaient à base d'huiles, de graisses et de produits tels que le khôl (pâte à base de suie et d'antimoine ou de galène), de malachite (minerai de couleur verte) et même de morceaux d'insectes pulvérisés.

De nos jours, les parfums sont surtout faits à base d'alcool, de matière première végétale (fleur, tige ou feuille des plantes aromatiques) et de matières animales (l'ambre gris ou le musc), maintenant reproduites par synthèse chimique. Les poudres sont à base de talc, de craie, de kaolin, d'oxydes métalliques et de pigments. Les crèmes et les lotions sont des émulsions, c'est-à-dire de fines particules d'huile ou de glycérine dispersées dans de l'eau, auxquelles on ajoute parfois des pigments. Les rouges à lèvres et le maquillage pour les yeux sont faits à base d'huiles, de cires et de pigments non toxiques. Les vernis à ongles sont d'ordinaire des solutions de nitrocellulose et de colorants dans de l'acétone.

Les savons et les autres produits nettoyants. Les premiers savons, à base d'huiles et de cendres végétales, furent fabriqués environ 2 500 ans av. J.-C., mais leur composition chimique exacte ne fut découverte qu'en 1816, par Eugène Chevreul. Les savons sont des sels d'acides gras. Ils sont obtenus en faisant réagir une matière grasse telle que de l'huile végétale ou de la graisse animale avec une lessive alcaline contenant de la soude ou de la potasse et en faisant précipiter le produit obtenu avec une solution saturée de sel de table.

L'eau de Javel, inventée par le chimiste français Claude Berthollet (1748-1822) en 1789, est une solution d'hypochlorite de sodium (ou de potassium) dans l'eau. C'est un oxydant puissant, employé à diverses concentrations pour désinfecter des surfaces, stériliser de l'eau ou blanchir des textiles.

Le détergent pour la lessive, inventé en Allemagne en 1916, se présente sous la forme d'une poudre ou d'un liquide qui contient un savon et des molécules émulsifiantes qui détachent les saletés, ainsi que des polyphosphates qui masquent la dureté de l'eau causée par la présence de sels minéraux. Certaines lessives peuvent aussi contenir des décolorants et des parfums ainsi que des enzymes qui décomposent biologiquement certaines taches.

Les alcools et les hydrocarbures. L'alcool fut découvert il y a 10 000 ans, avec les débuts de la fabrication du vin. La fermentation de jus naturellement sucrés tels que le jus de raisin, la mélasse, le sucre de canne ou l'amidon de pomme de terre, produit des liquides qui peuvent contenir jusqu'à 15 % d'éthanol. La distillation, qui consiste à faire chauffer ces liquides à une température supérieure à 78,3 °C, le point d'ébullition de l'éthanol, mais inférieure à 100 °C, le point d'ébullition de l'eau, puis à faire condenser les vapeurs d'éthanol qui s'échappent du liquide chauffé, permet d'obtenir de l'éthanol presque pur, dont une partie peut ensuite être utilisée pour augmenter la concentration d'alcool de certaines boissons. Il existe d'autres types d'alcool, tels que le méthanol, qui peuvent être produits selon diverses techniques.

L'exploitation de mines de charbon et son utilisation comme combustible débutèrent en Chine, environ 10 000 ans av. J.-C. Le charbon est une roche sédimentaire de couleur noire, composée surtout de carbone, qui résulte de la décomposition des vastes forêts de fougères et de conifères de l'époque du Carbonifère, il y a environ 300 millions d'années. Il existe sous forme de charbon au sens strict et de lignite, moins riche en carbone. Le charbon représente 80 % de l'ensemble des énergies fossiles disponibles dans l'écorce terrestre, le 20 %

restant étant constitué du pétrole et du gaz naturel, mais c'est aussi l'énergie fossile la plus polluante. De nouvelles technologies relativement coûteuses permettent toutefois de convertir le charbon en combustible liquide moins polluant. Les plus grands gisements au monde se trouvent en Chine, en Inde et en Europe de l'Est.

Le pétrole, d'abord utilisé dans des lampes, et le bitume, dont on se servait d'abord pour rendre les bateaux étanches, furent découverts environ 3000 ans av. J.-C. Tout comme le charbon et le gaz naturel, ils sont des hydrocarbures fossiles. Ils résultent principalement de la décomposition de micro-organismes échoués au fond des mers. En certains endroits du globe, ces hydrocarbures se trouvent maintenant à la surface de l'écorce terrestre et il n'est pas nécessaire de creuser pour en obtenir. À compter du XVIIe siècle, la distillation du pétrole brut permit d'obtenir des vernis, des cires, de la graisse et de l'huile de lampe de meilleure qualité. L'essence, obtenue aussi par distillation du pétrole, fut inventée en 1855 et servit d'abord à détacher les vêtements.

Récolte du latex de l'hévéa

Le caoutchouc naturel et le caoutchouc synthétique. En 1744, un naturaliste français découvrit les qualités d'élasticité et d'imperméabilité du caoutchouc naturel, déjà connu des tribus indigènes, au cours d'une mission scientifique en Amérique du Sud. Le caoutchouc naturel, obtenu à partir du latex d'un arbre appelé *hévéa*, est élastique, même à basse température, et relativement résistant. Il a de multiples applications, en particulier les gants de chirurgie, les préservatifs masculins (condoms) et les pneus d'avion. Il représente un tiers de la consommation totale de caoutchouc, le reste étant constitué de caoutchouc synthétique, type de plastique à base d'isopropène inventé en 1880.

En 1839, le chimiste américain Charles Goodyear (1800-1860) inventa la vulcanisation, procédé ayant pour but d'augmenter la résistance du caoutchouc qui consiste à lui ajouter du soufre et à le faire chauffer. La vulcanisation conserve l'élasticité du caoutchouc naturel, mais le rend plus résistant, plus durable et moins sensible à des composés tels que les solvants et les huiles. De nos jours, le caoutchouc naturel vulcanisé est surtout utilisé pour la fabrication de pneus d'avion, tandis que les pneus de voiture sont faits de caoutchouc synthétique, moins coûteux.

Les plastiques. Le premier plastique, le celluloïd, qui servit d'abord à remplacer l'ivoire dans la fabrication des boules de billard, fut synthétisé en 1865. C'est un plastique produit à partir de cellulose, d'acide nitrique et de camphre. De nos jours, il est surtout utilisé pour la fabrication des balles de ping-pong.

La cellophane, film transparent à base de cellulose et de xanthate, fut synthétisée en Suisse en 1908. C'est une pellicule mince et transparente d'hydrate de cellulose, obtenue par passage de viscose filée dans un bain acide. La cellophane est très utilisée pour l'emballage parce qu'elle est relativement résistance et isole bien de l'oxygène et des autres gaz de l'atmosphère.

En 1909, le chimiste américain d'origine belge Leo Baekeland (1863-1944) inventa la bakélite, premier plastique synthétique industriel, obtenu par condensation du phénol avec le formol. Suivirent, entre les années 1920 et 1950, le chlorure de polyvinyle, mieux connu sous le sigle anglais PVC, surtout utilisé pour fabriquer des tuyaux, le plexiglas, qui peut remplacer le verre, le polystyrène et le polyéthylène, surtout utilisés pour fabriquer des contenants, le téflon, utilisé, par exemple, pour réduire l'adhérence des ustensiles de cuisson, les silicones, souvent utilisés comme imperméabilisants, et le polystyrène expansé, pour l'emballage.

L'invention du ruban adhésif remonte à 1925. Sous sa forme la plus courante, un ruban adhésif est un ruban de cellulose, de PVC ou de tissu, qui sert de support flexible, enduit d'un seul côté ou des deux côtés d'un adhésif dont le pouvoir collant est permanent à température ambiante. L'adhésif est soit de type caoutchouc-résine, mélange d'une gomme et d'une résine solide, soit de type acrylique, composé de polymères synthétiques.

CONCEPTIONS FRÉQUENTES	EXPLICATIONS DES CONCEPTIONS	CONCEPTS SCIENTIFIQUES
	La céramique et le verre	
L'émail est une sorte de vernis.	Les vernis sont les enduits brillants les mieux connus.	L'émail est une substance très semblable au verre.
	Les métaux	
L'acier est identique au fer.	Le fer et les alliages à base de fer sont placés dans une seule grande catégorie.	L'acier est un alliage qui comporte une grande proportion de fer et d'autres éléments, tels que le carbone et le chrome.
La soudure se fait toujours à l'aide d'une torche à l'acétylène.	La soudure à l'aide d'une torche à l'acétylène est une technique courante dans plusieurs ateliers et garages.	Il existe plusieurs autres techniques de soudure telles que la soudure à l'arc électrique et la soudure au laser.
	Les parfums et les cosmétiques	
Tous les parfums sont à base de fleurs.	Les fleurs sont les sources d'odeurs agréables les mieux connues.	Certains parfums comportent des matières animales et des produits chimiques.
	Les savons et les autres produits nettoyants	
Le savon est une substance complexe, qui doit être fabriquée en usine.	De nos jours, le savon est surtout produit de façon industrielle.	Il est possible de produire du savon artisanal en faisant réagir de l'huile végétale avec une base forte.
	Les alcools et les hydrocarbures	
La concentration d'alcool du vin peut augmenter aussi longtemps que dure sa fermentation.	La concentration d'alcool dépend, en partie, de la durée de la fermentation.	La fermentation ne permet pas d'obtenir des taux d'alcool supérieurs à 15 %.
Le pétrole est l'hydrocarbure le plus abondant dans l'écorce terrestre.	Le pétrole est l'hydrocarbure le mieux connu.	Le charbon est un hydrocarbure beaucoup plus abondant que le pétrole.
	Le caoutchouc naturel et synthétique	
Le caoutchouc naturel est une sorte de plastique.	Le caoutchouc synthétique, matériau bien connu, est une sorte de plastique.	Il existe du caoutchouc naturel, fabriqué avec la sève d'un arbre, et du caoutchouc synthétique, qui est un plastique.
	Les plastiques	
Tous les plastiques sont semblables.	Tous les plastiques sont placés dans une même catégorie.	Les plastiques sont très différents les uns des autres et peuvent être durs, mous, cassants, flexibles, opaques ou transparents.

Les techniques et les technologies du vêtement et de l'alimentation

Les techniques et les technologies du vêtement et de l'alimentation permettent d'augmenter la variété ou la qualité des vêtements et des aliments disponibles.

RÉPONSES AUX QUESTIONS 28 À 31

La bonne réponse apparaît en caractères gras.

28. Existe-t-il des vêtements en plastique?

a) Oui, certains vêtements de plein air comportent des matières plastiques.
b) Non, car les plastiques sont trop rigides pour fabriquer des vêtements.
c) Non, car les plastiques sont trop inflammables pour fabriquer des vêtements.
d) Non, sauf certains types d'imperméables.
e) Oui, car les fibres synthétiques sont des plastiques.

29. Qu'est-ce qu'une jachère?

a) Une terre qui ne sera plus cultivée.
b) Une terre qui vient d'être défrichée.
c) Une terre non cultivée pendant quelque temps.
d) Une terre fraîchement labourée.
e) Une terre qui doit être défrichée.

30. D'où provient la présure nécessaire à la fabrication de plusieurs types de fromages?

a) De cultures de yaourt.
b) D'une variété de vinaigre.
c) D'une variété de vin blanc.
d) De l'estomac de ruminants.
e) De divers agrumes pressés.

31. À l'Antiquité, au Moyen Âge et à la Renaissance, pourquoi le sel était-il un produit très recherché?

a) Il était indispensable pour l'entretien des routes.
b) Il améliorait le goût de plusieurs aliments.
c) Il entrait dans la composition du savon.
d) Il était utilisé comme antiseptique.
e) Il était utilisé comme agent de conservation.

La couture et le tissage. Les êtres humains commencèrent à se vêtir de peaux d'animaux il y a des centaines de milliers d'années. Ils commencèrent à les coudre pour se confectionner des vêtements mieux ajustés et plus confortables il y a 20 000 ans. Une première machine à coudre industrielle fut inventée en France en 1830 et la machine à coudre domestique apparut aux États-Unis en 1851.

Le tissage de fibres naturelles, qui consiste à entrecroiser régulièrement des fils textiles de laine, de lin, de jute ou de coton, débuta environ 8 000 ans av. J.-C., d'abord sur des métiers verticaux. Le métier à tisser, qui facilite et accélère le tissage, fut inventé 4000 ans av. J.-C. En 1733, l'Anglais John Kay (v. 1704-1780) inventa la navette volante, une pièce de métier à tisser qui porte le fil de trame à travers les fils de chaîne et facilite la fabrication des tissus. Vers la fin du XVIIIe siècle apparurent les premiers métiers à tisser mécaniques dont certaines composantes étaient mues par des machines à vapeur ; ils marquèrent les débuts de la Révolution industrielle. Le premier métier à tisser entièrement automatique fut conçu en 1822 par l'ingénieur anglais Richard Roberts (1789-1864), qui perfectionna certains mécanismes mis au point par le mécanicien français Joseph Marie Jacquard (1752-1834) en 1804.

Métier à tisser automatique

Les tissus traités et les tissus synthétiques. En 1823, le chimiste écossais Charles Macintosh (1766-1843) confectionna les premiers imperméables, constitués d'une toile de coton imprégnée d'essence de térébenthine (le solvant, qui s'évaporait) et de caoutchouc (le soluté, qui restait dans la toile). Les imperméables modernes sont faits de tissus recouverts de vinyle ou de caoutchouc.

Les fibres artificielles sont des fibres fabriquées à partir de substances naturelles, telles que la cellulose du bois ou du coton, modifiées chimiquement. En 1889, le chimiste français Hilaire Bernigaud, comte de Chardonnet (1839-1924), obtint le brevet pour la soie artificielle, première fibre textile artificielle, à partir de la cellulose extraite des feuilles de la plante dont se nourrissent les vers à soie. La rayonne fut inventée en 1895. En 1935, le chimiste américain Wallace Carothers (1896-1937) créa le nylon.

Les fibres synthétiques sont obtenues à partir d'hydrocarbures tels que le pétrole et le gaz naturel. Le nylon (1935), le lycra (1952), les polyesters tels que le dacron (1953) et le gore-tex (1969) en sont des exemples. Certaines fibres synthétiques, telles que le polar, sont obtenues en recyclant des objets tels que les bouteilles de boisson gazeuse. En 1982 furent mis en marché les premiers textiles « greffés », c'est-à-dire des textiles modifiés par l'ajout de composés chimiques. Il existe maintenant, par exemple, des textiles déodorants, antibactériens et antiacariens.

L'agriculture et l'élevage. La culture du blé et de l'orge de même que l'élevage de moutons et de chèvres marquent les débuts de l'agriculture et de l'élevage il y a 10 000 ans. La culture du riz, en Extrême-Orient, et celle du maïs, en Amérique du Sud, commencèrent environ 6 500 ans av. J.-C. Les premiers engrais naturels commencèrent à être utilisés en Mésopotamie il y a 5 000 ans. Vers 150 av. J.-C., les Romains inventèrent la jachère, une technique qui consiste à laisser reposer la terre après un certain temps d'exploitation et qui augmente le rendement des récoltes. Vers 700, en Europe, commença à être appliquée la méthode de l'assolement triennal, qui consiste à faire la rotation des récoltes et de la jachère entre trois parties d'une terre. Cette méthode sera répandue au XIIIe siècle. Vers 1575, le céramiste et savant français Bernard Palissy (v. 1510-v. 1590) prôna l'emploi d'engrais chimiques, tels que le salpêtre, mais il faudra attendre le XVIIIe siècle pour que cette pratique commence à se généraliser. Vers 1830, le chimiste allemand Justus Liebig (1803-1873), fondateur de l'agrochimie, montra que l'ajout d'engrais chimiques comme le potassium et le phosphore pouvait faire beaucoup augmenter les rendements des cultures. En 1860, il inventa la culture hors sol, appelée aussi *culture hydroponique*, qui débuta sur une base commerciale, pour la production de tomates, aux États-Unis en 1929. Les années 1960 marquèrent les débuts de la « révolution verte », une augmentation de la production alimentaire, grâce aux fertilisants, dans des pays en voie de développement.

Dès 37 apr. J.-C., les Romains construisirent des serres rudimentaires, dont ils se servaient, par exemple, pour faire pousser des concombres en hiver. Au XVIe siècle, en Hollande, fut inventé le châssis vitré permettant de construire les premières serres semblables aux serres modernes. De nos jours, les serres sont souvent chauffées et utilisées surtout pour la culture de légumes, de fleurs et de plantes tropicales.

L'araire, charrue primitive constituée d'un soc en bois en forme de crochet, fut inventé en Mésopotamie 4 000 ans av. J.-C. La charrue, qui laboure plus en profondeur que l'araire, fut inventée vers 50 apr. J.-C. et, vers 500, débuta l'utilisation, en Europe, de la charrue à versoir, qui retourne le sol. Son usage devint généralisé au Xe siècle. En 1831, l'Américain Cyrrus McCormick (1809-

1884) conçut la moissonneuse, qui marqua les débuts de la mécanisation de l'agriculture. La moissonneuse simple fit place, dès 1855, à la moissonneuse-batteuse qui coupe et bat les céréales, pour séparer les grains. Le tracteur, pour tirer des machines agricoles, fut inventé aux États-Unis en 1892 et, à compter de 1928, il fut muni de gros pneus en caoutchouc pour éviter qu'il s'enlise dans la terre meuble.

Divers aliments de base. Les êtres humains furent longtemps des chasseurs et des cueilleurs nomades, qui se nourrissaient d'animaux et de plantes à l'état sauvage. L'agriculture et l'élevage débutèrent il y a 10 000 ans et, à la même époque, sont apparus le pain, le fromage et le vin.

Le pain est un aliment issu de la cuisson d'une pâte, préalablement fermentée, faite de farine de blé ou d'autres céréales, d'eau et de sel. La fermentation produit du gaz carbonique qui fait lever la pâte et explique la présence des trous dans la mie.

Le fromage est un produit laitier obtenu par coagulation ou caillage du lait, suivi d'un égouttage et, pour certaines variétés, d'une fermentation. Le caillage peut survenir spontanément en présence de certaines bactéries ou, habituellement, quand de la présure, qui provient de l'estomac des ruminants, est ajoutée au lait. L'égouttage consiste à éliminer le lactosérum, appelé aussi *petit-lait.* Certains types de fromages doivent ensuite fermenter pendant quelque temps. Le yaourt, lait fermenté à l'aide de bactéries, fut inventé vers 2000 av. J.-C. en Asie mineure. Il apparaîtra en Europe au XVIe siècle, mais sa fabrication à l'échelle industrielle ne débuta qu'au cours des années 1930.

Le vin est une boisson alcoolisée obtenue par la fermentation du jus de raisin. Il existe des vins rouges, blancs ou rosés, selon le type de raisin utilisé et la méthode de préparation. La bière, qui est apparue 3200 ans av. J.-C., est obtenue par fermentation d'un mélange d'eau et d'orge.

La culture du riz débuta il y a environ 8 500 ans, en Extrême-Orient. À la même époque, la culture du maïs s'amorça en Amérique du Sud. Au XVIe siècle, le riz, importé d'Asie, et le maïs, la pomme de terre, la tomate, l'oignon, la fraise, la courge, le tabac, le cacao et le poivron, importés d'Amérique, devinrent peu à peu des productions agricoles importantes en Europe.

Le sucre était extrait de la canne à sucre, en Inde, il y a déjà 12 000 ans. À compter du milieu du XVIIIe siècle, en Europe, il commença aussi à être extrait de la betterave, mais ce procédé fut assez vite abandonné, car il était peu efficace.

La conservation des aliments. Toutes les méthodes de conservation des aliments visent principalement à réduire ou à éviter la prolifération des levures, des moisissures et des bactéries qui causent la putréfaction.

Dès les temps préhistoriques, par exemple, les êtres humains découvrirent que la cuisson de divers aliments, notamment les viandes, augmentait leur durée de conservation. Environ 3000 ans av. J.-C., en Mésopotamie, débutèrent le séchage et le fumage des aliments. En 1851, l'industriel suisse d'origine allemande Henri Nestlé (1814-1890) mit au point une technique de séchage pour le lait et inventa ainsi le lait en poudre, du lait écrémé déshydraté qui occupe un volume beaucoup moins grand et se conserve beaucoup plus facilement que le lait liquide. La lyophilisation, inventée en France en 1906, est une technique de déshydratation par le froid qui fera son entrée dans l'industrie alimentaire en 1955.

Les agents de conservation sont des substances ajoutées aux aliments pour qu'ils se conservent plus longtemps. Environ 7000 ans av. J.-C., par exemple, on commença à utiliser de la résine de térébenthine comme agent de conservation du vin, afin de l'empêcher de tourner au vinaigre. Vers 200 av. J.-C., les Romains mirent au point une méthode de conservation du poisson, des olives, des radis et d'autres légumes dans la saumure. En effet, lorsqu'un liquide contient plus de 15 % de sel, les levures et les bactéries qui provoquent habituellement la fermentation ou la décomposition ne peuvent se développer. Pour certains aliments, le vinaigre ou le sucre peuvent jouer le même rôle que la saumure. Les salaisons, des aliments qui se conservent parce qu'ils sont très salés, et les confits, des aliments qui se conservent parce qu'ils sont enrobés de graisse, existent aussi depuis très longtemps. De nos jours, il existe des milliers d'agents de conservation divisés en deux grands groupes : les conservateurs, tels que le métabisulfite de sodium, et les antioxydants, tels que la vitamine E.

Vers l'an 100 apr. J.-C., les Romains commencèrent à envelopper de neige et de glace les poissons pêchés dans le Rhin pour les transporter à Rome. En effet, à une température comprise entre 2 °C et 8 °C, la dégradation des aliments est ralentie. Il faut cependant les congeler à une température inférieure à –18 °C pour que le développement des bactéries soit complètement arrêté. En 1875, les premiers navires frigorifiques amenèrent en France des tonnes de viande congelée provenant d'Amérique du Sud. Le réfrigérateur domestique fut inventé aux États-Unis en 1913, mais il faudra attendre 1939 pour qu'il comporte un compartiment pour les aliments congelés.

En 1795, l'industriel français Nicolas Appert (1749-1841) commercialisa la conserve, procédé de conservation de fruits, de légumes et de viande par stérilisation dans des bocaux en verre hermétiques plongés durant plusieurs heures dans de l'eau à ébullition. La boîte de conserve en fer-blanc, qui remplaça de plus en plus les bocaux en verre, vit le jour à Londres en 1810.

Vers 1860, le chimiste et biologiste français Louis Pasteur (1822-1895) montra que les fermentations étaient causées par l'action de micro-organismes et mit au point la pasteurisation, une méthode de conservation de la bière et du lait par chauffage. En 1980, l'Organisation mondiale pour la santé (OMS) approuva l'irradiation des aliments comme méthode permettant d'inhiber la germination de certains légumes, d'éliminer les germes nocifs et de détruire des bactéries et insectes dans les denrées stockées.

CONCEPTIONS FRÉQUENTES	EXPLICATIONS DES CONCEPTIONS	CONCEPTS SCIENTIFIQUES
	La couture et le tissage	
Les tissus sont fabriqués de la même façon que le papier.	Les tissus ressemblent au papier.	Sauf pour le jute, qui est fait de fibres pressées, les tissus sont faits de fibres entrecroisées sur des métiers à tisser.
	Les tissus traités et les tissus synthétiques	
Il n'existe pas de tissus en plastique.	Le plastique est généralement associé à des objets relativement rigides.	Toutes les fibres synthétiques sont faites de matières plastiques.
	L'agriculture et l'élevage	
Toutes les cultures se font dans le sol.	Les cultures les mieux connues se font dans le sol.	La culture hydroponique se fait directement dans de l'eau à laquelle ont été ajoutés des sels minéraux.
Les tracteurs sont munis de gros pneus pour pouvoir franchir des obstacles.	Le grand diamètre d'une roue facilite le franchissement d'obstacles.	Les pneus de tracteurs sont gros surtout pour répartir le poids sur une grande surface et empêcher le tracteur de s'enfoncer dans le sol.

CONCEPTIONS FRÉQUENTES	EXPLICATIONS DES CONCEPTIONS	CONCEPTS SCIENTIFIQUES
	Quelques aliments de base	
Le pain lève grâce à la poudre à pâte.	La poudre à pâte est un produit bien connu qui permet de faire lever une pâte.	Le pain lève généralement grâce à de la levure.
Les mets italiens ont toujours été caractérisés par la présence de tomates.	De nos jours, de nombreux mets italiens contiennent des tomates.	La tomate, importée d'Amérique, n'est connue en Italie que depuis le XVIe siècle.
	La conservation des aliments	
Le seul rôle du sel est d'améliorer le goût des aliments.	En cuisine moderne, le sel est utilisé pour améliorer le goût des aliments.	Depuis l'Antiquité, et encore de nos jours pour certains aliments, le sel est un agent de conservation très important.

Les techniques et les technologies de la santé

Les techniques et les technologies de la santé permettent d'ausculter et de soigner le corps humain.

RÉPONSES AUX QUESTIONS 32 À 36

La bonne réponse apparaît en caractères gras.

32. La plupart des techniques d'épuration de l'eau *ne peuvent pas* éliminer :

a) les virus.

b) les bactéries.

c) les contaminants chimiques.

d) les particules en suspension dans l'eau.

e) les protozoaires.

33. Pourquoi les médecins canadiens Frederick Banting et Charles Best sont-ils célèbres ?

a) Ils découvrirent l'aspirine.

b) Ils découvrirent le rôle de l'insuline.

c) Ils découvrirent la quinine.

d) Ils découvrirent la pénicilline.

e) Ils découvrirent la chimiothérapie.

34. Pourquoi ajoute-t-on de l'iode au sel de table?

a) Pour prévenir le goitre.
b) Pour prévenir l'anémie.
c) Pour prévenir le scorbut.
d) Pour prévenir le béribéri.
e) Pour prévenir le paludisme.

35. À quoi sert un sphygmomanomètre?

a) À écouter les battements du cœur.
b) À mesurer la tension artérielle.
c) À examiner la rétine.
d) À étudier le fonctionnement du cerveau.
e) À détecter des tumeurs.

36. À quelle maladie des séances de dialyse permettent-elles de survivre?

a) L'insuffisance cardiaque.
b) L'insuffisance pulmonaire.
c) L'insuffisance hépatique.
d) L'insuffisance lymphatique.
e) L'insuffisance rénale.

L'hygiène. La civilisation gréco-romaine, dont l'hygiène était remarquablement développée, disposait de bains publics, de baignoires domestiques, d'aqueducs et d'égouts. Malheureusement, ces techniques se perdirent après la chute de l'Empire romain et plusieurs d'entre elles ne redevinrent courantes qu'au XVIIIe siècle.

Vers 1680, Antonie Van Leeuwenhœk perfectionna le microscope à lentille unique et découvrit l'existence de plusieurs espèces d'organismes microscopiques. Son observation d'organismes microscopiques présents dans la bouche et sur les dents l'amena d'ailleurs à proposer l'idée de se nettoyer régulièrement les dents.

En 1860, le médecin hongrois Ignac Semmelweis (1818-1865) démontra que la prolifération des infections dans les hôpitaux, courante à l'époque, était attribuable à l'ignorance des règles d'hygiène par les médecins. Dans son hôpital, grâce aux mesures appropriées, le taux de mortalité à la suite des accouchements passa de 30 % à moins de 1 %, mais ses travaux demeurèrent peu connus. En 1867, le chirurgien anglais Joseph Lister (1827-1912) montra, à partir de travaux sur la gangrène, l'importance des procédures antiseptiques en chirurgie et contribua à réduire les maladies et les décès postopératoires. Il inventa un appareil à pulvériser de l'acide phrénique dans la salle d'opération, recommanda de laisser tremper les instruments dans du phénol et insista sur la propreté des mains, des blouses et des pansements.

Joseph Lister

Vers 1885 sera également découvert le principe de l'asepsie, qui consiste à éliminer le plus de bactéries possible avant l'intervention en stérilisant les instruments et les bandages, et en désinfectant la peau du patient. De nos jours, en milieu hospitalier, les techniques assurant l'asepsie, qui empêchent la prolifération des micro-organismes, et l'antisepsie, qui éliminent ceux qui ont réussi à se multiplier, sont considérées comme absolument essentielles.

En 1886 débuta la stérilisation de l'eau destinée à la consommation humaine. Cette stérilisation se faisait principalement par filtration et oxygénation. La chloration débutera en 1908. L'eau, même quand elle semble propre, peut contenir des bactéries et des virus qui sont susceptibles de provoquer des maladies graves, telles que le choléra, et des gastro-entérites. La contamination de l'eau est en grande partie causée par la pollution par des matières fécales animales et humaines, mais aussi par la pollution industrielle. De nos jours, le traitement de l'eau destinée à la consommation humaine comporte une épuration mécanique qui enlève une grande partie des particules en suspension, une épuration biologique par enrichissement artificiel en oxygène qui tue bon nombre de micro-organismes, et une stérilisation par ajout de chlore qui tue presque tous les micro-organismes restants. Aucun traitement ne peut toutefois éliminer tous les contaminants chimiques. Encore de nos jours, une large part de la population du globe ne dispose pas d'eau potable stérilisée.

Les médicaments naturels et les médicaments synthétiques. Dès 3000 ans av. J.-C., les Égyptiens utilisaient des plantes à des fins médicinales. Les plantes servent depuis toujours à la préparation de nombreux remèdes. Par exemple, la quinine, la digitaline, l'aspirine et la morphine, avant d'être isolées et chimiquement identifiées, au XIXe siècle, furent longtemps utilisées sous forme de plantes. De nos jours, de nouvelles substances actives sont encore régulièrement découvertes dans des plantes, ce qui est un argument important en faveur de la préservation de la biodiversité végétale.

En 1863, le physicien irlandais John Tyndall (1820-1893) constata l'effet du champignon *penicillium* sur les bactéries, mais sa découverte passa inaperçue. L'expérience sera refaite par le bactériologiste anglais Alexander Fleming (1881-1955), en 1928, et l'utilisation médicale de la pénicilline débuta en 1943. Entre-temps, la découverte des sulfamides, en 1932, avait déjà permis de commencer à lutter contre certains types d'infections. Il existe maintenant une grande variété d'antibiotiques. Ils sont efficaces contre les infections courantes et la plupart des maladies bactériennes qui causaient autrefois de graves épidémies (exemples : peste, choléra, lèpre, maladies vénériennes, tuberculose, etc.), mais ne sont d'aucune utilité contre les maladies virales (exemples : rhume, grippe), sauf si elles dégénèrent en maladies infectieuses bactériennes (exemple : grippe qui se complique d'une pneumonie).

Charles Best (à gauche)
Fredrerick Banting

En 1921, les médecins et physiologistes canadiens Frederick Banting (1891-1941) et Charles Best (1899-1978) découvrirent le rôle de l'insuline dans le traitement du diabète.

En 1949 furent découvertes les propriétés du carbonate de lithium dans le traitement des psychoses maniaco-dépressives. C'était le premier médicament vraiment efficace contre une maladie mentale.

En 1964, aux États-Unis, débuta la chimiothérapie pour le traitement de certains cancers.

La contraception et la reproduction. Les méthodes de contraception visent à éviter qu'une relation sexuelle cause une conception. Il existe un grand nombre de méthodes de contraception dont certaines existent depuis des millénaires, tandis que d'autres sont relativement récentes. Dans l'ordre d'apparition : le tampon vaginal (Antiquité égyptienne), le préservatif masculin ou condom (v. 1560), le diaphragme (1881), le stérilet (1928), la méthode naturelle avec prise de température (années 1960), la pilule contraceptive (1954), le préservatif féminin (1994) et la pilule du lendemain

(1999). Aucune méthode de contraception n'est efficace à 100 %. Certaines méthodes, principalement le préservatif, sont aussi efficaces contre la transmission de maladies vénériennes.

Vers 1775, le biologiste italien Lazzaro Spallanzani (1729-1799), qui étudiait la fécondation des œufs de grenouilles, réalisa l'une des premières inséminations artificielles. L'insémination artificielle est surtout utilisée par les éleveurs de bovins. Cette technique permet de choisir comme reproducteurs les mâles de haute valeur génétique, qui peuvent ainsi avoir des milliers de descendants. Dans le domaine médical, l'insémination artificielle permet à une femme seule ou à un couple dont l'homme est stérile d'avoir un enfant en ayant recours à du sperme provenant d'une banque de sperme.

En 1978 naquit, en Angleterre, le premier « bébé-éprouvette », c'est-à-dire un bébé dont la fécondation avait été réalisée en laboratoire.

La prévention des carences alimentaires. Dès l'époque préhistorique, les êtres humains se rendirent compte qu'ils ne se sentaient pas aussi bien en mangeant uniquement des fruits, par exemple, qu'en mangeant uniquement de la viande. En effet, la viande est un aliment plus complet que les fruits.

Vers 560, le médecin byzantin Alexandre de Tralles (525-605) prescrivait l'ingestion de poudre de fer contre l'anémie. De nos jours, l'anémie est définie comme un taux d'hémoglobine trop faible dans le sang, et l'on sait maintenant qu'il existe plusieurs types et plusieurs causes d'anémies. Certains types d'anémies sont causés par une carence en acide folique, en vitamine B12 ou en fer. Des suppléments de vitamines et de fer peuvent prévenir et traiter ces anémies.

Vers 1750, le médecin anglais James Lind (1716-1794) découvrit que la consommation d'agrumes permettait de prévenir une maladie grave, le scorbut. On comprit beaucoup plus tard, vers 1930, que le scorbut était causé par une carence en vitamine C et que cette vitamine était présente dans les agrumes. En 1897, le physiologiste hollandais Christiaan Eijkmann (1858-1930) montra l'importance d'une substance contenue dans le riz entier, nommée plus tard *thiamine* ou *vitamine B1*, dans la prévention d'une maladie, le béribéri. En 1906, le biochimiste anglais Frederick Gowland Hopkins (1861-1947) montra qu'il existait des acides aminés essentiels à l'organisme et que des substances nutritives – qui seront plus tard appelées *vitamines* – autres que les protides, les lipides et les glucides étaient indispensables à l'organisme.

En 1896, le chimiste allemand Eugen Baumann (1845-1896) découvrit que l'iode était indispensable au bon fonctionnement de la glande thyroïde et qu'une grave carence de cette substance causait une maladie connue sous le nom de *goitre.* C'est pour cette raison qu'on ajoute maintenant un peu d'iode au sel de table.

De nos jours, toutes les vitamines et tous les sels minéraux peuvent être synthétisés en laboratoire et sont disponibles sous forme d'additifs ajoutés aux aliments ou sous forme de comprimés vendus en pharmacie ou en épicerie.

La vaccination. Vers l'an 1000, en Extrême-Orient, fut inventée la variolisation, qui consistait à attraper délibérément la variole pour devenir immunisé. Cette pratique était toutefois très dangereuse et causa de nombreux décès.

En 1796, le médecin anglais Edwar Jenner (1749-1823) constata que les fermières, dont les mains étaient en contact constant avec les vaches, ne contractaient jamais la variole. Il réalisa la première vaccination en montrant qu'un extrait des pustules causées par une maladie bovine, le *cow pox,* protégeait les êtres humains contre cette maladie. Le principe de la vaccination, qui repose sur cette observation, consiste à mettre l'organisme en contact avec une forme atténuée de la bactérie ou du virus de la maladie combattue, afin que le système immunitaire l'élimine et en garde le souvenir. Un contact ultérieur avec la même maladie entraîne une réaction rapide et intense de l'organisme, et une protection contre la maladie. Plusieurs médecins s'opposèrent d'abord vivement à la vaccination, mais elle finit par s'imposer vers le début du XIXe siècle. Des campagnes massives de vaccination contre la variole furent organisées dans toute l'Europe.

En 1885, Louis Pasteur mit au point un vaccin contre la rage. En 1922, les médecins et bactériologistes français Albert Calmette (1863-1933) et Camille Guérin (1872-1961) inventèrent le vaccin bilié de Calmette-Guérin (BCG), contre la tuberculose. En 1952, le médecin américain Jonas Salk (1914-1995) développa un vaccin contre la poliomyélite. En 1980, l'Organisation mondiale pour la santé annonça qu'elle avait réussi à enrayer la variole de la surface de la Terre.

La chirurgie. La première méthode de contention pour le traitement des fractures fut inventée vers 3000 av. J.-C. Des bandelettes trempées dans de la boue durcissaient et maintenaient l'os fracturé en place. De nos jours, la contention est effectuée avec du plâtre ou des matières plastiques.

La cataracte est une maladie de l'œil causée par des cristallins devenus opaques, qui laissent peu passer la lumière. C'est une maladie à évolution souvent lente, qui résulte par exemple du vieillissement, de l'abus de rayons ultraviolets du Soleil ou du diabète. C'est en Égypte, environ 1300 ans av. J.-C., que furent pratiquées les premières opérations de la cataracte, qui consistaient en l'ablation des cristallins. De nos jours, le traitement consiste en l'ablation des cristallins et leur remplacement par des verres correcteurs ou des cristallins artificiels.

Vers l'an 1000 av. J.-C., en Inde, débuta l'utilisation de sangsues à des fins médicales. La sangsue, recommandée depuis les débuts de la médecine comme traitement universel, souvent sans réel bénéfice, fut abandonnée vers le tournant du XXe siècle. Elle connut un regain de popularité, vers 1980, quand on découvrit son utilité en chirurgie plastique et reconstructive, pour faciliter la cicatrisation. La bouche d'une sangsue comporte trois mâchoires cornées et dentelées, et sa salive contient un liquide anticoagulant, l'hirudine. De nombreuses poches internes lui permettent d'avaler jusqu'à huit fois son propre poids de sang. De plus, elle secrète un anesthésique qui rend sa morsure indolore.

Au XVIIe siècle, des chirurgiens italiens réussirent les premières restaurations faciales à l'aide de greffes cutanées de lambeaux de peau provenant d'autres parties du corps.

Les premières transfusions sanguines, de l'animal à l'homme, furent tentées en 1667. Elles se soldèrent par des résultats désastreux en raison du phénomène du rejet. La transfusion devint alors interdite et ne reprit, de l'être humain à l'être humain, qu'au début du XXe siècle. En effet, en 1902, le médecin américain Karl Landsteiner (1868-1943) découvrit les groupes sanguins du système A, B et O, de même que les groupes compatibles entre eux, ce qui permit de réduire énormément le nombre de réactions graves survenant au cours de transfusions sanguines.

La première opération de l'appendicite eut lieu en Angleterre en 1735.

En 1800, le chimiste et physicien anglais Humphry Davy (1778-1829) découvrit le protoxyde d'azote, ou gaz hilarant, et suggéra son utilisation en anesthésie. En 1842, le chirurgien américain Crawford William Long (1815-1878) pratiqua la première chirurgie sous anesthésie générale, un type d'anesthésie beaucoup plus efficace que les anesthésies partielles provoquées depuis des siècles par le pavot (opium), le chanvre indien (haschich) ou l'alcool. Les composés chimiques utilisés pour ces premières anesthésies générales étaient le protoxyde d'azote, l'éther ou le chloroforme, tous administrés par inhalation.

Christian Barnard

De nos jours, l'anesthésie générale est habituellement provoquée par l'injection de drogues, telles que le penthotal et des dérivés de l'acide barbiturique.

La première transplantation d'organe réussie eut lieu en 1958. C'était la transplantation d'un rein entre deux jumeaux identiques, ce qui explique que le phénomène du rejet ne posa pas de problèmes. En 1967, le médecin et chirurgien sud-africain Christian Barnard (1922-2001) réalisa la première transplantation cardiaque chez l'être humain.

Le principal obstacle à la transplantation d'organes d'un individu à un autre est le phénomène de rejet. En effet, lorsque les antigènes de type HLA (complexe d'histocompatibilité) de l'organe greffé sont reconnus comme étrangers et incompatibles, les globules blancs de l'individu receveur se multiplient et attaquent l'organe jusqu'à sa destruction. Pour éviter le rejet, il faut donc avoir recours à des médicaments, tels que la ciclosporine, qui favorisent l'acceptation de la greffe par l'organisme hôte.

En 1979 fut mise au point une technique d'intervention au laser permettant d'opérer un œil sans l'ouvrir. En 1984 eut lieu la première intervention chirurgicale sur un fœtus, dans un hôpital du Colorado, aux États-Unis. Les premières utilisations expérimentales, au cours de chirurgies, de robots contrôlés par des chirurgiens, débutèrent en 1998.

Les techniques d'auscultation, d'analyse et de diagnostic. En 1807, le médecin français Théophile Laennec (1781-1826) inventa le stéthoscope, qui n'était d'abord qu'un simple cylindre en bois placé entre l'oreille du médecin et le corps du patient, et développa l'auscultation médicale. Le stéthoscope biauriculaire moderne est constitué d'une pièce réceptrice des sons, recouverte d'une membrane vibrante, à laquelle aboutissent deux tiges creuses et flexibles, terminées par des embouts se plaçant dans les oreilles de l'examinateur. En 1826 eut lieu la première endoscopie, technique permettant de voir à l'intérieur du corps humain ; c'était une endoscopie de la vessie, à l'aide d'un spéculum éclairé par des bougies.

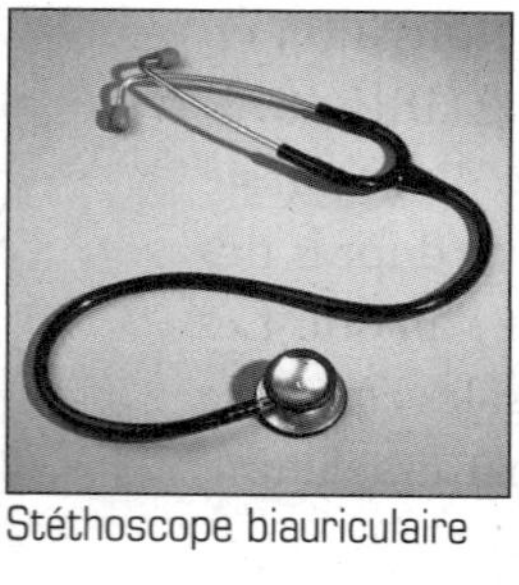
Stéthoscope biauriculaire

En 1828 débuta, avec la quantification de l'urée, l'intégration des laboratoires d'analyse aux hôpitaux. La glycémie suivra en 1848 et l'albuminurie en 1874.

En 1851, le physicien et physiologiste allemand Hermann von Helmholtz (1821-1894) inventa l'ophtalmoscope, un appareil qui envoie un rayon de lumière dans l'œil pour pouvoir examiner la rétine.

En 1887, le physiologiste anglais Augustus Waller (1856-1922) enregistra un premier électrocardiogramme. Ce n'est toutefois qu'en 1901 qu'apparut l'électrocardiographie sous sa forme moderne. L'électrocardiographie est une technique médicale qui permet de recueillir, d'amplifier et d'enregistrer les courants d'action du myocarde, le muscle qui constitue le cœur. Ces courants sont recueillis par des électrodes, placées aux poignets, aux chevilles et au thorax, qui sont reliées à un appareil spécial, l'électrocardiographe. L'électrocardiographie permet de diagnostiquer diverses maladies cardiaques.

En 1896, le médecin italien Scipione Riva-Rocci (1863-1937) inventa, pour mesurer la tension artérielle, le premier sphygmomanomètre fiable et pratique, un appareil qui comportait une colonne de mercure.

En 1895, le physicien allemand Wilhelm Röntgen (1845-1923) découvrit les rayons X. La première radiographie médicale, prise l'année suivante, fut celle d'une main humaine. La radiographie aux rayons X est fondée sur le principe de la différence d'absorption des rayons par les divers tissus du corps. Les rayons X traversent facilement les cavités de l'organisme contenant de l'air, ainsi que les tissus mous, mais sont arrêtés par les os, les dents et les métaux. Par conséquent, sur une plaque photographique sensible à ces rayons, les cavités et les tissus mous paraissent plus foncés que les parties dures des os et des dents.

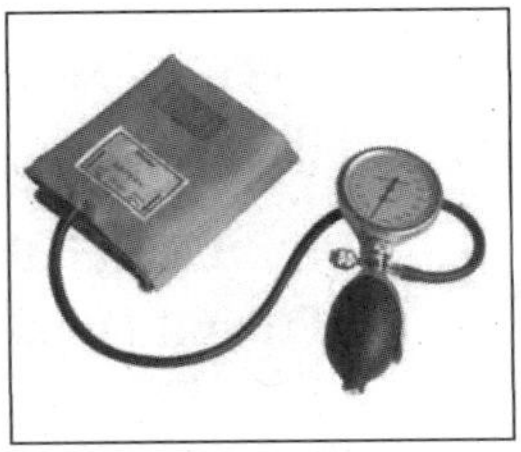
Sphygmomanomètre moderne

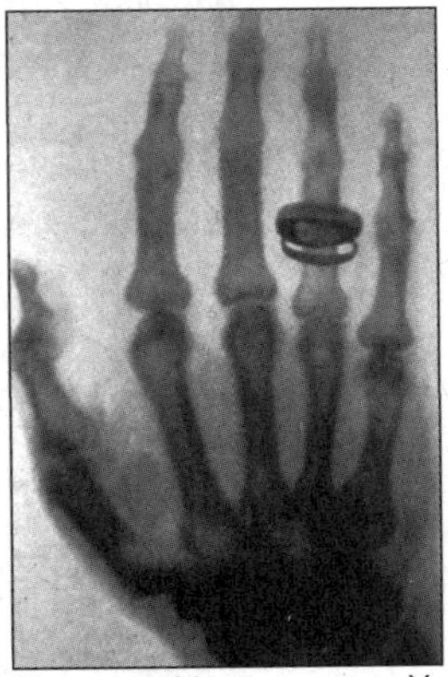
Photographie aux rayons X

L'électro-encéphalographie, pour l'étude du fonctionnement du cerveau, fut inventée en Allemagne en 1929. Il faudra toutefois attendre 1934 pour que cette technique soit acceptée par la communauté médicale. L'électro-encéphalographie est une technique permettant de recueillir, d'amplifier et d'enregistrer l'activité des champs électriques des neurones du cerveau. Elle permet de constater les modifications de divers types d'ondes cérébrales (delta, thêta, alpha et bêta) causées par les excitations sensorielles, l'activité mentale, le sommeil ou certaines maladies cérébrales, telles que l'épilepsie.

L'échographie, d'abord utilisée pour examiner le cœur, fut inventée en 1952. En 1958, l'obstétricien anglais Ian Donald (1910-1987) l'appliqua à l'examen de l'utérus et du fœtus. Cette technique, un peu semblable à celle du radar, consiste à examiner un organe ou un fœtus à l'aide d'ultrasons qui sont plus ou moins bien réfléchis par les divers tissus.

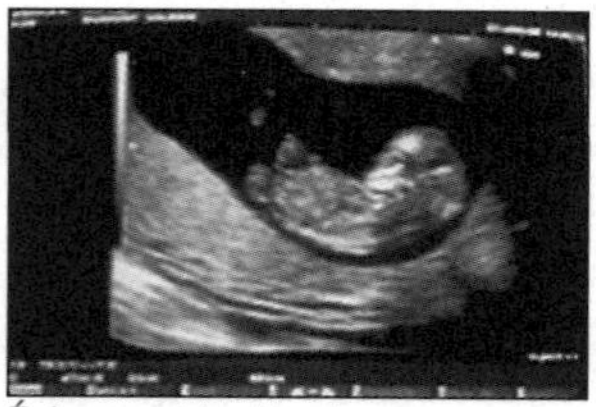
Échographie d'un fœtus

La scintigraphie, technique qui permet d'observer des organes à l'aide de substances radioactives, fut mise au point en 1961. La mammographie, qui permet la détection des tumeurs au sein, fut inventée quatre ans plus tard.

En 1972, l'ingénieur anglais Godfrey Hounsfield (1919-2004) révolutionna la radiologie médicale en inventant le scanner (ou tomodensitomètre). Cet appareil utilise des rayons X, ou la résonance magnétique des atomes d'hydrogène des molécules d'eau du corps, et un ordinateur pour construire une image numérisée constituée de plusieurs coupes transversales de l'organe observé. Le scanner a d'abord servi à explorer le cerveau, mais il est maintenant utilisé pour plusieurs autres organes du corps.

La radiothérapie et l'électrothérapie. En 1896, le médecin tchèque Leopold Freund (1868-1943) découvrit que les rayons X permettent de traiter certaines maladies de la peau ; c'était les débuts de la radiothérapie.

En 1937 débuta l'électroconvulsothérapie, appelée aussi *thérapie par électrochocs*, qui consiste à traiter une maladie mentale à l'aide de chocs électriques au cerveau.

Les organes reconstitués, les organes artificiels et les organes assistés. Les dents furent la première partie du corps que les êtres humains furent capables de reconstituer. En effet, les premières obturations dentaires, faites en or, furent effectuées environ 2200 ans av. J.-C., en Égypte. La carie est une maladie de la dent causée par l'acide produit par les bactéries présentes dans la bouche. D'abord superficielle, elle entraîne la formation d'une cavité dans la couronne ou le canal radiculaire d'une dent. L'obturation est le remplissage de cette cavité. De nos jours, les principaux matériaux utilisés sont des alliages qui contiennent du mercure et des résines composites.

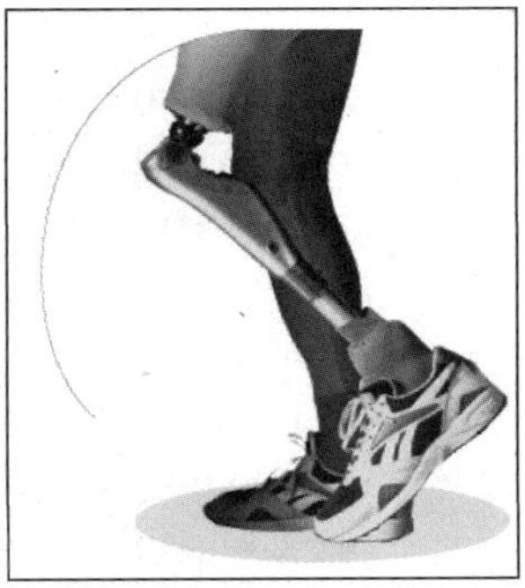

Prothèse intelligente de la jambe

Les prothèses externes remplacent un membre ou une partie d'un membre. La première prothèse externe, du pied, fut fabriquée en Égypte vers 2300 av. J.-C. Durant des siècles, les prothèses n'étaient que de simples morceaux de bois ou de métal rigides et peu confortables, attachés à l'aide de lanières de cuir. Vers 1560, le chirurgien français Ambroise Paré (1509-1590) inventa d'ingénieux modèles de prothèses plus confortables, en cuir bouilli, qui furent utilisés jusqu'au XXe siècle. Les premières prothèses de la hanche furent implantées au cours des années 1950. De nos jours, il existe des prothèses de l'avant-bras ou de la jambe qualifiées d'*intelligentes,* car elles sont munies de moteurs, de capteurs et d'électrodes qui permettent de reproduire des mouvements semblables à ceux du membre ou de la partie de membre remplacés.

Les lunettes permettent de corriger la vue des personnes myopes, hypermétropes ou presbytes. Les premières lunettes correctrices, qui étaient des lentilles convergentes destinées aux hypermétropes et aux presbytes, furent utilisées en Italie dès 1285. Vers 1490, Léonard de Vinci découvrit le principe du verre de contact, un petit tube rempli d'eau et fermé par une lentille. Les premiers verres de contact fonctionnels furent inventés en 1887. En 1973, une société américaine mit au point l'implant cochléaire, qui stimule la cochlée ou oreille interne, pour les sourds. La première implantation se fera en 1977.

Le rein artificiel, qui permet de pallier une insuffisance rénale qui cause l'accumulation des déchets toxiques dans l'organisme, fut inventé en 1944. Il fonctionne selon le principe de la dialyse, qui consiste à dériver le sang d'une artère, à le diriger vers un appareil qui le purifie et à le réinjecter dans une veine. Les séances de dialyse ont lieu de deux à quatre fois par semaine.

Le poumon d'acier, qui facilite la respiration d'un malade, apparut en 1927. L'invention du stimulateur cardiaque externe date de 1950, et celle du respirateur artificiel de 1953. La circulation extracorporelle, pour les opérations à cœur ouvert, qui permet de maintenir l'irrigation des autres organes pendant l'arrêt temporaire du cœur, fut mise au point en 1953. Le *pacemaker,* stimulateur cardiaque électrique interne, fut inventé en 1958 et, en 1970, fut conçu le défibrillateur, qui permet de contrôler les contractions désordonnées du muscle cardiaque.

En 1982 eut lieu la première greffe d'un premier cœur artificiel chez un être humain, qui mourut 112 jours plus tard. Un cœur artificiel est une pompe mécanique, composée d'éléments de métal et de plastique. Les premiers cœurs artificiels, semblables à ceux qui sont utilisés pendant les opérations à cœur ouvert, étaient reliés à une lourde machinerie extérieure qui leur fournissait de l'énergie et contrôlait leur débit. Les nouveaux modèles, plus petits, sont presque entièrement autonomes. La durée de survie des patients demeure encore relativement limitée, car de nombreuses complications peuvent survenir, surtout à cause du manque de compatibilité entre les tissus vivants et les matériaux synthétiques.

Les premières fabrications de vaisseaux sanguins totalement biologiques, à partir de cellules humaines provenant du patient qui doit les recevoir, furent réussies en 1998. La première culture de cellules souches à partir de cellules d'embryons humains fut effectuée en 1999. Les cellules souches, qui sont à l'origine de tous les types de cellules du corps humain, pourraient éventuellement servir à créer des organes de remplacement.

Le génie génétique et le clonage. Le génie génétique permet de modifier le bagage génétique d'un être vivant. La production d'insuline humaine par une bactérie modifiée grâce au génie génétique débuta en 1982. En 1998 fut créée une souris transgénique, produisant également de l'insuline humaine, qui fit l'objet du premier brevet accordé pour un vertébré issu du génie génétique. En 1991 eut lieu la première utilisation réussie d'une thérapie génétique dans le traitement d'une maladie héréditaire. La première plante « humanisée », du tabac producteur d'hémoglobine humaine, fut créée en 1997.

Le clonage permet la reproduction non sexuée d'un être vivant à partir d'une cellule adulte. C'est une pratique courante en agriculture depuis des siècles parce qu'il est facile d'obtenir une nouvelle plante à partir d'une partie d'une plante, mais il est beaucoup plus difficile de cloner des animaux, particulièrement des mammifères. La naissance de la brebis Dolly, en 1996, marque la production du premier mammifère cloné (Dolly est morte en 2003). Depuis cette date, plusieurs autres espèces de mammifères ont été clonées avec succès.

CONCEPTIONS FRÉQUENTES	EXPLICATIONS DES CONCEPTIONS	CONCEPTS SCIENTIFIQUES
	L'hygiène	
Les usines de traitement de l'eau peuvent produire une eau parfaitement pure.	Impression basée sur le fait que l'eau produite par les usines de traitement est considérée comme étant sans danger.	La plupart des usines de traitement de l'eau ne peuvent éliminer les contaminants chimiques.
	Les médicaments naturels et synthétiques	
Les antibiotiques sont efficaces contre les maladies virales.	Les bactéries et les virus sont placés dans une même catégorie générale.	Les antibiotiques éliminent les bactéries, mais pas les virus.
	La contraception et la reproduction	
Toutes les méthodes de contraception artificielle sont relativement récentes.	Plusieurs récits historiques donnent l'impression que la fécondation était, autrefois, presque inévitable.	Certaines méthodes de contraception artificielle, telles que le tampon vaginal, sont connues depuis l'Antiquité.
	La prévention des carences alimentaires	
Le sel de table est iodé pour qu'il se conserve plus longtemps.	L'iode est associé aux agents de conservation.	On ajoute de l'iode au sel de table pour prévenir des maladies de la glande thyroïde.
	La chirurgie	
Le sang d'un être humain en santé peut être transfusé à n'importe quel autre être humain.	Impression basée sur l'apparence extérieure, toujours la même, d'échantillons de sang humain.	Certains groupes sanguins sont incompatibles, et une transfusion entraînerait une réaction de rejet.
	Les techniques d'auscultation, d'analyse et de diagnostic	
Une échographie se fait à l'aide d'une faible dose de rayons X.	Les techniques permettant de voir à l'intérieur du corps sont placées dans une même catégorie.	Une échographie se fait à l'aide d'ultrasons.
	La radiothérapie et l'électrothérapie	
En médecine, les rayons X ne servent qu'à examiner l'intérieur du corps.	L'examen du corps est le rôle le mieux connu des rayons X.	Les rayons X peuvent être utilisés dans le traitement de certaines maladies de la peau.
	Les organes reconstitués, artificiels et assistés	
Les obturations dentaires sont une technique relativement récente.	Impression basée sur le fait que l'équipement d'un cabinet de dentiste moderne est complexe.	Les premières obturations dentaires furent pratiquées en Égypte, dans l'Antiquité.
	Le génie génétique et le clonage	
Aucun animal ne pourrait produire l'insuline humaine.	L'insuline d'un animal normal est différente de celle d'un être humain.	Il existe maintenant des souris transgéniques qui produisent de l'insuline humaine.
Le clonage est une technique récente.	Le clonage de mammifères, longtemps impossible à réaliser, défraie les manchettes depuis quelques années.	Le clonage de plantes et de certains invertébrés est pratiqué depuis des siècles.

Les techniques et les technologies de l'environnement

Les techniques et les technologies de l'environnement permettent d'étudier et de réduire les impacts de l'activité humaine sur la Terre.

RÉPONSES AUX QUESTIONS 37 À 40

La bonne réponse apparaît en caractères gras.

37. Qu'est-ce que le compostage?

a) Une technique de recyclage de tous les déchets domestiques.

b) Une technique pour réduire l'odeur malodorante des déchets.

c) Une technique pour transformer les déchets organiques en engrais.

d) Une technique pour se débarrasser des feuilles mortes.

e) Une technique pour déchiqueter des déchets.

38. D'où un système géothermique tire-t-il son énergie?

a) Des vagues.

b) Des cours d'eau.

c) Du sol.

d) Du Soleil.

e) Du vent.

39. Pourquoi certains environnementalistes sont-ils favorables à l'énergie nucléaire?

a) Elle est moins coûteuse que les autres formes d'énergie.

b) Elle ne présente pas de risques.

c) Elle peut être produite dans des centrales de petite taille.

d) Son carburant est facile à extraire du sol.

e) Elle ne produit pas de gaz à effet de serre.

40. Pourquoi est-il difficile de construire des voitures entièrement électriques qui soient performantes?

a) Un moteur électrique est moins puissant qu'un moteur à essence de même taille.

b) Les piles de ces voitures sont difficiles à recharger.

c) Un moteur électrique manque de puissance à basse vitesse.

d) Les piles nécessaires pour faire fonctionner ces voitures sont très lourdes.

e) Un moteur électrique n'accélère pas très vite.

Que ce soit en tuant des animaux et en récoltant des végétaux pour se nourrir, ou en causant accidentellement des feux de brousse et de forêt, à l'ère préhistorique, ou encore en déboisant d'immenses territoires pour construire des habitations et des navires, au cours de l'Antiquité et du Moyen Âge, l'activité des êtres humains a toujours eu un impact sur l'environnement. Cet impact est toutefois devenu de plus en plus marqué avec la Révolution industrielle du XVIIIe siècle et l'explosion démographique du XXe siècle. Certaines techniques, telles que le lancement de satellites d'observation, le recyclage des déchets et le développement de sources d'énergies renouvelables, visent à étudier ou à atténuer cet impact.

L'observation et la surveillance de l'environnement. La mise à jour régulière des cartes géographiques permet, depuis des décennies, de constater l'expansion des zones habitées, la déforestation de certaines régions, le détournement de cours d'eau et l'assèchement de milieux humides.

Des satellites spécialisés dans l'étude de l'environnement permettent maintenant d'étudier de façon plus précise les modifications de l'environnement global de la Terre. Par ailleurs, dans les océans, des bouées munies de thermomètres enregistrent les variations de la température de l'eau, facteur important de l'évolution des climats terrestres.

L'enfouissement, le compostage et le recyclage des déchets. Le premier dépotoir fut créé à Athènes vers 400 av. J.-C. et, vers 200 apr. J.-C., les Romains mirent en place un système de collecte des ordures ménagères. Ces pratiques furent toutefois perdues après la chute de l'Empire romain et ne réapparurent, très progressivement, qu'à partir de la Renaissance. De plus, l'invention des premiers emballages en papier, au XVIe siècle et, plus tard, des emballages faits d'autres matériaux, tels que le fer-blanc des boîtes de conserve, à compter du XIXe siècle, et les matières plastiques, à compter du XXe siècle, augmentèrent énormément la quantité de déchets. Les bouteilles en plastique, par exemple, se retrouvent maintenant, dispersées dans la nature, presque partout sur la Terre.

Jusqu'à tout récemment, les dépotoirs étaient des lieux où l'on jetait pêle-mêle toutes sortes de déchets. Depuis les années 1960, des règlements de plus en plus contraignants régissent la conception et l'utilisation de dépotoirs, dans les pays industrialisés, et des normes environnementales plus strictes sont imposées. Les dépotoirs continuent cependant à poser de graves problèmes environnementaux, surtout près des grandes villes, qui produisent une quantité énorme de déchets, et dans les pays peu développés, où aucune réglementation n'est appliquée.

L'incinération des ordures ménagères, inventée en Angleterre en 1874, permet de réduire la quantité de déchets qui se retrouvent dans les dépotoirs, mais contribue à la pollution de l'air.

Le compostage, qui consiste à laisser se décomposer les matières organiques dans des boîtes conçues à cet effet et à transformer ainsi ces matières en engrais, est une façon écologique de réduire la quantité de déchets domestiques qui se retrouvent dans les dépotoirs.

Le recyclage, qui débuta en 1974 dans quelques villes américaines et qui consiste à utiliser des déchets ou des objets usagés en vue d'obtenir des produits neufs, est une autre façon importante de réduire les quantités d'ordures qui se retrouvent dans les dépotoirs et de réduire aussi la surexploitation de ressources naturelles. Les principaux déchets domestiques qui peuvent être recyclés sont le papier, le carton, le verre, certains plastiques et certains métaux. La consignation d'objets tels que les bouteilles, les canettes ou les pneus, qui débuta aussi à la même époque, consiste à rembourser une partie de leur prix de vente en cas de restitution, ce qui incite les acheteurs à les rapporter, et facilite le recyclage.

Le remplacement de certains matériaux par leur équivalent biodégradable, comme le plastique biodégradable à base d'amidon de maïs maintenant utilisé dans la fabrication de sacs, contribue aussi à réduire l'impact des déchets sur l'environnement.

Aqueduc romain

Le traitement de l'eau. Dès l'Antiquité, les êtres humains savaient que l'eau tirée de puits et de sources était plus saine que celle des rivières et des fleuves, qui servaient également d'égouts. Les Romains, par exemple, construisirent de grands aqueducs permettant d'alimenter les villes en eau de sources souvent situées en montagne, loin des régions habitées.

Au XIXe siècle, en Angleterre, la Tamise était devenue un égout à ciel ouvert tellement malodorant qu'une station d'épuration des eaux usées, la première au monde, fut construite à Londres. Dans les stations modernes, l'épuration se fait en deux étapes. La première étape, l'épuration mécanique, consiste à séparer la boue des eaux usées. Cette boue, dont la décomposition produit du biométhane, est parfois utilisée comme source d'énergie pour l'usine d'épuration ou comme engrais par des agriculteurs de la région. La seconde étape, l'épuration biologique, consiste à aérer l'eau usée pour l'oxygéner et faciliter la dégradation des fines particules résiduelles par des bactéries. L'eau épurée est ensuite retournée dans une rivière, un fleuve, un lac ou une mer.

La réduction de la pollution atmosphérique. La principale source de pollution atmosphérique est la combustion du charbon et du pétrole utilisés comme source d'énergie par des industries, des centrales thermiques et des moyens de transport. Cette combustion produit du monoxyde de carbone, très toxique, des oxydes d'azote et du dioxyde de soufre, qui causent les pluies acides, et du dioxyde de carbone, qui n'est pas toxique mais contribue à l'augmentation de l'effet de serre et aux changements climatiques.

Pot catalytique de voiture

Le pot catalytique pour le système d'échappement des voitures, qui transforme certains polluants gazeux des voitures en substances inoffensives, fut inventé en France en 1909, mais sa commercialisation ne commença que vers la fin des années 1970. Il est constitué d'une boîte métallique par laquelle passent les gaz d'échappement d'une voiture. Cette boîte contient un catalyseur, souvent du platine dispersé sur des grains d'alumine, qui permet une combustion plus complète des gaz d'échappement, ce qui réduit la quantité de monoxyde de carbone, d'oxydes d'azote et d'hydrocarbures, toxiques pour l'environnement. La durée de vie d'un pot catalytique n'est toutefois pas illimitée parce que certaines substances, comme le soufre contenu dans l'essence, réduisent peu à peu son efficacité et parce que les grains finissent par s'agglomérer. De plus, le pot catalytique ne réduit pas la quantité des gaz, tels que le dioxyde de carbone, qui contribuent à l'augmentation de l'effet de serre.

La couche d'ozone, située dans la haute atmosphère, bloque une partie des rayons ultraviolets en provenance du Soleil. Malheureusement, on sait depuis 1974 que le fréon, parfois appelé *CFC* (chlorofluorocarbone), inventé en 1931 comme gaz du système de refroidissement des réfrigérateurs et utilisé à partir de 1943 dans les canettes aérosols, détruit la couche d'ozone. Depuis la signature du protocole de Montréal, en 1988, il est de plus en plus remplacé par des gaz moins dommageables pour l'environnement.

Ferme d'éoliennes

Par ailleurs, le remplacement de sources d'énergies non renouvelables par des sources renouvelables, présentées ci-dessous, contribue à réduire toutes les formes de pollution atmosphérique, incluant la pollution causée par les gaz à effet de serre qui sont responsables des changements climatiques.

Les énergies renouvelables. Le charbon et le pétrole sont des sources d'énergie non renouvelables et polluantes qu'on essaie, de plus en plus, de remplacer par des sources d'énergie renouvelables et propres.

L'énergie hydroélectrique est une source d'énergie renouvelable qui exploite l'écoulement de l'eau. Les moulins à eau, inventés vers l'an 100 av. J.-C. en Asie mineure, sont les ancêtres des barrages hydroélectriques modernes, dont le premier fut construit en 1882 aux États-Unis. Un barrage hydroélectrique est une installation dans laquelle l'eau fait tourner des turbines hydrauliques couplées à des alternateurs, produisant ainsi de l'électricité. Le barrage crée une retenue d'eau dans le cours d'une rivière, ce qui permet d'utiliser l'énergie potentielle de l'eau accumulée. Suivant la hauteur de chute, on distingue les usines de haute chute, de moyenne chute, et les usines au fil de l'eau.

L'énergie éolienne est une source d'énergie renouvelable qui exploite le déplacement de l'air. Les moulins à vent, inventés vers 600 en Perse, sont les ancêtres des éoliennes modernes, qui font fait leur apparition au Danemark vers 1890. Une éolienne est généralement une hélice orientable qui produit de l'électricité sous l'action du vent, en faisant tourner un alternateur. Longtemps expérimentales et utilisées à petite échelle, les éoliennes se multiplient rapidement depuis le début des années 1990, particulièrement dans le Nord de l'Europe et aux États-Unis où sont construites des fermes d'éoliennes qui peuvent en compter plusieurs dizaines.

L'énergie géothermique est une source d'énergie renouvelable qui exploite la chaleur naturelle du sol. La première installation géothermique fut mise en service en Italie, en 1818. Dans certains pays, tels que l'Islande, de nombreuses sources d'eau chaude fournissent une énergie géothermique facile à exploiter mais, dans toutes les régions au climat tempéré, la température du sol est assez chaude pour y puiser de l'énergie utile. Par ailleurs, on peut également réduire la consommation d'énergie en exploitant la température froide de l'eau du fond de certains lacs pour climatiser des édifices. C'est le cas à Toronto, au Canada, ville située au bord du grand lac Ontario, où certains édifices du centre-ville sont climatisés de cette façon.

Centrale thermique solaire

L'énergie solaire est une source d'énergie renouvelable qui exploite, de diverses façons, le rayonnement solaire. Par exemple, le capteur solaire plan, inventé en France en 1885, est une grande boîte mince, dont l'intérieur est souvent noir pour absorber le maximum de rayonnement, munie d'un couvercle en verre, et qui renferme une longue canalisation parcourue par de l'eau (fluide caloporteur). Il permet de produire l'eau chaude d'une maison. Il est souvent couplé à un chauffe-eau électrique pour les jours sans soleil. La cellule photovoltaïque, comme celles qui recouvrent les panneaux solaires des satellites, transforme le rayonnement solaire en électricité. Une maison solaire, dont le premier prototype moderne fut construit aux États-Unis en 1939, est une maison dont presque toute l'énergie provient du rayonnement solaire. Dans une centrale thermique solaire, le rayonnement du Soleil est concentré, à l'aide de miroirs, sur une chaudière à vapeur qui fait tourner une turbine produisant de l'électricité.

Les biocarburants sont une source d'énergie renouvelable tirée de la matière organique. Le biométhane, par exemple, qui est surtout utilisé pour le chauffage et la cuisson, se forme au cours de la décomposition de déchets organiques tels que le fumier ou le purin. Les biocarburants liquides, tels que l'éthanol, peuvent remplacer l'essence et sont produits à partir de la canne à sucre, du maïs, du blé ou de copeaux de bois. La production d'éthanol, surtout à base de maïs ou de blé, est toutefois controversée, car elle nécessite beaucoup d'engrais et d'énergie, occupe des terres agricoles et contribue à l'augmentation du prix des aliments.

L'énergie nucléaire, bien qu'elle ne soit pas une source d'énergie renouvelable, est parfois considérée comme préférable à l'énergie tirée des hydrocarbures, car elle ne produit ni gaz à effet de serre, ni pollution atmosphérique. Une centrale nucléaire produit de la chaleur au moyen de la fission d'un élément radioactif. Cette chaleur est ensuite utilisée pour produire de la vapeur et faire tourner une turbine. Le problème de l'entreposage des déchets nucléaires radioactifs qui résultent de la fission, ainsi que les risques d'accidents graves, comme ceux de Three Miles Island et de Tchernobyl, expliquent toutefois que cette source d'énergie demeure controversée.

Les moyens de transport. Le transport en commun permet de réduire le nombre de véhicules et d'améliorer la fluidité de la circulation. De nos jours, les principaux modes de transport en commun urbain sont le tramway, qui a vu le jour en 1832, le métro, dont le premier, à Londres, date de 1863, le trolleybus électrique, inventé en 1888, l'autobus à essence ou diesel, apparu en 1905, et le train régional. Par ailleurs, le vélo et la marche sont de plus en plus encouragés, dans les villes, car ils n'engendrent pas de pollution.

Bien qu'elle ait été inventée en 1891, aux États-Unis, la voiture entièrement électrique n'a pas encore réussi à rivaliser sérieusement avec la voiture à essence, principalement parce que les piles sont trop lourdes. La voiture hybride, commercialisée à compter de 1990, est une concurrente plus sérieuse. Elle comporte généralement un moteur à essence et un moteur électrique, et fonctionne alternativement avec l'un ou avec l'autre, selon les conditions routières. Les piles électriques sont rechargées par l'énergie du freinage. Les performances des voitures hybrides se rapprochent de celles des voitures à essence, mais elles consomment et polluent beaucoup moins.

Plus récemment, des voitures expérimentales fonctionnant avec une pile à combustible à hydrogène liquide, dont le seul gaz d'échappement est de la vapeur d'eau, ont commencé à faire leur apparition dans certaines villes.

La protection biologique des cultures. Les pesticides, qui tuent les insectes et autres petits animaux qui s'attaquent aux récoltes, inventés en 1924, ont d'abord été à base d'arsenic et ils étaient très toxiques pour l'environnement. Le dichlorodiphényl-trichloréthane (DDT), mis au point en 1939, était moins toxique mais il s'avéra nocif à long terme parce qu'il s'accumulait dans les tissus des animaux des régions où il était utilisé. Les pesticides modernes sont encore moins toxiques, mais peuvent encore poser des problèmes de santé, surtout quand ils sont mal utilisés. Par conséquent, les agriculteurs qui produisent des cultures biologiques redécouvrent des techniques naturelles développées par les Chinois, vers 250 apr. J.-C., et qui consistent à lutter contre les insectes nuisibles au moyen d'autres insectes qui les mangent. Il est également possible de se servir de bactéries qui les tuent ou de favoriser la présence d'espèces d'oiseaux qui se nourrissent des insectes indésirables.

Les herbicides, qui tuent les plantes indésirables, ont d'abord été des produits très toxiques tels que l'acide sulfurique et des composés à base d'arsenic ou de cyanure. On emploie maintenant des composés organiques tels que des huiles minérales et des dérivés du phénol. On a aussi recours à des hormones de synthèse, qui déséquilibrent la croissance des plantes et les tuent, mais leur usage soulève des craintes, car ces hormones ressemblent à des hormones animales et humaines, et pourraient être la cause d'infertilités et de cancers. Les agriculteurs qui produisent des céréales, des fruits et des légumes biologiques essaient donc de les éviter en recourant plutôt, par exemple, à des moyens mécaniques pour se débarrasser des plantes indésirables.

CONCEPTIONS FRÉQUENTES	EXPLICATIONS DES CONCEPTIONS	CONCEPTS SCIENTIFIQUES
L'observation et la surveillance de l'environnement		
L'environnement ne peut être observé qu'à partir de la Terre.	La façon la plus simple d'observer l'environnement est de le faire à partir de la Terre.	L'environnement est de plus en plus observé et surveillé par satellite.
L'enfouissement, le compostage et le recyclage des déchets		
Une bonne façon de se débarrasser des déchets est de les faire brûler.	L'incinération a longtemps été une technique simple pour se débarrasser des déchets.	L'incinération des déchets est une source importante de pollution atmosphérique.
Le recyclage ne vise qu'à réduire la quantité de déchets dans les dépotoirs.	La réduction de la quantité de déchets dans les dépotoirs est une des raisons pour lesquelles le recyclage est important.	Le recyclage vise aussi à réduire la quantité de matières premières nécessaires pour la fabrication de nouveaux produits.
Le traitement de l'eau		
Pour rendre de l'eau potable, il suffit de bien la filtrer pour qu'elle devienne limpide.	L'eau potable est limpide.	Pour rendre de l'eau potable, il faut aussi éliminer les micro-organismes qu'elle peut contenir.
La réduction de la pollution atmosphérique		
Le pot catalytique rend les gaz d'échappement d'une voiture non polluants.	Le pot catalytique d'une voiture réduit la pollution atmosphérique.	Le pot catalytique ne réduit pas la quantité de gaz à effet de serre produits par une voiture.
Les énergies renouvelables		
La climatisation d'un immeuble nécessite toujours beaucoup d'énergie.	Le fonctionnement des climatiseurs courants nécessite beaucoup d'énergie.	La climatisation peut se faire à l'aide de l'eau froide du fond d'un lac.
L'énergie solaire ne permet de produire que de la chaleur.	La forme la plus évidente de l'énergie solaire est la chaleur.	L'énergie solaire permet aussi de produire de l'électricité grâce à des cellules photovoltaïques.

CONCEPTIONS FRÉQUENTES	EXPLICATIONS DES CONCEPTIONS	CONCEPTS SCIENTIFIQUES
	Les moyens de transport	
Une voiture hybride doit être branchée pour que ses piles se rechargent.	Les voitures hybrides et les voitures électriques sont placées dans une même catégorie.	Les piles d'une voiture hybride se rechargent grâce à l'énergie du freinage.
	La protection biologique des cultures	
Seuls les pesticides et les herbicides chimiques permettent de tuer les insectes et les plantes indésirables pour les agriculteurs.	Les pesticides et les herbicides chimiques sont les façons les mieux connues de lutter contre les insectes et les plantes indésirables.	Il existe diverses méthodes de protection biologique des cultures, telles que l'utilisation d'insectes inoffensifs qui mangent les insectes nuisibles.

ANNEXE 1

Les grands noms des sciences et des technologies

John ADAM (1819-1892) : Astronome anglais. Il prédit, comme le fera Urbain Le Verrier l'année suivante, la découverte de la planète Neptune en analysant les perturbations de l'orbite de la planète Uranus (1845).

Thomas ADDISON (1793-1860) : Médecin anglais. Il étudia les glandes surrénales et contribua à fonder la science de l'endocrinologie (1849).

Louis AGASSIZ (1807-1873) : Géologue et paléontologue américain. Il découvrit que l'hémisphère Nord avait autrefois été recouvert par des glaciers (1839).

Georg Bauer, dit AGRICOLA (1494-1555) : Savant allemand. Il publia un traité descriptif sur les fossiles. Son ouvrage posthume *De Re Metallica* est un compte rendu détaillé des techniques minières et métallurgiques ainsi qu'un traité exhaustif des connaissances en chimie de l'époque (1556).

ALCMÉON de Crotone (Ve siècle av. J.-C.) : Philosophe grec. Il effectua des dissections et réalisa les premières études de la structure et du comportement des animaux. Contrairement à la plupart des autres philosophes grecs, il pensait que c'était le cerveau, et non le cœur, qui était le siège de la pensée et de la sensation.

Jean Le Rond d'ALEMBERT (1717-1783) : Physicien et mathématicien français. Il précisa le concept de force (1743). Il créa les nombres complexes (1746) et introduisit les équations aux dérivées partielles dans la résolution de problèmes de physique (1747).

ALEXANDRE de Tralles (525-605) : Médecin byzantin. Il prescrivit l'ingestion de poudre de fer contre l'anémie (v. 560).

Ibn al-Haythaam ALHAZEN (965-1039) : Physicien arabe. Il décrivit deux nouvelles inventions, les lentilles et la *camera obscura*, boîte dans laquelle la lumière provenant d'objets extérieurs projette une image plane (v. 1000).

Luis ALVAREZ (1911-1988) : Physicien américain. Il découvrit, au Mexique, les traces de l'impact d'une comète sur la Terre, il y a 65 millions d'années, et émit l'hypothèse que cet impact expliquait la disparition des dinosaures (1980).

André AMPÈRE (1775-1836) : Physicien en mathématicien français. Avec François Arago, il inventa l'électroaimant (1820). Il édifia la théorie de l'électrodynamique (1822) et inventa le galvanomètre et le télégraphe. L'ampère (A), d'après son nom, est l'unité de mesure de l'intensité du courant électrique.

ANAXAGORE (v. 500-v. 428 av. J.-C.) : Philosophe grec. Il affirma que la Terre et la Lune étaient des corps pierreux en mouvement dans l'espace qui recevaient leur lumière du Soleil. Il fut le premier à expliquer correctement les éclipses de Lune.

ANAXIMANDRE (v. 610-v. 547 av. J.-C.) : Philosophe grec. Il supposa qu'il existait un principe indéfini, indéterminé, amorphe, l'*apeiron*, qu'il considérait comme l'élément de base. Il énonça une première théorie de la génération spontanée, selon laquelle des êtres vivants pouvaient se former spontanément à partir de matières minérales ou de substances organiques en décomposition. Il croyait que l'Univers, tout comme une plante, résultait de la croissance d'une graine.

ANAXIMÈNE (v. 585-v. 525 av. J.-C.) : Philosophe grec. Il supposa que l'air était l'élément fondamental.

Nicolas APPERT (1749-1841) : Industriel français. Il commercialisa les premières conserves, alors vendues dans des bocaux en verre (1795).

Edward APPLETON (1892-1965) : Physicien anglais. Il découvrit la réflexion des ondes radio par l'ionosphère (1925).

François ARAGO (1786-1853) : Avec André Ampère, il inventa l'électroaimant (1820).

ARCHIMÈDE (287-212 av. J.-C.) : Scientifique grec. En hydrostatique, il formula le principe d'Archimède selon lequel tout corps plongé dans un fluide subit une poussée verticale, dirigée de bas en haut, égale au poids du fluide déplacé. En mathématiques, il élabora la méthode d'exhaustion, par approximations de plus en plus précises, pour déterminer les aires et les volumes de figures géométriques. Il inventa également quelques machines simples.

ARISTARQUE de Samos (v. 310-230 av. J.-C.) : Astronome grec. Il fut le premier à calculer le rapport entre les distances Terre-Lune et Terre-Soleil. Il est l'auteur d'un système héliocentrique selon lequel les planètes tournaient autour du Soleil. Ce système fut repris au XVIe siècle par Nicolas Copernic.

ARISTOTE (384-322 av. J.-C.) : Philosophe grec. Il est l'auteur d'un grand nombre de traités de logique, de biologie, de physique et de cosmologie qui, malgré de nombreuses conceptions erronées, exercèrent une profonde influence sur la pensée occidentale, et ce jusqu'au XVIIe siècle. Il énonça la théorie du mouvement violent et du mouvement naturel pour expliquer le mouvement des corps, et formula de nombreux arguments pour lesquels il fallait considérer, comme Pythagore l'avait affirmé, que la Terre était ronde. Il proposa une cosmologie qui reprenait le système fondé sur la combinaison des mouvements de sphères concentriques d'Eudoxe de Cnide. Il affirma que les corps célestes étaient parfaits et immuables. Il croyait que les éruptions volcaniques et les tremblements de terre étaient causés par des vents souterrains. Il croyait, tout comme Anaximandre, à la théorie de la génération spontanée. Sa classification des animaux était basée sur leur apparence extérieure et leur habitat. Il croyait que le système circulatoire transportait de l'air et du sang. On considère généralement que la doctrine empirique d'Aristote, l'aristotélisme, s'oppose à la doctrine idéaliste de Platon, le platonisme. L'école fondée par Aristote s'appelait le *Lycée.*

Svante ARRHENIUS (1859-1927) : Chimiste et physicien suédois. Il suggéra que les solutions d'électrolytes, tels que les solutions de sels et de plusieurs acides et bases, se dissociaient en ions, des atomes porteurs d'une charge positive ou négative (1884). Il confirma le concept d'effet de serre proposé par John Tyndall en 1863, en montrant le lien entre une augmentation de la concentration de dioxyde de carbone et une augmentation de la température de l'atmosphère (1896).

John Vincent ATANASOFF (1903-1995) : Physicien américain. Il construisit l'*ABC*, premier calculateur électronique (1942).

Oswald AVERY (1877-1955) : Médecin et bactériologiste américain d'origine canadienne. Il montra qu'une bactérie pouvait être modifiée par une substance provenant d'une autre bactérie (1932). (Avec ses collègues, il montra en 1944 que cette substance était l'ADN.)

AVICENNE, en arabe ibn Sina (980-1037) : Médecin, géologue et philosophe iranien. Il écrivit des traités d'alchimie et de géologie qui jouèrent un rôle considérable en Europe jusqu'au XVIIe siècle.

Amadeo di Quaregna, comte d'AVOGADRO (1776-1856) : Chimiste italien. En étudiant les lois de combinaison des gaz, il introduisit la distinction fondamentale entre un atome et une molécule. Il énonça la loi selon laquelle il y a le même nombre de molécules dans deux volumes égaux de gaz différents (1811). Il découvrit le nombre, dit nombre d'Avogadro, de molécules contenues dans une mole d'une substance quelconque.

Charles BABBAGE (1792-1871) : Mathématicien et économiste anglais. Il conçut une machine à calculer analytique à cartes perforées qui, bien qu'elle ne fût jamais construite, est considérée comme l'ancêtre de l'ordinateur (1833).

Francis BACON (1561-1626) : Philosophe anglais. Il développa une théorie empirique de la connaissance et proposa une classification des sciences. Il fit remarquer que la côte ouest de l'Afrique et la côte est de l'Amérique du Sud pourraient s'emboîter l'une dans l'autre (v. 1620).

Roger BACON (1220-1292) : Philosophe anglais. Il signala des points vulnérables du système géocentrique de Claude Ptolémée, selon lequel le Soleil et les planètes tournaient autour de la Terre, et préconisa la science expérimentale.

Leo BAEKELAND (1863-1944) : Chimiste américain d'origine belge. Il inventa la bakélite, premier plastique synthétique industriel, qu'il obtint par condensation du phénol avec le formol (1907).

Karl von BAER (1792-1876) : Biologiste russe d'origine allemande. Il constata que le développement de l'embryon du poulet s'effectuait à partir de trois feuillets germinatifs (1845).

Alexander BAIN (1810-1877) : Scientifique anglais. Il inventa un procédé, ancêtre du télécopieur, pour envoyer des images à distance à l'aide de l'électricité (1843).

John BAIRD (1888-1946) : Ingénieur écossais. Il inventa la télévision en noir et blanc (1926) et la télévision en couleurs (1943).

Buys BALLOT (1817-1890) : Mathématicien, physicien et météorologiste hollandais. Il montra que, dans l'hémisphère Nord, les vents soufflaient dans le sens des aiguilles d'une montre autour des zones de haute pression, dans le sens contraire autour des zones de haute pression, et que c'était l'inverse dans l'hémisphère Sud (1857).

Frederick BANTING (1891-1941) : Médecin et physiologiste canadien. Avec Charles Best, il découvrit le rôle de l'insuline dans le traitement du diabète (1921).

John BARDEEN (1908-1991) : Physicien américain. Avec Walter Brattain et William Shockley, il inventa le transistor (1947).

Christian BARNARD (1922-2001) : Médecin et chirurgien sud-africain. Il réalisa la première transplantation cardiaque chez l'être humain (1967).

Eugen BAUMANN (1845-1896) : Chimiste allemand. Il découvrit que l'iode était indispensable au bon fonctionnement de la glande thyroïde (1896).

Hippolyte BAYARD (1801-1887) : Photographe français. Il inventa, en même temps que William Talbot, mais de façon indépendante, les négatifs photographiques permettant la reproduction de photos sur papier (1839).

William BAYLISS (1860-1924) : Physiologiste anglais. Avec Ernest Starling, il découvrit comment agissent les hormones et fonda l'endocrinologie (1902).

Alphonse BEAU DE ROCHAS (1815-1893) : Ingénieur français. Il conçut le premier moteur à combustion interne à quatre temps (1862).

Francis BEAUFORT (1774-1857) : Hydrographe britannique. Il proposa l'échelle de Beaufort, qui mesure la force du vent d'après ses effets observables (1806).

Antoine BECQUEREL (1852-1908) : Physicien français. Il découvrit que l'uranium émettait un rayonnement (1896).

Georg BEDNORZ (né en 1950) : Physicien allemand. Avec Alex Müller, il découvrit des céramiques supraconductrices à des températures relativement élevées (1986).

Emil von BEHRING (1854-1917) : Médecin allemand. Il découvrit l'immunité humorale en montrant que le sérum d'un animal ayant eu le tétanos ou la diphtérie, injecté à un autre animal, préservait cet autre animal de ces maladies (1890).

Martinus BEIJERINCK (1851-1931) : Bactériologiste hollandais. Il découvrit qu'il existait des agents infectieux plus petits que des bactéries. Il les appela virus (1897).

Alexander Graham BELL (1847-1922) : Inventeur américain. Il inventa le téléphone (1876).

Hugo BENIOFF (1899-1968) : Sismologue américain. Avec Kiyoo Wadati, il montra que les foyers des séismes se trouvaient à de grandes profondeurs, et souvent au voisinage des fosses océaniques (v. 1950).

Karl BENZ (1844-1929) : Ingénieur allemand. Avec Gottlieb Daimler, il commercialisa les premières automobiles à essence (1885).

Paul BERG (né en 1926) : Biologiste moléculaire américain. Avec ses collègues, il proposa le concept d'ARN messager (1961). Il inventa la technique du séquençage d'ADN qui consiste à souder des morceaux d'ADN séparés à l'aide d'enzymes, et qui deviendra essentielle en génie génétique (1972).

Émile BERLINER (1851-1929) : Inventeur américain d'origine allemande. Il inventa le gramophone (1888).

Claude BERNARD (1813-1878) : Physiologiste français. Il démontra la fonction glycogénique du foie et expliqua le diabète (1848). Il découvrit le rôle des sécrétions du pancréas dans la digestion, devenant ainsi le premier à montrer l'action des enzymes (v. 1855). Son Introduction à l'étude de la médecine expérimentale définit les principes de base de la recherche scientifique (1865).

Daniel BERNOULLI (1700-1782) : Mathématicien et physicien suisse. Il fut l'un des fondateurs de l'hydrodynamique et de la théorie cinétique des gaz (1738).

Claude BERTHOLLET (1748-1822) : Chimiste français. Il élabora, avec Louis Bernard Guyton de Morveau et Antoine de Lavoisier, un système de désignation des corps chimiques qui est encore en usage aujourd'hui (1787). Il découvrit les propriétés décolorantes de l'hypochlorite de sodium qu'il appela eau de Javel, du nom d'une localité près de Paris ou travaillaient les lavandières (1789). Il publia Essai de statique chimique, dans lequel il énonçait des lois importantes au sujet des équilibres chimiques (1803).

Jöns BERZELIUS (1779-1848) : Chimiste suédois. Il dressa une table où les éléments sont classés en fonction de leur caractère électrochimique (1811), institua la notation chimique par symboles (1813) et calcula les premiers poids atomiques (1826). Il découvrit la catalyse, c'est-à-dire le fait pour une substance de faciliter une réaction chimique sans toutefois faire partie des réactifs ou des produits de cette réaction (1835). Il croyait au vitalisme, théorie selon laquelle les composés chimiques des êtres vivants appartiennent à une catégorie distincte et ne peuvent être produits que par des êtres vivants.

Friedrich BESSEL (1784-1846) : Mathématicien et astronome allemand. Il mesura la distance d'une étoile autre que le Soleil à l'aide de la parallaxe stellaire (1838).

Henry BESSEMER (1813-1898) : Ingénieur et inventeur britannique. Il inventa un procédé pour fabriquer de l'acier bon marché (1856).

Charles BEST (1899-1978) : Médecin et physiologiste canadien. Avec Frederick Banting, il découvrit le rôle de l'insuline dans le traitement du diabète (1921).

Xavier BICHAT (1771-1802) : Anatomiste et physiologiste français. Il montra que les organes étaient composés de tissus dont il isola plusieurs types (1801).

George Airy BIDDELL (1801-1892) : Géophysicien anglais. Avec Henry Pratt, il proposa la théorie de l'isostasie selon laquelle il y avait équilibre entre les diverses parties de l'écorce terrestre (1855).

Jean-Baptiste BIOT (1774-1862) : Astronome et physicien français. Avec Félix Savart, il détermina la valeur du champ magnétique engendré par un courant rectiligne (1820).

Vilhelm BJERKNES (1862-1951) : Géophysicien norvégien. Il élabora le modèle des masses d'air et des fronts, et formula un ensemble d'équations permettant de faire des prévisions météorologiques (1920).

Joseph BLACK (1728-1799) : Physicien et chimiste écossais. Il déduisit de ses observations la présence de dioxyde de carbone dans l'atmosphère (1754). Il découvrit la chaleur spécifique ou capacité calorifique (1760) et la chaleur latente (1761), et fut ainsi le premier à distinguer nettement *température* et *quantité de chaleur.* Il démontra l'importance de prendre note des changements de masse et du dégagement de gaz au cours de réactions chimiques.

Frederick BLACKMAN (1866-1947) : Botaniste anglais. Il montra qu'une partie de la photosynthèse, la phase obscure, ne nécessitait pas de lumière (1905).

Felix BLOCH (1905-1983) : Physicien américain d'origine suisse. Avec Edward Purcell, il développa la résonance magnétique nucléaire (RMN), qui consiste à orienter des noyaux atomiques dans un champ magnétique de façon à étudier la structure des molécules (1946).

Niels BOHR (1885-1962) : Physicien danois considéré comme l'un des fondateurs de la mécanique quantique moderne. Il élabora une théorie sur la structure de l'atome qui reprenait le modèle planétaire de Jean Perrin et Ernest Rutherford mais tenait compte des échanges d'énergie discontinus de la mécanique quantique de Max Planck (1913).

Ludwig BOLTZMANN (1844-1906) : Physicien autrichien. Il fonda la thermodynamique statistique en précisant la loi de Maxwell au sujet de la température des gaz, qui devint la loi de distribution de Maxwell-Boltzmann (1868).

Joseph Armand BOMBARDIER (1908-1964) : Industriel canadien. Il inventa la motoneige (1959).

Théophile BONET (1620-1689) : Médecin suisse. Il est considéré comme l'un des précurseurs de l'anatomie pathologique.

Charles BONNET (1720-1793) : Naturaliste et philosophe suisse. Il démontra, à la suite des observations de Jan Swammerdam, la parthénogénèse du puceron, c'est-à-dire la capacité de reproduction des femelles sans intervention d'aucun mâle (1740).

George BOOLE (1815-1864) : Mathématicien et logicien britannique. Il posa les fondements de la logique mathématique moderne, maintenant appelée algèbre de Boole, utilisée en informatique (1854).

Jules BORDET (1870-1961) : Médecin et microbiologiste belge. Il mit en évidence les anticorps dans les sérums d'animaux immunisés contre une maladie (1898).

Giovani BORELLI (1608-1679) : Physiologiste et physicien italien. Il appliqua la physique aux phénomènes de la vie, notamment le vol des oiseaux, et avança l'idée que la fonction de la respiration était de faire circuler le sang (1656).

Max BORN (1882-1970) : Physicien britannique d'origine allemande. Il proposa une interprétation probabiliste de la mécanique quantique (1926).

Carl BOSCH (1874-1940) : Chimiste et métallurgiste allemand. Il réalisa, avec Fritz Haber, la synthèse industrielle de l'ammoniac, qui facilitait la production d'explosifs et permit plus tard la production de fertilisants synthétiques (1909).

Satyendranath BOSE (1894-1974) : Physicien indien. Il formula une loi, reprise par Albert Einstein, la loi de Bose-Einstein, qui lie le nombre de photons à la température du milieu (1924).

Theodor BOVERI (1862-1915) : Cytologiste allemand. Il avança l'idée que des cancers étaient causés par des altérations chromosomiques au sein des cellules (1914).

Robert BOYLE (1627-1691) : Physicien et chimiste irlandais. Il proposa le concept d'élément chimique (1661) et formula la loi de Boyle-Mariotte (découverte également par Edme Mariotte) selon laquelle dans un gaz à température constante, la pression est inversement proportionnelle au volume (1662). Il observa que les animaux mouraient dans des récipients dont il avait retiré l'air et en conclut qu'il y avait dans l'air une matière essentielle à la vie (1670). Il contribua à établir une distinction nette entre la chimie, débarrassée de toute référence à des qualités occultes, et l'alchimie.

Lawrence BRAGG (1890-1971) et son père William Henry BRAGG (1862-1942) : Physiciens britanniques. À partir des observations de Max von Laue, ils inventèrent la cristallographie par rayons X, qui est l'étude de la structure des cristaux par diffraction des rayons X (1915).

Tycho BRAHÉ (1546-1601) : Astronome danois. Il effectua des observations très précises du mouvement des planètes qui aidèrent Johannes Kepler à formuler ses lois. Il proposa un modèle mi-héliocentrique, mi-géocentrique dans lequel les planètes (sauf la Terre) tournaient autour du Soleil, mais le Soleil, les planètes et la Lune tournaient autour de la Terre (1588).

Louis BRAILLE (1809-1852) : Inventeur français. Il mit au point un système d'écriture pour les aveugles (1835).

Walter BRATTAIN (1902-1987) : Physicien américain. Avec John Bardeen et William Shockley, il inventa le transistor (1947).

Wernher von BRAUN (1912-1977) : Ingénieur américain d'origine allemande. Il conçut le missile V1 et la fusée V2 pour l'Allemagne nazie (1940) et, après la guerre, les premières fusées de la NASA.

Louis de BROGLIE (1892-1987) : Physicien français. Il proposa la théorie de la mécanique ondulatoire selon laquelle toutes les particules matérielles ont un comportement qui peut manifester deux aspects, soit ondulatoire, soit corpusculaire (1924).

Johannes BRÖNSTED (1877-1947) : Chimiste danois. Il généralisa les définitions d'acide et de base de Svante Arrhenius en proposant qu'un acide était un composé qui émettait des ions d'hydrogène (H+), et une base, un composé qui fixait ces ions (1923).

Robert BROWN (1773-1858) : Botaniste écossais. Il découvrit le mouvement brownien, agitation continuelle de petites particules placées dans un liquide ou un gaz (1827).

Giordano BRUNO (1548-1600) : Philosophe italien. Il rédigea Le Banquet des cendres (1584), dans lequel il défendait le système héliocentrique de Nicolas Copernic. Il fut brûlé vif sur l'ordre du Saint-Office de l'Église catholique (1600).

Eduard BÜCHNER (1860-1917) : Chimiste allemand. Il montra que les ferments agissaient par l'intermédiaire de composés chimiques spécifiques, les enzymes (1897).

Georges Louis Leclerc, comte de BUFFON (1707-1788) : Naturaliste, philosophe et écrivain français. Auteur, avec quelques collaborateurs, de l'Histoire naturelle, traité de 44 volumes (à partir de 1749). Il énonça l'idée que la Terre était un fragment du Soleil et qu'elle était beaucoup plus vieille que les 6000 ans suggérés par la Bible. Il contribua à l'hypothèse d'une évolution des espèces.

Robert BUNSEN (1811-1881) : Chimiste allemand. Il inventa le brûleur Bunsen, qui est maintenant couramment utilisé dans tous les laboratoires de chimie (1853). Avec Gustav Kirchhoff, il montra que la lumière émise par tout élément chimique porté à haute température possède un spectre caractéristique, lorsqu'elle est décomposée par un prisme, établissant ainsi les fondements de l'analyse spectrale (1859).

Jean BURIDAN (v. 1300-v. 1360) : Philosophe français. Avec Nicolas Oresme, il proposa la théorie de l'impétus, pour expliquer le mouvement des corps : l'impétus est une qualité donnée à un corps, lorsqu'il est lancé, et qui diminue peu à peu jusqu'à ce que le corps s'arrête (v. 1350).

Albert CALMETTE (1863-1933) : Médecin et bactériologiste français. Avec Camille Guérin, il inventa le vaccin bilié de Calmette-Guérin (BCG) contre la tuberculose (1922).

Rudolf CAMERARIUS (1665-1721) : Naturaliste allemand. Il démontra expérimentalement que les plantes à fleurs se reproduisaient sexuellement (1694).

Stanislao CANNIZARO (1826-1910) : Chimiste italien. Il fut le premier à formuler une théorie atomique et moléculaire valable sur la base des hypothèses d'Avogadro (1858).

Jérôme CARDAN (1501-1576) : Savant italien. En étudiant les équations du troisième degré, il introduisit la théorie des équations (1545).

Sadi CARNOT (1796-1832) : Physicien et mathématicien français. Il énonça une première formulation du deuxième principe de la thermodynamique (1824).

Wallace CAROTHERS (1896-1937) : Chimiste américain. Il inventa le caoutchouc synthétique et le nylon (1931).

Alexis CARREL (1873-1944) : Physiologiste et chirurgien français. Il réalisa les premières cultures de cellules in vitro (1910).

Jean-Dominique CASSINI (1625-1712) : Astronome français d'origine italienne. Il organisa l'Observatoire de Paris (1669). Avec Jean Richer, il effectua la première estimation raisonnablement précise de la distance Terre-Soleil en se basant sur la distance Terre-Mars mesurée par parallaxe (1671).

Henry CAVENDISH (1731-1810) : Physicien et chimiste britannique. Il découvrit la capacité des conducteurs (1776). Il isola l'hydrogène et montra que l'eau n'était pas un élément en faisant sa synthèse par explosion d'un mélange d'hydrogène et d'oxygène (1781). Il détermina la densité moyenne de la Terre à l'aide d'une balance de torsion (1798).

Anders CELSIUS (1701-1744) : Physicien et astronome suédois. Il inventa l'échelle des températures Celsius (1742).

James CHADWICK (1891-1974) : Physicien britannique. Il découvrit le neutron (1932).

Ernst CHAIN (1906-1979) : Biochimiste anglais d'origine allemande. Avec Howard Florey, il mit au point une méthode de production à grande échelle de la pénicilline (1940).

Claude CHAPPE (1763-1865) : Ingénieur français. Il inventa le télégraphe optique, appelé aussi sémaphore (1793).

Hilaire Bernigaud, comte de CHARDONNET (1839-1924) : Chimiste français. Il créa la soie artificielle, première fibre textile artificielle, à partir de la cellulose extraite des feuilles de la plante dont se nourrissent les vers à soie (1883).

Jacques CHARLES (1746-1823) : Physicien français. Il formula la loi de Charles, selon laquelle la pression d'un gaz est proportionnelle à sa température absolue (1798).

Jules Gregory CHARNEY (1917-1981) : Météorologue américain. Il simplifia le système d'équations du modèle de prévision météorologique proposé par Vilhelm Bjerkness (1948). Avec John von Neumann, il effectua les premières prévisions météorologiques à l'aide d'ordinateurs (1950).

Martha CHASE (1869-1963) : Biochimiste américaine. Elle apporta, avec Alfred Hershey, la confirmation décisive que l'ADN était le support de l'hérédité (1952).

Eugène CHEVREUL (1786-1889) : Chimiste français. Il fabriqua les premières bougies en acide stéarique, cire synthétique, et découvrit la composition chimique du savon (1816).

Émile CLAPEYRON (1799-1864) : Physicien français. Il sauva de l'oubli et précisa les travaux effectués par Sadi Carnot au sujet du deuxième principe de la thermodynamique (1834).

Georges CLAUDE (1870-1960) : Savant français. Il inventa l'éclairage au moyen de tubes à décharge au néon (1909).

Rudolf CLAUSIUS (1822-1888) : Physicien allemand. Il introduisit, à peu près en même temps que William Thomson (lord Kelvin), le concept d'entropie (1850) et élabora la théorie cinétique des gaz. Il appliqua le concept d'entropie à l'ensemble de l'Univers et en déduisit une évolution allant de sa naissance à sa mort (1865).

Dugald CLERK (1854-1932) : Ingénieur anglais. Il inventa le moteur à deux temps (1879).

Ferdinand COHN (1828-1898) : Microbiologiste polonais. Il définit quatre groupes de bactéries et fonda la bactériologie morphologique (1872).

Realdo COLOMBO (1520-1559) : Anatomiste italien. Il précisa la circulation pulmonaire décrite par Michel Servet et avança l'idée, contraire aux enseignements de Galien, que le sang se mélangeait à l'air en passant par les poumons (v. 1560).

Samuel COLT (1814-1862) : Armurier américain. Il inventa le pistolet-revolver (1835).

Nicolas COPERNIC (1473-1543) : Astronome polonais. Il proposa un système héliocentrique du mouvement de la Terre et des planètes dans lequel la Terre, comme les autres planètes, tournait autour du Soleil, et dont la rotation sur elle-même expliquait l'alternance du jour et de la nuit. Il contredisait ainsi Claude Ptolémée, dont le système géocentrique avait été accepté pendant plus de 1200 ans et s'opposait aussi à l'Église, qui en avait fait sa doctrine officielle depuis le XIIIe siècle.

Gaspard CORIOLIS (1792-1843) : Physicien français. Il montra que la rotation de la Terre faisait dévier tous les mouvements à sa surface sous l'effet de la force de Coriolis (1835).

Paul CORNU (1881-1944) : Inventeur français. Il construisit le premier hélicoptère, qui était muni d'hélices horizontales (1907).

Carl CORRENS (1864-1933) : Botaniste allemand. Il redécouvrit, en même temps que Hugo De Vries et Erich von Tschermak-Seysenegg mais de façon indépendante, les lois fondamentales de l'hérédité de Gregor Mendel (1900).

Charles COULOMB (1736-1806) : Mécanicien, physicien et officier français. Il découvrit, en électricité statique et en magnétisme, la loi de l'inverse du carré de la distance (1785). Le coulomb (C), d'après son nom, est l'unité de mesure de la charge électrique.

Francis CRICK (1916-2004) : Biologiste britannique. Avec James Watson, il découvrit la structure en double hélice de la molécule d'acide désoxyribonucléique (ADN) (1961).

Joseph CUGNOT (1725-1804) : Ingénieur français. Il construisit le premier véhicule automobile à vapeur (1769).

William CULLEN (1710-1790) : Physicien écossais. Il inventa la machine frigorifique à vapeur d'eau, ancêtre du réfrigérateur (1755).

Marie CURIE, née SKLODOWSKA (1867-1934) : Physicienne française d'origine polonaise. Avec Pierre Curie, elle découvrit le polonium et le radium, deux éléments radioactifs (1898).

Pierre CURIE (1859-1906) : Physicien français. Il découvrit la piézoélectricité (1880) et, avec Marie Curie, le polonium et le radium (1898).

Georges CUVIER (1769-1832) : Naturaliste français. Créateur de la paléontologie des vertébrés, il montra que certains fossiles étaient des vestiges d'énormes quadrupèdes disparus (1795). Il proposa une classification dans laquelle les animaux étaient divisés en sous-groupes, tels que les mollusques et les vertébrés (1817). Il énonça une théorie des catastrophes pour expliquer la disparition de certaines espèces animales (1825).

Jacques DAGUERRE (1787-1851) : Inventeur français. Il découvrit une méthode de photographie, à base de sels d'argent, plus rapide que l'héliographie de Joseph Niepce (1838).

Gottlieb DAIMLER (1834-1900) : Ingénieur allemand. Il fut le premier à construire un moteur à combustion interne fonctionnant avec du pétrole (1883).

John DALTON (1766-1844) : Physicien, chimiste et météorologiste anglais. On lui doit la loi des proportions multiples en chimie et celle du mélange des gaz en physique (1804). Il énonça la première théorie atomique moderne et mit un terme à la croyance selon laquelle il était possible de transmuter chimiquement des métaux en or (1808). Il découvrit que certaines personnes, dont lui-même, ne percevaient pas toutes les couleurs, d'où le mot daltonisme.

Pierre DANSEREAU (né en 1911) : Écologiste québécois. Il élabora le concept d'écosystème dans son ouvrage Biogeography and Ecological Perspective (1957).

Charles DARWIN (1809-1882) : Naturaliste, anthropologue et explorateur anglais. Dans L'origine des espèces (1859), il exposa, à la même époque qu'Alfred Wallace mais de façon indépendante, une théorie de l'évolution des espèces basée sur la sélection naturelle. Cette théorie détrôna celle du transformisme de Jean-Baptiste de Lamarck.

Erasmus DARWIN (1731-1802) : Naturaliste anglais. Il élabora une théorie de l'évolution dont s'inspira son petit-fils Charles Darwin (1794).

Casimir DAVAINE (1812-1882) : Médecin français. Il démontra qu'une maladie, le charbon, était causée par une bactérie (1850).

William Morris DAVIS (1850-1934) : Géologue américain. Il fonda la géomorphologie et développa les idées de Robert Hooke sur les cycles d'érosion (1903).

Sir Humphry DAVY (1778-1829) : Chimiste et physicien anglais. Avec Benjamin Thompson, il découvrit que la chaleur n'est pas un « fluide impondérable », mais une forme d'énergie (1798). Il découvrit l'oxyde nitreux, ou gaz hilarant, et suggéra son utilisation en anathésie (1800). Il isola des métaux alcalins, dont le potassium et le sodium, grâce à l'électrolyse (1807) et découvrit l'arc électrique (1811). Il découvrit qu'un champ magnétique agit sur un courant électrique (1821).

Anton DE BARY (1831-1888) : Botaniste allemand, fondateur de la mycologie. Il classifia de nombreuses espèces de champignons et découvrit que les lichens étaient formés par une association entre un champignon et des algues (v. 1870).

Reinier DE GRAAF (1641-1673) : Médecin et physiologiste hollandais. Il effectua la première description des follicules ovariens (1672).

Hugo DE VRIES (1849-1935) : Botaniste néerlandais. Il redécouvrit, en même temps que Carl Correns et Erich von Tschermak-Seysenegg mais de façon indépendante, les lois fondamentales de l'hérédité de Gregor Mendel (1900).

DÉMOCRITE d'Abdère (v. 460-v. 370 av. J.-C.) : Philosophe grec. Il proposa, avec Leucippe de Milet, l'idée que la matière était composée d'atomes dont les mouvements étaient régis de façon mécanique. Cette théorie fut reprise sous une forme différente, au XIXe siècle, par John Dalton.

René DESCARTES (1596-1650) : Mathématicien, physicien et philosophe français. Il créa les coordonnées cartésiennes, nommées ainsi d'après son nom, qui permirent éventuellement l'unification de la géométrie et de l'algèbre (1637). Il découvrit les principes de l'optique géométrique, dont principalement les lois de la réfraction, et expliqua l'origine de l'Univers et le déplacement des planètes par le mouvement de grands tourbillons de matière (1637). Il formula un principe d'inertie équivalent à la première loi de Newton (1644).

James DEWAR (1842-1923) : Chimiste et physicien écossais. Il inventa un récipient isolant, qui sera plus tard commercialisé sous le nom de Thermos, pour la conservation des gaz liquéfiés (1892).

Rudolf DIESEL (1858-1913) : Ingénieur allemand. Il conçut le moteur diesel, moteur à combustion interne sans bougie d'allumage et dont le combustible est de l'huile (1893).

DIOSCORIDES d'Anazarbe (20-70) : Médecin grec. Son De Materia Medica fut considéré comme un traité de base, en médecine, jusqu'à la Renaissance.

Paul DIRAC (1902-1984) : Physicien anglais. Il prédit l'existence des antiparticules et contribua à élaborer la théorie quantique (1926).

Ian DONALD (1910-1987) : Obstétricien anglais. Il appliqua l'échographie, inventée en 1952, à l'examen de l'utérus et du fœtus (1958).

Christian DOPPLER (1803-1853) : Physicien autrichien. Il décrivit l'effet Doppler, qui jouera plus tard un rôle important dans la détermination des vitesses des objets célestes (1842).

Henry DRAPER (1837-1882) : Astronome américain. Il inaugura la spectrographie en prenant la première photographie du spectre d'une étoile (l'étoile Véga, de la constellation de la Lyre) (1872).

Charles François DU FAY (1698-1739) : Physicien français. Il découvrit qu'il y avait deux « espèces » d'électricité, qui seront appelées plus tard charges positives et charges négatives (1733).

Alexander DU TOIT (1878-1948) : Géologue sud-africain. Il appuya la théorie de la dérive des continents d'Alfred Wegener en montrant que les continents de l'hémisphère Sud formaient autrefois un supercontinent, qu'il nomma Gondwana (1937).

Jean-Baptiste DUMAS (1800-1884) : Chimiste français. Avec Jean-Louis Prévost, il découvrit le pouvoir fertilisant des spermatozoïdes que l'on croyait alors n'être que des parasites de la semence (1824).

Henri DUTROCHET (1776-1847) : Médecin, botaniste et physiologiste français. Il découvrit le phénomène de l'osmose (1827).

Clarence DUTTON (1841-1912) : Géologue américain, pionnier de la sismologie. Il expliqua la formation des montagnes par la théorie de l'isostasie, ou théorie de l'équilibre entre les diverses parties de l'écorce terrestre, qui avait été proposée par George Airy Biddell et John Henry Pratt en 1855 (1892).

George EASTMAN (1854-1932) : Photographe américain. Il inventa le Kodak, appareil photographique simple, léger et peu coûteux (1888).

Arthur EDDINGTON (1882-1944) : Astronome britannique. Il vérifia l'une des prédictions de la théorie de la relativité générale d'Albert Einstein en observant, durant l'éclipse de Soleil du 29 mai 1919, que la masse du Soleil faisait dévier la lumière provenant d'une étoile qui semblait près de celui-ci (1919). Il suggéra que l'énergie des étoiles était d'origine nucléaire (1920). Il établit une importante relation entre la masse et la luminosité des étoiles et proposa, avec Georges Lemaître, une hypothèse d'expansion de l'Univers (1927).

Thomas EDISON (1847-1931) : Inventeur américain. Il inventa le phonographe, ce qui lui permit de réaliser le premier enregistrement d'un son (1877). Il mit au point l'ampoule électrique avec Joseph Swan (1879).

Paul EHRLICH (1854-1915) : Biochimiste allemand. Il conçut le premier agent antibactérien spécifique, le Salvarsan, remède contre la syphilis (1910).

Christiaan EIJKMANN (1858-1930) : Physiologiste hollandais. Il montra l'importance d'une substance contenue dans le riz entier, nommée plus tard thiamine ou vitamine B1, dans la prévention d'une maladie, le béribéri.

Albert EINSTEIN (1879-1955) : Physicien allemand. Il énonça le concept de photon, la théorie de la relativité restreinte (1905) et la théorie de la relativité générale (1916). À la suite de Satyendranath Bose, il formula la loi de Bose-Einstein, qui lie le nombre de photons à la température du milieu (1924). Il écrivit au président américain Franklin Roosevelt pour le convaincre de débloquer les fonds nécessaires à la mise au point de la bombe atomique.

EMPÉDOCLE (v. 484-v. 424 av. J.-C.) : Philosophe grec. Il étudia la respiration, les caractères sexuels et la formation du fœtus, et compara les organes et les fonctions dans le règne animal et végétal. Il trouva des fossiles, en Sicile, et suggéra que les plantes, les animaux et les êtres humains étaient apparus sur la Terre dans cet ordre. Il élabora une théorie de la matière fondée sur quatre éléments (l'air, l'eau, la terre et le feu) et sur deux forces (l'attraction et la répulsion). Cette théorie ne fut définitivement abandonnée qu'au XVIIIe siècle.

ÉPICURE (341-270 av. J.-C.) : Philosophe grec. Il développa l'idée de Leucippe de Milet et Démocrite d'Abdère selon laquelle la matière était composée d'atomes.

ÉRASISTRATE (v. 305-v. 250 av. J.-C.) : Anatomiste et médecin grec. Il effectua des dissections de corps humains et soupçonna le rôle joué par les poumons dans l'« aération sanguine » et celui du cœur dans la distribution du sang « aéré » dans tout le corps, préfigurant ainsi les travaux de William Harvey, au XVIIe siècle.

ÉRATOSTHÈNE de Cyrène (v. 280-v. 195 av. J.-C.) : Géographe grec. Il fit une évaluation correcte de la circonférence de la Terre à partir de la mesure de l'angle entre les rayons du Soleil et la verticale au moment où, à un endroit assez éloigné, un puits est éclairé jusqu'au fond par le Soleil.

EUCLIDE (IIIe siècle av. J.-C.) : Mathématicien grec. Ses Éléments sont la base de la géométrie et l'un des livres les plus importants de l'histoire des mathématiques.

EUDOXE de Cnide (v. 408-v. 370 av. J.-C.) : Philosophe grec. Il proposa un système cosmologique géocentrique fondé sur la combinaison des mouvements de sphères concentriques.

Leonhard EULER (1707-1783) : Mathématicien suisse. Il réorganisa le calcul différentiel sous sa forme moderne, autour du concept de fonction (1755). Il résolut le problème du mouvement relatif de la Terre, de la Lune et du Soleil, et publia des travaux sur la théorie des nombres.

William EWING (1906-1974) : Géologue américain. Avec Bruce Heezen, il montra que le fond des océans était composé de roches volcaniques récentes et que la surface du globe se divisait en plusieurs plaques (1956).

Jean Henri FABRE (1823-1915) : Entomologiste français. Il commença la rédaction de son traité sur l'instinct et le comportement des insectes (1879).

Girolamo FABRICI D'ACQUAPENDENTE (1533-1619) : Anatomiste et zoologiste italien. Il découvrit les valvules des veines et des artères. Il fut le premier à reconnaître le sexe chez les fleurs, mais ne put utiliser cet élément pour la classification des plantes (1603).

Charles FABRY (1867-1945) : Physicien français. Il découvrit l'existence d'une couche d'ozone, dans la haute atmosphère, et montra qu'elle bloquait une partie des rayons ultraviolets du Soleil.

Daniel FAHRENHEIT (1686-1736) : Physicien hollandais d'origine polonaise. Il construisit le premier thermomètre précis et définit l'échelle des températures Fahrenheit (1724).

Gabriel FALLOPE (1523-1562) : Anatomiste et chirurgien italien. Il donna son nom aux trompes de Fallope, qui relient les ovaires à l'utérus (v. 1560).

Michael FARADAY (1791-1867) : Physicien et chimiste anglais. Il construisit le premier moteur électrique (1821), réalisa la liquéfaction de plusieurs gaz (1823), découvrit les courants électriques induits par un champ magnétique (1831), formula les lois de l'électrolyse de Faraday et proposa le concept d'ion (1834).

Enrico FERMI (1901-1954) : Physicien italien. Il élabora la théorie des interactions faibles qui explique la cohésion de l'atome et l'existence du neutrino (1933). Il réalisa, à l'aide d'une pile à uranium, la première fission nucléaire contrôlée (1942). Il fut l'un des principaux artisans de la mise au point de la bombe atomique.

Reginald FESSENDEN (1866-1932) : Ingénieur canadien. Il inventa le principe de la modulation d'amplitude (AM) pour la transmission par radio (1900) et réussit la première transmission de paroles et de musique en appliquant ce principe (1906).

Richard FEYNMAN (1918-1988) : Physicien américain. Il élabora la théorie de l'électrodynamique quantique et les diagrammes de Feynman, qui permettent le calcul des interactions entre particules (1946).

Emil FISCHER (1852-1919) : Chimiste allemand. Il découvrit la structure chimique des sucres simples et synthétisa le glucose et le fructose (1899).

Hippolyte FIZEAU (1819-1896) : Physicien français. Avec Léon Foucault, il montra que la vitesse de la lumière est inversement proportionnelle à la densité du milieu de propagation (1849).

Alexander FLEMING (1881-1955) : Bactériologiste anglais. Il découvrit la pénicilline et ses effets pour traiter les maladies causées par des bactéries (1928).

Ambrose FLEMING (1849-1945) : Physicien et ingénieur anglais. Il inventa la diode (1904).

Walther FLEMMING (1843-1905) : Biologiste allemand. Il généralisa aux cellules animales les observations d'Edward Strasburger sur la duplication des chromosomes et la mitose des cellules végétales (1884).

Howard FLOREY (1898-1968) : Pathologiste australien. Avec Ernst Chain, il mit au point une méthode de production à grande échelle de la pénicilline (1940).

Henry FORD (1863-1947) : Industriel américain. Il mit au point la technique de la chaîne d'assemblage mobile pour la construction d'une voiture, la Ford Modèle T, dont il vendit plus de 15 millions d'exemplaires (1913).

Léon FOUCAULT (1819-1868) : Physicien français. Il mit en évidence la rotation de la Terre en utilisant un pendule (1851), inventa le gyroscope (1852) et étudia les phénomènes d'induction électromagnétique. Avec Hippolyte Fizeau, il montra que la vitesse de la lumière est inversement proportionnelle à la densité du milieu de propagation (1849).

Joseph FOURIER (1768-1830) : Mathématicien français. Il formula les équations aux dérivées partielles décrivant la propagation de la chaleur dans un solide et mit au point la méthode des séries trigonométriques, dites séries de Fourier, pour représenter des fonctions (1807).

Edward FRANKLAND (1825-1899) : Chimiste britannique. Il proposa le concept de valence, c'est-à-dire du nombre possible des atomes d'une nature donnée qui peuvent se lier chimiquement à un atome déterminé (1852).

Benjamin FRANKLIN (1706-1790) : Homme politique et physicien américain. Il utilisa un cerf-volant pour montrer que les éclairs étaient causés par une décharge électrique, et inventa le paratonnerre (1752).

Joseph von FRAUNHOFER (1787-1826) : Physicien allemand. Il découvrit des raies sombres dans le spectre de la lumière du Soleil et montra que ces raies d'absorption permettaient d'obtenir de l'information sur la composition chimique de l'atmosphère solaire (1814).

Augustin FRESNEL (1788-1827) : Physicien français. Il élabora la théorie ondulatoire de la lumière (1819).

Sigmund FREUD (1856-1939) : Médecin autrichien. Il révolutionna la psychologie et la psychiatrie en montrant le rôle de l'inconscient dans certains troubles mentaux (à partir de 1896).

Leopold FREUND (1868-1943) : Médecin tchèque. Il fonda la radiothérapie en découvrant que les rayons X permettaient de traiter certaines maladies de la peau (1896).

Karl von FRISCH (1886-1982) : Zoologiste autrichien. Il découvrit la « danse des abeilles », moyen de communication de ces insectes au sujet de l'emplacement des fleurs (1919).

Buckminster FULLER (1895-1983) : Architecte américain. Il inventa le dôme géodésique, structure en tubes métalliques ayant la forme d'une sphère (1953).

Robert FULTON (1765-1815) : Ingénieur américain. Il construisit le Clermont, premier bateau commercial à vapeur (1807).

Casimir FUNK (1884-1967) : Biochimiste américain d'origine polonaise. Il isola la première vitamine, la thiamine ou vitamine B1 (1912).

Dennis GABOR (1900-1979) : Physicien britannique d'origine hongroise. Il inventa l'holographie, procédé photographique permettant de produire des images en trois dimensions appelées hologrammes (1947).

GALIEN (129-v. 200) : Médecin romain. Il énonça la théorie selon laquelle en fonction de l'humeur qui domine chez lui, un individu appartenait à l'un des quatre groupes physiologiques suivants : sanguin, flegmatique, colérique ou mélancolique. Il croyait que le sang était produit par le foie à partir des aliments ingérés, qu'il était aspiré vers le cœur et consommé au cours de son trajet par les divers organes. Cette conception ne fut remise en question qu'au XVIIe siècle, avec les travaux de William Harvey sur la circulation du sang.

GALILÉE (GALILEO Galilei, dit) (1564-1642) : Physicien et astronome italien, l'un des pères de la science moderne. Il découvrit la loi de l'isochronisme des petites oscillations du pendule (1583), inventa le thermomètre (1592), découvrit les lois de la chute des corps et le principe de l'inertie (1602). Il perfectionna la lunette et découvrit les taches solaires, les cratères et les mers sur la Lune ainsi que les quatre principales lunes de Jupiter. Il fut déclaré hérétique par Rome, pour son soutien au système héliocentrique de Nicolas Copernic, et dut abjurer devant l'Inquisition (1633).

Johann GALLE (1812-1910) : Astronome allemand. Il découvrit la planète Neptune en se basant sur les calculs de John Adam et Urbain Le Verrier (1846).

Francis GALTON (1822-1911) : Mathématicien et scientifique anglais, cousin de Charles Darwin. Il proposa l'utilisation des empreintes digitales pour identifier les auteurs de crimes. Il introduisit les concepts de corrélation et de régression (1869).

Luigi GALVANI (1737-1798) : Médecin et physicien italien. À partir d'expériences menées sur les grenouilles, il découvrit l'action de l'électricité sur la contraction musculaire (1786).

George GAMOW (1904-1968) : Physicien américain. À partir des idées d'Arthur Eddington et de Georges Lemaître, il développa la théorie du Big Bang pour décrire la naissance et l'expansion de l'Univers (1948). Il suggéra également que les bases de l'ADN pourraient constituer un code génétique (1954).

Archibald GARROD (1857-1936) : Médecin anglais. Il montra que l'expression des gènes correspondait à la fabrication de protéines (1908).

Carl GAUSS (1777-1855) : Astronome, mathématicien et physicien allemand. Il est considéré comme l'un des plus grands mathématiciens de l'histoire. Il démontra le théorème fondamental de l'algèbre, selon lequel le nombre de solutions d'une équation algébrique est le même que son exposant le plus élevé (1799). Il établit les bases de la théorie moderne des nombres (1801). Il introduisit la courbe de Gauss, qui décrit la fonction de probabilité normale, et émit le premier l'hypothèse qu'il existait des géométries non euclidiennes. Il détermina l'orbite de l'astéroïde Céres et de plusieurs autres. Avec George Green, il élabora la théorie du potentiel électrostatique (1828).

Louis Joseph GAY-LUSSAC (1778-1850) : Physicien et chimiste français. Il découvrit la loi de Gay-Lussac, selon laquelle le volume d'un gaz est proportionnel à sa température absolue (1802). Il découvrit que les volumes de gaz se combinaient dans des proportions simples (1805) et mit en évidence le concept de radical (1815).

Hans GEIGER (1882-1945) : Physicien allemand. Avec Ernest Rutherford, il mit au point le premier compteur Geiger, qui permettait la détection des particules alpha émises par des corps radioactifs (1908).

Murray GELL-MANN (né en 1929) : Physicien américain. Il découvrit le quark, particule subatomique (1962).

Johannes GENSFLEISCH, dit GUTENBERG(1398-1468) : Imprimeur allemand. Il inventa la presse à imprimer et perfectionna la typographie à caractères mobiles (1440).

Étienne GEOFFROY SAINT-HILAIRE (1772-1844) : Naturaliste français. Il publia d'importants travaux d'anatomie comparée des vertébrés et défendit un transformisme des espèces semblable à celui de Jean-Baptiste de Lamarck (1830).

Conrad GESNER (1516-1565) : Naturaliste suisse. Il publia une monumentale Histoire des animaux, qui servit de base à la plupart des traités de zoologie jusqu'au milieu du XVIIIe siècle.

William GILBERT (1540-1603) : Scientifique anglais. Il publia un traité sur le magnétisme qui montrait que le champ magnétique terrestre était l'équivalent de celui qui serait causé par un gigantesque aimant droit reliant le pôle Nord au pôle Sud (1600).

Charles GOODYEAR (1800-1860) : Inventeur américain. Il découvrit la vulcanisation, procédé augmentant la résistance du caoutchouc (1839).

Robert van de GRAAF (1901-1967) : Physicien américain. Il inventa le générateur van de Graaf, qui permet de produire et d'accumuler une charge d'électricité statique de plusieurs milliers de volts (1929).

Stephen GRAY (v. 1670-1736) : Physicien anglais. Il découvrit la conductibilité électrique lorsqu'il constata que certains corps conduisaient l'électricité, tandis que d'autres l'arrêtaient (1729).

George GREEN (1793-1841) : Mathématicien britannique. Avec Carl Gauss, il élabora la théorie du potentiel électrostatique et l'étendit à l'étude du magnétisme (1828).

Otto von GUERICKE (1602-1686) : Physicien allemand. Il réalisa l'expérience des hémisphères de Magdebourg, sur la pression atmosphérique, dans laquelle plusieurs chevaux ne purent séparer deux demi-sphères métalliques dans lesquelles il avait fait le vide (1650). Il conçut une première machine électrostatique qui permettait de produire des charges d'électricité statique (1672).

Camille GUÉRIN (1872-1961) : Médecin et bactériologiste français. Avec Albert Calmette, il inventa le vaccin bilié de Calmette-Guérin (BCG), contre la tuberculose (1922).

Beno GUTENBERG (1899-1960) : Sismologue américain d'origine allemande. En analysant la trajectoire d'ondes sismiques, il découvrit la frontière entre le manteau et le noyau terrestre, et estima que le rayon du noyau était de 3500 km (1913).

Louis Bernard GUYTON DE MORVEAU (1737-1816) : Chimiste français. Il élabora, avec Claude-Louis Berthollet et Antoine de Lavoisier, un système de désignation des corps chimiques qui est encore en usage de nos jours (1787).

Fritz HABER (1868-1934) : Chimiste et métallurgiste allemand. Il réalisa, avec Carl Bosch, la synthèse industrielle de l'ammoniac (1909).

George HADLEY (1685-1768) : Physicien anglais. Il proposa un modèle de circulation atmosphérique connu sous le nom de cellule de Hadley selon lequel l'air chaud s'élève au-dessus de l'équateur, se déplace vers les pôles, redescend, puis se déplace vers l'équateur (1735).

Ernst HAECKEL (1834-1919) : Zoologiste et biologiste allemand. Il suggéra que le noyau de la cellule transmettait l'information héréditaire (1866). Il créa le terme écologie pour désigner l'étude des organismes en fonction de leur milieu.

Otto HAHN (1879-1968) : Physicien allemand. Avec Fritz Strassmann, il découvrit la fission nucléaire (1939).

Stephen HALES (1677-1761) : Physiologiste anglais. Il montra qu'en plus de l'eau, qui provenait du sol, l'autre composante indispensable à la croissance des plantes provenait de l'air (1727).

James HALL (1761-1832) : Géologue et physicien britannique. Il montra que des roches fondues pouvaient cristalliser en se refroidissant lentement et apporta ainsi des arguments contre le neptunisme, qui donnait une origine marine à toute roche, et en faveur du plutonisme, qui attribuait une origine volcanique à la plupart d'entre elles (v. 1810).

Edmond HALLEY (1656-1742) : Astronome et physicien anglais. Il montra que le vent était engendré par les différences de pression atmosphérique et établit la première carte météorologique (1686). Il prédit qu'une comète (la comète de Halley), qui était passée en 1682, reviendrait en 1758, car elle passait près du Soleil tous les 76 ans (1705). Il découvrit le mouvement propre des étoiles (1718).

William Rowan HAMILTON (1805-1865) : Mathématicien et physicien irlandais. Il publia d'importants travaux sur le calcul des variations et la résolution des équations différentielles qui firent progresser la mécanique newtonienne. Il démontra également l'équivalence de la théorie corpusculaire et de la théorie ondulatoire de la lumière pour rendre compte des lois de l'optique géométrique (1834).

Jan HAMM (XVIIe siècle) : Médecin hollandais. Il découvrit les spermatozoïdes (1677), mais leur rôle fécondant ne sera compris que 150 ans plus tard.

William HARVEY (1578-1657) : Médecin et anatomiste anglais. Il découvrit la circulation du sang (1628). Il exposa une conception épigénétique du développement des animaux selon laquelle l'embryon se construisait graduellement par l'addition de parties qui ne préexistaient pas (1651).

René-Just HAÜY (1743-1822) : Minéralogiste français. Il montra que les cristaux de calcite avaient une forme rhomboédrique (1784), ce qui le conduisit plus tard à énoncer les lois de base de la cristallographie.

Bruce HEEZEN (1924-1977) : Océanologue américain. Avec William Ewing, il montra que le fond des océans était composé de roches volcaniques récentes et que la surface du globe se divisait en plusieurs plaques (1956).

Werner HEISENBERG (1901-1976) : Physicien allemand. Il découvrit le principe de l'incertitude qui montre que toute tentative pour déterminer une valeur caractéristique d'une particule subatomique, telle que sa position, a pour conséquence de perturber de façon imprévisible une autre valeur, comme la vitesse (1927).

Hermann von HELMHOLTZ (1821-1894) : Mathématicien, physicien et physiologiste allemand. Il définit le travail musculaire comme source de la chaleur corporelle et mesura la vitesse de transmission des influx nerveux (1848). Il formula le principe de la conservation de l'énergie (1847). Il inventa l'ophtalmoscope, appareil qui envoie un rayon de lumière dans l'œil pour pouvoir examiner la rétine (1851).

Zhang HENG (79-139) : Physicien chinois. Il inventa le séismoscope, constitué d'une masse métallique suspendue à l'intérieur d'un vase, premier appareil permettant de détecter des tremblements de terre de faible intensité (v. 110).

Joseph HENRY (1797-1878) : Physicien américain. Il découvrit l'auto-induction, phénomène selon lequel, dans un circuit électrique, une variation du courant électrique et du flux magnétique produit une force électromagnétique qui s'oppose à cette variation (1832). Avec Samuel Morse, il inventa le télégraphe électromagnétique (1835).

HÉRACLIDE du Pont (388-310 av. J.-C.) : Philosophe grec. Il affirma que la Terre tournait autour de son axe en 24 heures.

HÉRACLITE d'Éphèse (v. 550-v. 480 av. J.-C.) : Philosophe grec. Il supposa que le feu était l'élément primordial d'un Univers qui changeait constamment.

HÉRODOTE (v. 484-v. 420 av. J.-C.) : Historien grec. Il affirma que la partie de l'Égypte située près de la Méditerranée était formée de sédiments déposés par le fleuve Nil.

HÉRON d'Alexandrie (ier siècle apr. J.-C.) : Mathématicien et ingénieur grec. Il inventa une fontaine, une pompe et même une petite turbine à vapeur. Il établit la formule de l'aire d'un triangle quelconque.

Caroline HERSCHEL (1750-1848) : Astronome anglaise d'origine allemande. Avec son frère William, elle donna la première description de la structure de notre Galaxie, soit un disque aplati d'étoiles (1785).

William HERSCHEL (1738-1822) : Astronome anglais d'origine allemande, considéré comme le fondateur de l'astronomie stellaire moderne. Il découvrit la planète Uranus (1781), ainsi que des lunes de Saturne et d'Uranus. Avec sa sœur Caroline, il donna la première description de la structure de notre Galaxie, soit un disque applati d'étoiles. (1785).

Alfred HERSHEY (1908-1997) : Biochimiste américain. Il apporta, avec Martha Chase, la confirmation décisive que l'ADN était le support de l'hérédité (1952).

Oscar HERTWIG (1849-1922) : Biologiste allemand. Il observa la première fécondation chez un animal, l'oursin, et décrivit la pénétration du spermatozoïde dans l'ovule (1875).

Heinrich HERTZ (1857-1894) : Physicien allemand. Au moyen d'un oscillateur de sa conception, il montra qu'il était possible de produire des ondes électromagnétiques (1889). Il découvrit l'effet photoélectrique et le passage des électrons à travers la matière. Le hertz (Hz), d'après son nom, est l'unité de mesure de la fréquence d'une onde.

Ejnar HERTZPRUNG (1873-1967) : Astrophysicien danois. Il découvrit en 1905, quelques années avant Henry Russell, qu'il existait une relation entre la luminosité et la couleur des étoiles, ce qui conduisit, en 1914, à la création du diagramme de Hertzprung-Russell, outil fondamental pour l'étude de l'évolution des étoiles.

Germain HESS (1802-1850) : Chimiste russe d'origine suisse. Il montra que toutes les réactions chimiques sont endothermiques ou exothermiques (1840).

Harry HESS (1906-1969) : Géologue américain. Il proposa la notion d'expansion des fonds océaniques, un des concepts importants de la théorie de la tectonique des plaques (1962).

HIPPARQUE de Rhodes (v. 190-v. 120 av. J.-C.) : Astronome grec. Il raffina le système géocentrique, réalisa le premier catalogue d'étoiles et conçut une échelle de magnitude indiquant leur luminosité apparente. Il découvrit également la précession des équinoxes et inventa des méthodes de calcul de la latitude et de la longitude.

HIPPOCRATE de Cos (v. 460-v. 377 av. J.-C.) : Médecin grec. Il fut l'un des premiers à affirmer que les maladies avaient des causes naturelles. Il établit un vaste système de connaissances, en anatomie et en physiologie, reposant sur l'altération de quatre humeurs (bile jaune, pituite ou flegme, bile noire et sang) de l'organisme. Il énonça les principes d'une démarche expérimentale. Encore de nos jours, tous les diplômés en médecine doivent prêter un serment éthique inspiré du célèbre serment d'Hippocrate.

Johan Wilhelm HITTORF (1824-1914) : Physicien allemand. Il découvrit les rayons cathodiques qui permirent plus tard l'invention de la télévision (1868).

Arthur HOLMES (1890-1965) : Géologue anglais. Il utilisa la radioactivité pour dater des roches et établit que la Terre avait plus de trois milliards d'années (1913). Il suggéra que des courants de convection, dans le manteau de la Terre, pouvaient expliquer la dérive des continents proposée par Alfred Wegener en 1912 (1928).

Robert HOOKE (1635-1703) : Physicien anglais. Il décrivit diverses structures animales et végétales, notamment de petites structures du liège qu'il nomma cellules, mais sans saisir l'importance de sa découverte (1665). Il formula la loi de Hooke selon laquelle l'extension d'un corps élastique est proportionnelle à la tension appliquée (1676). Il avança la théorie, dans des travaux publiés peu après sa mort, que les fossiles étaient les restes de plantes et d'animaux disparus depuis très longtemps, et croyait que la Terre était beaucoup plus vieille que les quelque 6000 ans qui lui étaient généralement attribués (1705).

Frederick Gowland HOPKINS (1861-1947) : Biochimiste anglais. Il montra qu'il existait des acides aminés essentiels à l'organisme et que des substances nutritives, qui seront plus tard appelées vitamines, étaient indispensables à l'organisme (1906).

Erich Moritz von HORNBOSTEL (1877-1935) : Ethnomusicologue autrichien. Avec Curt Sachs, il proposa une classification scientifique des instruments de musique qui distingue les cordophones, les aérophones, les idiophones, les membranophones et les électrophones (1914).

Godfrey HOUNSFIELD (1919-2004) : Ingénieur anglais. Il révolutionna la radiologie médicale en inventant le scanner ou tomodensitomètre (1972).

Edwin HUBBLE (1889-1953) : Astrophysicien américain. Il établit l'existence de galaxies extérieures à la nôtre (1923) et formula une loi selon laquelle les galaxies s'éloignaient les unes des autres à une vitesse proportionnelle à leur distance (1930). Il a donné son nom à un satellite d'observation astronomique.

William HUGGINS (1824-1910) : Astronome britannique. Il effectua les premières analyses spectrales de nébuleuses, de comètes et d'étoiles (1860).

Alexander von HUMBOLDT (1769-1859) : Naturaliste et voyageur allemand. Il proposa une théorie au sujet de la répartition des climats à la surface du globe (1840).

James HUTTON (1726-1797) : Géologue britannique. Il énonça la théorie du plutonisme selon laquelle la plupart des roches étaient d'origine volcanique (1785). Il proposa également la théorie de l'uniformitarianisme selon laquelle la Terre existait depuis plusieurs millions d'années, et affirma que les formations géologiques étaient le résultat de processus lents qui étaient encore à l'œuvre dans l'écorce terrestre (1788).

Christiaan HUYGENS (1629-1695) : Mathématicien, physicien et astronome hollandais. Il découvrit les anneaux de Saturne et émit le premier l'hypothèse que les étoiles étaient d'autres soleils, très éloignés (1655). Il inventa l'horloge à pendule (1656). En optique, il expliqua la réflexion et la réfraction au moyen d'une théorie ondulatoire de la lumière (1690).

IBN AN-NAFIS (1210-1288) : Médecin syrien. Il énonça le principe de la circulation pulmonaire (v. 1240), qui sera redécouvert par Michel Servet au XVIe siècle.

Johannes INGEN-HOUSZ (1730-1799) : Naturaliste hollandais. Il découvrit que les plantes absorbaient du gaz carbonique et produisaient de l'oxygène en présence de lumière (1779).

Joseph Marie JACQUARD (1752-1834). Mécanicien français. Il inventa des mécanismes qui facilitèrent, environ 20 ans plus tard, la création du premier métier à tisser entièrement automatique (1804).

Karl JANSKY (1905-1950) : Ingénieur américain. Il détecta par hasard des ondes radio en provenance du centre de notre Galaxie, et fonda ainsi la radioastronomie (1931).

Jules JANSSEN (1824-1907) : Astronome français. Avec Joseph Lockyer, il découvrit la présence, dans l'atmosphère solaire, d'un élément chimique inconnu sur la Terre, l'hélium (1868).

Edwar JENNER (1749-1823) : Médecin anglais. Il réalisa la première vaccination en montrant qu'un extrait des pustules causées par une maladie bovine, le cow pox, protégeait les êtres humains contre la variole (1796).

Steven JOBS (né en 1955) : Informaticien américain. Avec Steve Wozniak, il créa la société de micro-ordinateurs Apple (1976).

Frédéric JOLIOT-CURIE (1900-1958) et Irène JOLIOT-CURIE (1897-1956) : Physiciens français. Ils démontrèrent qu'il était possible de rendre un élément chimique radioactif (1934).

James JOULE (1818-1889) : Physicien anglais considéré, avec William Thomson (lord Kelvin), comme l'un des fondateurs de la thermodynamique. Il détermina l'équivalent mécanique de la calorie (1842) et découvrit qu'une partie de l'énergie électrique d'un courant dans un conducteur se transformait en énergie thermique. Avec Kelvin, il mit en évidence le refroidissement causé par l'expansion d'un gaz (1852). Le joule (J), d'après son nom, est l'unité de mesure du travail, de l'énergie et de la quantité de chaleur.

Heike KAMERLINGH ONNES (1853-1926) : Physicien hollandais. Il découvrit que le mercure était supraconducteur à une température très basse (1911).

Emmanuel KANT (1724-1804) : Philosophe allemand. Il proposa une théorie selon laquelle les nébuleuses étaient des « univers-îles », composés de millions d'étoiles, indépendantes de la Voie lactée, mais cette idée trouva peu d'écho dans la communauté scientifique de l'époque (1755).

John KAY (v. 1704-1780) : Tisserand anglais. Il inventa la navette volante, pièce de métier à tisser portant le fil de trame à travers les fils de chaîne et facilitant la fabrication des tissus (1733).

Friedrich KEKULÉ VON STRADONITZ (1829-1896) : Chimiste allemand. Il montra que l'atome de carbone était quadrivalent, c'est-à-dire qu'il pouvait établir des liens avec quatre autres atomes (1858), donna le nom de chimie organique à la chimie des atomes de carbone (1861) et montra que les six atomes de carbone de la molécule de benzène formaient un anneau (1865).

William Thomson, lord KELVIN (1824-1907) : Physicien britannique. En se basant sur des mesures de températures, il estima que la Terre avait environ 100 millions d'années (1846). Il énonça l'équation des gaz parfaits (1848). Il est considéré, avec James Joule, comme l'un des fondateurs de la thermodynamique, dont il énonça, à peu près en même temps que Rudolf Clausius, le deuxième principe portant sur l'entropie (1850). Avec Joule, il mit en évidence le refroidissement causé par l'expansion d'un gaz (1852). Le kelvin (K), d'après son nom, est une unité de mesure de la température.

Johannes KEPLER (1571-1630) : Astronome allemand. Il raffina le système de Nicolas Copernic en formulant les lois suivantes (les deux premières en 1609, la troisième en 1618) : 1) les orbites planétaires sont des ellipses dont le Soleil occupe un des foyers ; 2) les aires balayées par les rayons vecteurs, allant du centre du Soleil au centre de la planète, sont proportionnelles aux temps employés à les décrire ; 3) les carrés des temps des révolutions planétaires sont proportionnels aux cubes des grands axes des orbites. Kepler croyait cependant que la force qui attirait les corps célestes entre eux était de nature magnétique. Isaac Newton s'appuya en partie sur les lois de Kepler pour formuler le principe de la gravitation universelle.

Gustav KIRCHHOFF (1824-1887) : Physicien allemand. Avec Robert Bunsen, il montra que la lumière émise par tout élément chimique porté à haute température possède un spectre caractéristique, lorsqu'elle est décomposée par un prisme, établissant ainsi les fondements de l'analyse spectrale (1859).

Robert KOCH (1843-1910) : Médecin et bactériologiste allemand. Il découvrit le bacille de la tuberculose, appelé bacille de Koch, et celui du choléra (1882).

Adolf KOLBE (1818-1884) : Chimiste allemand. Il est souvent considéré comme le fondateur de la chimie organique moderne. Il réussit la synthèse de l'acide acétique (acide du vinaigre) (1845).

Albert von KÖLLIKER (1817-1905) : Biologiste suisse. Il réalisa les premières observations de divisions cellulaires (1844).

Wladimir KÖPPEN (1846-1940) : Climatologue allemand. Il proposa une classification des climats du globe : climats tropicaux, climats arides, climats tempérés chauds, climats tempérés froids et climats polaires (1918).

Walter KOSSEL (1888-1956) : Chimiste américain. Avec Gilbert Lewis, il constata que les gaz rares, très stables, ont une couche externe de huit électrons, et proposa une théorie selon laquelle les atomes se lient pour acquérir huit électrons sur leur couche externe (1916).

Hans KREBS (1900-1981) : Biochimiste allemand. Il décrivit les réactions métaboliques de la respiration cellulaire, ou cycle de Krebs (1937).

Julien Offroy de LA METTRIE (1709-1751) : Médecin français. Il publia L'Homme-machine, dans lequel il exposait une conception matérialiste et mécaniste de la vie (1748).

Théophile LAENNEC (1781-1826) : Médecin français. Il inventa le stéthoscope et développa l'auscultation médicale (1807).

Joseph Louis LAGRANGE (1736-1813) : Mathématicien français. Dans son traité Mécanique analytique, il utilisa le calcul différentiel et intégral à quatre dimensions pour résoudre d'importants problèmes de physique (1788).

Jean-Baptiste de LAMARCK (1744-1829) : Naturaliste français. Il affirma que les fossiles étaient les restes de plantes et d'animaux morts il y a très longtemps (1793). Dans sa Philosophie zoologique (1809), il énonça deux théories maintenant abandonnées : la génération spontanée des êtres vivants et le transformisme des espèces.

Edwin Herbert LAND (1909-1991) : Physicien américain. Il inventa le Polaroïd, premier appareil photo à développement instantané (1938).

Karl LANDSTEINER (1868-1943) : Médecin américain. Il découvrit les groupes sanguins du système A, B et O (1902).

Irving LANGMUIR (1881-1957) : Chimiste et physicien américain. Il imagina le concept de liaison covalente dans laquelle les atomes mettent en commun des doublets d'électrons (1919).

Pierre Simon de LAPLACE (1749-1827) : Mathématicien et astronome français. Il élabora la théorie du potentiel pour l'étude de la gravitation (1785). Il formula une théorie selon laquelle le système solaire s'était formé à partir d'une masse de gaz en rotation (1796). Il publia le premier traité complet sur le calcul des probabilités (1812). Il énonça la thèse du déterminisme, selon laquelle une connaissance parfaite de toutes les forces et de la position de toutes les particules de l'Univers, à un instant donné, permettrait une prévision parfaite de l'avenir (1814).

John LARSON (1892-1965) : Médecin américain d'origine canadienne. Il inventa le polygraphe ou détecteur de mensonge (1921).

Max von LAUE (1879-1960) : Physicien allemand. Il montra que les cristaux pouvaient diffracter des rayons X, ce qui démontrait la nature ondulatoire de ces rayons et allait permettre de déterminer la structure des cristaux (1912).

Antoine de LAVOISIER (1743-1794) : Chimiste et physiologiste français, considéré comme le fondateur de la chimie moderne. Il montra que toute combustion résultait d'une combinaison avec l'oxygène de l'air, ce qui conduisit à l'abandon de la théorie du phlogistique (1772). Il découvrit le rôle de l'oxygène dans la respiration (1777). Il montra que l'eau se composait d'hydrogène et d'oxygène (1784). Il élabora, avec Claude-Louis Berthollet et Louis Bernard Guyton de Morveau, un système de désignation des corps chimiques qui est encore en usage aujourd'hui (1787). Il énonça la loi de la conservation de la masse (1789). Il fut guillotiné en 1794 à cause de ses anciennes fonctions d'inspecteur à la Ferme générale (collecteur d'impôt).

Joseph LE BEL (1847-1930) : Chimiste français. Il imagina, en même temps que Jacobus Van't Hoff mais de façon indépendante, le concept de molécules chirales découvert par Louis Pasteur, créant ainsi la stéréochimie dont l'étude porte sur l'arrangement tridimensionnel des atomes dans les molécules (1874).

Xavier LE PICHON (né en 1937) : Géophysicien français. Il démontra la justesse du modèle d'expansion des fonds océaniques de Harry Hess (1967).

Urbain LE VERRIER (1811-1877) : Il prédit, comme l'avait fait John Adam l'année précédente, la découverte de la planète Neptune en analysant les perturbations de l'orbite de la planète Uranus (1846). Il constata qu'il aurait été possible de prévoir une violente tempête ayant coulé plus de 40 navires des flottes anglaise et française en mer Noire, l'année précédente, et fonda ainsi la météorologie moderne (1855).

Henrietta LEAVITT (1868-1921) : Astronome américaine. Elle découvrit une relation entre la période de pulsation et la luminosité réelle d'une catégorie d'étoiles variables, les céphéides. Cette relation servira plus tard à estimer la distance d'amas d'étoiles et de galaxies (1912).

Nicolas LEBLANC (1742-1806) : Chimiste français. Il inventa un procédé pour produire du carbonate de sodium, nécessaire pour la fabrication du savon, du verre et du papier, à partir du sel (chlorure de sodium) (1780).

Inge LEHMAN (1888-1992) : Géophysicienne danoise. Elle améliora le modèle de la structure de la Terre de Richard Oldham et Beno Gutenberg en montrant que l'extérieur du noyau était liquide, mais que l'intérieur était solide (1936).

Gottfried Wilhelm LEIBNIZ (1646-1716) : Philosophe et mathématicien allemand. Il inventa le calcul intégral (1675) et le calcul différentiel (1684), ce qui créa un conflit entre les mathématiciens allemands et anglais, car l'Anglais Isaac Newton avait inventé le calcul différentiel et intégral avant lui, mais n'avait pas publié ses travaux. Leibniz introduisit un système de numération binaire grâce auquel tous les nombres pouvaient être représentés par les chiffres 0 et 1 (1679). Il inventa une calculatrice mécanique capable d'effectuer des additions, des soustractions, des multiplications et des divisions (1694).

Georges LEMAÎTRE (1894-1966) : Astrophysicien et mathématicien belge. Il proposa, avec Arthur Eddington, une hypothèse d'expansion de l'Univers (1927) et formula plus tard une théorie selon laquelle l'Univers, d'abord très dense, était entré en expansion à la suite d'une explosion (1931).

Étienne LENOIR (1822-1900) : Ingénieur français. Il inventa le premier moteur à combustion interne utilisable (1859).

LÉONARD de Vinci (1452-1519) : Artiste et inventeur italien. Il dessina les plans de plusieurs machines telles que le vérin hydraulique et le parachute. Il pratiqua des dissections et produisit des dessins anatomiques détaillés (1490).

LEUCIPPE de Milet (v. 460-v. 370 av. J.-C.) : Philosophe grec. Il proposa, avec Démocrite d'Abdère, l'idée que la matière était composée d'atomes.

Gilbert LEWIS (1875-1946) : Chimiste américain. Avec Walter Kossel, il constata que les gaz rares, très stables, avaient une couche externe de huit électrons, et proposa une théorie selon laquelle les atomes se liaient pour acquérir huit électrons sur leur couche externe (1916). Il généralisa, encore plus que ne l'avait fait Johannes Brönsted, les définitions d'acide et de base de Svante Arrhenius en proposant qu'un acide contenait un atome récepteur d'électrons et qu'une base contenait un atome donneur d'électrons (1923).

Willard Frank LIBBY (1908-1980) : Chimiste américain. Il mit au point, avec ses collègues de l'Institut des études nucléaires de Chicago, la technique de la datation au carbone 14 (v. 1940).

Justus LIEBIG (1803-1873) : Chimiste allemand. Avec Friedrich Wöhler, il découvrit que certaines substances de même formule chimique avaient des propriétés physiques différentes (1823). (Jöns Berzelius donnera, en 1830, le nom d'isomères à de telles substances.) Il inventa un procédé rapide, à base d'oxyde de cuivre, pour évaluer le contenu en carbone et en hydrogène des composés organiques (1830). Il fonda l'agrochimie en montrant que si l'on ajoutait dans le sol des éléments comme le potassium et le phosphore, les rendements des cultures pouvaient augmenter considérablement (1830). Avec Friedrich Wöhler, il définit le concept de radical (1832).

Otto LILIENTHAL (1848-1896) : Inventeur allemand. Il démontra, en fabriquant de nombreux planeurs, que des ailes dont les surfaces sont courbées étaient beaucoup plus efficaces que des ailes aux surfaces plates (1891).

James LIND (1716-1794) : Médecin anglais. Il découvrit que les agrumes empêchaient le scorbut, maladie attribuable à une carence en vitamine C (v. 1750).

Charles LINDBERGH (1902-1974) : Aviateur américain. Il réussit le premier vol solo sans escale entre l'Amérique et l'Europe (1927).

Carl von LINNÉ (1707-1778) : Naturaliste suédois. Dans son Systema Naturæ (1735), il créa le système de classification des plantes et des animaux par genres, ordres et classes.

Hans LIPPERSHEY (1570-1619) : Opticien hollandais. Officiellement, il inventa la lunette (télescope réfracteur), mais le principe en était probablement connu dès le XIIIe siècle (1608).

Joseph LISTER (1827-1912) : Chirurgien anglais. Il montra l'importance de procédures antiseptiques en chirurgie (1867).

Joseph LOCKYER (1836-1920) : Astronome anglais. Avec Jules Janssen, il découvrit la présence dans l'atmosphère solaire d'un élément chimique inconnu sur la Terre, l'hélium (1868).

Oliver LODGE (1851-1940) : Physicien anglais. Il transmit le premier message radio, en code morse (1894).

Crawford William LONG (1815-1878) : Chirurgien américain. Il pratiqua la première chirurgie sous anesthésie générale (1842).

Hendrik LORENTZ (1853-1928) : Physicien allemand. Il formula les équations connues sous le nom de transformations de Lorentz, avec lesquelles il tentait d'expliquer les résultats de l'expérience de 1887 d'Albert Michelson et Edward Morley, tout en préservant la théorie de l'existence de l'éther (v. 1892). Il formula la théorie selon laquelle la lumière émise par un élément chimique chauffé est causée par le déplacement d'électrons dans les atomes (1895).

Edward LORENZ (né en 1961) : Météorologue américain. Il découvrit des modèles mathématiques permettant de décrire des systèmes météorologiques difficilement prévisibles et développa ainsi la théorie du chaos (1961).

Konrad LORENZ (1903-1989) : Zoologiste autrichien. Pionnier de l'éthologie, ou étude du comportement animal, il découvrit le phénomène de l'empreinte, qui est un attachement particulier entre le nouveau-né et le premier animal qu'il voit (1935).

Auguste LUMIÈRE (1862-1954) et Louis LUMIÈRE (1864-1948) : Scientifiques français. Ils inventèrent le cinématographe (1895).

Charles LYELL (1795-1875) : Géologue écossais. Dans ses Principes de géologie, il défendit, à la suite de James Hutton en 1785, la théorie de l'uniformitarianisme, selon laquelle l'écorce terrestre a été façonnée graduellement, au cours des temps géologiques, par des forces telles que l'action du gel, du vent, de la pluie et du Soleil qui étaient encore à l'œuvre à notre époque (1830). Il s'opposait ainsi au catastrophisme de Georges Cuvier.

Charles MACINTOSH (1766-1843) : Chimiste écossais. Il confectionna les premiers imperméables, faits d'une toile de coton imprégnée d'essence de térébenthine et de caoutchouc (1823).

Théodore MAIMAN (1927-2007) : Physicien américain. Il fabriqua le premier laser (Light Amplification by Stimulated Emission of Radiation), qui produisait une lumière cohérente à partir d'un cylindre de rubis (1960).

Marcello MALPIGHI (1628-1694) : Médecin et naturaliste italien. Il fut parmi les premiers à utiliser un microscope pour l'étude des différentes structures animales et végétales. Il découvrit les vaisseaux capillaires (1661) et les globules rouges (1665). Il étudia le développement de l'embryon du poulet, premiers travaux d'embryologie descriptive.

Thomas MALTHUS (1816-1895) : Pasteur et économiste anglais. Il publia Essai sur le principe de population, dans lequel il montrait l'accroissement rapide des populations (1798).

Gideon MANTELL (1790-1852) : Géologue anglais. Il découvrit les premiers fossiles de dinosaures (1822).

Guglielmo MARCONI (1874-1937) : Inventeur italien. Il réussit à transmettre un message par radio, en morse, sur une distance de 145 km (1895), puis la première transmission vocale par modulation de fréquence (FM) (1906).

MARIE-LA-JUIVE (ive siècle) : Alchimiste égyptienne. Elle inventa le bain-marie.

Conrad Kirouac, frère MARIE-VICTORIN (1885-1944) : Botaniste canadien. Il publia La flore laurentienne, ouvrage magistral sur la flore du Québec et de l'Est du Canada (1935).

Edme MARIOTTE (1620-1684) : Physicien français. Il confirma et contribua à faire connaître la loi, découverte par Robert Boyle et qui porte maintenant le nom de loi de Boyle-Mariotte, selon laquelle dans un gaz à température constante, la pression est inversement proportionnelle au volume (1676).

Archer MARTIN (1910-2002) : Biochimiste britannique. Avec Richard Synge, il mit au point, pour l'analyse chimique, la technique de la chromatographie sur papier (1944).

Motonori MATUYAMA (1884-1958) : Géologue japonais. Il découvrit que le champ magnétique terrestre s'était inversé plusieurs fois, tous les 100 millions d'années, au cours de l'histoire de la Terre (1929).

Pierre-Louis Moreau de MAUPERTUIS (1698-1759) : Mathématicien et biologiste français. Il mit en évidence l'aplatissement de la Terre aux pôles (1736). Il proposa une théorie du transformisme des espèces vivantes, conception selon laquelle les espèces s'étaient graduellement transformées, et pressentit l'existence des mutations (1751).

James MAXWELL (1831-1879) : Physicien écossais. Il énonça une loi qui établissait un lien entre la température d'un gaz et la distribution des vitesses des molécules qui le constituent (1860). Il identifia la lumière à une onde électromagnétique et démontra qu'il devait exister des ondes électromagnétiques de longueurs d'onde plus grandes et plus courtes que celles de la lumière. Il unifia les théories de l'électricité et du magnétisme en formulant les lois générales de l'électromagnétisme, appelées lois de Maxwell (1873).

Julius von MAYER (1814-1878) : Physicien allemand. Il conçut le principe de l'équivalence de la chaleur et du « travail », et anticipa ainsi le principe de la conservation de l'énergie (1842).

John McADAM (1756-1836) : Ingénieur écossais. Il inventa le revêtement de gravier aggloméré pour les chaussées (1800).

Cyrrus McCORMICK (1809-1884) : Inventeur américain. Il conçut la moissonneuse, qui marqua les débuts de la mécanisation de l'agriculture (1831).

Clarence McLUNG (1870-1946) : Biologiste américain. Il découvrit que les mammifères femelles avaient deux chromosomes X, et les mammifères mâles un chromosome X et un Y (1901).

Lise MEITNER (1878-1968) : Physicienne autrichienne d'origine suédoise. Elle amorça, dans les années 1930, des travaux qui permirent à Otto Hahn et Fritz Strassman de réaliser la première fission nucléaire.

Gregor MENDEL (1822-1884) : Botaniste autrichien. Il découvrit les lois fondamentales de l'hérédité, notamment l'existence de caractères dominants et récessifs, mais le mémoire qu'il publia sur le sujet passa complètement inaperçu (1866).

Dimitri MENDELEÏEV (1834-1907) : Chimiste russe. Il proposa une classification périodique des éléments chimiques, qui constitue la base de la classification actuelle, et prédit la découverte de nouveaux éléments (1869).

Giuseppe MERCALLI (1850-1914) : Sismologue italien. Il inventa une échelle de mesure des tremblements de terre, fondée sur leurs effets visibles, appelée échelle de Mercalli (1902).

Gerardus MERCATOR (1512-1594) : Mathématicien et géographe flamand. Il publia des cartes qui tenaient compte des rapports des grands découvreurs et qui marquaient la fin de la tradition de Ptolémée en géographie. Son nom est resté associé à la projection cylindrique, appelée projection de Mercator, qu'il utilisait pour plusieurs de ces cartes (1569).

Marin MERSENNE (1588-1648) : Savant français. Il fut le premier à mesurer la vitesse du son dans l'air (1636).

Élie METCHNIKOFF (1845-1916) : Zoologue et biologiste russe. Il mit en évidence le phénomène de phagocytose, c'est-à-dire l'absorption des bactéries par les globules blancs, découvrant ainsi l'immunité cellulaire (1883).

Antonio MEUCCI (1808-1889) : Ingénieur italien. Il fit en 1871 une demande de brevet pour un téléphone assez semblable à celui qui fut inventé, en 1876, par Alexander Graham Bell, mais ne réussit pas, faute de moyens financiers, à obtenir le titre.

Julius MEYER (1830-1895) : Chimiste allemand. Il proposa une version préliminaire de la classification périodique des éléments, qui sera développée par Dimitri Mendeleïev (1864).

John MICHELL (1857-1936) : Philosophe anglais. Il suggéra que les tremblements de terre étaient des ondes déclenchées par les mouvements de masses de roches à des kilomètres de profondeur (1760).

Albert MICHELSON (1852-1931) : Physicien américain. Avec Edward Morley, il réalisa une expérience décisive sur la vitesse de la lumière qui réfutait l'existence de l'éther et contribua ainsi à l'élaboration de la théorie de la relativité (1887).

Stanley MILLER (1930-2007) : Biochimiste américain. Il réussit à produire des acides aminés en faisant passer des décharges électriques dans un flacon, reproduisant l'atmosphère primitive de la Terre (1952).

Robert MILLIKAN (1868-1953) : Physicien américain. Il détermina la charge de l'électron (1911).

John MILNE (1850-1913) : Ingénieur britannique. Il inventa un sismographe à ressort relativement précis, ancêtre des sismographes actuels (1880).

Eilhard MITSCHERLICH (1794-1863) : Chimiste allemand. Il découvrit l'isomorphisme, propriété des substances de composition chimique analogue d'avoir des cristaux de même forme (1820).

Andrija MOHOROVIVIC (1857-1936) : Sismologue croate. Il définit la limite de Mohorovivic entre la croûte et le manteau terrestres (1909).

Friedrich MOHS (1773-1839) : Minéralogiste allemand. Il conçut l'échelle de Mohs, qui permet de classifier les minéraux selon leur dureté (1812).

Étienne MONTGOLFIER (1745-1799) et Joseph MONTGOLFIER (1740-1810) : Industriels français. Ils construisirent et firent voler le premier ballon à air chaud, aussi appelé montgolfière (1782).

Giambattista MORGAGNI (1682-1771) : Anatomiste et pathologiste italien. Il fonda l'anatomie pathologique moderne (1761).

Thomas MORGAN (1866-1945) : Généticien américain. En étudiant la mouche drosophile, il élabora, avec Alfred Sturtevant, la théorie chromosomique de l'hérédité (1911).

Edward MORLEY (1838-1923) : Chimiste et physicien américain. Avec Albert Michelson, il réalisa une expérience décisive sur la vitesse de la lumière qui réfutait l'existence de l'éther (1887).

Samuel MORSE (1791-1872) : Inventeur américain. Avec Joseph Henry, il inventa le premier télégraphe électromagnétique (1835). Il inventa le code Morse pour la télégraphie.

Henry MOSELEY (1887-1915) : Physicien anglais. Il montra, au moyen de rayons X, que la charge nucléaire d'un atome correspondait à son numéro atomique (1913).

Alex MÜLLER (né en 1927) : Physicien suisse. Avec Georg Bednorz, il découvrit des céramiques supraconductrices à des températures relativement élevées (1986).

Johannes MÜLLER (1801-1858) : Physiologiste allemand. Il découvrit les protéines (v. 1830).

Robert Sanderson MULLIKEN (1896-1986) : Chimiste américain. Il élabora la notion d'orbitales atomiques et introduisit la notion d'orbitales moléculaires pour rendre compte des liaisons dans les molécules (1929).

Roderick MURCHISON (1792-1871) : Géologue britannique. Il montra que de nombreuses strates géologiques se caractérisaient par la présence de fossiles précis (1839).

Charles NAUDIN (1815-1899) : Biologiste et botaniste français. Il publia un mémoire sur les hybrides du règne végétal dans lequel il établissait l'indépendance de certains caractères à partir de croisements réalisés chez des plantes telles que le tabac (1865).

Henri NESTLÉ (1814-1890) : Industriel suisse d'origine allemande. Il mit au point une technique de séchage pour le lait et inventa ainsi le lait en poudre (1851).

John von NEUMANN (1903-1957) : Mathématicien américain d'origine hongroise. Il définit la structure d'une machine automatique de traitement de l'information à programme enregistré, qui fut adoptée plus tard pour tous les ordinateurs (1938). Avec Jules Gregory Charney, il effectua les premières prévisions météorologiques à l'aide d'ordinateurs (1950).

Thomas NEWCOMEN (1663-1729) : Inventeur anglais. Il construisit, avec Thomas Savery, la première machine à vapeur (1705).

John NEWLANDS (1837-1898) : Chimiste anglais. Il proposa un système périodique de classification des éléments chimiques précurseur de celui de Dimitri Mendeleïev (1863).

Max NEWMAN (1897-1985) : Ingénieur britannique. Il construisit le premier ordinateur programmable, le Colossus, utilisé par les Britanniques pendant la Deuxième Guerre mondiale pour décoder des messages allemands (1943).

Isaac NEWTON (1642-1727) : Physicien anglais, souvent considéré comme l'un des plus grands scientifiques de l'histoire. Il inventa le calcul des fluxions, équivalent au calcul différentiel et intégral (1666), mais ses travaux à ce sujet ne furent publiés qu'après sa mort (1732). Dans ses *Principes mathématiques de la philosophie naturelle* (1687), il énonça la loi de la gravitation universelle ainsi que les célèbres trois lois de la dynamique. Selon la première loi, ou loi sur l'inertie, tout corps persévère dans l'état de repos ou de mouvement uniforme dans lequel il se trouve sauf si une force agit sur lui. Selon la deuxième loi, une force constante F appliquée sur une corps produit une accélération a inversement proportionnelle à la masse m de ce corps ($F = ma$). Selon la troisième loi, les forces agissent toujours par paires : une action et une réaction. Il inventa le télescope à miroir, montra que la lumière blanche pouvait être décomposée par un prisme et proposa une théorie corpusculaire de la lumière (1704). Le newton (N), d'après son nom, est l'unité de mesure de la force et du poids.

Joseph NIEPCE (1765-1833) : Inventeur français. Il inventa l'héliographie, un précurseur de la photographie qui nécessitait plusieurs heures d'exposition (1816).

Alfred NOBEL (1833-1896) : Chimiste et ingénieur suédois. Il inventa la dynamite (1867). Il créa les prix Nobel à partir de la fortune qu'il avait amassée en vendant des explosifs et en exploitant des puits de pétrole.

Hans ŒRSTED (1777-1851) : Physicien et chimiste danois. Il découvrit l'existence du champ magnétique créé par les courants électriques (1819).

Georg OHM (1789-1854) : Physicien allemand. Il formula la loi d'Ohm, qui établit la relation entre l'intensité du courant et la différence de potentiel (1825). L'ohm (Ω), d'après son nom, est l'unité de mesure de la résistance électrique.

Richard OLDHAM (1850-1913) : Géologue anglais. Après étude de la trajectoire d'ondes sismiques, il émit l'hypothèse que le noyau de la Terre était liquide (1906).

Jan OORT (1900-1992) : Astronome hollandais. Il postula l'existence d'un nuage de forme sphérique, situé au-delà de Neptune, contenant plusieurs milliards de comètes (1950).

Robert OPPENHEIMER (1904-1967) : Physicien américain. Il montra qu'il pouvait exister une particule de charge positive de même masse que l'électron (1930). Cette particule sera découverte en 1932 et appelée positron. Oppenheimer dirigea le Manhattan Project qui visait à fabriquer la première bombe atomique (1942).

Nicolas ORESME (v. 1325-1382) : Savant français. Avec Jean Buridan, il proposa la théorie de l'impétus, pour expliquer le mouvement des corps : l'impétus est une qualité donnée à un corps, lorsqu'il est lancé, et qui diminue peu à peu jusqu'à ce que le corps s'arrête (v. 1350).

ORIBASE (325-403) : Médecin byzantin. Il rédigea Collecta medicinalia, un traité de 70 livres qui constituait la somme exhaustive et systématique de la médecine de son temps (v. 360).

Elisha OTIS (1811-1861) : Ingénieur américain. Il inventa le premier ascenseur assez sécuritaire pour les gratte-ciel (1857).

Nikolaus OTTO (1832-1891) : Ingénieur allemand. Il conçut un moteur à combustion interne à quatre temps dont des versions améliorées sont encore utilisées de nos jours dans la plupart des véhicules automobiles (1876).

Bernard PALISSY (v. 1510-v. 1590) : Céramiste et savant français. Il affirma que les coquilles fossiles étaient autrefois de véritables coquilles qui avaient été déposées par la mer. Il perfectionna les techniques de la céramique et de la faïence en mettant au point de nouveaux types d'émaux et prôna l'emploi d'engrais chimiques (v. 1570).

Luigi PALMIERI (1807-1896) : Physicien et météorologiste italien. Il inventa un sismographe en forme de tube dans lequel du mercure se déplaçait quand la terre tremblait (1855).

Denis PAPIN (1647-v. 1712) : Physicien et inventeur français. Il conçut une pompe à piston actionnée par la vapeur (1690).

Ambroise PARÉ (1509-1590) : Chirurgien français. Il inventa d'ingénieux modèles de prothèses, en cuir bouilli, qui furent utilisés jusqu'au xxe siècle (1560).

Blaise PASCAL (1623-1662) : Philosophe, mathématicien et physicien français. Il inventa une machine à calculer capable d'additionner et de soustraire, et découvrit les lois de l'équilibre de liquides (1642), de la pression atmosphérique (1648), et inventa la presse hydraulique. Avec Pierre de Fermat, il créa le calcul des probabilités (1654).

Louis PASTEUR (1822-1895) : Chimiste, physicien et biologiste français. Il découvrit que certaines molécules étaient chirales, c'est-à-dire qu'elles pouvaient exister sous des formes symétriques (1850). Il montra que les fermentations étaient attribuables à l'action de micro-organismes et mit au point une méthode de conservation des bières par chauffage, la pasteurisation (1857). Il confirma définitivement l'impossibilité de la génération spontanée (v. 1860). Il mit au point un vaccin contre la rage (1885).

Wolfgang PAULI (1909-1958) : Physicien suisse. Il formula le principe d'exclusion de Pauli selon lequel, dans un atome, deux électrons ne peuvent se trouver dans le même état quantique (1924).

Linus PAULING (1901-1994) : Chimiste américain. Il créa l'échelle d'électronégativité, permettant ainsi une meilleure compréhension des liaisons chimiques (1939).

Ian PAVLOV (1849-1936) : Physiologiste russe. Il établit de façon expérimentale, chez des animaux, des liaisons fonctionnelles entre des stimuli et des sécrétions glandulaires, et formula la théorie des réflexes conditionnés (1903).

Anselme PAYEN (1795-1871) : Chimiste français. Avec Jean-François Persoz, il découvrit une première enzyme, celle qui est responsable de la transformation de l'amidon en saccharose (1833).

Karl PEARSON (1857-1936) : Biologiste et statisticien anglais. Il conçut des techniques statistiques pour l'analyse de fréquences (1900).

Jean PERRIN (1870-1942) : Physicien français. Il fit l'hypothèse d'un atome planétaire dont les électrons négatifs gravitaient autour d'un noyau chargé positivement (1901). Ce modèle sera repris et précisé par Ernest Rutherford.

Jean-François PERSOZ (1805-1868) : Chimiste français. Avec Anselme Payen, il découvrit une première enzyme (1833).

PHILON de Byzance (IIIe siècle av. J.-C.) : Scientifique grec. Il conçut le thermoscope, ancêtre du thermomètre, qui permettait de constater des différences de température au moyen de la dilatation d'une certaine quantité d'air qui provoquait le déplacement d'un volume d'eau (v. 250 av. J.-C.).

Jean PHILOPON (v. 490-566) : Philosophe grec. Il suggéra que l'impulsion donnée par la main à un objet qui était lancé était transportée par cet objet, ce qui préfigurait la théorie de l'impétus (v. 525).

Giuseppe PIAZZI (1746-1826) : Astronome italien. Il découvrit le premier astéroïde, nommé Céres (1801).

Philippe PINEL (1745-1826) : Médecin français. Il révolutionna le traitement des maladies mentales par une approche médicale très différente de l'approche carcérale alors en vigueur (1798).

Max PLANCK (1858-1947) : Physicien allemand. Il émit l'hypothèse selon laquelle les échanges d'énergie s'effectuent de façon discontinue, créant ainsi la théorie quantique (1900). La constante h, ou constante de Planck, est une quantité fondamentale en physique atomique.

PLATON (v. 427-v. 337 av. J.-C.) : Philosophe grec. Il compléta la théorie d'Empédocle sur les quatre éléments en leur associant des solides géométriques : le tétraèdre correspondait au feu, le cube à la terre, l'octaèdre à l'air et l'isocaèdre à l'eau. Sa théorie des Idées, d'inspiration mathématique, aura une forte influence, durant plusieurs siècles, sur le développement des mathématiques et des sciences. On considère généralement que la doctrine idéaliste de Platon, le platonisme, s'oppose à la doctrine empirique d'Aristote, l'aristotélisme. L'école fondée par Platon s'appelait l'Académie.

PLINE L'ANCIEN (23-79) : Encyclopédiste romain. Il rédigea l'Histoire naturelle, une encyclopédie en 37 livres dans laquelle il faisait la synthèse des connaissances scientifiques et techniques de son époque, notamment au sujet des minéraux, des fossiles, des plantes et des animaux.

Henri POINCARÉ (1854-1912) : Mathématicien français. Il créa la topologie, qui porte sur les propriétés invariantes de figures géométriques soumises à des déformations (1895). Il est considéré comme un précurseur de la théorie du chaos, qui étudie les systèmes, tels que les systèmes météorologiques, dont l'évolution est difficilement prévisible.

Siméon POISSON (1781-1840) : Mathématicien et physicien français. Il étendit à l'électrostatique la théorie du potentiel élaborée par Pierre Simon de Laplace. Il publia l'ouvrage Recherches sur la probabilité des jugements dans lequel il présentait la distribution de Poisson, utile pour le calcul des probabilités (1837).

Henry PRATT (1809-1871) : Géophysicien anglais. Avec George Airy Biddell, il proposa la théorie de l'isostasie selon laquelle il y avait équilibre entre les diverses parties de l'écorce terrestre (1855).

Jean-Louis PRÉVOST (1790-1850) : Médecin suisse. Avec Jean-Baptiste Dumas, il découvrit le pouvoir fertilisant des spermatozoïdes que l'on croyait alors n'être que des parasites de la semence (1824).

Joseph PRIESTLEY (1733-1804) : Chimiste et théologien anglais. Il découvrit l'oxyde nitrique, le gaz chlorhydrique, le gaz ammoniac et l'éthylène. Il montra que l'air usé, qui ne permettait plus à un animal de survivre, permettait cependant à une plante de résister (1771). Il isola l'azote de l'air et constata que la décomposition de l'oxyde rouge de mercure par la chaleur produisait de l'oxygène (1774).

Ilya PRIGOGINE (1917-2003) : Chimiste belge d'origine russe. Il décrivit la thermodynamique des processus irréversibles, tels que les transformations d'énergie de plusieurs réactions biochimiques (1955).

Nathaniel PRINGSHEIM (1823-1894) : Botaniste allemand. Il fut le premier à observer, chez des algues, la pénétration d'un gamète mâle (cellule reproductrice mâle) dans un gamète femelle (cellule reproductrice femelle) au cours d'une fécondation (1855).

Joseph Louis PROUST (1754-1826) : Chimiste français. Il formula la loi des proportions définies des éléments qui constituent les composés chimiques (1806).

Claude PTOLÉMÉE (v. 85-v. 165 apr. J.-C.) : Astronome, mathématicien et géographe grec. Il apporta d'importantes contributions à la trigonométrie. Il effectua des expériences sur la réfraction de la lumière et établit une loi (approximative) de la réfraction. Il rédigea l'Almageste (« Le grand œuvre »), dans lequel il proposa un système géocentrique du mouvement du Soleil et des planètes, accepté jusqu'au XVIIe siècle, où la Terre était fixe au centre de l'Univers, ce qui obligeait à introduire des cercles secondaires, nommés épicycles, pour tenir compte des mouvements rétrogrades des planètes. Il établit la liste des 48 constellations définies à l'époque. Dans sa Géographie, il proposa deux types de projections géométriques pour les cartes et dessina une carte du monde connu à l'époque qui servira de référence jusqu'au XVIe siècle.

Edward PURCELL (1912-1997) : Physicien américain. Avec Felix Bloch, il développa la résonance magnétique nucléaire (RMN), qui consiste à orienter des noyaux atomiques dans un champ magnétique de façon à étudier la structure des molécules (1946).

PYTHAGORE (v. 570-v. 480 av. J.-C.) : Mathématicien et philosophe grec. Il énonça et démontra le célèbre théorème, relatif aux triangles rectangles, selon lequel le carré de l'hypoténuse d'un triangle rectangle est égal à la somme des carrés des deux autres côtés. Il constata qu'il existait un rapport mathématique entre les notes d'une gamme musicale et la longueur d'une corde ou d'une flûte d'air en vibration. Il affirma que la Terre était ronde. Il proposa une cosmologie basée sur l'idée de nombre, selon laquelle l'Univers était constitué de sphères, disposées selon une échelle numérique, qui produisaient des sons harmonieux mais inaudibles aux êtres humains.

Santiago RAMON Y CAJAL (1852-1934) : Médecin et neurologue espagnol. Il décrivit la structure du système nerveux, dont la cellule de base est le neurone.

William RAMSEY (1852-1916) : Chimiste britannique. Avec John Rayleigh, il découvrit un premier gaz inerte, l'argon (1894).

John RAY (1627-1705) : Naturaliste anglais. Il proposa une classification des plantes qui faisait la distinction entre les monocotylédones et les dicotylédones, ainsi qu'une classification des animaux (1682). Il définit l'espèce à partir de la capacité des organismes qui en font partie de se reproduire sexuellement entre eux (1703).

John RAYLEIGH (1842-1919) : Physicien britannique. Il montra que le concept d'entropie s'appliquait également en chimie et qu'une réaction chimique ne pouvait évoluer que dans le sens d'une décroissance de l'énergie du système (1875). Avec William Ramsey, il découvrit un premier gaz inerte, l'argon (1894).

René de RÉAUMUR (1683-1757) : Physicien et naturaliste français. Il montra la possibilité de transformer la fonte (alliage fer et de carbone assez cassant) en acier (alliage de fer et de carbone plus résistant) (1720). Il étudia la digestion des aliments (1752).

Francesco REDI (1626-1697) : Médecin italien. Il démontra qu'en protégeant la viande pour empêcher les mouches d'y pondre des œufs, aucun asticot ne s'y développait, ce qui constitua un premier pas vers la remise en question de la théorie de la génération spontanée (1668).

James REILLY (1887-1974) : Médecin français. Il publia d'importants travaux sur les réactions non spécifiques de l'organisme aux agressions (v. 1930).

Charles RENARD (1847-1905) : Inventeur français. Il construisit et pilota le premier dirigeable, qui était mû par un moteur électrique (1884).

Jean RICHER (1630-1696) : Astronome français. Avec Jean-Dominique Cassini, il effectua la première estimation raisonnablement précise de la distance Terre-Soleil en se basant sur la distance Terre-Mars mesurée par parallaxe (1671).

Charles RICHTER (1900-1985) : Géologue américain. Il conçut l'échelle Richter pour mesurer l'énergie libérée par les tremblements de terre (1935).

Bernhard RIEMANN (1826-1866) : Mathématicien allemand. Il établit une théorie des fonctions des variables complexes, introduisit les surfaces de Riemann (1854) et définit la notion d'espace métrique multidimensionnel. Albert Einstein s'appuya sur la géométrie de Riemann pour formuler sa théorie de la relativité générale.

Scipione RIVA-ROCCI (1863-1937) : Médecin italien. Il inventa, pour mesurer la tension artérielle, le premier sphygmomanomètre fiable et pratique, un appareil qui comportait une colonne de mercure (1896).

Richard ROBERTS (1789-1864) : Ingénieur anglais. Il construisit le premier métier à tisser entièrement automatique (1822).

Ole RÖMER (1644-1710) : Astronome danois. En observant les satellites de Jupiter, il effectua une première mesure de la vitesse de la lumière (1676).

Wilhelm RÖNTGEN (1845-1923) : Physicien allemand. Il découvrit les rayons X (1895).

Carl-Gustaf ROSSBY (1898-1957) : Météorologue américain d'origine suédoise. Il proposa un modèle de prévision météorologique de cinq jours basé sur la circulation des courants jets à haute altitude (1940).

Henry RUSSELL (1877-1957) : Astrophysicien américain. Il découvrit, quelques années après Ejnar Hertzprung, qu'il existait une relation entre la luminosité et la couleur des étoiles (1913), ce qui conduisit à la création du diagramme de Hertzprung-Russell.

Ernest RUTHERFORD (1871-1937) : Physicien anglais. Il découvrit le rayonnement alpha et bêta (1899). Avec Frederick Soddy, il énonça la loi des transformations radioactives (1900). Avec Hans Geiger, il mit au point le compteur Geiger qui permet la détection des rayonnements ionisants

(1908). Il proposa un modèle de l'atome composé d'un noyau central et d'électrons satellites (1911). Il provoqua une transmutation de l'azote en oxygène (1918).

Curt SACHS (1881-1959) : Musicologue allemand. Avec Erich Moritz von Hornbostel, il proposa une classification scientifique des instruments de musique qui distingue les cordophones, les aérophones, les idiophones, les membranophones et les électrophones (1914).

Julius von SACHS (1832-1897) : Biologiste allemand. Il établit la formule chimique de la photosynthèse et montra qu'elle se produisait dans les chloroplastes des cellules végétales (1864).

Jonas SALK (1914-1995) : Médecin américain. Il développa un vaccin contre la poliomyélite (1952).

Ṣantorio SANCTORIUS (en italien SANTORIO) (1561-1636) : Médecin italien. Il mesura un écart important entre le poids des aliments ingérés et le poids des excréments. Il attribua cette différence à une transpiration insensible qu'il nomma perspiration (1630).

Karl von SAUEBRONN (1785-1851) : Inventeur allemand. Il conçut la draisienne, ancêtre de la bicyclette (1817).

Nicolas de SAUSSURE (1767-1845) : Chimiste et naturaliste suisse. Il démontra le rôle de l'eau dans la respiration des plantes (1804).

Félix SAVART (1791-1841) : Physicien français. Avec Jean-Baptiste Biot, il détermina la valeur du champ magnétique engendré par un courant rectiligne (1820).

Thomas SAVERY (1650-1715) : Ingénieur anglais. Il utilisa la vapeur comme force de pompage (1698) et construisit, avec Thomas Newcomen, la première machine à vapeur (1705).

Carl SCHEELE (1742-1786) : Chimiste suédois. Il montra le rôle de l'oxygène dans la respiration des plantes et des animaux (1773). Il découvrit le chlore (1774), la glycérine et isola l'acide lactique.

Jakob SCHLEIDEN (1804-1881) : Biologiste allemand. Il est le fondateur, avec Theodor Schwann, de la théorie cellulaire (1839).

Erwin SCHRÖDINGER (1887-1961) : Physicien autrichien. Il développa la mécanique ondulatoire quantique qui montre, par exemple, que plusieurs électrons passant un après l'autre par deux orifices produisent des figures d'interférence (1926).

Theodor SCHWANN (1810-1882) : Biologiste allemand. Il est le fondateur, avec Jakob Schleiden, de la théorie cellulaire (1839).

David SCHWARZ (1852-1897) : Inventeur croate. Il fit voler le premier dirigeable rigide (1896).

Julian SCHWINGER (1918-1994) : Physicien américain. Il élabora la théorie de l'électrodynamique quantique (1947).

Pietro SECCHI (1818-1878) : Astronome italien. Il proposa une classification des spectres des étoiles (1867).

Hans SELYE (1907-1982) : Médecin canadien d'origine autrichienne. En se basant en partie sur les travaux de James Reilly au sujet des réactions non spécifiques de l'organisme aux agressions, il publia The Stress of Life, première description médicale du stress (1956).

Ignac SEMMELWEIS (1818-1865) : Médecin hongrois. Il démontra que la prolifération des infections dans les hôpitaux était attribuable à l'ignorance des règles d'hygiène par les médecins (1860).

Jean SENEBIER (1742-1809) : Naturaliste suisse. Il montra le rôle du gaz carbonique dans la respiration des plantes (1782).

Michel SERVET (1511-1553) : Médecin et théologien espagnol. Il établit, trois siècles après Ibn an-Nafis, le principe de la circulation pulmonaire (1553).

William SHOCKLEY (1910-1989) : Ingénieur américain. Avec John Bardeen et Walter Brattain, il inventa le transistor (1947).

Nevil SIDGWICK (1873-1952) : Chimiste anglais. Il énonça la théorie de la valence des éléments chimiques, basée sur le nombre d'électrons dans les orbitales extérieures des atomes (1927).

Ernst Werner von SIEMENS (1816-1892) : Ingénieur allemand. Il découvrit le principe de la dynamo, ou machine dynamoélectrique (1867). Il mit au point la première locomotive électrique (1879).

Igor SIKORSKY (1889-1972) : Ingénieur russe. Il inventa le rotor à pales pour l'hélicoptère (1908) et mit en service le premier hélicoptère commercial (1939).

William SMITH (1769-1839) : Ingénieur et géologue anglais. Il montra que la présence de fossiles permettait de dater certaines formations rocheuses (1815).

Willebrord SNELL VAN ROYEN (1581-1626) : Mathématicien et physicien hollandais. Il énonça la loi fondamentale de la réfraction, qui établit un rapport entre l'angle d'incidence et l'angle de réfraction (1621).

Frederick SODDY (1877-1956) : Chimiste britannique. Avec Ernest Rutherford, il énonça la loi des transformations radioactives, selon laquelle la fission d'atomes lourds entraîne la formation d'atomes plus légers ayant des propriétés chimiques différentes (1900). Il découvrit que plusieurs éléments chimiques possèdent des isotopes, des atomes plus lourds parce que leur noyau renferme plus de neutrons (1913).

Ernest SOLVAY (1838-1922) : Chimiste belge. Il inventa un procédé (le procédé Solvay) pour produire du carbonate de sodium en grande quantité (1872). Ce procédé, plus efficace et moins polluant que celui inventé par Nicolas Leblanc vers 1780, allait réduire considérablement le coût de fabrication du savon et du verre.

Sören SÖRENSEN (1868-1939) : Chimiste danois. Il élabora l'échelle du pH pour mesurer l'acidité (1909).

SOSIGÈNE d'Alexandrie (Ier siècle av. J.-C.) : Astronome grec. À la demande de l'empereur romain Jules César, il conçut le calendrier julien qui comportait presque toutes les caractéristiques du calendrier actuel (46 av. J.-C.).

Lazzaro SPALLANZANI (1729-1799) : Biologiste italien. Il étudia la circulation du sang, la digestion, la fécondation (1773) et les animaux microscopiques. Il réfuta la théorie de la génération spontanée en montrant qu'aucune moisissure ne se développait dans un bouillon qu'on avait fait bouillir et que l'on avait placé dans un récipient scellé (v. 1775).

Georg STAHL (1660-1734) : Chimiste allemand. Il énonça une théorie, qui sera plus tard réfutée par Antoine de Lavoisier, selon laquelle les corps inflammables contenaient un élément inflammable nommé le *phlogistique* (1697).

Ernest STARLING (1866-1927) : Avec William Bayliss, il découvrit comment agissent les hormones et fonda l'endocrinologie (1902).

Nicolas STÉNON (1638-1686) : Anatomiste et géologue suédois. Il repéra les ovaires de poissons vivipares femelles (1667). Il découvrit que, dans une formation géologique, les couches rocheuses étaient disposées dans un ordre chronologique, les plus profondes étant les plus anciennes, et les moins profondes les plus récentes (1669).

Simon STEVIN (1548-1620) : Mathématicien et physicien allemand. Il introduisit les fractions décimales en Europe (1585). Il étudia les machines simples (levier, balance, poulie, treuil, etc.) et démontra l'impossibilité du mouvement perpétuel (1586).

George STONEY (1826-1911) : Physicien irlandais. Il émit l'hypothèse qu'il existait dans l'atome une particule porteuse d'une charge négative qu'il appela électron (1881).

Edward STRASBURGER (1844-1912) : Botaniste polonais. Il observa la duplication des chromosomes et décrivit la mitose (formation de deux cellules à partir d'une cellule) des cellules végétales (1875).

Fritz STRASSMANN (1902-1980) : Physicien allemand. Avec Otto Hahn, il découvrit la fission nucléaire (1939).

Alfred STURTEVANT (1891-1970) : Généticien américain. En étudiant la mouche drosophile, il élabora, avec Thomas Morgan, la théorie chromosomique de l'hérédité (1911).

Eduard SUESS (1831-1914) : Géologue autrichien. Il suggéra l'existence, il y a 200 millions d'années, d'un supercontinent comprenant plusieurs des continents actuels.

Jan SWAMMERDAM (1637-1680) : Naturaliste hollandais. Il découvrit les globules rouges dans le sang d'une grenouille (1658). Ses observations sur le développement des œufs d'insectes et de grenouilles le conduisirent à énoncer une conception préformiste du développement des animaux, selon laquelle le nouvel être existerait déjà tout formé, en miniature, dans l'ovule. Il observa la parthénogénèse du puceron, c'est-à-dire la capacité de reproduction des femelles sans intervention d'aucun mâle.

Joseph SWAN (1828-1914) : Physicien anglais. Avec Thomas Edison, il inventa l'ampoule électrique (1879).

Richard SYNGE (1914-1994) : Biochimiste britannique. Avec Archer Martin, il mit au point, pour l'analyse chimique, la technique de la chromatographie sur papier (1944).

William TALBOT (1800-1877) : Photographe anglais. Il inventa, en même temps qu'Hippolyte Bayard mais de façon indépendante, les négatifs photographiques permettant la reproduction de photos sur papier (1839).

Charles TELLIER (1828-1913) : Ingénieur français. Il inventa un capteur solaire plan pour chauffer l'ammoniac contenu dans des tubes, augmenter sa pression et actionner une pompe à eau (1885).

Nikola TESLA (1856-1943) : Physicien américain d'origine croate. Il inventa les lampes à fluorescences, le moteur électrique à induction (1888) et découvrit que les machines électriques fonctionnaient mieux avec le courant alternatif, qui change de sens plusieurs fois par seconde, qu'avec le courant continu.

THALÈS de Milet (v. 625-v. 547 av. J.-C.) : Mathématicien et philosophe grec. On lui attribue les premières preuves de théorèmes en géométrie. Il fit des expériences portant sur l'électricité statique qu'il produisait en frottant de l'ambre (*electron*, en grec, d'où le mot électricité) et de la soie. Il mesura le temps de façon assez exacte, à l'aide du cadran solaire, et prédit une éclipse de Soleil. Il proposa une cosmologie reposant sur les transformations de l'eau considérée comme l'élément fondamental.

THÉOPHRASTE (v. 372-v. 287 av. J.-C.) : Botaniste grec. Considéré comme le père de la botanique, il décrivit correctement plus de 500 espèces de plantes et leur mode de reproduction. Il proposa une des premières tentatives de classification des minéraux.

Benjamin THOMPSON, comte von Rumford (1753-1814) : Physicien anglais. Avec Humphry Davy, il étudia la nature de la chaleur et découvrit qu'elle n'était pas un « fluide impondérable », mais une forme d'énergie (1789).

Joseph THOMSON (1856-1940) : Physicien britannique. Il mesura le quotient de la masse par la charge de l'électron (1897) et inventa le spectrographe de masse, un appareil qui permet de peser les noyaux atomiques en mesurant la déviation de leur trajectoire dans un champ magnétique (1912).

Gustave THURET (1817-1875) : Botaniste français. Il observa la première fécondation chez des algues, mais sans réussir à apercevoir la pénétration du gamète mâle (cellule reproductrice mâle) dans le gamète femelle (cellule reproductrice femelle) (1854).

Sin-Itiro TOMONAGA (1906-1979) : Physicien japonais. Il élabora la théorie de l'électrodynamique quantique, qui permet de calculer les interactions entre des particules telles que les électrons et les photons (1943).

Evangelista TORRICELLI (1608-1647) : Physicien et mathématicien italien. Il démontra au moyen du premier baromètre, tube de verre rempli de mercure, que l'atmosphère possédait un poids et exerçait une pression (1643).

Charles TOWNES (né en 1915) : Physicien américain. Il découvrit le principe du laser, qu'il appliqua aux micro-ondes, créant ainsi le maser (Microwave Amplification by Stimulated Emission of Radiation) (1954).

Richard TREVITCHICK (1771-1833) : Ingénieur anglais. Il construisit la première locomotive commerciale à vapeur (1804).

Erich von TSCHERMAK-SEYSENEGG (1871-1962) : Botaniste autrichien. Il redécouvrit, en même temps que Carl Correns et Hugo De Vries mais de façon indépendante, les lois fondamentales de l'hérédité de Gregor Mendel (1900).

Mikhail TSWETT (1872-1919) : Chimiste russe d'origine italienne. Il inventa la chromatographie, technique pour séparer des pigments, qu'il effectuait dans des tubes de verre remplis de craie ou d'alumine (1903).

Alan TURING (1912-1954) : Mathématicien britannique. Il élabora le concept d'une machine à calculer (machine de Turing) qui simulait les procédures de traitement de l'information de façon analytique (1936).

John TYNDALL (1820-1893) : Physicien irlandais. Il expliqua que le ciel paraissait bleu en raison de la façon dont il dispersait la lumière et proposa le concept d'effet de serre (1863). À la même époque, il découvrit l'effet du champignon penicillium sur les bactéries, mais sa découverte passa inaperçue.

James USSHER (1581-1656) : Évêque irlandais. En se basant sur la Bible, il calcula que la création s'était produite précisément en 4004 av. J.-C., ce qui donnait alors à la Terre un âge (beaucoup trop jeune !) d'environ 6000 ans (1660).

James VAN ALLEN (1914-2006) : Physicien américain. Il découvrit ce qu'on appela les ceintures de Van Allan à l'aide d'un compteur Geiger placé dans le satellite Explorer 1 (1958).

Édouard VAN BENEDEN (1846-1910) : Biologiste belge. Il montra que le noyau des gamètes (les ovules et les spermatozoïdes, chez les animaux) contenait deux fois moins de chromosomes que celui des autres cellules de l'organisme (1883).

Johannes VAN DER WAALS (1837-1923) : Physicien néerlandais. Il énonça l'équation de Van der Waals qui permet de calculer les températures de transition liquide-vapeur (1873).

Jan Baptist VAN HELMONT (1579-1644) : Médecin, alchimiste et chimiste flamand. Il découvrit le suc gastrique et son rôle dans la digestion et fonda ainsi l'iatrochimie, selon laquelle la vie se réduit à un ensemble de réactions chimiques (v. 1610). Il établit la distinction entre le concept « air » et le concept « gaz » et découvrit le gaz carbonique, qu'il nomma gaz sylvestre (1619).

Antonie VAN LEEUWENHŒK (1632-1723) : Naturaliste hollandais. Il perfectionna le microscope et découvrit l'existence de plusieurs espèces d'organismes unicellulaires (1715).

Petrus VAN MUSSCHENBRŒK (1692-1761) : Physicien néerlandais. Il inventa à Leyde, en Hollande, la bouteille de Leyde, un dispositif qui permettait d'accumuler une charge électrique et qui sera appelé plus tard condensateur électrique (1746).

Jacobus VAN'T HOFF (1852-1911) : Chimiste néerlandais. Il imagina, en même temps que Joseph Le Bel mais de façon indépendante, le concept de molécules chirales découvert par Louis Pasteur, créant ainsi la stéréochimie dont l'étude porte sur l'arrangement tridimensionnel des atomes dans les molécules (1874).

Pierre VARIGNON (1654-1722) : Mathématicien et physicien français. Il énonça la loi fondamentale de la statique selon laquelle, lorsqu'un corps est en équilibre sous l'action de forces concourantes, la résultante de ces forces est nulle (v. 1695).

André VÉSALE (1514-1564) : Anatomiste flamand. Son ouvrage *De corporis humani fabrica* marque les débuts de l'anatomie moderne (1543).

Rudolf VIRCHOW (1821-1902) : Médecin et anthropologue allemand. Il découvrit qu'il y avait un lien entre les pathologies des tissus et les pathologies des cellules, fondant ainsi l'histopathologie (1858).

Alessandro VOLTA (1745-1827) : Physicien italien, inventeur de la pile électrique (1800). Il travailla également sur les gaz et découvrit le méthane. Le volt (V), d'après son nom, est l'unité de mesure de la force électromotrice et de la différence de potentiel.

Hugo de VRIES (1849-1935) : Botaniste néerlandais. Il redécouvrit, en même temps que Carl Correns et Erich von Tschermak-Seysenegg mais de façon indépendante, les lois fondamentales de l'hérédité de Gregor Mendel (1900).

Kiyoo WADATI (1920-1995) : Sismologue japonais. Avec Hugo Benioff, il montra que les foyers des séismes se trouvaient à de grandes profondeurs, et souvent au voisinage des fosses océaniques (v. 1950).

Wilhelm von WALDEYER-HARTZ (1836-1921) : Anatomiste, embryologiste et pathologiste allemand. Il créa les termes chromosome et neurone, et décrivit le mécanisme d'évolution des pathologies cancéreuses (1863).

Alfred WALLACE (1823-1913) : Naturaliste anglais. Il exposa, en même temps que Charles Darwin mais de façon indépendante, une théorie de l'évolution des espèces par sélection naturelle (1858).

Augustus WALLER (1856-1922) : Physiologiste anglais. Il enregistra un premier électrocardiogramme (1887).

James WATSON (né en 1928) : Biologiste américain. Avec Francis Crick, il découvrit la structure en double hélice de la molécule d'ADN (1961).

Robert WATSON-WATT (1892-1973) : Physicien écossais. Il inventa le radar (1935).

James WATT (1736-1819) : Ingénieur écossais. Il construisit le premier moteur à vapeur ayant un certain rendement et capable de faire fonctionner des machines industrielles (v. 1765).

Alfred WEGENER (1880-1930) : Géophysicien, météorologiste et explorateur allemand. Il proposa la théorie de la dérive des continents (1912), première esquisse de la théorie de la tectonique des plaques.

August WEISMANN (1834-1914) : Biologiste allemand. Il réfuta la théorie de l'hérédité des caractères (1883).

Abraham WERNER (1749-1817) : Géologue allemand. Il proposa une première classification systématique des minéraux et défendit la théorie du neptunisme selon laquelle toutes les roches étaient d'anciens sédiments marins (1774).

Frank WHITTLE (1907-1996) : Ingénieur britannique. Il inventa le moteur à réaction (1929).

Thomas WILLIS (1621-1675) : Médecin anglais. Il redécouvrit le fait, déjà observé par des médecins indiens vers 400 av. J.-C., que l'urine des diabétiques contenait du sucre (v. 1660).

John Tuzo WILSON (1908-1993) : Géophysicien canadien. Il raffina la théorie de la tectonique des plaques en montrant que des points chauds fixes dans le manteau formaient des îles volcaniques par remontée du magma (v. 1965).

William WITHERING (1741-1799) : Médecin et botaniste anglais. Il découvrit l'efficacité de la digitaline, extrait de la digitale pourprée, dans le traitement de certaines maladies du cœur (1785).

Friedrich WÖHLER (1800-1882) : Chimiste allemand. Avec Justus Liebig, il découvrit que certaines substances de même formule chimique avaient des propriétés chimiques différentes (1823). (Jöns Berzelius donnera, en 1830, le nom d'isomères à des telles substances.) Il isola l'aluminium et le bore. Il réalisa les premières synthèses organiques, dont celle de l'acide oxalique, puis celle de l'urée (1828), qui mirent en cause les théories « vitalistes ». Avec Justus Liebig, il définit le concept de radical (1832).

Kaspar WOLFF (1733-1794) : Embryologiste allemand. En étudiant le développement de l'embryon du poulet, il confirma la conception épigénétique selon laquelle celui-ci se construisait graduellement par l'addition de parties qui ne préexistaient pas (1759).

Steve WOZNIAK (né en 1950) : Informaticien américain. Avec Steven Jobs, il créa la société de micro-ordinateurs Apple (1976).

Orville WRIGHT (1871-1948) et Wilbur WRIGHT (1867-1912) : Aviateurs et constructeurs d'aéroplanes américains. Ils expérimentèrent, avec succès, le premier avion à moteur (1903).

XÉNOPHANE (VIe siècle av. J.-C.) : Philosophe grec. Il trouva, très loin des côtes de la Méditerranée, des fossiles d'organismes marins et en déduisit que la mer s'étendait autrefois jusqu'à cet endroit.

Thomas YOUNG (1773-1829) : Physicien, chimiste et médecin anglais. Il découvrit le phénomène de l'interférence lumineuse (1801).

Hideki YUKAWA (1907-1981) : Physicien japonais. Il élabora la théorie des interactions fortes qui explique la cohésion du noyau (1935).

Pieter ZEEMAN (1865-1943) : Physicien hollandais. Il définit l'effet Zeeman, un dédoublement ou un détriplement des raies spectrales d'émission du sodium et du lithium (1896).

Ferdinand, comte von ZEPPELIN (1838-1917) : Ingénieur allemand. Il construisit le premier dirigeable rigide (1900).

Chongzhi ZU (429-500) : Mathématicien et astronome chinois. Il donna une valeur précise du nombre ϖ et de la durée de l'année terrestre (v. 480).

ANNEXE 2

Les unités de mesure

La présente annexe comporte les principales unités de mesure du système international (SI).

Multiples et sous-multiples décimaux

PRÉFIXE	SYMBOLE	PUISSANCE	EXPRESSION NUMÉRIQUE
téra	T	10^{12}	1 000 000 000 000
giga	G	10^{9}	1 000 000 000
méga	M	10^{6}	1 000 000
kilo	k	10^{3}	1 000
hecto	h	10^{2}	100
déca	da	10^{1}	10
déci	d	10^{-1}	0,1
centi	c	10^{-2}	0,01
milli	m	10^{-3}	0,001
micro	µ	10^{-6}	0,000 001
nano	n	10^{-9}	0,000 000 001
pico	p	10^{-12}	0,000 000 000 001

Unités géométriques

La **longueur** se mesure en mètres (m).

Parmi les unités dérivées se trouvent le millimètre (mm), le centimètre (cm) et le kilomètre (km).

Une unité astronomique est la distance moyenne entre la Terre et le Soleil (environ 150 000 000 km).

L'année-lumière est la distance parcourue par un photon de lumière en une année.

L'**aire** ou la **superficie** se mesure en mètres carrés (m^2). Une chambre de grandeur moyenne dans une maison, par exemple, a une aire d'environ 25 m^2.

Parmi les unités dérivées se trouvent le millimètre carré (mm^2), le centimètre carré (cm^2) et le kilomètre carré (km^2).

Un hectare vaut 10 000 m^2.

Le **volume** se mesure en mètres cubes (m^3) ou en litres (L) (un litre est égal à un décimètre cube [dm^3]). Par exemple, une chambre moyenne a un volume d'environ 50 m^3, et le lait se vend dans des contenants de 1 ou 2 L.

Parmi les unités dérivées se trouvent le centimètre cube (cm^3) et le millilitre (mL) (un millilitre est égal à un millimètre cube [mm^3]).

L'**angle plan** se mesure en radians (rad) ou en degrés (°). Un angle droit, par exemple, est un angle de $\varpi/2$ radian ou de 90°.

Un degré se subdivise en minutes (') et en secondes (").

Unités de masse

La **masse** se mesure en kilogrammes (kg).

Parmi les unités dérivées se trouvent le milligramme (mg), le gramme (g) et la tonne métrique (t).

La **masse volumique** se mesure en kilogrammes par mètre cube (kg/m^3). L'eau, par exemple, a une masse volumique de 100 kg/m^3 ou de 1 g/cm^3.

Parmi les unités dérivées se trouvent le gramme par centimètre cube (g/cm^3), le gramme par litre (g/L) et le gramme par millilitre (g/mL).

La **densité**, dont la mesure s'exprime sans unité, est la masse volumique d'un objet divisée par la masse volumique de l'eau. Par exemple, le fer, qui a une masse volumique 7,86 plus grande que celle de l'eau, a une densité de 7,86.

Unités de temps

Le **temps** se mesure en secondes (s).

Parmi les unités dérivées se trouvent la minute (min), l'heure (h), le jour (d, du latin *dies*) et l'année (a).

La **fréquence** se mesure en hertz (Hz), du nom du physicien allemand Heinrich Hertz.

Un hertz correspond à une oscillation par seconde. Un pendule, par exemple, qui fait une oscillation en deux secondes a une fréquence de 1/2 Hz.

Parmi les unités dérivées se trouvent le kilohertz (kHz) et le mégahertz (mHz).

Unités mécaniques

La **vitesse** se mesure en mètres par seconde (m/s) ou en kilomètres à l'heure (km/h).

Un nœud est une unité de vitesse utilisée en navigation maritime ou aérienne qui équivaut à 0,514 m/s.

L'**accélération** se mesure en mètres par seconde au carré (m/s^2). Un objet en chute libre vers la surface de la Terre, par exemple, a une accélération de 9,8 m/s^2.

La **force** se mesure en newtons (N), du nom du physicien anglais Isaac Newton.

À la surface de la Terre, le poids d'un objet est égal à sa masse multipliée par la valeur de l'accélération gravitationnelle, qui est de 9,8 m/s^2. Le poids d'un objet dont la masse est de 10 kg, par exemple, est de 98 N.

L'**énergie**, le **travail** et la **quantité de chaleur** se mesurent en joules (J), du nom du physicien anglais James Joule.

Un joule est produit lorsqu'une force de 1 N se déplace de 1 m, ou quand un courant électrique de 1 A circule sous une tension de 1 V durant 1 s. Une personne dont la masse est de 60 kg (son poids est donc de 588 N), par exemple, dépense 1 176 J d'énergie si elle monte un escalier de 2 m.

Un wattheure (Wh) équivaut à 3 600 J.

La **puissance** se mesure en watts (W), du nom de l'ingénieur écossais James Watt.

Un watt correspond à la conversion de 1 J d'énergie en 1 s. Si la personne de 60 kg (588 N) de l'exemple précédent, par exemple, monte l'escalier en 5 s, elle effectue un travail de 1 176 J/5 s, soit d'environ 235 W.

Parmi les unités dérivées se trouvent le kilowatt (kW) et le mégawatt (MW).

La **pression** se mesure en pascals (Pa), du nom du philosophe, physicien et mathématicien français Blaise Pascal. La pression atmosphérique à la surface de la Terre, par exemple, est d'environ 100 000 Pa.

Parmi les unités dérivées se trouve le millibar (mbar). Un millibar est égal à 100 Pa.

Unités électriques

L'**intensité du courant électrique** se mesure en ampères (A), du nom du physicien français André Marie Ampère.

Un ampère est l'intensité du courant qui produit une force d'attraction ou de répulsion de deux dix-millioniémes de newton entre deux fils parallèles de longueur infinie distants de 1 m. L'intensité du courant qui circule dans une ampoule de 100 W, par exemple, est d'environ 1 A.

La **force électromotrice** et la **différence de potentiel ou de tension** se mesurent en volts (V), du nom du physicien italien Allessandro Volta.

Un volt est la tension nécessaire pour qu'un courant de 1 A produise une puissance de 1 W et une énergie de 1 J/s. La tension d'une pile sèche standard, par exemple, est de 1,5 V, et la tension du courant alternatif domestique, en Amérique du Nord, est de 110 V (prises normales) ou de 220 V (certains appareils électroménagers).

La **puissance** se mesure en watts (W). Parmi les unités dérivées se trouvent le kilowatt (kW) et le mégawatt (MW).

La **résistance électrique** se mesure en ohms (Ω), du nom du physicien allemand Georg Ohm.

Pour une résistance de 1 Ω, une tension de 1 V produit un courant dont l'intensité est 1 A. La résistance d'une plinthe pour le chauffage à l'électricité, par exemple, est d'environ 1 500 Ω.

La **charge électrique** se mesure en coulombs (C), du nom du physicien français Charles Coulomb.

Un coulomb est la charge transportée par un courant de 1 A circulant durant 1 s.

Un coulomb est également la charge de six milliards de milliards d'électrons. Une ampoule de 100 W, par exemple, transporte une charge d'environ 1 C/s.

Unités thermiques

La **température** se mesure en kelvins (K), du nom du physicien écossais lord Kelvin, ou en degrés Celsius (°C), du nom de l'astronome suédois Anders Celsius. Une température de 0 K est égale à –273 °C.

La **quantité de chaleur** se mesure en joules (J).

Parmi les unités dérivées se trouvent le kilojoule (kJ) et le gigajoule (GJ).

Le **flux thermique** se mesure en watts (W). Le flux thermique d'une plinthe pour le chauffage électrique, par exemple, est d'environ 1 500 W.

Unités optiques

L'**intensité lumineuse** se mesure en candelas (cd). L'intensité lumineuse d'une bougie, par exemple, est d'environ 1 cd.

Le **flux lumineux** se mesure en lumens (lm). Le flux lumineux émis par une bougie, dans un cône d'environ 60°, par exemple, est d'environ 1 lm.

L'**éclairement lumineux** se mesure en lux (lx). Un lux est un éclairement de 1 lm/m^2.

Bibliographie

ARDLEY, Neil (1994), *Dictionnaire jeunesse de la science*, Paris: Seuil.

AZIMOV, Isaac (1986), *L'univers de la science*, Paris: InterEditions.

BACHELARD, Gaston (1938), *La formation de l'esprit scientifique*, Paris: Librairie philosophique J. Vrin.

BARREAU, Hervé (2002), *L'épistémologie*, Paris: Collection Que sais-je?, Presses Universitaires de France.

BUNCH, Bryan (2004), *The history of science and technology*, Boston, New York: Houghton Mifflin Company.

BURNIE, David (1994), *Dictionnaire jeunesse de la Nature*, Paris: Seuil.

CARNAP, Rudolf (1950), *Logical foundations of probability*, Chicago: University of Chicago Press.

CHALMERS, Alan F. (1988), *Qu'est-ce que la science ?* Paris: Éditions La Découverte.

FARNDON, John (1995), *Dictionnaire jeunesse de la Terre*, Paris: Éditions du Seuil.

FEYERABEND, Paul (1989), *Adieu la raison*, Paris: Éditions du Seuil.

GERMA, Pierre (2002), *Depuis quand ?* Paris: Larousse.

GISCARD D'ESTAING, Valérie-Anne (2000), *Le livre mondial des inventions*, Malesherbes (France): Éditions Ciel 12 et Fixot.

GODIN, Benoît (1999), *Les usages sociaux de la culture scientifique*, Québec: Les Presses de l'Université Laval.

GRANGER, Gilles-Gaston (1993), *La science et les sciences*, Paris: Collection Que sais-je, Presses Universitaires de France.

GRIBBIN, John (1998), *A brief history of science,* Toronto : Key Porter Books.

KREMER-MARIETTI, Angèle (1999), *Philosophie des sciences de la nature,* Paris : Presses Universitaires de France.

KUHN, Thomas S. (1983), *La structure des révolutions scientifiques,* Paris : Flammarion.

LAKATOS, Imre, et MUSGRAVE, Alan (dir.) (1970), *Criticism and the growth of knowledge,* 3e impression en 1974, Cambridge : Cambridge University Press.

LAROUSSE (1997), *Chronologie d'histoire des sciences,* Paris : Larousse.

LAZLO, Pierre (1999), *La découverte scientifique,* Paris : Collection Que sais-je ?, Presses Universitaires de France.

LEDUC, Richard, et GERVAIS, Raymond (1985), *Connaître la météorologie,* Québec : Les Presses de l'Université du Québec.

LEGAY, Jean-Marie (1997), *L'expérience et le modèle : un discours sur la méthode.* Paris : INRA Editions.

LE LIVRE DE POCHE (1998), *Encyclopédie des sciences,* Paris : Collection Encyclopédies d'aujourd'hui, Le Livre de Poche.

LE MOIGNE, Jean-Louis (1999), *Les épistémologies constructivistes,* Paris : Collection Que sais-je ?, Presses Universitaires de France.

LOCQUENEUX, Robert (1987), *Histoire de la physique,* Paris : Collection Que sais-je ?, Presses Universitaires de France.

LOUPY, Claude de MARCO, Isabelle, et GUÉDON, François (1999), *QCM (Questionnaire à choix multiples) de culture générale, tome 7, Sciences et techniques,* Paris : Éditions d'Organisation.

MESSADIÉ, Gérald (1992), *Les grandes découvertes de la science,* Paris : Collection Les compacts, Bordas.

MATTHEWS, Michael R. (1994), *Science teaching : The role of history and philosophy of science,* New York : Routeledge.

PAGE, Martyn, et SHEDDEN, Clare (1991), *Tous les animaux. Encyclopédie visuelle bilingue,* Paris : Gallimard.

POPPER, Karl R. (1978), *La logique de la découverte scientifique,* Paris : Payot.

POPELARD, Marie-Dominique, et VERNANT, Denis (1997), *Les grands courants de la philosophie des sciences,* Paris : Collection Mémo, Éditions du Seuil.

RANDOM HOUSE WEBSTER (1997), *Dictionary of scientists,* New York : Random House.

RENSBERGER, Boyce (1986), *How the world works,* New York : Morrow.

ROBERT, Serge (1993), *Les mécanismes de la découverte scientifique,* Ottawa : Collection Philosophica, Les Presses de l'Université d'Ottawa.

RONAN, Colin (1988), *Histoire mondiale des sciences,* Paris : Collection Points, Éditions du Seuil.

ROSMORDUC, Jean, et L'ELCHAT, Dominique (1993), *25 mots-clés de la culture scientifique,* Alleur (Belgique) : Marabout.

ROY, Jean-René (1998), *Les héritiers de Prométhée,* Québec : Les Presses de l'Université Laval.

SÉGUIN, Marc, et VILLENEUVE, Benoît (1995), *Astronomie et astrophysique,* Saint-Laurent (Québec) : Éditions du Renouveau Pédagogique.

THÉODORIDÈS, Jean (1992), *Histoire de la biologie,* Paris : Collection Que sais-je ?, Presses Universitaires de France.

THOUIN, Marcel (2004), *Explorer l'histoire des sciences et des techniques : activités, exercices et problèmes,* Québec : Éditions MultiMondes.

VACHER, Laurent-Michel (1998), *La science par ceux qui la font,* Montréal : Éditions Liber.

VIDAL, Bernard (1985), *Histoire de la chimie,* Paris : Collection Que sais-je ?, Presses Universitaires de France.

VIGNAIS, Pierre (2001), *La biologie des origines à nos jours : une histoire des idées et des hommes,* Grenoble (France) : Collection Grenoble Sciences, EDP sciences.

WAHICHE, Dominique (dir.) (1997), *Chronologie d'histoire des sciences,* Paris : Larousse-Bordas.

Index

B

C

E

F

G

J

K

L

M

S

T

W

X

Y

Z

MARQUIS
Marquis imprimeur inc.
Québec, Canada
2007